权威·前沿·原创

皮书系列为
"十二五""十三五"国家重点图书出版规划项目

四川蓝皮书
BLUE BOOK OF
SICHUAN

四川生态建设报告
（2017）

ANNUAL REPORT ON ECOLOGICAL CONSTRUCTION OF
SICHUAN (2017)

主　编／李晟之
副主编／骆　希

社会科学文献出版社
SOCIAL SCIENCES ACADEMIC PRESS（CHINA）

图书在版编目（CIP）数据

四川生态建设报告. 2017 / 李晟之主编. -- 北京：

社会科学文献出版社，2017.5

（四川蓝皮书）

ISBN 978 - 7 - 5201 - 0757 - 0

Ⅰ.①四… Ⅱ.①李… Ⅲ.①生态环境建设 - 研究报

告 - 四川 - 2017 Ⅳ.①X321.271

中国版本图书馆 CIP 数据核字（2017）第 088102 号

四川蓝皮书

四川生态建设报告（2017）

主　　编 / 李晟之

副 主 编 / 骆　希

出 版 人 / 谢寿光

项目统筹 / 郑庆寰

责任编辑 / 郑庆寰　刘晶晶

出　　版 / 社会科学文献出版社·皮书出版分社（010）59367127

地址：北京市北三环中路甲 29 号院华龙大厦　邮编：100029

网址：www.ssap.com.cn

发　　行 / 市场营销中心（010）59367081　59367018

印　　装 / 北京季蜂印刷有限公司

规　　格 / 开　本：787mm × 1092mm　1/16

印　张：22.25　字　数：369 千字

版　　次 / 2017 年 5 月第 1 版　2017 年 5 月第 1 次印刷

书　　号 / ISBN 978 - 7 - 5201 - 0757 - 0

定　　价 / 75.00 元

皮书序列号 / PSN B - 2015 - 455 - 6/7

四川蓝皮书编委会

主编简介

李晟之 四川省社会科学院农村发展研究所研究员，资源与环境中心秘书长，区域经济学博士，四川省政协人口与资源环境委员会特邀成员，社区保护地中国专家组召集人。从 1992 年至今，致力于"自然资源可持续利用与乡村治理"研究，重点关注社区公共性建设与社区保护集体行动、外来干预者和社区精英在自然资源管理中的作用。主持完成国家社科基金课题 1 项、四川省重点规划课题 1 项、横向委托课题 21 项，发表学术论文 23 篇、专著 1 本（《外来干预性社区保护地建设研究》），主编《四川生态建设蓝皮书》。获四川省哲学社会科学一等奖 1 次（2003 年）、二等奖 1 次（2014 年）、三等奖 1 次（2012 年），提交政策建议获省部级领导批示 12 次。

摘　要

　　生态环境是社会发展的客观约束，人类任何与自然资源发生交换的社会经济活动都无法逾越自然规律。生态建设是全面建成小康社会的重要内容，并与多个领域的深化改革密切联系。本书不仅着眼于系统梳理和总结四川省生态建设的核心内容，并且综合性地选择生态领域与其他重大社会问题的结合点，全面呈现全省生态建设的着力点和亮点。全书共分为五个部分，第一部分"总报告"运用"压力－状态－响应"的分析框架，对四川省生态建设的主要行动、成效及挑战等进行了系统评估；第二部分"生态扶贫"专题围绕当前重大历史任务扶贫攻坚，从生态建设的视角探寻脱贫攻坚的有效路径；第三部分"绿色发展"专题重点对生态领域森林康养、森林碳汇等绿色产业的发展进行详尽的分析与预测；第四部分"美丽乡村建设"专题从乡村旅游、退耕还林、保护区建设探讨农村发展与生态建设有机结合的路径与举措；第五部分"自然资源管理"着力于生态管理的制度体系建设，对多个重要的技术问题进行了深入研究与探讨，以期为生态建设实践中管理制度的完善提供借鉴。

目 录

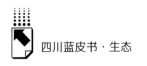

Ⅳ 美丽乡村建设

Ⅴ 自然资源管理

皮书数据库阅读**使用指南**

总 报 告

General Report

B.1

四川省生态建设基本态势

李晟之 杜 婵*

摘 要： 本报告沿用"压力 - 状态 - 响应"模型（PSR 结构模型），通过对四川生态环境的"状态"、"压力"和"响应"三组相互影响、相互关联的指标进行信息收集和分析，对当年四川省生态建设面临的问题、生态建设投入和成效进行系统评估，对 2017 年四川生态保护与建设未来发展趋势进行了展望。

关键词： PSR 结构模型 生态建设 生态评估

一 四川生态建设总体概况

2015～2016 年是国民经济和社会发展"十二五"收官和"十三五"开局

* 李晟之，四川省社会科学院农村发展研究所研究员；杜婵，四川省社会科学院农村发展研究所实习研究员。

之年，也是大力开展生态文明建设和深度推进生态体制改革之年。四川省的生态环境建设投入巨大，体制改革政策频出，节能减排和重污染治理取得了丰硕的成果。由于空气和水资源质量堪忧、预警不断启动，不仅生态建设的复杂性和长期性凸显，社会各界关注度也不断上升，生态环境成为发展是否有质量的重要考量标准。

四川生态建设蓝皮书沿用由加拿大统计学家 David J. Rapport 和 Tony Friend 提出的"压力－状态－响应"模型，模型使用"原因－效应－响应"这一思维逻辑，体现了人类与环境之间的相互作用关系。人类通过各种活动从自然环境中获取其生存与发展所必需的资源，同时又向环境排放废弃物，从而改变了自然资源储量与环境质量，而自然和环境状态的变化又反过来影响人类的社会经济活动和福利，进而社会通过环境政策、经济政策和部门政策，以及通过意识和行为的变化而对这些变化做出反应。如此循环往复，构成了人类与环境之间的"压力－状态－响应"关系。通过对四川生态环境的"状态"、"压力"和"响应"三组相互关联的指标进行信息收集和分析，我们对当年四川省生态建设面临的问题、生态建设投入和成效进行系统的评估。

生态环境数据收集是长期的、动态的过程，部分数据如珍稀野生动物数量的收集每十年甚至更长时间才开展一次调查，故本报告一方面力图搜集 2016 年的数据以反映四川生态环境"状态"最新的变化情况，另一方面只能利用 2015 年甚至 2014 年的数据，虽然这些数据是已经公开发布的"最新"数据，在此我们向读者深表歉意。

二 四川省生态建设的"状态"

（一）生态产品

随着经济的迅速发展与生态环境间的矛盾日渐突出，优质的生态产品越来越成为四川全省人民群众的迫切需求。党的十八大报告在论述生态文明建设战略任务时首次提出"生态产品"的概念，并强调"要加大自然生态系统和环境保护力度""要增强生态产品生产能力"，充分地印证了生态产品的重要性，也明确了增强生态产品生态能力是提高生态环保国力的重要途径。《中共四川省委关于推进绿色发展建设美丽四川的决定》指出，良好的生态环境是最公平的公共产品，是最普惠的民生福祉。生态环境作为一种产品已经被广泛接受并认可。

生态产品有狭义与广义两种定义。狭义上的生态产品是指"维系生态安全、保障生态调节功能、提供良好人居环境，包括清新的空气、清洁的水源、生长的森林、适宜的气候等看似与人类劳动没有直接关系的自然产品"[①]；从广义上理解，除了狭义的内容之外，生态产品还包括通过清洁生产、循环利用、降耗减排等途径，减少对生态资源的消耗生产出来的有机食品、绿色农产品、生态工业品等物质产品。由于其涉及领域的广泛性和生态环境的复杂性，至今生态产品仍未有一个权威统一的定义。但可以确定的是生态产品的生产能力是衡量生态环境"状态"的重要指标。

众所周知，四川拥有丰富的土地、森林、生物、水能、旅游、矿产资源，且在西部乃至全国都排名靠前（具体参见表1），这里，我们选取饮用水、森林、草原、生物药材等林副产品及野生动植物等指标来展现四川生态产品的生产能力，间接地反映出四川生态保护与建设的成效。

1. 水资源状况

四川省水资源丰富，居全国前列。全省多年平均降水量约为4889.75亿立方米。水资源以河川径流最为丰富，境内共有大小河流近1400条，号称"千河之省"。地表水资源总量共计约3489.7亿立方米，其中：多年平均天然河川径流量为2547.5亿立方米，占水资源总量的73%；上游入境水942.2亿立方米，占水资源总量的27%。另有地下水资源量546.9亿立方米，可开采量为115亿立方米。境内遍布湖泊冰川，有湖泊1000多个、冰川200余条，在川西北和川西南还分布有一定面积的沼泽，湖泊总蓄水量约15亿立方米，加上沼泽蓄水量，共计约35亿立方米。总体而言，四川水资源总量丰富，人均水资源量高于全国，但时空分布不均，形成区域性缺水和季节性缺水；水资源以河川径流最为丰富，但径流量的季节分布不均，大多集中在6~10月，洪旱灾害时有发生；河道迂回曲折，利于农业灌溉；天然水质良好，但部分地区也有污染。

[①] 曾贤刚、虞慧怡、谢芳：《生态产品的概念、分类及其市场化供给机制》，《中国人口·资源与环境》2014年第7期。

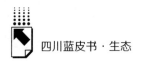

表 1　四川主要自然资源在全国的排名

资源类型	指标	排名
土地资源	土地面积	全国第 5 位,西部第 4 位
	耕地面积	全国第 6 位,西部第 1 位
	林地面积	全国第 2 位,西部第 1 位
	牧草面积	全国第 5 位,西部第 4 位
森林资源	林地面积	全国第 3 位
	木材面积	全国第 2 位
生物资源	高等植物种类	全国第 2 位
	蕨类植物种类	全国第 2 位
	裸子植物种类	全国第 1 位
	被子植物种类	全国第 2 位
	药用植物种类	全国第 2 位
	芳香油植物	全国第 1 位
	野生果类植物	全国第 1 位
	菌类资源	全国第 1 位
	国家重点保护野生动物种类	全国第 1 位
	陆生野生动物种类	全国第 2 位
	野生大熊猫种群数量	全国第 1 位
	鸟类	全国第 2 位
水能资源	理论蕴藏量	全国第 2 位
	技术可开发量	全国第 1 位
	经济可开发量	全国第 1 位
旅游资源	国家级自然保护区数量	全国第 2 位
	世界自然文化遗产数量	全国第 2 位
	5A 级旅游景区数量	全国第 3 位
矿产资源	天然气等 16 种矿产查明资源储量	全国第 1 位
	铁、晶质石墨等 6 种矿产查明资源储量	全国第 2 位

资料来源:《四川年鉴 (2015 年卷)》,四川年鉴社,2015。

据《2015 年四川省环境统计公报》,四川省五大水系长江干流 (四川段)、金沙江水质达标率均为 100%,嘉陵江、岷江和沱江水系水质达标率分别为 93.0%、53.6% 和 18.4%。137 个省控监测断面达标率为 62.0%,其中干流达标率 57.4%,支流达标率 64.4%。主要污染指标为总磷、氨氮和化学需氧量。据四川省环境监测总站统计,2016 年四川省五大水系均受到轻度污染，全省地表水省控监测断面达标率围绕60%上下波动（见图1），与2015年相比，达标率呈现波动下降趋势，仅1月、6月、8月达到2015年平均水平。

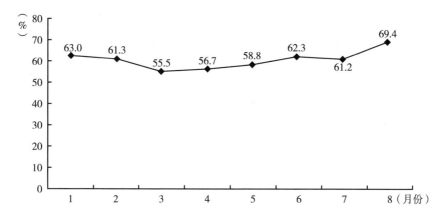

图1　2016年1~8月四川省地表水省控监测断面达标情况

据《2015年四川省环境统计公报》，全省21个市（州）政府所在地城市集中式饮用水水源地水质达标率99.3%，与2014年的99.2%相比，有轻微增加；县级集中式饮用水水源地水质监测中，地表水饮用水水源地127个断面（点位）达标率为98.1%，地下水饮用水水源地33个点位达标率为100%；乡镇集中式饮用水水源地全省达标率为80.6%，同2014年83.2%相比下降2.6个百分点。可见，同2014年相比，四川2015年水质达标率整体下降。据四川省环境监测总站统计，2016年一季度，四川省118个县级集中式地表水饮用水水源地断面中有115个达到Ⅲ类标准，所占比例为97.5%，自贡沿滩区碾子滩水库取水点和眉山市丹棱县梅湾水库总磷超标，遂宁市大英县寸塘口总磷、石油类超标；2016年二季度，四川省137个县级集中式地表水饮用水水源地断面中有134个达到Ⅲ类标准，所占比例为97.8%，自贡沿滩区碾子滩水库取水点高锰酸盐指数超标，遂宁市大英县寸塘口总磷、石油类超标，眉山市丹棱县梅湾水库总磷超标。综上可见，五大流域仍有38%断面水质不达标，岷、沱江流域劣Ⅴ类水质断面比例超过22%，重点小流域达标率低，总磷污染凸显，城市建成区黑臭水体问题突出，乡镇饮用水水源水质不容乐观，农村环境污染问题严重。

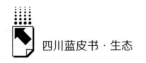

专栏 2015年四川省集中式饮用水水源地水质

市级集中式饮用水水源地

全省21个市（州）政府所在地城市2015年的集中式饮用水水源地水质达标率为99.3%。其中，成都、攀枝花、泸州、自贡、绵阳、广元、遂宁、内江、乐山、南充、广安、达州、巴中、雅安、眉山及西昌市、康定县、马尔康市的城市监测断面（点位）均达标；德阳、宜宾、资阳市达标率分别为90.3%、86%、82.7%。

县级集中式饮用水水源地

全省除甘孜州外，其余20个市（州）107个县级行政单位所在城镇开展了县级集中式地表水饮用水水源地水质监测。其中，地表水饮用水水源地共127个断面（点位），按实际开展的监测项目评价，达标率为98.1%；地下水饮用水水源地共33个点位，按实际开展的监测项目评价，达标率为100%。

乡镇集中式饮用水水源地

全省除甘孜州外，其余20个市（州）开展了乡镇集中式饮用水水源地水质监测，共2637个断面（点位），其中地表水1833个（含河流型1206个，湖库型627个），地下水804个。按实际开展的监测项目评价，全省达标率为80.6%。

2. 森林

森林生态产品是指经营森林生态系统为社会提供的能满足生态需求的无形产品的综合。森林生态产品是在市场经济条件下对森林的生态资源、生态效能、生态价值、生态效益等概念更深入、更综合、更准确的表述，基本上可区分为涵养水源、保育土壤、固碳制氧、调节环境、生物多样性、防护功能。

四川省林业厅发布的《2015年度四川林业资源及效益监测》显示，2015年度，四川森林资源实现了稳步增长，全省森林面积1750.79万公顷，较2014年增加12.63万公顷；森林覆盖率36.02%，同比增长0.26个百分点。2015年度，四川森林蓄积量达到17.33亿立方米，较2014年增加1850万立方米。其中，天然林面积1609.83万公顷，蓄积14.44亿立方米；人工林面积732.82万公顷，蓄积3.83万立方米。森林面积和森林蓄积量分别居全国第4位和第3位。2015年，全省林地保有量3.54亿亩，天然林保有量1.3亿亩；自然湿地保护率55%，森林、湿地碳储量26.85亿吨，年森林和湿地生态服务功能值

16500 亿元；中、重度可治理沙化土地治理率 9.4%，石漠化土地治理率 15%（具体指标值参见表 2）。

表 2　2015 年四川省森林生态产品主要指标

序号	指标名称	2015 年
1	森林覆盖率(%)	36.02
2	森林蓄积量(亿立方米)	17.33
3	林地保有量(亿亩)	3.54
4	天然林保有量(亿亩)	1.3
5	湿地保有量(万亩)	2583
6	自然湿地保护率(%)	55
7	中、重度可治理沙化土地治理率(%)	9.4
8	石漠化土地治理率(%)	15
9	森林、湿地碳储量(亿吨)	26.85
10	年森林和湿地生态服务功能值(亿元)	16500

在林业生态效益方面，2015 年，全省森林减少土壤流失 1.26 亿吨、涵养水源 723.74 亿吨、释放氧气 1.43 亿吨，吸收二氧化硫、氟化物、氮氧化物等有害物质 5.84 亿吨；固定碳量 0.68 亿吨，累计碳储量达 26.63 亿吨。森林生态系统生态服务价值 1.51 万亿元，较 2014 年提高 2.03%。

3.草原

四川属草原大省，草原总面积达 3.13 亿亩，分属黄河中上游及长江上游草原区、青藏高原高寒草原区和南方草山草坡区，构成了省域层面最大的陆地生态系统。由于特殊的地理位置和气候条件，四川省草原具有"类型多、分布广和规模各异"的特点。从类型上看，主要有高寒沼泽草地、高寒草甸草地、高寒灌丛草甸草地和山林稀疏草地、草山草坡以及山地疏林草地等等。从分布上看，全省草原有 2.45 亿亩分布在川西北的阿坝藏族羌族自治州、甘孜藏族自治州和凉山彝族自治州，占总面积的 78.3%，占三州土地面积的 55%。从规模上看，四川省的草原布局呈东南部和低山丘陵区小、西北部和高山区大的状况[1]。四川草原在省内和全国的战略地位与生态功能极为显著，加强四川

---

[1] 杨汉兵、刘晓鹰：《四川省草原保护建设研究》，《西南民族大学学报》（人文社会科学版）2013 年第 11 期。

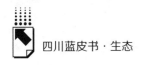
草原的保护建设是全国主体功能区规划的重要要求，也是进一步落实和践行"绿色发展"的具体体现。

四川省农业厅发布的《2015年四川省草原监测报告》显示，2015年四川草原保护与建设具有以下五个特点。

一是，天然草原生产力略好于2014年。2015年全省各类饲草产量2910.8亿公斤，折合干草790.0亿公斤，载畜能力8729.3万羊单位，比2014年增加0.2%。其中，天然草原鲜草产量842.8亿公斤，较2014年增加1.2%；人工种草产量506.6亿公斤；秸秆等其他饲料折合干草366.5亿公斤。

二是，退牧还草工程成效显著。截至2015年底，全省共完成天然草原退牧还草工程建设任务1.29亿亩，占川西北天然草原可利用面积的60.6%，工程区植被恢复良好，生态效益显著。对2013年度实施的退牧还草工程进行监测，结果显示：工程区内植被盖度平均81.9%，比工程区外高5.8个百分点；工程区内植被高度平均20.8厘米，比工程区外高44.1%；工程区内鲜草生物产量平均358.1公斤/亩，比工程区外高13.2%，比全省天然草原平均产量高12.8%[1]。

三是，补奖政策实施效果初步显现。2015年，全省有效推行草原禁牧、草畜平衡两项制度，规范、有序发放各项补奖资金8.59亿元，采购优良牧草6995.8吨，种植和更新人工草地912.0万亩，完成减畜任务115.52万羊单位。2015年全省天然草原综合植被盖度84.5%。全省牧区牲畜超载率10.03%，较2014年下降0.57个百分点。其中，甘孜州超载13.56%，阿坝州超载10.0%，凉山州超载7.64%。

四是，草原退化与生物灾害依然严重。2015年，全省退化草原面积1.56亿万亩，占全省可利用草原面积的58.7%，较2014年下降0.3个百分点。草原鼠虫害面积5672万亩（其中鼠害4381万亩，虫害1291万亩），鼠荒地面积1427.6万亩，毒害草面积5474.58万亩（其中紫茎泽兰面积1369.14万亩），草原板结化面积5010.43万亩，牧草病害面积278.05万亩，草原沙化面积299.9万亩。

五是，草原生态加快恢复。近年来，国家进一步拓展退牧还草工程建设范

---

① 李淼：《四川省完成天然草原退牧还草工程860万公顷》，《四川日报》2016年6月17日。

围，大力实施草原生态保护补助奖励机制政策，加强草原鼠虫等灾害防治，集中治理生态脆弱和严重退化草原，草原保护与建设工作力度进一步加大，草原退化趋势得到有效遏制，草原生态开始逐步恢复。与2011年相比，草原综合植被盖度平均提高了3.8个百分点，全省牧区牲畜超载率下降了35.78个百分点，逐渐接近草畜平衡。天然草原生态状况持续好转，草原植被加快恢复。

4．生物药材等林副产品

四川作为全国林业资源大省，拥有丰富的生物药材等林副产品。《2015年四川省林业统计暨财会年鉴》显示，2015年四川实现林业产业总产值2664亿元，比2014年增加328亿元，增长14%，虽然保持了快速增长，但增长的势头趋于减缓（见图2、图3）。

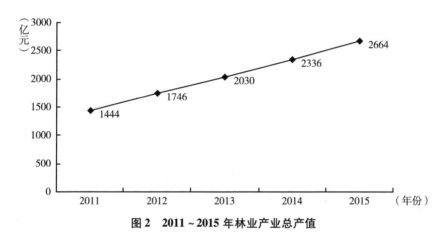

图2　2011～2015年林业产业总产值

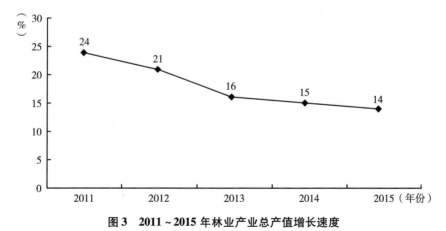

图3　2011～2015年林业产业总产值增长速度

从结构来看，第一、二、三产业产值分别为 1008 亿元、875 亿元、781 亿元，同比 2014 年分别增长 14%、11%、18%，三大产业比例为 38∶33∶29。第一产业中，实现林木育种和育苗 33 亿元，营造林 65 亿元，木材和竹材采运 49 亿元，包括水果、茶、中药材、森林食品在内的经济林产品种植与采集业产值为 638 亿元，花卉及其他观赏植物种植 118 亿元，陆生野生动植物繁育与利用 27 亿元，均比 2014 年有所增长。第二产业中，实现木材加工和木、竹、藤、棕、苇制品制造 257 亿元，同比 2014 年减少 10%；木、竹、藤家具制造 318 亿元，同比 2014 年增长 28%；木、竹、苇浆造纸和纸制品 99 亿元，林产化学产品制造 5 亿元，均与 2014 年基本持平；木质工艺品和木质文教体育用品制造 12 亿元，为 2014 年的 6 倍；非木质林产品加工制造业 118 亿元，同比 2014 年增长 42%。第三产业中，林业旅游与休闲服务产值为 694 亿元，同比 2014 年增长 17%，占林业总产值的 26%；实现林业生产服务产值 5 亿元、林业生态服务 15 亿元、林业专业技术服务 8 亿元。农民从林业获得收入监测数据显示，2015 年，全省农民人均林业收入达 1165 元。

5. 珍稀野生动植物

四川生物资源十分丰富，保存有许多珍稀、古老的动植物种类，是中国乃至世界的珍贵物种基因库之一。植被类型多样，植物种类非常丰富。全省有高等植物近万种，约占全国总数的 1/3，仅次于云南居全国第二位。其中：苔藓植物 500 余种，维管束植物 230 余科 1620 余属，蕨类植物 708 种，裸子植物 100 余种（含变种），被子植物 8500 余种，松、杉、柏类植物 87 种，居全国之首。被列入国家珍稀濒危保护植物的有 84 种，占全国的 21.6%。有各类野生经济植物 5500 余种，其中：药用植物 4600 多种，全省所产中药材占全国药材总产量的 1/3，是全国最大的中药材基地；芳香及芳香类植物 300 余种，是全国最大的芳香油产地；野生果类植物 100 多种，其中以猕猴桃资源最为丰富，居全国之首，并在国际上享有一定声誉。菌类资源十分丰富，野生菌类资源 1291 种，占全国的 95%。

动物资源丰富，有脊椎动物近 1300 种，占全国总数的 45% 以上，兽类和鸟类约占全国的 53%。其中：兽类 217 种，鸟类 625 种，爬行类 84 种，两栖类 90 种，鱼类 230 种。国家重点保护野生动物 145 种，占全国的 39.6%，居全国之冠。全省野生大熊猫数量约 1387 只、大熊猫栖息地 202.7 万公顷，分别占全国总量的 74.4% 和 78.7%；人工圈养大熊猫 364 只，占全国总数的 86.3%。动物中可供经济利用的种类占 50%，其中：毛皮、革、羽用动物 200 余种；药用动物 340 余种。四川雉类资源也极为丰富，雉科鸟类 20 种，占全国雉科总数的 40%，其中有许多珍稀濒危雉类，如国家一类保护动物雉鹑、四川山鹧鸪和绿尾虹雉等。

但需要注意的是，目前，大熊猫和红豆杉等珍稀濒危野生动植物栖息地呈破碎化趋势，种群间基因交流受到限制，适应生境的抗逆基因等遗传资源面临丢失风险。

（二）生态系统调节

生态系统调节，指当生态系统达到动态平衡的最稳定状态时，能自我调节和维护自身的正常功能，并能在很大程度上克服和消除外来的干扰，保持自身的稳定性。但这种自我调节功能是有一定限度的，当外来干扰因素的影响超过一定限度时，就会失衡，从而引起生态失调，甚至导致生态危机发生。

专栏　四川省 2015 年生态环境指数分区状况

生态环境指数是指反映被评价区域生态环境质量状况的一系列指数的综合。生态环境状况分区评价结果与生态格局具有较高的相似性，同时，也能间接反映不同区域生态系统调节功能的差异。生态环境状况为"优"的区域，生态系统抵御外来干扰能力较强；生态环境状况为"良"的区域，生态系统自我调节能力相对较弱。

2015 年，全省省域生态环境指数[①]为 69.8。在生态环境状况指数的二级指标中，生物丰度指数、植被覆盖指数、水网密度指数、土地胁迫指数和污染负荷指数的数值分别为 59.3、86.4、32.4、84.1 和 99.6。与 2014 年相比，生态环境指数下降 0.48。

---

① 生态环境指数（ecological environment index，EI）是反映被评价区域生态环境质量状况的一系列指数的综合。EI = 0.25 × 生物丰度指数 + 0.2 × 植被覆盖指数 + 0.2 × 水网密度指数 + 0.2 × 土地胁迫指数 + 0.15 × 污染负荷指数。

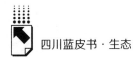

21个市（州）中，生态环境状况为"优"的有雅安、乐山、巴中3个市，其余18个市（州）生态环境状况为"良"，指数值（EI值）介于62.3与82.8之间。其中，生态环境状况为"优"的市（州），占全省面积的8.2%，占市域数量的14.3%；生态环境状况为"良"的市（州），占全省面积的91.8%，占市域数量的85.7%。与2014年相比，生态环境状况略微变好的市1个（巴中市），无明显变化的市（州）9个（广安市、泸州市、达州市、甘孜州、南充市、阿坝州、宜宾市、遂宁市和乐山市），略微变差的市（州）11个（眉山市、雅安市、攀枝花市、内江市、资阳市、自贡市、广元市、凉山州、绵阳市、德阳市和成都市）。

181个县域生态环境状况以"优"和"良"为主，覆盖全省面积的99.8%，占县域数量的96.1%。其中生态环境状况"优"的县域26个，生态环境指数值（EI值）介于75.8与88.4之间，占全省面积的17.1%，占县域数量的14.4%；生态环境状况"良"的县域148个，EI值介于56.9与74.7之间，占全省面积的82.8%，占县域数量的81.8%；生态环境状况"一般"的县域7个，EI值介于41.2与50.9之间，占全省面积的0.2%，占县域数量的3.9%。与2014年相比，生态环境状况略微变好的4个（通江县、平昌县、南江县和巴中市巴州区），无明显变化的99个，略微变差的76个，明显变差的2个（攀枝花市东区和成都市青白江区）。

1.空气质量

空气质量（air quality）的好坏反映了空气污染程度，它是依据空气中污染物浓度的高低来判断的。空气污染是一个复杂的现象，在特定时间和地点空气污染物浓度受到许多因素影响。来自固定和流动污染源的人为污染物排放量大小是影响空气质量的最主要因素之一，城市的发展密度、地形地貌和气象等也是影响空气质量的重要因素[1]。

（1）城市空气。

2016年1～11月份全省城市环境空气质量总体达标天数比例为81.9%，其中优占27.7%，良占54.2%；总体超标天数比例为18.1%，其中轻度污染

---

① 董鹏、汪志辉：《生态产品的市场化供给机制研究》，《中国畜牧业》2014年第11期。

为 14.6%，中度污染为 2.5%，重度污染为 0.9%，严重污染为 0.1%（见图 4）。空气质量超标天数较多的城市依次为：成都、自贡、泸州。总体达标天数比例同比上升 0.6 个百分点。2015 年四川省城市环境空气质量状况首次按照新标准（《环境空气质量标准》GB3095－2012）进行监测和评价，而以往采取的是老标准（《环境空气质量标准》GB3095－1996），因监测和评价标准的差异，这里我们无法从历年数据上去分析城市空气质量变化，2015 年与2016 年两年的数据缺乏可比性。

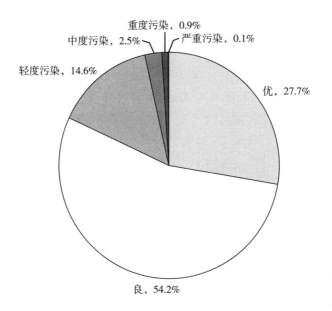

**图 4　2016 年 1～11 月四川省 21 个城市环境空气质量
指数（AQI）级别占比**

资料来源：四川省环保厅，《环境质量公告：城市环境空气质量实时监测结果（AQI）》。

全省二氧化硫、二氧化氮、可吸入颗粒物（PM10）、细颗粒物（PM2.5）、臭氧、一氧化碳平均浓度分别为 16.3 微克每立方米、29.2 微克每立方米、70.6 微克每立方米、43.9 微克每立方米、134.0 微克每立方米、1.5 毫克每立方米。同比分别下降 7.4%、上升 1.4%、下降 5.1%、下降 5.0%、上升0.5%、维持不变。全省 1～11 月共有 15 市细颗粒物（PM2.5）平均浓度同比

2015 年不同程度下降，降幅最大的城市依次为达州市（19.8%）、内江市（16.5%）、遂宁市（10.6%）；6 市细颗粒物（PM2.5）平均浓度不同程度上升，升幅最大的城市依次为广元市（19.2%）、康定市（16.0%）、资阳市（10.2%）；浓度最高的城市依次为自贡市、泸州市、成都市。

按照城市环境空气质量六指标综合指数评价 21 个城市，2016 年 11 月马尔康市、西昌市、巴中市的城市环境空气质量相对较差，排序情况详见图 5。受制于四川省深处内陆的盆地地形影响，风速小、污染物扩散能力差是四川省盆地内各城市共同面临的先天不利污染气象条件，而秋冬还存在逆温严重、雾罩天数多、相对湿度高等相对较差的污染气象条件，容易出现以高浓度 PM2.5 为代表的空气污染，爆发重污染。

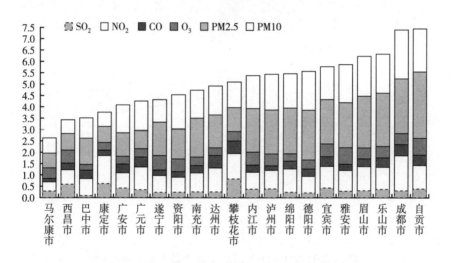

图 5　2016 年 11 月四川省 21 个城市空气质量综合指数排序

资料来源：四川省环保厅门户网站。

全省 1～11 月 PM10 污染负荷较大的城市是成都和自贡，加上资阳、眉山、泸州、德阳，6 市对全省 PM10 浓度污染负荷超过三分之一（36.2%），9 市（加上达州、南充、乐山后）污染负荷超过了一半（51.9%）。重点区域中的盆地西部 3 市（成都、资阳、眉山）污染负荷最大，为 18.6%；盆地南部 3 市（自贡、泸州、宜宾）污染负荷次之，为 17.1%；盆地东北部 3 市（达州、南充、广安）污染负荷为 15.6%。以上如图 6 所示。

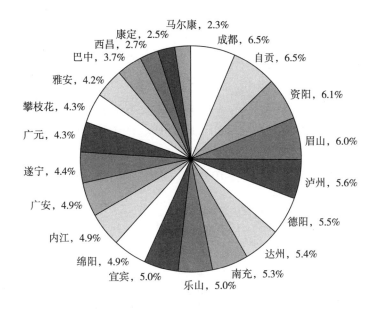

图6　2016年1~11月四川省21个城市对全省PM10平均浓度的污染负荷

资料来源：四川省环保厅门户网站。

截至2016年底，四川省盆地区域入秋以来出现了四次区域性污染过程，盆地西部和南部出现重度、中度或轻度污染。四川省环境监测总站开展的PM2.5来源监测结果表明，四川省盆地内主要城市PM2.5的首要来源是工业和燃煤，占40%左右；机动车尾气，占近30%；扬尘和秸秆等生物质燃烧比例基本相当，占11%~13%。大气污染物排放量巨大是区域性污染过程的内部决定性因素。省重污染天气应急指挥部办公室11月15日召开紧急会议，于11月16日零时启动了全省重污染区域黄色预警。成都、德阳、眉山、乐山、自贡5市积极行动，采取了工业限产减排、高排放机动车限行、建筑施工暂停、加大道路冲洗保洁力度等应急减排措施，其中成都还采取了人工增雨措施。截至区域黄色预警取消的19日，盆地西部在区域重污染应急措施的推动下，并在污染气象条件波动改善的协同作用下，成都、眉山等城市的污染状况有所缓解，空气质量等级由中度至重度污染改善为轻度至中度污染，城市协同预警、区域联防联控效果显著。

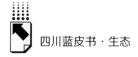

（2）农村空气①。

2015年全省农村区域空气质量较好。全年总达标天数比例为89.5%，其中，优为38.7%，良为50.8%（见图7）。全省农村区域二氧化硫、二氧化氮、可吸入颗粒物、一氧化碳、臭氧的年平均浓度分别为13微克/立方米、22微克/立方米、69微克/立方米，1.3毫克/立方米和133微克/立方米。同比，二氧化硫、一氧化碳年均浓度分别下降7.1%、7.1%，可吸入颗粒物、臭氧年均浓度分别上升15%、7.3%，二氧化氮基本无变化。二氧化氮、可吸入颗粒物浓度比城市分别低26.7%、10.3%，二氧化硫浓度比城市高7.7%。

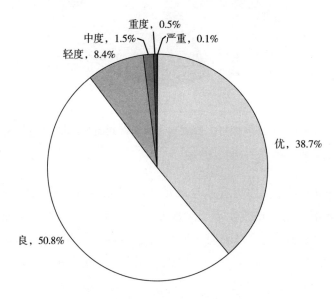

图7　2015年四川省农村区域空气质量级别分布

资料来源：《2015年四川省环境状况公报》。

2. 水土保持

四川省主要水土流失类型为水力侵蚀和风力侵蚀，根据第一次全国水利普查公报数据，全省水蚀和风蚀之和达121042平方公里，占土地面积的

---

① 全省15个农村环境空气自动站位于盆地西部、东北部，反映成都、德阳、绵阳、广元、南充、眉山、巴中、遂宁等8个市的农村环境空气质量状况，监测项目为二氧化硫、二氧化氮、可吸入颗粒物、一氧化碳、臭氧。

24.90%。其中，全省水蚀面积 114420 平方公里，占土地面积的 23.54%，在全省各地均有分布，其中轻度流失面积 48480 平方公里，中度流失面积 35854 平方公里，强烈流失面积 15573 平方公里，极强烈流失面积 9748 平方公里，剧烈流失面积 4765 平方公里。风蚀面积 6622 平方公里，占土地面积的 1.36%，主要分布在阿坝藏族羌族自治州的红原、若尔盖和阿坝县。

在国家和省、地方财政资金的大力支持下，四川省大力实施水土流失预防保持和综合治理生态环境建设项目，人为活动产生的水土流失总体得到遏制，水土流失面积明显减少，占总土地面积比例下降 7.46 个百分点。土壤侵蚀强度显著降低，林草植被覆盖率逐步增加，治理区林草植被覆盖率由治理前的 32.56% 提高到 48.85%，据第一次全国水利普查水土保持情况公报，四川省共有水土保持措施面积 72465.8 平方公里，其中实施坡改梯工程 1708.9 平方公里，营造水土保持林 8343.2 平方公里，经果林 2405.1 平方公里，人工种草 1627.5 平方公里，封禁育林 10846.1 平方公里，配套建设引排水沟渠 18249.2km，田间道路 7107.9km，修建小型蓄水工程 248876 座，谷坊、淤地坝和拦沙坝 2195 座，整修塘堰 17764 座。自 2000 年以来，四川省水力侵蚀面积累计减少 3.61 万平方公里，年均减少 2256.3 平方公里。即使如此，全省水蚀面积仍有 11.44 万平方公里，以目前的治理速度，要使全省现有水土流失面积初步治理一遍也要 40～50 年，水土流失治理工程依然任重道远。

3. 垃圾分解

生态系统按其形成的影响力和原动力，可分为人工生态系统、半自然生态系统和自然生态系统三类。自然生态系统的物质流动量主要取决于植物、动物和细菌、微生物的种类和数量。生产者、消费者和分解者之间以食物营养为纽带形成食物链和食物网，系统中产生的废弃物是腐生细菌、真菌、某些动物的食物。人工生态系统中物质流动种类与量以人的需要为纽带。人类在满足自己物质需要的同时，制造了大量的生产生活垃圾。地球自然生态系统已没有能力及时将这些废弃物还原为简单无机物。如果垃圾不能资源化，根据质量守恒定律，地球资源中能够为人类开采利用的资源将越来越少。实现人工生态系统中垃圾的资源化、无害化的关键是开发、

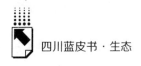

创造垃圾的分解能力①。

人工生态系统中，由于人类需求的膨胀和生产技术的发展，人类一方面不断地从生态系统中掠夺资源满足自己的贪欲，另一方面源源不断地制造着成分越来越复杂的垃圾，而这些人工合成垃圾的自然分解时间已超出环境的自净能力（见表3）。

表3 部分生活垃圾完全分解时间

种类	分解时间	种类	分解时间
废 纸	3~4 个月	胶 带	10~20 年
口香糖	5~6 年	尼龙布	30~40 年
烟 蒂	1~5 年	锡 罐	50 年
羊毛袜	1~5 年	铝 管	500 年
香蕉皮	2 年	玻璃瓶	1000 年

资料来源：大自然的分解功能，科普资源信息库，http://www2. cdstm. cn/c12/info. jsp·id = 275520。

人工生态系统的分解能力远远低于自然生态系统，只有大力发展垃圾无害化、资源化分解技术，才能确保人工生态系统物质循环和能量流动的延续。目前，四川省城市生活垃圾处理主要采取填埋、焚烧、综合处理等方式。2016年1月15日，四川省政府办公厅下发《四川省全面开展清洁城市环境活动实施方案》，提出以生活垃圾处理设施为重点，积极推动成都等13个设区城市建成餐厨垃圾资源化利用和无害化处理设施，有序推进成都、巴中等10个城市生活垃圾焚烧环保发电厂建设，完善大中城市生活垃圾处理配套设施和运行监控设施建设，提升无害化处理能力。到2017年底，设区城市生活垃圾无害化处理率达到95%，县城达到80%，建制镇达到60%。以设区城市为重点，开展城镇生活垃圾分类试点，逐步建立健全生活垃圾分类体系。到2017年底，成都、攀枝花、绵阳、广元、遂宁等5个城市完成省级生活垃圾分类示范城市建设目标任务，成都市生活垃圾资源化利用比例达到50%以上，其他4个城市达到30%以上；设区城市实现生活垃圾分类体系建设工作目标。

---

① 周咏馨、苏瑛、黄国华、田鹏许：《人工生态系统垃圾分解能力研究》，《资源节约与环保》2015 年第 3 期。

4. 洪水调节

洪水调节主要包含自然调节和人为调节两个方面，自然调节即通过自然生态系统中森林植被、湿地、草原等元素的涵养水源、保持水土、调节气候等自然修复功能进行调节；人为调节即人工生态系统中保证大坝安全及下游防洪，利用水库人为地控制下泄流量、削减洪峰的径流调节。从客观上讲，洪水频发有其不可抗拒的原因，但不可否认，洪水发生的频率和影响程度离不开人为因素。这里，我们可以做的是减少人为因素对自然生态的破坏，做好预测监测以及灾害发生后的应急处理，努力将洪水带来的危害降至最低。

（三）支持功能

1. 固碳

固碳（carbon sequestration），也叫碳封存，指的是增加除大气之外的碳库的碳含量的措施，包括物理固碳和生物固碳。物理固碳是将二氧化碳长期储存在开采过的油气井、煤层和深海里。植物通过光合作用可以将大气中的二氧化碳转化为碳水化合物，并以有机碳的形式固定在植物体内或土壤中。生物固碳就是利用植物的光合作用，提高生态系统的碳吸收和储存能力，从而减少二氧化碳在大气中的浓度，减缓全球变暖趋势[1]。《2015 年度四川林业资源及效益监测》显示，在林业生态效益方面，2015 年全省森林减少土壤流失 1.26 亿吨、涵养水源 723.74 亿吨、释放氧气 1.43 亿吨，吸收二氧化硫、氟化物、氮氧化物等有害物质 5.84 亿吨；固定碳量 0.68 亿吨，累计碳储量达 26.63 亿吨。

2. 土壤质量

土壤质量（soil quality & soil health），即土壤在生态系统界面内维持生产，保持环境质量，促进动物和人类健康行为的能力[2]。美国土壤学会于 1995 年把土壤质量定义为在自然或管理的生态系统边界内，土壤所具有的促进动植物生产持续性，保持和提高水、气质量以及人类健康与生活的能力。

---

[1] 王加恩、康占军、梁河、胡艳华：《浙江岩溶碳汇估算》，《浙江国土资源》2010 年第 6 期。

[2] Doran J. W. and T. B Parkin，"Defining and Assessing Soil Quality," *SSSA Special Publication*，1994，（35），pp. 3 - 21.

据全国第二次土壤普查，四川省共有25个土类、63个亚类、137个土属和380个土种。自20世纪80年代中期开展第二次普查后，没有再开展土壤普查工作，故相关数据未更新。根据国务院决定，四川省于2006年8月至2013年12月，开展了首次全省土壤污染状况调查，并发布了《四川省土壤污染状况调查公报》，具体信息见《四川生态建设报告（2016）》，此后，关于土壤质量方面的数据暂未更新。

3.生物地化循环

生物地化循环（biogeochemical cycles），即地球上的各种化学元素和营养物质在自然动力与生命动力的作用下，在不同层次的生态系统乃至整个生物圈里，沿着特定的途径经环境到生物体，再从生物体到环境，不断进行循环流动，主要包含水、气体和沉积型循环三类。生物地化循环是一个动态的过程，涉及自然界的方方面面，相关的研究主要集中在生物学角度且关于四川省的资料不足，但关于这方面研究的重要性不容忽视，只能留待以后各领域的专家学者研究讨论。

（四）生态文明功能

1.生态旅游景观价值

四川是生态旅游资源大省，素有"天府之国"和"熊猫故乡"的美誉，是长江上游生态屏障建设的重要战略高地。全省土地面积48.6万平方公里，森林覆盖率36.02%，有大熊猫等野生脊椎动物1247种，珙桐等野生高等植物1万余种。全省有世界级自然和文化遗产5处、森林公园127处、自然保护区167处、湿地公园39处，创建国家级生态旅游示范区4个、省级生态旅游示范区18个。全省形成了大熊猫生态旅游、森林生态旅游、湿地生态旅游和乡村生态旅游四大品牌。2016年前三季度，四川生态旅游累计接待游客1.9亿人次，实现直接收入585.5亿元，同比增长15%，增速为近三年最高。在生态旅游的四大支柱中，乡村生态游独占鳌头，前9个月，接待游客1.4亿人次，实现直接收入超过415.3亿元。其次为自然保护区生态游，总收入为91.8亿元。在森林公园和湿地公园旅游方面，分别实现直接收入55亿元、23.4亿元。

2. 传统生态文化传承

传统生态文化传承是指在我国悠久的农业生态文明实践中延续的关于人与自然和谐相处的方式方法、天人合一的生态观、尊重生命的道德观等等。四川历史悠久，是文化资源大省，有着与自然环境长期融为一体的原生性地域特色生态文化，如康巴文化、羌族文化、彝族文化、摩梭母系文化、大熊猫文化等等。近年来，四川将生态文化与旅游业相结合，通过举办各式各样的生态旅游文化节宣扬生态文化，花卉（果类）生态旅游节、森林生态文化节和红叶节等日益发展，在宣扬生态的同时也带动了四川生态文化旅游经济的发展。

专栏　基于佛教文化的林地管理——大渡河上游岷江柏保护

岷江柏木（学名：Cupressus chengiana）为柏科柏木属下的一个种，属于国家二级保护植物。岷江柏木原为岷江流域、大渡河流域及甘肃白龙江流域高山峡谷地区中山地带针叶林群落的建群种。因长期遭受过度砍伐，成片林极为罕见，残存者多在交通不便、人类活动极少的地方，多散生在岩石裸露的秃山峻岭和岩边峭壁上及峡谷两侧，若不采取保护措施，其有可能被河谷灌丛所替代。

据调查，岷江柏分布区藏传佛教的五大派别都有，寺庙众多。除个别村外，大部分村均有寺庙，例如白湾乡境内有8座寺庙，党坝乡境内有寺院3座。政府与寺庙签订了藏传佛教寺庙管理责任书、安全工作目标责任书、寺庙消防责任书、寺庙反焚防群专项斗争责任书、成品油管理承诺书。

在佛教文化的影响下，村民们将岷江柏视为具有特殊宗教意义的神树，"岷江柏不能砍、相当于杀生"的认识较为普遍。因此岷江柏在社区层面的保护有较好的宗教文化基础和群众基础。与此同时，在各种宗教祭祀活动中，村民们每家每户都会采集一些岷江柏枝条用来煨桑，俗称"qiu烟烟"。

在岷江柏分布区的北部，寺庙确定了一些神山，定期举办转山活动，组织村民们集体参与转山祈福，从某种程度而言，是对岷江柏保护的一种宣示。当地林业局也与寺庙合作，共同向村民们宣传环保理念。例如闪珠寺，寺庙主要影响范围是业隆村，把村内寺庙周边的5～6座山峰都确认为神山，禁止村民在神山上采伐和打猎，而这些神山也是村中岷江柏主要分布区。

3. 自然资源利用冲突事件与社会公众自然保护意识

自然资源利用冲突是指在开发、利用、保护、管理自然资源的社会经济活动中发生的冲突，其实质就是各种有关资源利用的利益、价值、行为或方向的抵触，主要包括自然资源所有权纠纷、自然资源用益物权纠纷、环境资源破坏及污染纠纷等[①]。社会公众自然保护意识是人们对自然环境和自然资源保护的认知水平和认识程度，是人们为保护自然环境、自然资源而不断调整自身经济活动和社会行为，协调人与自然、人与环境相互关系的实践活动的自觉性。

2015 年是《中华人民共和国环境保护法》（新环保法）实施元年，也是社会组织参与环境公益诉讼主体资格被正式确认元年。2015 年，全国共有 9 家环保组织提起环境公益诉讼 37 起，其中四川省有 1 起。环境公益诉讼的个案数量相较于新环保法实施之前大幅增加，一方面反映出社会公众的保护意识普遍提高，参与生态保护与建设的积极性不断增强，另一方面也印证了社会监督机制日趋健全。但需要注意的是，相较于我国严重的环境现状，目前的环境公益诉讼并未出现"井喷"式上涨且数量还较少，环境公益诉讼中的生态环境修复和损害赔偿费用的如何使用、管理及监督等亟待解决。

2016 年，社会公众将焦点锁定在与人类生存息息相关的空气质量上，雾霾已成了网上出现频率最高的词，《雾霾致高速公路拥堵严重　回京高速秒变"停车场"》《雾霾之下三位母亲的选择》《道歉》等短片引人深思，朋友圈、微博成为公众发声的地方，社会公众通过转发即时空气质量信息和讨论雾霾成因，呼吁政府采取相应防治措施，如呼吁政府发放口罩和"利用寒假时间"给所有学校包括幼儿园安装可去除 PM2.5 的新风系统并定期更换滤芯。2016 年 11 月 16 日，四川省重污染天气应急指挥部办公室召开紧急会议并启动全省重污染区域黄色预警，采取工业限产减排、高排放机动车限行、建筑施工暂停、加大道路冲洗保洁力度、人工增雨等应急措施，对重污染有较为明显的削峰作用。此后，四川还出现了两次区域性空气污染，群众呼吁政府给出一个有公信力的"安民告示"，并明确"治理"的步骤。可见，社会公众的环保意识普遍提高，参与生态保护与建设的积极性也在不断增强。

---

① 奉晓政：《资源利用冲突解决机制研究》，《资源科学》2008 年第 4 期。

三 压力

（一）自然压力

1.地震

2015 年不是地震的"大年"，中国 2015 年地震活动水平较 2014 年和 2013 年偏低，但比 2012 年和 2011 年要高。截至 2015 年底，我国 3 级以上地震年均发生次数为 598 次，平均每天 1.66 次。其中，四川省 3 级以上地震发生了 58 次，仅次于新疆、西藏、台湾，位居全国第 4（见图 8）。

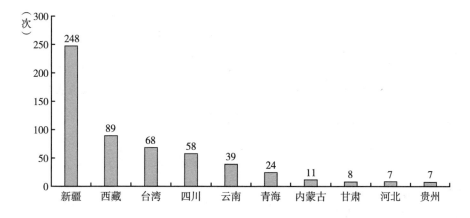

图 8　2015 年我国 3 级以上地震次数分省统计

2.气温与森林火灾

2015 年四川省年平均气温 15.8℃，比常年偏高 0.9℃，与 2006 年和 2013 年并列历史第一高位（见图 9）；全省大部偏高 0.5℃以上，盆地西部和中部偏高 1℃~1.4℃。全省 12 个月的月平均气温中有 10 个月偏高、2 个月偏低。其中，月平均气温偏高最为明显的是 3 月和 11 月，分别偏高 2.2℃和 1.9℃，3 月平均气温居历史同期第二高位，11 月平均气温位居历史同期第一高位。偏低的是 7 月和 8 月，分别偏低 0.2℃和 0.4℃。

2015 年冬春季，全省平均气温偏高 1.3℃，川西高原大部偏高 1.0℃左右，攀西地区大部偏高 1℃~1.5℃；全省平均降水量偏少 5%，川西高原南

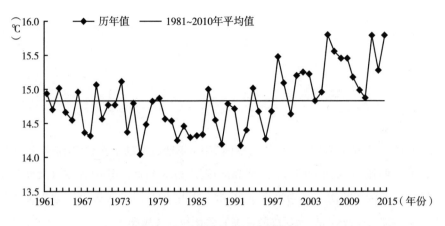

图9 四川省历年气温变化趋势

部及攀西地区北部偏少 1～2 成。全省大部林区发生了一般性冬干春旱，冬
春季总体森林火险气象等级一般。据省护林防火指挥部统计：2015 年全省
共发生森林火灾 220 起，其中，一般森林火灾 183 起，较大森林火灾 37 起，
无重大、特别重大森林火灾发生，森林火灾损失率为 0.018‰。与 2014 年同
期相比，火灾次数减少 218 起，过火面积减少 3303 公顷，受害森林面积减
少 462 公顷，人员伤亡 2 人，分别同比下降 50.2%、70.1%、60.4%、
33.3%。

3. 强降雨与地质灾害

2015 年汛期（5 月 1 日～10 月 15 日），全省平均降水量较常年同期略偏
少，盆地西部、北部偏少 1～2 成，盆地中部和东南部偏多 1～2 成，川西高原
大部偏多 1～3 成。汛期暴雨频次少、范围略小、区域性暴雨不多，8 月中旬
出现了一次范围广、强度大的区域性暴雨天气过程；而 9 月全省降水日数偏
多，但强度弱，盆地大部、高原西北部及攀西地区东北部降水日数达 20 天，
个别地方超过 25 天。

受降雨影响，全省汛期地质灾害发生次数总体偏多，但损失较小，据四川
省国土厅统计，2015 年汛期全省共发生较大规模的地质灾害 1294 处，比常年
均值多 9.2%，因地质灾害造成的死亡人数为 2 人，是全省多年平均因灾死亡
失踪人数（平均 125 人）的 1.6%。

4. 干旱

2015年全省气象干旱总体不明显，春旱发生范围大但程度偏轻；夏旱区主要是在盆地西北部，但中度以上旱区范围小于常年；伏旱影响范围主要集中在盆地东北和西北部，盆南常年伏旱区2015年未发生伏旱。

春旱：2015年全省共有82县市（盆地53县市）发生了春旱，其中轻旱66县市（盆地51县市），中旱8县市（盆地2县市），重旱6县市（盆地0县市），特旱2县市（盆地0县市）。主要分布于盆地西部和中东部、攀西地区西部和甘孜州境内，盆地中度以上旱点少，未出现重、特旱站点。3月全省气温异常偏高，盆地部分地方降水偏少7～9成，导致大范围春旱发生，4月降水过程明显增多，部分旱点雨量偏多1倍以上，有效抑制了旱情的发展。2015年，春旱范围比常年偏大，但强度偏轻。

夏旱：2015年全省共有81县市（盆地57县市）发生了夏旱，其中轻旱46县市（盆地31县市），中旱13县市（盆地10县市），重旱9县市（盆地6县市），特旱13县市（盆地10县市）。主要分布于盆地西北部和中南部、攀西地区西部和南部及甘孜州西南部，其中资阳北部、成都东部、德阳中部、绵阳中部、凉山州西北部、甘孜州西南部出现重度以上干旱。

伏旱：2015年全省共有61县市（盆地48县市）发生了伏旱，其中轻旱29县市（盆地20县市），中旱16县市（盆地13县市），重旱11县市（盆地11县市），特旱5县市（盆地4县市）。主要分布在盆地东北和西北部，以及阿坝州北部和甘孜州西北部，其中成都东部、德阳南部、绵阳南部、南充南部、巴中北部以及阿坝州若尔盖等地有重度以上伏旱发生。全年中、重度伏旱站点多于常年，但盆南常年伏旱区2015年未发生伏旱。

5. 沙尘暴

沙尘暴是指强风把地面大量沙尘物质吹起卷入空中，使空气特别浑浊，水平能见度小于1公里的严重风沙天气现象。四川盆地处于我国西北甘肃、宁夏等主要沙源地下游，虽有盆地和北部秦岭等山脉的阻隔，集中、持续、严重的沙尘天气较少发生，但受到大气环流异常等气象因素影响，北方沙尘翻越秦岭后进入四川盆地，遇到下沉气流，易形成严重区域性浮尘天气。浮尘在四川不会产生漫天黄沙的现象，但对空气质量有很大程度影响，其发生时间多在春季。据四川省环境中心站发布的《关于全省空气质量状况的分析》，全省 25 个省控城市中有部分城市环境空气质量出现不同程度的污染，首要污染物为可吸入颗粒物（PM10），其原因是西北沙尘越过秦岭后下沉。可见，沙尘暴这一天气现象带来的影响是多方面的，也是一个跨地区乃至跨国的问题，如何在国家层面强化区域协作，开展国际合作，是目前需要考虑的关键性问题①。

（二）人为压力

1. 人口变化

据 2015 年全国 1% 人口抽样调查资料测算，全年出生人口 84.0 万人，人口出生率 10.3‰；死亡人口 56.6 万人，人口死亡率 6.94‰；人口自然增长率 3.36‰。年末常住人口 8204 万人，比 2014 年末增加 63.8 万人。其中，城镇人口 3912.5 万人，乡村人口 4291.5 万人，城镇化率 47.69%，比 2014 年提高 1.39 个百分点（见图 10）。

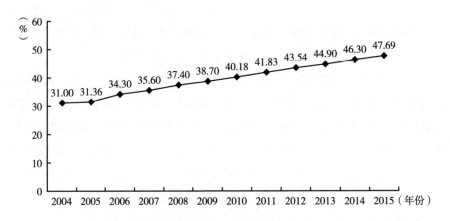

图 10　四川省 2004~2015 年城镇化趋势变化

《四川省新型城镇化规划（2014~2020 年）》提出，到 2020 年常住人口城镇化率力争达到 54% 左右，据此测算，"十三五"期间，四川省城镇化率年均提高 1.3 个百分点，与"十二五"时期相比增速放缓，由高速发展阶段进入

---

① 廖乾邑、曹攀、蒋燕、李波兰：《浮尘天气过程中对四川省空气质量的影响》，《广州化工》2016 年第 6 期。

中高速发展阶段。从人口流动的趋势看，就近城镇化将成为本轮城镇化的主导，一方面，由经济下行因素引起的异地城镇化人口回流成为本地城镇化的主要动力；另一方面，中央提出的解决"三个1亿人"中，有约1亿人需要被引导在中西部地区就近城镇化，为此四川需解决700万人就近城镇化，使其成为本地城镇化的主要推动力。根据规划预测，2020年四川省户籍人口城镇化率将达到38%，按2014年户籍人口城镇化率29.4%计算，年均提高1.4个百分点，年均需转户160多万人。也就意味着，"十三五"期间，四川省将以引导约700万人就近城镇化、促进约800万农业转移人口落户城镇、改造约500万人居住的城镇危旧房和棚户区为重点目标，推进"以人为核心"的新型城镇化健康发展。这就需要政府根据主体功能区和资源环境承载能力，划定开发边界和生态保护红线；需要通过优化城镇化布局和形态，实施"多规合一"的县（市）域全域规划，提高城镇化建设质量；等等。

2. 工业发展

"工业三废"中含有多种有毒、有害物质，若不经妥善处理，如未达到规定的排放标准而被排放到环境（大气、水域、土壤）中，超过环境自净能力的容许量，就会对环境产生污染，破坏生态平衡和自然环境，影响工农业生产和人民健康。污染物在环境中发生物理的和化学的变化后就又产生了新的物质，这些物质通过不同的途径（呼吸道、消化道、皮肤）进入人的体内，有的直接产生危害，有的还有蓄积作用，会更加严重地危害人的健康①。

据《四川省环境状况公报》（2011~2015年），四川省2015年废水排放总量34.16亿吨。其中，工业废水排放量7.16亿吨，占废水排放总量的20.96%。纵观2011~2015年，四川省城镇生活污水排放量呈现上升趋势，具体参见图11。

2015年全省工业废气排放总量17927.56亿立方米。全省废气中二氧化硫排放量71.76万吨，其中工业二氧化硫排放量为62.24万吨，占二氧化硫排放总量的86.73%，但与往年相比，呈现逐年下降的趋势。全省废气中氮氧化物排放量为53.43万吨，其中，工业氮氧化物排放量为32.83万吨，占氮氧化物排放总量的61.44%。全省烟（粉）尘排放量为41.32万吨，其中，工

---

① 工业三废，百度百科，http：//baike. baidu. c。

图11 四川省2011～2015年废水及其污染物排放情况

资料来源：《四川省环境状况公报》（2011～2015年）。

业烟（粉）尘排放量为37.56万吨，占烟（粉）尘排放总量的90.90%。具体见图12。

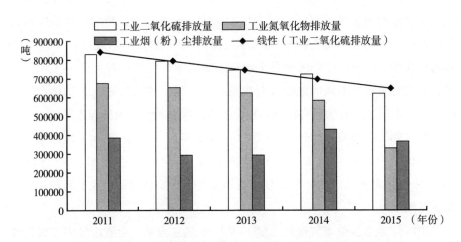

图12 四川省2011～2015年废气及其污染物排放情况

资料来源：《四川省环境状况公报》（2011～2015年）。

2015年，全省一般工业固体废物产生量12315.73万吨；一般工业固体废物综合利用量5507.36万吨，综合利用率44.32%，相较于2011年的47.21%下降了2.89个百分点；一般工业固体废物处置量4176.72万吨，处置率

33.91%。2015 年，全省工业危险废物产生量 111.94 万吨；工业危险废物综合利用量 59.08 万吨，综合利用率 52.77%；工业危险废物处置量 51.75 万吨，处置率 45.99%。具体见图 13 和表 4。

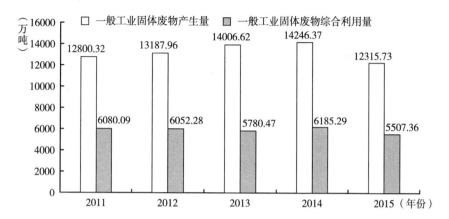

图 13　四川省 2011～2015 年一般工业固体废物产生量与综合利用情况

资料来源：《四川省环境状况公报》（2011～2015 年）。

表 4　四川省 2011～2015 年主要污染物排放情况

指　标	2011 年	2012 年	2013 年	2014 年	2015 年
一、废水及其污染物排放					
1. 废水排放总量(万吨)	279860.11	283657.34	307647.83	331276.53	341607.41
其中:工业废水排放量	80428.60	69984.23	64863.74	67576.73	71647.44
城镇生活污水排放量	199244.95	213442.85	242574.40	263468.23	269725.36
集中式废水排放量	186.56	230.26	209.70	231.57	234.62
2. 化学需氧量排放总量(吨)	1302200.00	2425700.00	1231965.30	1216200.00	1186425.50
其中:工业化学需氧量排放量	129100.00	1216300.00	106492.46	105300.00	101483.40
城镇生活化学需氧量排放量	610400.00	105300.00	591206.10	586800.00	588274.26
农业源化学需氧量排放量	549200.00	586800.00	528814.08	518600.00	492962.84
集中式化学需氧量排放量	13500.00	518600.00	5452.66	5500.00	3705.00
3. 氨氮排放总量(吨)	143721.08	140726.84	137035.75	134742.56	131420.57
其中:工业氨氮排放量	5680.26	5591.17	4974.99	5218.40	5260.79
城镇生活氨氮排放量	78572.89	76986.23	75449.24	74628.84	73497.46
农业源氨氮排放量	58699.95	700.85	55949.18	54232.96	52271.57
集中式氨氮排放量	767.99	57448.59	662.34	662.36	390.76
二、废气及其污染物排放					
1. 二氧化硫排放总量(吨)	902006.30	864440.44	816706.01	796401.53	717584.45

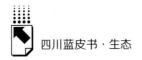
续表

指　标	2011 年	2012 年	2013 年	2014 年	2015 年
其中:工业二氧化硫排放量	828928.68	793965.47	746363.04	725728.95	622440.82
城镇生活二氧化硫排放量	72835.63	70238.87	70082.86	70515.55	94983.06
集中式二氧化硫排放量	241.98	236.10	260.11	157.04	160.58
2. 氮氧化物排放总量(吨)	674853.20	659006.67	624313.95	585438.61	534319.01
其中:工业氮氧化物排放量	465165.03	438656.28	408795.94	368648.51	328335.67
城镇生活氮氧化物排放量	9984.27	10029.87	9913.38	11628.86	16186.78
机动车氮氧化物排放量	199349.36	209971.73	205313.60	204942.47	189570.42
集中式氮氧化物排放量	354.54	348.79	219.03	218.77	226.13
3. 烟(粉)尘排放总量(吨)	385902.90	295840.52	296004.85	428629.91	413190.63
其中:工业烟(粉)尘排放量	357576.99	267820.42	268866.05	398729.09	375566.09
城镇生活烟(粉)尘排放量	12780.46	12067.73	11386.63	14607.42	22368.99
机动车烟(粉)尘排放量	15409.97	15843.96	15653.58	15206.50	15171.94
集中式烟(粉)尘排放量	135.49	108.41	98.59	86.91	83.61
三、工业固体废物					
1. 一般工业固体废物产生量(万吨)	12800.32	13187.96	14006.62	14246.37	12315.73
2. 一般工业固体废物综合利用量(万吨)	6080.09	6052.28	5780.47	6185.29	5507.36
3. 一般工业固体废物综合利用率(%)	47.21	45.71	41.00	42.78	44.32
4. 一般工业固体废物贮存量(万吨)	2773.75	2278.51	3106.51	2848.98	2744.96
5. 一般工业固体废物处置量(万吨)	4034.95	5099.00	5300.70	5512.35	4176.72
6. 一般工业固体废物倾倒丢弃量(万吨)	6.02	2.14	—	—	0.44
四、工业危险废物					
1. 工业危险废物产生量(万吨)	—	—	—	133.39	111.94
2. 工业危险废物综合利用量(万吨)	—	—	—	68.89	59.08
3. 工业危险废物贮存量(万吨)	—	—	—	1.42	1.81
4. 工业危险废物处置量(万吨)	—	—	—	66.23	51.75
五、环境污染治理投资					
1. 污染治理投资总额(万元)	1584118.30	1569116.13	1145726.99	1569116.13	2337497.67
其中:工业污染治理项目投资额	165906.70	232451.83	188391.59	232451.83	118258.97
"三同时"项目环保投资额	591465.60	1336664.30	957335.40	1336664.30	2219238.70
2. 环境污染治理投资占当年 GDP(%)	—	—	—	—	0.78
六、工业污染治理					
1. 当年施工污染治理项目数(个)	378.00	212.00	201.00	143.00	125.00
2. 污染治理项目当年完成投资额(万元)	174988.2	105154.01	180142.39	220780.7	102245.22
其中:治理废水	82631.60	53646.35	29791.39	54167.90	55111.60
治理废气	88656.00	48615.43	148926.38	164883.27	46883.62
治理固体废物	3700.60	2892.23	1424.62	1729.53	250.00

2015年，四川省环境污染治理投资总额为2337497.67万元，比2014年增长了48.97%。工业污染治理项目投资额呈现波动下滑趋势，由2011年的165906.70万元降至2015年的118258.97万元，下降了28.72%。2011~2015年，当年施工污染治理项目数逐年减少，由2011年的378个降至2015年的125个；污染治理项目当年完成投资额也呈现波动下降趋势，其中治理固体废物投资额逐渐在减少，治理废水、废气的投资额占比较大。具体见表4和图14、图15。

图14　四川省2011~2015年环境污染治理投资情况

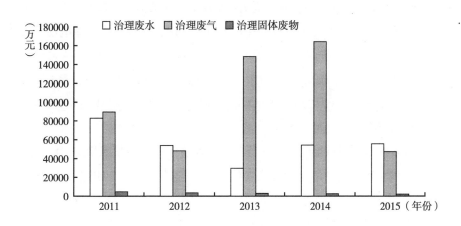

图15　四川省2011~2015年工业污染治理情况

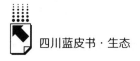

3. 能源建设

从目前来看，传统粗放式能源生产、消费模式将逐步被取代，新型绿色低碳的能源生产、消费方式逐渐成为主流，并将贯穿整个经济社会未来的发展过程和各个领域。传统高耗能、高污染、高排放的"三高"经济发展方式正逐渐向低能耗、低污染、低排放的"三低"方向转型，能源利用效率进一步提高，节能环保产业得到了空前发展。同时，相对于传统化石能源，水能等清洁可再生能源将成为能源结构的重要组成部分。

当前，我国经济社会发展进入新常态。国家积极推动能源生产和消费革命，提出到2020年我国煤炭消费占能源比重将下降到62%，这对四川水能资源在更大范围内跨区域优化配置和参与全国一次能源平衡具有深远影响。国家"十三五"规划纲要明确提出要建设现代能源体系，深入推进能源革命，着力推动能源生产利用方式变革，优化能源供给结构，建设清洁低碳、安全高效的现代能源体系，维护国家能源安全。纲要指出要科学开发西南水电资源，同时要统筹水电开发与生态保护。

四川省拥有独特的自然地理环境和丰富的能源资源，不仅有丰富的水能、天然气、页岩气、风能等资源储备，而且装备制造业也很强，其中清洁能源产业已经成为西部乃至全国能源系统的重要组成部分。四川获批创建国家清洁能源示范省，被纳入国家能源发展"十三五"规划。四川省"十三五"规划纲要也明确提出要加快清洁能源产业发展，大力推进国家优质清洁能源基地建设，以金沙江、雅砻江、大渡河"三江"水电开发为重点，优先建设龙头水库电站。重点抓好金沙江乌东德、白鹤滩、苏洼龙、叶巴滩、拉哇、巴塘、旭龙，大渡河双江口、猴子岩、长河坝、硬梁包、金川、丹巴、巴拉，雅砻江两河口、楞古、杨房沟、卡拉、孟底沟、牙根二级等大型水电站建设，建成全国最大水电开发基地①。

4. 交通网络建设

交通运输作为区域影响因素始终与区域经济空间结构紧密相连，成为区域经济发展和空间扩展的主要力量之一②。"十三五"期间，四川省提出要"建

---

① 《四川省国民经济和社会发展第十三个五年规划纲要》。

② 李文陆、张正河、王英辉：《交通与区域经济发展关系的理论评述》，《理论与现代化》2007年第2期。

成外场内联、结构合理的省域高速公路网，补齐贫困、民族地区两个区域交通短板，夯实国省干线、农村公路、港口航道三大基础，强化运输保障、安全应急、信息服务和行业治理四项能力，基本建成畅通安全高效的现代综合交通运输体系"。交通改善将盘活四川优势资源的经济活力，在盘活存量的同时，带来更多客流、物流、资金流等发展动力增量，旅游、特色农牧产品、民族文化等优质资源将有效转化为经济发展动能，产业辐射范围将进一步扩大，投资环境将明显改善，促进四川省的全面发展，但也对沿途生态脆弱区的生态环境、生物多样性等有一定的负面影响。以阿坝藏族羌族自治州为例，阿坝州提出在"十三五"期间，推进汶马高速公路、省道303线映秀至卧龙公路、九绵高速公路建设，意味着"大九寨旅游环线"形成，对加快构建川西北地区高速公路网，增强沿线市（州）县路网抗灾防灾能力，实现藏区经济持续健康发展和社会长治久安，具有重要的战略意义。然而，由于阿坝州地处青藏高原东南缘，横断山脉北端与川西北高山峡谷的接合部，地貌以高原和高山峡谷为主，地质结构极其复杂，气候条件极为多变，生态环境极其脆弱，交通的改善为该地区经济社会发展带来了机遇与发展空间，但也对其地区的生态建设形成了一定的挑战。

四　响应

（一）制度建设、政策与法律规定制定

1. 政策、制度建设

党的十八届五中全会把"绿色发展"作为五大发展理念之一写入会议公报，随后，"增强生态文明建设（美丽中国）"首度被写入国家五年规划，充分表明了建设生态文明在中国特色社会主义事业总体布局中的极端重要性。2016年3月正式发布的《国民经济与社会发展第十三个五年规划纲要》提出了"加快建设主体功能区、推进资源节约集约利用、加大环境综合整治力度、加快生态环境修复、积极应对全球气候变化、健全生态安全保障机制、发展绿色环保产业"。2016年是"十三五"规划开局之年，围绕着生态文明建设，国务院办公厅发布《关于健全生态保护补偿机制的意见》（国办发〔2016〕31

号），明确了责任主体、目标任务以及补偿办法，让"谁受益、谁补偿"原则不再是政策的呼吁，而是有了实实在在的抓手，标志着各方期待已久的生态保护补偿机制顶层设计获得重大进展。在区域实践层面，涉及包括四川省在内的沿江11个省市的《长江经济带发展规划纲要》把"生态优先、绿色发展"放在了首要位置。

在中央政策的导向下，2016年7月，四川省委第十届委员会第八次全体会议通过《中共四川省委关于推进绿色发展建设美丽四川的决定》，指出"推动发展理念向生态优先转变，把推进绿色发展融入实施'三大发展战略'、推进'两个跨越'的各方面，构建适应绿色发展的空间体系、产业体系、城乡体系和制度体系；到2020年，资源节约型、环境友好型社会建设取得重大进展，绿色发展体制机制基本建立"，为四川省下一步的生态文明建设指明了方向、明确了重点。2016年，四川省发布了《四川生态文明体制改革方案》，提出了"健全自然资源资产产权制度；建立国土空间开发保护制度；建立全省统一、相互衔接、分级管理的空间规划体系；完善资源总量管理和全面节约制度；健全资源有偿使用及生态补偿制度；健全监管统一、执法严明、多方参与的环境治理体系；健全更多运用经济杠杆进行环境治理和生态保护的市场体系；完善生态文明绩效评价考核和责任追究制度"等8项改革措施。12月5日，四川省政府第136次常务会议原则通过《四川省健全生态保护补偿机制的实施意见》，明确在森林、草原、湿地、荒漠、水流、耕地等6个重点领域推进建立完善自然资源有偿使用和生态保护补偿制度，力争到2020年实现重点生态领域和重点生态区域生态保护补偿基本覆盖。国家发改委和环保部联合发布的《关于加强长江黄金水道环境污染防控治理的指导意见的通知》，明确提出要建立长江经济带生态补偿机制，横向生态保护补偿机制的建立有助于弥补四川省作为长江上游生态屏障为保护生态而损失的"机会成本"，促进生态系统服务功能的提升。2016年10月，四川省人民政府印发《四川省生态保护红线实施意见》，明确了生态保护红线的划定方案、区块类型及保护重点，着力推进全省生态产品供给侧结构调整，到2020年，促进国土生态空间进一步优化并得到有效保护，推进生态系统服务功能总体改善，基本形成生态系统结构合理、生态功能分工明确、生态安全格局稳定的复合生态空间保护体系。到2030年，实现区域生态安全得到有效保障，生态系统服务功能显著提升，人与自然和谐发展现代化建设新格局全面形成。

2. 法律法规

建立健全生态环境保护法律法规体系，为生态环境保护提供有力的法治保障，已经成为全面建成小康社会，全面深化改革，全面依法治国，实现"两个一百年"奋斗目标和中华民族伟大复兴的中国梦的重要任务之一。经过多年建设，虽然我国已制定环保法律法规120余部，在生态环境保护方面也逐渐建立了一套制度体系，但还存在一系列问题。一是重授权性规定，轻责任性规定。二是生态环境保护有些领域无法可依。三是有些领域依然存在制度空白，现有的制度在设计上缺乏整体思维，各种规章制度之间衔接、协调和配合不到位问题依然存在，制度执行不力、环境执法难问题依然比较突出。四是由于法律以及管理体制问题，部门职能交叉现象普遍，环境立法工作中部门化倾向、争权诿责现象较为突出；执法体制权责脱节、多头执法、选择性执法现象仍然存在，执法司法不规范、不严格、不透明、不文明现象较为突出。保护生态环境、建设生态文明是一场涉及生产方式、生活方式、思维方式和价值观念的革命性变革，实现这一变革，必须建立健全生态环境保护法律法规体系，走依法建设生态文明之路。2014年颁布的新《中华人民共和国环境保护法》（新环保法）是一个良好的开端。2016年最受关注的"政策与法律法规"是与群众生产、生活息息相关的《土壤污染防治法》《水污染防治法》《大气污染防治法》，进一步说明了党中央对环境治理的决心。

2015年12月，四川省政府印发《〈水污染防治行动计划〉四川省行动计划》，提出以五大流域水环境整治和保护为重点，兼顾重污染水体治理和良好水体保护，主攻控磷，并提出了全省水环境质量改善的短期、中期与长期目标。2016年，四川省先后出台了《四川省大气污染防治行动计划实施细则2016年度实施计划》《关于进一步加强天然林保护的通知》《四川省生态保护红线实施意见》《大规模绿化全川行动方案》，此外，《四川省水土保持规划（2015～2030年）》（征求意见稿）处于公示阶段，在工作机制上成立了四川省大气、水、土壤污染防治"三大战役"领导小组，一系列政策文件的出台和实施明确了水、大气、森林以及生态安全的目标要求、工作重心和具体举措，呼应了绿色发展的理念，强有力地促进了资源的集约利用、环境的改善和生态系统的保护。

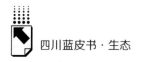

（二）生态修复与治理工程实施

1. 天然林资源保护工程

2015年，四川省在继续停止对天然林商品性采伐的同时，认真落实森林管护责任制，对18252.5万亩国有林、8296.93万亩集体所有公益林实行了常年有效的管护；对10174.23万亩（其中国有国家级公益林1877.3万亩，集体所有国家级公益林7248.35万亩，集体所有省级公益林1048.58万亩）公益林实施了森林生态效益补偿，补偿资金兑现率100%。全省共完成公益林建设77万亩（其中人工造林17万亩、封山育林60万亩），国有中幼林抚育114.9万亩，为年度计划任务的100%。全省近3万名国有林业职工通过森林管护、公益林建设、国有中幼林抚育、生态旅游等渠道，均实现了转岗就业。2015年，全省共到位天保工程中央资金292515.1万元，其中中央预算内资金9300万元，中央财政专项资金283215.1万元。为切实解决工程实施中的实际问题，2015年省财政投入天保工程二期资金25015.9万元，使全省工程区近3万名国有林业职工和6.2万余名离退休人员的基本养老等"五项"社会保险以及1048.58万亩集体所有的省级公益林补偿基金得到了全面落实，林区民生得到了进一步改善。通过科学的森林生态效益监测与评估，四川省林业厅发布了2015年度全省天保工程二期森林提供的生态服务价值监测结果，总计10520.29亿元。其中：固土保肥价值506.22亿元，涵养水源和净化水质价值2440.58亿元，固碳释氧价值1560.97亿元，营养物质积累价值101.38亿元，净化环境和提供负离子价值631.21亿元，生物多样性保护价值1191.59亿元，森林游憩价值4088.34亿元。

国家林业局2015年通过对天保工程的组织管理、森林管护、公益林建设与森林培育、职工就业与社会保险、资金到位和中央生活效益补偿金兑现情况及地方配套措施等方面的评价，对20个省级单位落实天保工作"目标、任务、资金、责任"到省情况进行综合考评，四川省位列第五。2016年，国家对天保工程国有林管护和2010年已补偿国有林各提高了2元/亩/年补助标准后，四川省天保工程二期年投资首次超过35亿元，总投资达351818.2万元，为2011年投资的142.5%。总投资中中央财政专项资金319502.3万元，中央预算内资金7300万元，省级财政专项资金25015.9万元。国家和省加大天保工程投资力度，有效地保护了天然林资源，推进了生态林业和民生林业建设，为四川省全面建成长江上游生态屏障做出了重要贡献。

2. 退耕还林工程

四川省于1999年10月正式启动新一轮退耕还林工程，当年即完成造林300万亩；1999~2006年，四川省完成退耕还林任务1336.4万亩，占全国总量的9.6%，居全国第三位。2007年，国家暂停安排退耕还林新任务，工程建设进入巩固成果阶段。2011~2013年工作以巩固前一轮成果为重点，2014~2015年工作以推进新一轮建设为重点。"十二五"全省共完成两轮工程建设投资128.04亿元，切实巩固前一轮成果1336.4万亩，组织实施新一轮任务115万亩，完成荒山造林和封山育林96.3万亩。5年共兑现落实农户直补资金94.15亿元，涉及全省550多万农户。依托中央巩固成果常规和新增专项建设项目，完成产业基地建设1275.2万亩，拓宽退耕农户增收致富渠道。2012、2013年度阶段验收工作被国家林业局表彰为全国先进。

2014年，国家将四川省列入首批重点省份之一，启动新一轮退耕还林工程。在省委、省政府领导下，林业厅将新一轮退耕还林作为推进绿色发展、建设美丽四川的具体实践，作为大规模绿化全川的重要抓手，作为脱贫攻坚的重要手段，全力推进工程建设。在全省上下共同努力下，2014年和2015年的115万亩任务已全面完成，2016年50万亩退耕还林工程正在实施。为深入贯彻落实省委十届七次全会部署，充分发挥退耕还林在扶贫开发中的重要作用，服务全省大局，在新一轮退耕还林工程建设中，退耕还林与精准扶贫紧密结合，多措并举，重"输血"更重"造血"。在工程规划上，优先重点将贫困县纳入规划范围。编制并上报国家的2014~2020年省级实施方案涵盖秦巴山区、乌蒙山区、大小凉山彝区、高山藏区的88个贫困县，共规划实施266.36万亩，占全省规划任务总量的81.7%。在任务安排上，结合地方政府任务申报情况，将国家下达的2014年和2015年115万亩新一轮任务，重点向四大扶贫片区63个贫困县倾斜，共安排97.88万亩任务，占比达85.1%。在"输血""造血"上，加强政策宣传，全面落实直补政策，增加退耕农户政策性收入。对退耕土地流转的，引导建立紧密的利益联结机制，带动贫困退耕农户增收致富。在生态优先的前提下，加强分类指导，大力发展特色经果林、林下种养业，增加农户特别是贫困户经营性收入。针对农村缺劳力、缺资金、缺技术的

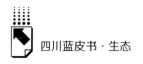

问题，积极培育新型经营主体，统筹整合项目资金，实施适度规模经营，推动后续产业发展，最大程度释放产业扶贫效应。

四川省林业厅发布的《2015年度四川林业资源及效益监测》显示，2015年度，全省退耕还林工程林草植被提供的生态服务价值达1164亿元，占全省林业生态服务总价值的6.9%。其中：保育土壤35.29亿元，涵养水源224.25亿元，固碳释氧205.43亿元，营养物质积累13.25亿元，净化环境74.67亿元，生物多样性保护140.95亿元，森林游憩470.16亿元。

3. 野生动植物保护与自然保护区工程建设

四川省在人口增加、资源过度开发、植被破坏、外来物种入侵、环境污染和气候变化等压力不断增大的情况下，陆续实施了一系列生态环境保护措施，初步遏制或减缓了生态系统中物种与遗传多样性丧失的趋势。自然保护区工程建设是生物多样性保护的重要途径之一，尤其是对自然生态系统和野生生物物种的就地保护，作用更为显著。截至2015年底，四川省有123个自然保护区，其中包括23个国家级自然保护区；自然保护区面积约为725万公顷，其中国家级自然保护区占地261.38万公顷；有国家级重要湿地——若尔盖湿地1个，占地166571公顷；野生植物就地保护小区92个，占地面积827411公顷；野生植物种源培育基地3个，野生动物种源培育基地（不含观赏展演单位）223个，其中包括5个公益性野生动物救护繁育基地，218个商业性野生动物驯养繁殖单位；野生动植物保护管理站450个，野生动物疫源疫病监测站45个，野生动植物科研及监测机构18个。

4. 防沙治沙工程

四川是长江、黄河重要的水源发源地、水源涵养区和集水区，是全面建成长江上游生态屏障战略的重要支撑，土地沙化影响长江流域、黄河流域乃至全国生态安全。四川省沙区主要分布在川西藏区，做好沙化土地治理工作，有利于实现藏区的长治久安，有利于全面建成小康社会，具有重要的政治、经济、社会、生态效益。四川省于2007年启动土地荒漠化综合治理，截至2014年底，全省累计治理沙化土地1.76万公顷，但仍有沙化土地91万公顷，主要集中在川西北地区。近年来，随着气候变暖、过度放牧等，这一区域的土地沙化趋势仍然明显。2015年1月28日，省政府办公厅发布《关于进一步做好防沙治沙工作的通知》（川办发〔2015〕9号），这是时隔十年之后四川省出台的又一个专门针对防沙治沙工作提出要求、做出部署的重要文件，是四川省贯彻落实党中央、国务院关于推进荒漠治理、建设生态文明战略部署，加快推进沙化土地治理和幸福美丽四川建设采取的一项重大举措，充分体现了省委、省政府对防沙治沙工作的高度重视和对沙区群众生产生活及经济社会发展的高度关注。该通知要求全省各地特别是川西藏区将川西北沙化土地治理纳入《川西藏区生态保护与建设规划（2013～2020年）》，并提出"到2020年，完成沙化土地治理任务88万公顷，全省96%的可治理沙化土地得到有效治理，中度、重度沙化土地植被盖度都平均提高20个百分点以上"的目标任务。

5. 森林碳汇

2016年1月，四川省第十二届人民代表大会第四次会议通过的《四川省国民经济和社会发展第十三个五年规划纲要》将增加森林碳汇写进纲要。2016年10月，《大规模绿化全川行动方案》将森林碳汇纳入四川省绿化重点工程建设。

总体来看，目前全省各类林业碳汇项目总面积超过12万亩，主要分布在阿坝、凉山、绵阳、广元、雅安等市州的15个县、5个自然保护区、40多个乡镇、70多个村，在项目实践上走在全国前列。具体见表5。

表5　四川省非CDM林业碳汇项目

序号	项目名称	项目类型	项目分布	项目规模（亩）	计入期（年）	项目开始（年份）
1	迪士尼碳汇项目	熊猫标准	嘛咪泽	7500	60	2013
2	奥迪-大熊猫栖息地修复项目	熊猫标准	冕宁 金阳	5000	30	2012
3	奥迪-申果庄自然保护区大熊猫栖息地植被恢复项目	公益碳汇	申果庄	2000	30	2010
4	统一企业"绿动中国"大熊猫栖息地植被恢复项目	公益碳汇	嘛咪泽	1001	30	2010
5	多重效益森林-旅游卫视碳中和项目	公益碳汇	关坝村	101	30	2011
6	财新传媒-大熊猫栖息地修复项目	公益碳汇	冕宁	100	30	2013
7	会畅-山水植树项目	公益碳汇	王朗	2	30	2009
8	荥经森林多重效益项目	公益碳汇	荥经	2388	30	2011

续表

序号	项目名称	项目类型	项目分布	项目规模 （亩）	计入期 （年）	项目开始 （年份）
9	森林多重效益王朗退化栖息地植被恢复项目	公益碳汇	王朗	1302	30	2006
10	UTC–马鞍山自然保护区生境恢复与生物多样性监测项目	公益碳汇	马鞍山	1800	30	2008
11	旅游卫视必须时尚–山水植树项目	公益碳汇	王朗	41	20	2008
12	利州区国家碳汇造林试点项目	公益碳汇	利州	2000	20	2011
13	大英县国家碳汇造林试点项目	公益碳汇	大英	2000	20	2011

资料来源："基于 CDM 项目的碳汇林业发展路径研究"项目组编制。

（三）改进现有产业对生态环境的影响

目前，世界新一轮技术革命不断深化，新一代信息技术、"互联网＋"、智能技术、生物工程、新材料及新能源等技术日趋成熟，不断催生新的产品、新的产业、新的理念和新的商业模式，为世界工业经济发展注入了强劲活力。我国制定了《中国制造 2025》发展规划，推动工业企业积极采取最先进的技术装备和工艺，发展智能制造、绿色制造和精准制造，并将"互联网＋"等技术应用于企业的研发设计、经营决策、生产管理和营销服务等环节，带动产业整体和新一代信息技术融合发展。同时牢固树立生态环保理念，加快节能减排新技术、新设备、新工艺的推广应用，提高清洁生产、绿色生产能力，全面提升资源开发利用效率，降低污染物排放水平，构建绿色生态制造业体系，促进工业整体转型升级。同时提出实施"大众创业、万众创新"战略，全面激发市场活力。四川省也积极制订了《中国制造 2025 四川行动计划》，全力推动制造业转型升级。近期，四川不断加大扶持力度，全力支持高新技术和战略性新兴产业发展，并相继出台了五大高端成长型产业发展规划，培育扶持新的产业增长点，这些都非常有利于工业加快转型升级和提质增效，也给四川省生态建设带来新的机遇。

为治理工业废气污染，截至 2015 年底，四川省环保厅对 45 家燃煤发电企业 48 台总装机容量 1131.6 万千瓦火电机组污染防治设施进行了升级改造，其中，建成脱硝设施 28 台套，总装机容量 985.5 万千瓦。23 台 30 万千瓦以上、总装机容量 1026 万千瓦火电机组全部切断烟气旁路，30 万千瓦以上燃煤电厂烟气旁路物理切断和脱硝设施建成比例全部达到 100%。对 13 台总规模 2564 平方米烧结机脱硫设施进行升级改造。建成 5 条总规模日产 5000 吨的平板玻璃生产线脱硝设施。建成 98 条总规模 31.42 万吨/日的水泥生产线脱硝设施。全省淘汰炼铁产能 192.4 万吨、炼钢产能 170.3 吨、焦炭产能 66 万吨，淘汰燃煤锅炉 1023 台，另外，还淘汰 27 个行业 307 户企业的落后和过剩产能。2015 年，启动了石化、有机化工、表面涂装、包装印刷、合成材料、化学药品原药制造、塑料产品制造等 11 个重点行业的挥发性有机物污染治理，重点行业治理项目完成率达到 55.4%。公布实施强制性清洁生产审核企业 176 家，公布 162 家通过清洁生产审核评估的企业名单及拟实施的 721 个中/高费方案，完成 84 家重点企业清洁生产审核验收工作，实施中/高费方案 450 个。环保厅依据《四川省"十二五"主要污染物总量减排考核办法》、《四川省"十二五"主要污染物总量减排综合考核计分细则》和《关于规范区（市、县）总量减排考核的通知》等有关规定，对各市（州）上报 2015 年辖区内各县（市、区）总量减排综合考核结果进行了审定排名，邛崃市、龙泉驿区、南溪区排名前三，康定县、巴塘县、得荣县排名倒数。

（四）环保产业

四川省环保厅同省发展改革委共同印发了《四川省节能环保装备产业发展规划（2015～2020 年）》、《关于促进节能环保装备产业发展的政策措施》和《四川省节能环保装备产业发展技术路线图》。明确了四川省将重点发展节能、资源循环利用、环保产业和节能环保服务业等产业，实施技术引进吸收创新、龙头骨干企业培训、重点品牌建设、重大示范项目支撑和重点产业基地孵化等五大重点工程，同时将通过建立健全组织协调机制、加强产业发展导向、完善政策激励机制等手段促进节能环保产业迅速发展。节能环保产业是我国确定的战略性新兴产业之一，也是四川省委、省政府为加快结构优化升级，实现发展方式根本性转变而着力培育的重点产业。目前，四川省大规模加快发展节能环保产业的条件已经具备，拥有较为成熟的节能环保技术及装备制造能力，同时，节能环保潜力巨大，市场空间广阔。此外，四川省还重点关注生态公园园区建设，目前，全省有 15 个园区的建设规划通过论证评审。

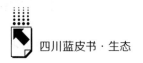

（五）环境教育

环境教育包括两个方面的任务，一是使整个社会对人类和环境的相互关系有一种新的、敏锐的理解；二是通过教育培育出消除污染、保护环境以及维护高质量环境所需要的各种专业人员。①

四川省政府及相关部门面向社会组织开展了 5 月 22 日"国际生物多样性日"、6 月 5 日"世界环境日"、"公众环保开放日"、"绿色中国·四川行"等宣传活动，积极参与"阳光政务热线"节目，引导 NGO、环保志愿者有序参与生态文明建设。此外，民间环保社会组织也在社会公众环保教育的宣传引导方面发挥了重要作用。2016 年，四川省环境科学学会主办了四川省首届环保科普创意大赛，即依托环境教育"1＋N"模式②，先后在四川省环保厅、四川新闻网、四川友熙环保科技友熙责任公司、西华师范大学环境教育与科普基地网站、西华师范大学环境科学与工程学院、环境教育与科普基地、四川友熙环保微博、友熙环保微信、环境教育与科普基地 QQ 群等多媒体展开推广宣传，还点对点地将通知送进中小学幼儿园；在"四川省环境教育 1＋N 工作交流会"上，也将通知直接送达与会者手上。截止到 2016 年 4 月 30 日共收到作品近 400 份，其中有效作品 314 份，涉及四川的大学、中小学及幼儿园、环保企事业单位。数据显示，这次大赛收到的作品有微电影 18 部、动画 8 部、文字方案 14 件、摄影 22 件和漫画 252 件。可见，在自媒体时代，我们每一个人都能以环保科普宣传员的身份参与到环保宣传行动中，从身边力所能及的小事情着手行动。

（六）生态区域设定

2015 年，四川省新建国家生态县（市）5 个，省级生态县（区）9 个，通过国家生态市技术评估 1 个，省级生态县技术评估 5 个；新建省级自然保护区 1 个，完成省级自然保护区区划调整 1 个；对 16 个省级以上自然保护区开发

---

① 于冬波、黄祖群：《西部地区环境问题与环境教育问题初探》，《吉林省教育学院学报》2006 年第 12 期。

② 四川省环境教育"1＋N"模式是指西华师范大学 1 所大学与 N 所四川省环境友好型学校、N 家四川省中小学环境教育社会实践基地合作开展环境教育，打造环境教育的品牌活动。

建设活动进行专项检查，完成 23 个建设项目涉及自然保护区生态影响专题论证审查。开展了四川省国家生态红线核定工作和 4 个县生态红线划定试点工作。对 53 个国家级生态乡镇进行了考核验收并报环保部复核，对申报省级生态乡镇的 156 个乡镇进行了审查、命名。

（七）科研与环保模式创新

四川省科研与环保模式创新具体表现在以下几个方面。一是积极推进重大环保科技项目研究。四川省完成了"四川盆地城市群灰霾防控研究"重大专项研究，预报预警监测平台等部分研究成果已成功运用到环境管理中；启动了"川南地区灰霾防治研究"课题。二是强化科技成果奖励。省环科院参与的"汶川特大地震灾后环境安全评估及应对措施"项目，获得 2015 年度国家环境保护科学技术一等奖；组织开展了"四川省环境保护科学技术奖"评审工作，共有 9 个项目获奖；建立环保技术审查专家库，公布第一批 241 名专家。三是努力打造科技创新平台，批准建设 13 个环保重点实验室和 11 个工程技术中心。四是加强科普基地创建。九寨沟国家级自然保护区等 6 家单位获批国家环保科普基地。五是加快制定修订环保标准；完成了四川省大气污染物排放标准、水污染物排放标准征求意见稿，开展了机动车排放标准等课题研究。

2016 年 7 月，四川省林业规划院研发的"基于生态过程模型的林业碳计量方法"获国家发明专利，弥补了传统计量方式的不足，能够更加全面、详细地反映森林生态系统过程的变化，并为进一步合理有效地进行森林经营提供了新手段。

五 "压力－状态－响应" 系统分析及未来趋势展望

（一）"压力－状态－响应"系统分析

1. 生态产品供给能力不足

随着城镇化进程加快和人民生活水平日益提高，广大群众对森林、湿地等自然生态系统的生态产品需求和生态公共服务需求日益旺盛，但目前生态产品供给不足、生态公共服务能力不强、城乡不均衡、区域不协调等问题较为突出，与人民期盼相比还有很大差距，身边增绿、社区休憩、就近康养的需求迫切。城乡绿化总体水平不高，城镇绿化水平、公共绿地面积与发达地区相比仍有较大差距，绿色无污染特色干果、林下果蔬、林药、林菌等绿色森林食品市场需求巨大，供给能力不足。生态资源有效转化为良好的生态产品和生态公共服务能力亟待加强，只重视实物产品生产不重视生态产品生产，只重视绿化不重视美化，生态体验设施缺乏，森林、湿地生态效益难以有效感知。

2. 生态屏障建设任务艰巨

全省水土流失面积高达 15.65 万平方公里，有近 2300 万亩荒漠化土地亟须治理，川西高原湿地退化萎缩加剧，地震灾区生态修复成果亟待巩固提升，区域生态系统仍较脆弱。低产低效林量大面宽，全省森林生态功能指数仅为 0.5。大熊猫和红豆杉等珍稀濒危野生动植物栖息地呈破碎化趋势，种群间基因交流受到限制，适应生境的抗逆基因等遗传资源面临丢失风险。基础设施、水电和矿产资源开发等重大项目占用征收林地增多，挤占生态空间，林业生态红线守护难度增大。川西高原、川西南山区和盆周山区极端气候天气频发，发生重特大森林火灾、森林病虫害和外来生物入侵风险加大。山洪、泥石流等地震次生灾害对灾区生态构成持续破坏；第一轮退耕还林中的生态林因政策补助逐步结束，成果巩固面临巨大压力。

3. 环境污染治理形势严峻

经济增长方式较粗放，绿色发展水平整体不高，产业结构优化调整缓慢，资源能源利用效率较低，部分行业高产能、高库存、低需求、低效益，环境污染负荷贡献大。部分地区重化产业高度集聚，资源环境约束趋紧，岷江中下游、沱江流域单位面积主要污染物排放量是全省平均水平的 3 倍以上，局部地区高达 6 倍，区域性多阶段多领域多类型污染问题长期叠加。此外，环境质量改善难度加大。全省城市空气质量不达标天数比例接近 20%，成都平原、川南、川东北经济区大气复合型污染严重，臭氧污染逐步显现。五大流域仍有 38% 断面水质不达标，岷江、沱江流域劣 V 类水质断面比例超过 22%，重点小流域达标率低，总磷污染凸显，城市建成区黑臭水体问题突出，乡镇饮用水水源水质不容乐观，农村环境污染问题严重。34% 的耕地土壤监测点位超标，局部地区土壤污染严重。污染物削减空间越来越小，环境质量改善难度越来越大。

4. 环境监管水平有待提高

生态环境保护职能分散、多头管理现象突出，环境保护"党政同责""一岗双责"难以有效落实。环境治理主体单一，全社会共同参与生态环境保护的机制仍不完善。生态环境监测网络覆盖不足，环境监察监测执法能力不足，农村生态环境监管能力薄弱，环境监管和应急响应体系亟待完善，"互联网＋"、大数据等现代化的环境监管技术手段处于起步阶段。

5. 体制机制制约仍较严重

生态治理体系尚不健全，政府与市场的关系没有真正理顺，该政府办的政府没有办到位，该市场发展的又没有放给市场，自然资源产权、支持保护等制度建设滞后，各项补助标准偏低、投融资机制不活等问题比较突出。农民直接参与重大生态工程建设仍存在政策障碍，普惠制政策尚未真正建立。集体林权制度改革还存在经营权落实不到位、处置权设置不完整、财政金融支持不到位等问题，新型林业经营主体发展不足，农村领军人才严重缺乏，集约化、专业化、组织化、社会化程度不高，难以适应规模经营的需要。国有林区管理体制不顺、民生问题突出、产业转型缓慢，改革发展任重而道远；国有林场林区改革刚刚起步，改革动力不足，顺利推进难度较大。

（二）未来趋势展望

1. 全面小康为四川生态建设带来新的机遇

十八大以来，中央政府空前重视扶贫开发工作。十八届五中全会提出了贫困地区全面同步建成小康社会的宏伟目标，即到 2020 年我国现行标准下农村贫困人口全部实现脱贫、贫困县全部摘帽、解决区域性整体贫困问题。当前，各级政府全线动员，将脱贫攻坚作为发展工作的重中之重。中央财政持续加大对贫困地区的投入力度，国家重大项目也向贫困地区重点倾斜，社会保障和基本公共服务加快向贫困地区、贫困人口延伸覆盖，对民族地区、革命老区采取特殊支持政策，等等。

四川省委、省政府根据中央扶贫工作的战略部署，密集出台一系列扶贫政策，先后印发了《关于创新机制推进农村扶贫开发工作的意见实施方案的通知》《关于四川省建立精准扶贫工作机制指导意见的通知》等一系列扶贫工作推进方案。2015 年，省委十届六次全会通过了《中共四川省委关于集中力量

打赢扶贫开发攻坚战确保同步全面建成小康社会的决定》，首次以全会形式对全省脱贫攻坚工作做出战略部署，充分体现了省委、省政府对脱贫攻坚工作的高度重视。四川省出台了"十三五"扶贫开发规划以及产业扶贫、移民搬迁等多个专项规划。

在政府大力推进生态文明建设、全线动员脱贫攻坚的宏观背景下，生态扶贫政策将为贫困地区带来重要的发展机遇。2015年国务院印发了《关于健全生态保护补偿机制的意见》，指出"结合生态补偿推进精准扶贫，对于生存条件差、生态系统重要、需要保护修复的地区，结合生态环境保护与治理，探索生态脱贫新路子"，将进一步促进贫困地区将富集的生态资源转化为经济发展资源。

2. 绿色发展成为四川生态建设的主题

党的十八大做出了大力推进生态文明建设的重大决策部署；十八届五中全会强调"筑牢生态安全屏障，坚持保护优先、自然恢复为主，实施山水林田湖生态保护和修复工程，开展大规模国土绿化行动"。习近平总书记先后做出了"生态兴则文明兴，生态衰则文明衰"、"绿水青山就是金山银山"、"把修复长江生态环境摆在压倒性位置，共抓大保护，不搞大开发"和"森林关系国家生态安全"等一系列重要论述。省委十届七次全会提出了"坚持绿色发展理念，着力改善生态环境，加快建设生态文明新家园"、"加强生物多样性保护，探索建立以大熊猫等珍稀物种、特殊生态类型为主体的国家公园"和"建设长江上游生态屏障，开展大规模绿化全川行动"等重大部署。

2016年，四川省委印发《中共四川省委关于推进绿色发展建设美丽四川的决定》，对立足四川实际因地制宜深入推进绿色发展实践辩证思考，提出了"六个转变"，即：①推动发展观念向生态优先转变，切实筑牢长江上游生态屏障；②推动治理方式向依法治理转变，不断健全完善生态文明建设的体制机制；③推动产品供给向优质环保转变，加快构建绿色低碳产业体系；④推动生产方式向节约高效转变，切实提高全要素生产率；⑤推动城乡建设向和谐相融转变，着力建设生态文明美丽家园；⑥推动生活方式向绿色低碳转变，形成全民参与、共建共享的良好社会风尚。

3. 生态产业化与产业生态化并行

作为中华民族两大母亲河——长江、黄河上游重要的水源涵养地和补给区，四川省的陆生生态系统被誉为"重要的绿色生态屏障"，既是"中国半壁江山的水塔""生物多样性的宝库""未来气候变化的晴雨表""典型的生态与环境脆弱带"，又是长江流域产业带发展的保障。四川独特的生态区位特点决定了其在整个中国生态安全格局中处于重要地位，其未来的发展趋势是突出生态优势，以供给侧结构性改革为着力点，以三产联动为路径，推动一、二、三产业融合发展。在优先保护生态环境的前提下，突出绿色循环导向，推动传统工业转型升级；突出新能源取向，建设清洁能源生产体系；突出生态资源优势，协调好农业发展与生态保护的关系，改变不合理的农业生产方式和土地资源利用模式，减小农村特别是生态脆弱区的人地压力，将替代产业发展纳入到生态建设工程之中；突出地域特色，鼓励和支持社会资本参与自然保护区实验区、森林公园、湿地公园的旅游资源开发，打造一批生态旅游名胜区精品，促进生态旅游产业持续快速增长。把生态优势转化为经济优势、环境资源转化为生产资源，充分利用生态核心优势来发展经济，并通过经济发展再反馈于生态，为对接国家"大健康""大环保"等战略机遇提供基础和可能。

生 态 扶 贫

Ecological Poverty Alleviation

B.2

新时期四川林业扶贫的实践与展望

林 波*

摘　要：扶贫开发是建设中国特色社会主义事业的一项历史任务，也是构建社会主义和谐社会的一项重要内容。在专项扶贫、行业扶贫和社会扶贫"三位一体"扶贫开发格局中，林业是行业扶贫的重要力量之一。本文从生态建设、林业产业发展、林业科技支撑、林业改革增效等多个方面回顾了近期四川林业扶贫开展的重点工作及取得的成效，并对下一步四川林业扶贫的目标和着力点进行了展望。

关键词：林业扶贫　生态建设　科技支撑　产业发展　林业改革

* 林波，博士，四川省林业调查规划院工程师，四川省林业扶贫攻坚领导小组办公室专职工作人员，主要从事林业生态环境监测与保护、林业扶贫等方面工作。

一　国家扶贫开发进程

消除贫困、改善民生、逐步实现共同富裕，是社会主义的本质要求，是中国共产党的重要使命。改革开放以来，国家积极推进农村扶贫开发工作。经过几十年的不懈努力，尤其是随着《国家八七扶贫攻坚计划（1994～2000年）》和《中国农村扶贫开发纲要（2001～2010年）》等重大扶贫战略规划的顺利实施，我国绝对贫困人口数量大幅减少，广大人民群众温饱问题得到基本解决，减贫事业取得举世瞩目的成就。在不断的探索和前进中，我们成功走出一条有中国特色的扶贫开发道路，为促进国家经济社会发展及和谐稳定发挥了重要作用，也为全球减贫事业做出重要贡献。

2011年底，中央召开扶贫开发工作会议并出台《中国农村扶贫开发纲要（2011～2020年）》，中国扶贫开发进入新的历史阶段。新时期扶贫开发的形势发生了重大变化，仅解决贫困群众的温饱问题还不够，还要适应全面建设小康社会目标，增强贫困地区和贫困人口可持续发展能力，不仅要扶贫，更要扶智，不仅要从物质上脱贫，还要从精神上脱贫。新的扶贫国家标准是实现"两不愁，三保障"，即贫困人口不愁吃、不愁穿，保障义务教育、保障基本医疗、保障住房安全。各地根据实际情况，制定高于国家标准的地方扶贫标准。

中共十八大以来，以习近平同志为核心的党中央高度重视扶贫开发。习近平总书记多次强调："全面建成小康社会，最艰巨最繁重的任务在农村，特别是在贫困地区。没有农村的小康，特别是没有贫困地区的小康，就没有全面建成小康社会。"扶贫开发被提升至治国理政的新高度，专项扶贫、行业扶贫、社会扶贫"三位一体"的扶贫开发工作格局逐渐确立。十八届五中全会后，《中共中央国务院关于打赢脱贫攻坚战的决定》发布，习近平总书记从战略和全局高度，深刻阐述了在全面建设小康社会进入决胜阶段推进脱贫攻坚的重大意义，对未来五年脱贫攻坚工作做出全面部署。各级党委、政府层层签订脱贫攻坚责任书、立下军令状，精准扶贫方略全面实施。中央向全党全社会发出了脱贫攻坚的动员令，吹响了消除绝对贫困、决胜小康社会的号角。

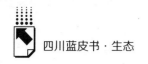

二 林业扶贫的重要意义

在"三位一体"扶贫开发格局中，林业扶贫是行业扶贫的重要力量之一。几十年来，林业行业依托自身资源优势，通过实施生态建设和保护、林业产业发展、林业科技支撑等绿色扶贫行动，践行着"绿水青山就是金山银山"理念，全国各级层面的林业扶贫工作取得了巨大成就，对国家扶贫开发事业形成了有力支撑。2009 年 6 月，在中央林业工作会议上，温家宝总理用"四个地位"对林业做出精辟概括：在贯彻可持续发展战略中林业具有重要地位，在生态建设中林业具有首要地位，在西部大开发中林业具有基础地位，在应对气候变化中林业具有特殊地位。十八大以来，生态文明建设被提至中国特色社会主义事业"五位一体"总布局的战略高度，绿色发展成为新形势下治国理政的重要理念，"绿水青山就是金山银山"思想深入人心，林业生态建设在扶贫开发工作中的作用进一步凸显。

（一）实施林业扶贫可以有效改善贫困地区生态环境

我国贫困区域大多处于深山、高原、沙漠等地区，绝大部分贫困区最主要特征之一是自然条件恶劣，土地贫瘠、生态环境脆弱、自然灾害频繁等现象不同程度存在。在四川，69.2% 的贫困人口集中在秦巴山区、乌蒙山区、大小凉山彝区和高原藏区，这些地区既是四川省扶贫开发重点地区、国家和省主体功能区规划的重点生态功能区、典型的生态脆弱区、全面建成长江上游生态屏障的重点难点区，也是四川省森林、湿地、物种和自然景观资源富集区。通过将天然林资源保护、退耕还林、野生动植物保护及自然保护区建设、森林防火、病虫害防治、荒漠化防治、干旱半干旱地区生态综合治理、生态效益补偿等林业工程项目与地区扶贫开发有机结合，既可以以"输血"方式增加贫困群众收入，解决脱贫问题，又可以有效改善区域生态环境状况，增强生态承载能力。

（二）实施林业扶贫可以有效提高贫困群众收入水平

林业除了能够通过实施重点工程项目直接向贫困群众"输血"，还可以充分利用行业优势，通过发展林业产业、实施科技扶智等行动增强贫困群众

"造血"能力。我国现有国家级重点贫困县大多分布在山区，这些山区有85%以上的后备土地资源适于发展林业①。林业产业涵盖范围广、产业链条长、产品种类多，可吸收大量劳动力，贫困地区可以结合各项林业重点工程，从特色经济林、速生丰产林、优良种苗培育、林下经济、生态旅游等方面着力，以第一产业为基础，积极发展林业二、三产业，优化产业结构，延伸产业链条，切实提高贫困群众的生存和发展能力。四川的四大连片贫困地区自然地理气候条件复杂多样，发展现代林业产业的条件得天独厚、比较优势明显，依据地区自然条件和资源禀赋，科学培育林业产业基地，积极发展林下经济、林业生态旅游和森林康养等产业可以有力增加农民收入，真正实现将"绿水青山"转化为"金山银山"。

（三）实施林业扶贫可以助力构筑国家生态安全屏障

从国家层面讲，贫困地区的生态建设与保护涉及东北森林区、西北风沙区、西部高原区、长江和黄河流域等重要区域（流域）生态安全屏障的构筑，影响整个国土生态安全，林业行业在全国新一轮扶贫开发中的地位特殊。四川地处长江上游，土地面积约占长江上游的一半，是长江上游生态屏障的主体，四川的生态建设事关整个长江经济带的经济社会发展和环境安全。而生态建设是林业扶贫的重点内容之一，新时期天然林资源保护、退耕还林、石漠化综合治理、沙化土地治理和湿地恢复等重大生态工程建设应同时面向生态保护和扶贫开发两个目标。林业精准扶贫的实施，必将有力推进国家生态安全屏障建设，守护绿水青山，推动绿色发展。

三 近期四川林业扶贫的实践与成效

（一）有效推进精准扶贫各项工作

1. 加强林业扶贫组织领导

加强组织领导，凝聚扶贫攻坚合力，是顺利推进脱贫攻坚这场战役的重要

---

① 郝学峰：《关于林业扶贫工作的分析与研究》，《国家林业局管理干部学院学报》2015年第1期，第51页。

前提。四川省委第十届委员会第六次全体会议着重提出要彻底解决好扶贫攻坚这个"老大难"的问题,并强调"必须加强组织领导"。全会后,省林业厅及时认真贯彻落实中央和省委系列扶贫工作决策部署,成立了林业扶贫攻坚领导小组,将扶贫攻坚列为林业的重点工作定期进行专题研究,分管领导亲自抓扶贫各项工作。划定厅级干部扶贫联系责任片区,厅级干部指导林业精准扶贫,实现精准脱贫工作21个市州全覆盖。抽调政治素质过硬、业务能力强的骨干力量专职从事林业扶贫攻坚工作,林业扶贫工作力量得到有效加强。建立林业扶贫定期调研制度,林业扶贫指导实效进一步增强。召开全省林业精准扶贫工作会议和林业产业扶贫现场会,对林业扶贫工作进行系统安排部署。制订年度扶贫工作计划,年度林业扶贫工作任务明确、重点突出、措施具体、责任落实。

2. 科学谋划林业扶贫思路

凡事谋定而后动,为了科学谋划林业扶贫的思路,林业厅多次组织干部职工围绕省委、省政府脱贫攻坚决策部署,学讲话、谈认识、提举措,发动干部职工积极建言献策。林业厅党组成员带队赴20个县调研,听取地方政府和广大群众对林业扶贫工作的意见建议,及时摸清了林业促进农民增收的重点领域、攻坚难点及政策需求。组织行业内专家召开林业扶贫专家座谈会,充分听取专家的意见建议。在深入调研和充分吸纳相关意见基础上,制定了《关于贯彻落实省委十届六次全会精神大力推进林业扶贫攻坚的意见》,意见确立了近期林业扶贫的总体思路,指明了林业扶贫的六大任务:建设生态林业促脱贫,发展林业产业促脱贫,强化林业科技促脱贫,深化林业改革促脱贫,完善林业政策促脱贫,完善基础设施促脱贫。

3. 完善林业扶贫规划体系

林业厅会同省级相关部门完成《四川省产业扶贫专项方案》《四川省生态建设扶贫专项方案》编制,明确了到2020年88个贫困县林业扶贫的主要任务。组织编制了《四川省林业扶贫攻坚实施方案(2015～2020年)》、《四川省林业科技扶贫工作方案(2016～2020年)》和《四川省林业产业精准扶贫规划》,将林业扶贫攻坚目标和建设任务分解落实到县、到年度、到项目,使林业部门在贯彻落实省委《关于集中力量打赢扶贫开发攻坚战确保同步全面建成小康社会的决定》、推进产业扶贫专项方案和生态建设扶贫专项方案实施中,有项目支撑、科技支撑和政策支撑。

4. 积极推进生态保护扶贫

以生态保护、生态建设促脱贫是林业扶贫的重要抓手。天保工程公益林建设、退耕还林、低效人工商品林改造、石漠化治理、干旱半干旱地区生态综合治理等生态工程建设以及森林生态效益补偿、湿地生态补偿等政策性补助积极向贫困地区倾斜，既可以实现对绿水青山的有效保护，又能够助力脱贫攻坚，直接增加贫困群众收入，实现将绿水青山转化为金山银山。2016 年，在国有林管护方面，四川林业落实中央财政管护资金 87506.5 万元，对 13518.98 万亩国有林进行常年有效管护；在公益林建设方面，安排人工造林 6.4 万亩，封山育林 36.2 万亩，落实中央预算内投资 6820 万元；在退耕还林方面，安排41.82 万亩退耕还林任务到四大片区 41 个贫困县，占全省任务总量的 83.6%。截至 2016 年 11 月底，累计安排贫困县省林业资金 55.3 亿元，占全省林业总投入的 61.6%。

中央扶贫开发工作会议后，省林业厅迅速启动"将部分有劳动能力的贫困人口转为护林员等生态保护人员"政策研究。2016 年 3 月，林业厅会同省发展改革委、财政厅、农业厅、扶贫移民局等部门组成联合调研组，赴北川县、旺苍县开展"部分贫困人口转为生态保护人员"专题调研，在此基础上制定了《四川省建档立卡贫困人口生态护林员选聘办法》及实施细则。8 月初，在国家安排的四川省 7000 名生态护林员指标基础上，省林业厅从国有林管护提标资金中统筹 4000 万元新增 4000 个指标，将生态护林员指标扩大到 1.1 万名并覆盖 88 个贫困县，直接帮助至少 3 万名贫困人口稳定脱贫。同时，分别选择 2 家森工企业、国有林场、国家级自然保护区和国家森林公园，开展聘用当地贫困人口参与国有林管护试点，努力使更多贫困人口通过管护森林资源脱贫。

5. 大力发展绿色富民产业

产业扶贫是以贫困地区资源优势为基础，以市场为导向，以龙头企业和专业合作社为依托，逐步形成"产销一条龙"经营体系，充分辐射带动贫困群众可持续脱贫增收。四川贫困山区森林资源丰富，林业产业助推脱贫攻坚潜力巨大、责任重大。2016 年，四川林业共安排资金 72860 万元，支持建设现代林业产业基地和林下种养业。2015 年以来，新培育现代林业产业基地 158 万亩、林下种植基地 11 万亩，新增林下养殖规模 320 万头（只）。建立国家森林公园 4 个，筹建省级以上森林公园 25 个，认证森林康养基地 20 个，举办有关花卉、红叶、大熊猫等的生态旅游节会 30 余次,推进绿水青山经济效能释放。联合阿坝州和甘孜州政府举办藏区林特产品进都市活动,畅通林特产品销售渠道,降低销售成本,增加农牧民经营收入。印发各区域适宜的特色经济林品种目录清单,引导林农把好良种选择关。据统计,2016 年 88 个贫困县实现林业总产值 1115 亿元,全年农民人均林业收入超过 1300 元。

6. 深入推进林业科技扶贫

扶贫先扶志,扶贫必扶智。在扶贫工作中,政策倾斜、资金补助等"输血式"扶贫固然重要,但从根底上改变贫困群众的思想观念、增强其自身"造血"能力更为重要。从意识上疏导、从技能和技术上指导、在知识能力上提升,只有这样困难群众才会树立艰苦奋斗、自力更生的观念,实现从"他扶"到"自立"的意识转变。调研中我们发现,农民在林业经营中十分渴望短平快的实用技术,但是基层林业服务能力不足,真正管用的技术不能很好地落到山头地块,制约了农民脱贫增收。为了打通林业技术转化推广的"最后一公里",四川林业依托省内涉林科研院所、高校和市、县林业部门等技术力量,积极组织开展"千乡万村送林技"行动,助推脱贫攻坚。2016 年,共组织专家服务团队 170 余人次深入 27 个贫困县开展技术培训帮扶,动员林业科技人员和土专家 1000 余人深入 3000 余个贫困村开展实用技术指导。通过技术指导、技术咨询、技术示范、技术培训,帮助当地群众解决有关核桃、藤椒、竹子、油茶、油橄榄和林下种养等的 9 大类技术问题 200 余项,发放技术资料 49 种 60 万册,向全省 11501 个贫困村农民夜校赠送林业实用技术手册系列丛书。编写藏汉、彝汉双语手册,录制汉、藏、彝语版技术教学片,制作发放光碟 5000 套,有效提升了藏区、彝区和不识字贫困户等特殊群体的林业技术水平。创建林技培训学习网络平台,实现林农实时在线学习和查询。举办林业扶贫专题培训班 10 期,培训基层林业干部 800 余人次。同时,还向三州派出 11 名优秀年轻科技干部,为少数民族地区林业扶贫攻坚提供人才支持。

7. 完善政策增强扶贫实效

探索林业体制机制创新,完善林业政策支持体系,同样是林业扶贫的重要着力点。2016 年,四川省启动省级湿地生态补偿,项目区贫困群众从湿地管护和湿地生态补偿中户均增收达 1100 元。同时,明确农民承包地上的治沙和造林项目,可由农民直接承担栽植任务,有效促进农民参与生态建设,增加劳务收入。在深化集体林权改革方面，在 44 个县（市、区）推进以经济林木（果）权证、林地经营权流转证和村级农民互助担保合作社为主的新型林权抵押贷款改革，新增抵押贷款 4 亿元，有效解决了部分贫困群众发展林业的资金短缺问题。在完善生态效益补偿政策方面，优先将符合条件且农户自愿申请调整的森林补划进公益林，使贫困户长期稳定从生态保护中增收。在完善森林资源管理政策方面，对脱贫攻坚"五个一批"中需使用林地的情况，认真研究支持保障使用林地的政策，切实提高林地支持脱贫攻坚要素保障的针对性和有效性。其中，对于需要占用林地定额的，积极在全省林地总定额内统筹保障；对于按规定作为修筑直接为林业生产服务的工程设施使用林地，不改变林地性质，不占用林地定额的，进一步规范和优化办理程序。在完善林木采伐利用政策方面，全面推行采伐指标到乡进村入户和乡（镇）林业站办理采伐审批"一站式"服务等便民政策措施，促进农民采伐利用森林资源增收致富。

（二）精心抓好汶川定点帮扶指导

习近平总书记强调，党政军机关、企事业单位开展定点扶贫，是中国特色扶贫开发事业的重要组成部分，也是我国政治优势和制度优势的重要体现。自四川省委、省政府确定省林业厅定点帮扶指导汶川县脱贫攻坚工作以来，林业厅加强组织领导，强化指导督促，完善帮扶措施，落实帮扶责任，精心抓好汶川县定点扶贫工作。2015 年以来，林业厅累计投入汶川县林业建设资金 1.3 亿元。2016 年汶川县实现林业产业总产值 3.04 亿元，较 2015 年增长 40%。

1. 抓好脱贫攻坚宣传发动

2015 年以来，林业厅先后多次前往汶川县，向县级相关部门、乡村两级干部及部分贫困村村民，宣讲省委十届六次全会和王东明书记讲话精神、中央扶贫开发工作会议精神和全省脱贫攻坚大会精神，解读中央和省委关于精准扶贫、精准脱贫的重大方针政策和扶贫工作要求，引导汶川县深刻理解、准确把握、全面践行中央和省委的决策部署。通过宣讲，凝聚起了全县干部群众积极参与扶贫开发的共识，增强了广大贫困群众依靠自身努力脱贫致富的信心和决心，营造起了良好的扶贫工作氛围。

2. 科学谋划脱贫攻坚路径

林业厅党组先后 7 次召开扩大会议，专题研究和讨论汶川县脱贫攻坚工作。厅级干部 10 余人次带队到汶川县，进村入户开展"解剖麻雀式"访谈调研，全面摸清扶贫对象基本情况、贫困村贫困户的具体困难和实际需要。在详细调研基础上，制定了《三方共扶汶川县克枯乡大寺村联村帮户扶贫工作实施方案》，派出专业人员协助汶川县编制了"十三五"扶贫攻坚规划和 37 个贫困村精准脱贫规划，增强了各项扶贫工作措施的前瞻性、系统性、协调性。2016 年上半年，指导汶川县委、县政府结合县情，确立了"南林北果 + 全域旅游（康养）"发展战略。

3. 深入推进绿色扶贫行动

加大对汶川县天然林保护、退耕还林及后续产业、现代林业产业重点县等重大工程项目投入，帮扶范围覆盖了汶川县 12 个乡镇、37 个贫困村、864 户贫困户，涉及 2721 名贫困人口。统筹整合使用财政涉农资金 3500 万元，实施脱贫攻坚综合提升工程项目 95 个，集中力量解决突出问题，带动了全县扶贫攻坚有序开展。支持汶川县推进绿色基地建设，全县已建成核桃、花椒、青红脆李等现代林业产业基地 13.3 万亩，贫困农户发展特色经济林的覆盖面达到 80% 以上。安排生态护林员指标 135 个，指导县内盘活护林岗位 50 个，帮助约 550 名贫困人口稳定脱贫。

4. 扎实开展联村帮户活动

建立汶川县定期调研驻村帮扶工作制度，林业厅领导先后 8 次带队到大寺村开展专题调研并走访慰问贫困户。建立厅级干部结对帮扶贫困农户制度，林业厅、阿坝师院、紫坪铺公司 5 名厅级干部结对帮扶大寺村 9 户贫困农户。建立直属单位对口帮扶制度，确定由省林科院、省林规院、省林业中心医院等单位共同帮扶大寺村。派出党员专家 6 批 21 人次深入田间地头示范讲解青红脆李、中草药栽培管理技术，指导村组干部和贫困户开展科学施肥和病虫害防治。指导大寺村利用森林资源和青红脆李基地发展乡村生态旅游，走一、三产业联动发展路子。累计投入大寺村资金 300 万元，改善了大寺村进村道路、贫困户居住条件，壮大了产业基地规模。

（三）大力推进卧龙特区脱贫攻坚

卧龙特区系省林业厅直属单位，下辖卧龙镇和耿达镇，农业人口 4787 人，建档立卡贫困户 33 户 110 人。为确保卧龙特区 2018 年底如期实现"整体脱贫并率先在藏区全面建成小康社会"的目标,省林业厅举全厅之力推进卧龙扶贫攻坚。

1. 完善脱贫攻坚规划

印发《四川省林业厅帮扶卧龙特区扶贫攻坚实施方案(2015~2020)》,明确了推进卧龙特区扶贫攻坚的工作思路、工作目标及帮扶项目。指导卧龙编制完成了《卧龙特区生态建设扶贫专项方案》《坚决打赢扶贫攻坚战率先全面建成小康社会实施方案》,协调卧龙与阿坝州、汶川县扶贫移民局共同编制完成《卧龙特区"十三五"脱贫攻坚规划》《卧龙特区十个扶贫专项方案》和两个贫困村脱贫规划,并与州、县相关扶贫规划进行了有效对接。

2. 狠抓政策项目支持

协调省扶贫移民局和阿坝州委、州政府,把卧龙特区作为阿坝州行政区域范围内的独立行政主体,按照"13+1"模式,从扶贫规划、项目、资金等方面给予倾斜和支持。协调安排省本级预算内投资400万元,支持卧龙特区新建监测巡护道路10.3公里,恢复植被120亩,修建蓄水池14个。指导卧龙特区整合扶贫项目资金757万元,并将70%资金用于贫困村和贫困户。指导卧龙发挥"政事合一"的优势,利用天保工程管护资金,将107名有劳动能力的贫困人口转为生态护林员。

3. 指导发展生态旅游

与中景信和广西百锐集团签订战略性合作协议,共同推进卧龙生态旅游产业发展。百锐集团流转转经楼村农民土地发展特色种养殖业,为整村打造观光农业。将农民旧宅基地和村集体未利用土地流转百锐集团修建接待用房,盘活了土地资源,增加了村集体经济和农民收入。启动皮条河守貘部落、卧龙关老街民俗风情街改造包装,推进旅游配套服务设施建设,满足不同消费群体需求。成立生态旅游协会,引导农民整合闲置房屋,捆绑发展家庭自助旅馆,拓宽农民增收渠道。

4. 深入推进医疗扶贫

针对卧龙特区33户贫困户中高达30户系因病致贫的实际情况,林业厅积极发挥拥有直属医院的优势,大力实施医疗扶贫拔贫根。指派省林业中心医院对全部贫困户开展健康调查,为患病的贫困人口建立了医疗档案,制订了个性化的救助方案;选派4名医护专家到卧龙、耿达两镇卫生院常年坐诊,为患者

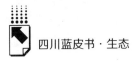

提供优质便捷的医疗服务，并根据患者病情变化，适时接至省林业中心医院住院治疗；定期举办医疗质量管理、医院管理相关知识专题讲座，提升卧龙特区卫生管理水平。督促卧龙特区严格执行住院报销比例政策，对个别贫困家庭及时开展医疗救助。

5. 狠抓结对和驻村帮扶

制定卧龙特区联村帮户脱贫攻坚工作责任分工制度，将卧龙特区6个村及33户贫困户的帮扶任务分解落实到12名厅级干部、15个厅机关处室、24个直属单位，做到每个村有2名厅级干部联系指导，每个村民小组至少有一个机关处室或直属单位具体帮扶，每一户贫困户有1名厅级干部结对帮扶，举全厅之力帮助贫困户解决生产、生活、医疗、教育等实际困难。选派7名优秀科级干部到卧龙6个村担任驻村干部，负责协调落实扶贫资金项目，帮助协调解决贫困户生产生活实际困难，抓好扶贫项目建设和政策兑现工作。

四 四川省林业扶贫展望

（一）四川林业扶贫"十三五"规划目标

为推动林业扶贫工作有序有效实施，彰显林业在改善生态环境中的主体作用和助农增收奔小康中的重要作用，结合秦巴山区、乌蒙山区、川西藏区和大小凉山彝区林业发展实际，省林业厅制定了《四川省林业扶贫攻坚实施方案（2015~2020年）》。总体目标是：到2020年，88个县林业生态建设取得明显成效，重大生态问题基本得到遏制，国土生态安全体系基本形成；林业产业创新发展、协调发展、绿色发展能力显著增强，发展效益明显提高，基础设施水平大幅提升，基本建立起促进农民稳定增收的现代林业产业体系和支撑保障体系；林业扶贫动力和活力显著增强，基本构建起广大农民群众融入林业生态建设和产业发展的共建共享格局。

（二）近期四川林业扶贫着力点

当前，全面建成小康社会进入决胜期，脱贫攻坚已进入冲刺阶段。下一步，四川林业将继续认真贯彻中央精准扶贫、精准脱贫方略，充分利用行业资源优势，充分发挥生态扶贫的作用，推动"绿水青山"转变为"金山银山"，使贫困地区走上生态环境保护和经济发展的双赢之路。

1. 着力生态扶贫

将重点生态工程建设任务向贫困县倾斜，积极争取长江经济带新的重大生态工程并优先安排贫困县实施，支持加快推进生态修复治理。实施好省级湿地生态补偿，积极争取国家将集体和个人所有天然起源商品林纳入森林生态效益补偿范围。完善集体林权确权颁证，督促各地及时兑现集体公益林生态补偿资金。积极协调财政厅，统筹部分国有林管护提标资金，适度扩大生态护林员规模。

2. 着力产业扶贫

指导贫困地区因地制宜、结合林业工程项目，积极培育木竹原料林、木本油料林和其他特色经济林基地，科学有序发展林下生态种植业、生态养殖业。深入推进森林体验基地、森林养生基地和森林人家创建以及千村万景扶贫行动，策划举办"森林马拉松赛事活动"。举办森林康养项目推荐会，加强对森林康养基地建设、规划编制和康养产品开发的指导，丰富森林康养产业业态。

3. 着力科技扶贫

推进林业科技进村入社到户，选派科技特派员和技术指导员，采取多种形式把林业适用技术送到林间山头。指导每个县组建专家组，建设科技示范基地，建立"专家组－示范基地－林业科技人员－科技示范户－辐射带动"的林业技术帮扶新机制。实施林业科技成果精确滴管行动，将培训对象精准到一村一户一人，培训载体精准到一个树种、一株苗木、一套技术和一个环节。印制种苗科普小手册，开展经济林品质执法行动。

4. 着力改革扶贫

研究制定适合四川省通村、通组、通户道路建设使用林地的审核审批实施意见，开展试点审核审批、服务基础设施建设扶贫和新村建设扶贫。选择1～2个乡镇从采伐指标分配、采伐指标到乡进村入户、推行简易林木采伐设计、乡镇林业站办理采伐审批"一站式"服务等环节开展全过程试点。推进集体林权制度改革、资产股权量化收益、生态旅游专项贷款改革试点和国家三级公益林利用方式试点，探索林业扶贫新模式。

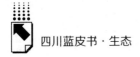
5. 着力督促指导

指导贫困县开展资金整合，统筹使用好中央和省级项目资金，保障林业扶贫项目实施。指导贫困县开展招商引资、银林合作，稳定和增加社会投入。督促加快川西藏区沙化土地治理、退耕还林等重点生态工程实施，更快更好惠及群众民生。开展林业扶贫调研，提炼总结一批林业扶贫典型，积极做好林业扶贫宣传报道。

参考文献

国务院扶贫开发领导小组办公室：《中国扶贫开发的伟大历史进程》，《人民日报》2000年10月16日，第1版。

B.3
自然保护区生态旅游发展与当地社区
精准扶贫对接路径研究

——以四川卧龙自然保护区为例

朱淑婷　龚蔺*

摘　要： 四川省不仅是自然保护区大省，也是精准扶贫工作重点省之一。自然保护区的严格管理限制了当地社区的发展路径，使得自然保护区当地社区基本上都是精准扶贫的对象。对卧龙自然保护区等地的研究表明，自然保护区当地社区精准扶贫工作要结合生态旅游资源优势开展生态旅游。将生态旅游发展与精准扶贫对接，不仅能有效解决当地社区贫困户在2020年前绝对脱贫的问题，还能解决后精准扶贫时代当地社区和贫困户的可持续发展问题，更能促进自然保护区的有效管理。自然保护区生态旅游发展与当地社区精准扶贫对接路径很多，建议依次从贫困户的工资性收入、财产性收入、经营性收入和转移性收入入手，基于贫困户的生计资本情况，帮助贫困户切入到自然保护区生态旅游产业链的相关环节，从而获得比较稳定的收入来源。

关键词： 自然保护区　生态旅游　精准扶贫　对接路径

---

* 朱淑婷、龚蔺，四川农业大学旅游学院旅游管理专业在读本科生。

一　研究背景

（一）自然保护区及其发展现状

根据我国自然保护区主管机构国家林业局的定义，自然保护区是指"具有典型性、特殊性的自然生态系统或自然综合体（如珍稀动植物的集中栖息或分布区、重要的自然景观区、水源涵养区、具有特殊意义的自然地质构造和重要的自然遗产和人文古迹等），以及其他为了科研、教育、监测、文化娱乐目的而划分出的保护地域的总称"[1]。也就是说，自然保护区的核心目的是保护有重要价值和特殊意义的自然生态系统或人文古迹。这里的自然保护区，主要是指保护自然生态系统及其关键物种的区域。

我国自然保护区建设发展非常迅速。自 1956 年建立第一个自然保护区以来，截至 2016 年 6 月，我国已经建立各种类型自然保护区 2740 处，总面积14700 万公顷。全国超过 90% 的陆地自然生态系统都建设了有代表性的自然保护区，89% 的国家重点保护野生动植物种类已在自然保护区内得到保护，大熊猫野外种群数量已经升至 1800 多只[2]。

四川省是自然保护区大省。截至 2014 年年末，四川省有自然保护区 169个，面积 840 万公顷，占全省土地面积的 17.35%。其中加入世界人与生物圈保护网络的自然保护区有 4 处（九寨、卧龙、黄龙、稻城亚丁），有国家级自然保护区 30 个。四川省有湿地公园 33 个，其中国家级湿地公园 20 个，森林公园 123 处，其中国家级森林公园 33 处，森林公园总面积 77.88 万公顷，总数位列全国第七。四川省还建立了国家级风景名胜区 14 处、省级风景名胜区80 处，有 9 大 5A 级旅游景区，在全国排第三。上述森林（湿地）公园或者风景名胜区，多数是自然保护区。截至 2013 年底，四川省野生大熊猫种群数量1387 只，占全国野生大熊猫总数的 74.4%，比第三次大熊猫调查时增加 181只，增长 15.0%。四川省大熊猫栖息地面积为 202.7 万公顷，占全国大熊猫栖

---

① 国家林业局：《自然保护区工程项目建设标准》，2002 年 10 月 16 日颁布。
② 《人民日报》2016 年 7 月 1 日，第 3 版。

息地总面积的 78.7%，比第三次大熊猫调查时增加 25.3 万公顷，增长率为 14.3%①。

（二）自然保护区当地社区及其特点

这里所说的自然保护区当地社区，是指地处自然保护区内外，以自然保护区内法定保护的自然资源、人文资源，尤其是自然资本（例如，耕地、林地、放牧地、薪柴、木材、药材，以及可利用变现的药材、野菜、木材甚至野生动物等）为基本生计来源的农村居民，并与自然保护区之间形成了相互影响（包括社区对自然保护区形成了正面的保护和/或负面的破坏，以及自然保护区对社区产生了正面的发展助力和/或负面的发展阻碍）关系。因此，凡是地处自然保护区法定管理范围内的社区，以及依赖自然保护区内自然资源或客观上对自然保护区产生了显著影响的外围社区都属于自然保护区当地社区。

大量自然保护区的建立，也同时意味着这些自然保护区的保护对象面临巨大威胁甚至被破坏的危险，亟须保护和恢复。而主要的威胁因素，基本上来自当地社区。威胁因素的主要根源，都与生存和创收（采集、开荒、放牧、采伐和狩猎等）有关。由于执法力度加大，自然保护区管理日益严格，自然保护区当地社区的生计活动受到了更加严格的限制，使得自然保护区当地社区的生活水平往往低于其他区域，很多自然保护区当地社区是"十三五"期间精准扶贫的对象。

因此，自然保护区当地社区的基本特点可以概括为至少四点。

·1）总体贫困，多数是精准扶贫对象。

2）常规的生产生活对自然保护区管理产生了负面影响甚至造成破坏。

3）依赖自然保护区自然资源生存和发展。

4）基本与自然保护区存在耕地、林地、草场等权属纠纷，包括那些社区持有权属证的承包地和集体土地（林地、草场等），但后来被划入自然保护区管理了。

所以，自然保护区的管理永远伴随当地社区的发展，当地社区的扶贫和发展已经成为很多自然保护区重要的管理工作之一。

---

① 四川第四次大熊猫调查数据，四川省林业厅，2015 年 3 月 25 日公布。

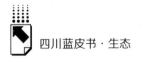
（三）自然保护区精准扶贫现状

2013 年 11 月，习近平总书记到湖南湘西考察时首次提出了"精准扶贫"的重要思想。因此，精准扶贫是国家发展战略之一，是"十三五"期间的重大历史任务。2015 年 10 月 16 日，习近平总书记在"2015 减贫与发展高层论坛"上强调，中国扶贫攻坚工作实施精准扶贫方略，增加扶贫投入，出台优惠政策措施，坚持中国制度优势，坚持分类施策、因人因地施策、因贫困原因施策、因贫困类型施策，通过扶持生产和就业发展一批，通过易地搬迁安置一批，通过生态保护脱贫一批，通过教育扶贫脱贫一批，通过低保政策兜底一批，广泛动员全社会力量参与扶贫。这表明我国将从以前的粗放式扶贫转变为精准化扶贫，从以前的"漫灌"式扶贫转变为"滴灌"式扶贫。

四川省贫困人口体量较大。截至 2015 年底，四川省法定建档立卡的精准扶贫人口为 88 个贫困县 11501 个贫困村 497.65 万贫困人口。计划全省每年减少农村贫困人口 100 万人左右，到 2020 年全面消除绝对贫困，贫困县农民人均纯收入比 2010 年翻一番以上。因此，四川省精准扶贫任务是相当繁重的。

既然精准扶贫是针对不同贫困区域环境、不同贫困农户状况，运用合规有效的程序对扶贫对象实施精确识别、精确帮扶、精确管理的治贫方式，就必须考虑贫困对象的差异性。自然保护区的精准扶贫在一定程度上应该有别于非自然保护区地区。自然保护区的特点，决定了不可能大搞产业园，也不可能搞工业、采矿等生态破坏性产业。除了传统的种植、养殖等产业，生态旅游应该是最有潜力的发展方向。

目前，基本上所有的自然保护区都必须实施至少两个"十三五"计划，一个是自然保护区建设管理的"十三五"规划，一个是精准扶贫的"十三五"规划。我国自然保护区"十三五"规划纲要明确提出了"强化自然保护区建设和管理，加大典型生态系统、物种、基因和景观多样性保护力度"的口号，要求自然保护区不断推进和强化建设标准化、管理信息化、经营规范化、社区现代化。其中包括"全面提高自然保护区管理系统化、精细化、信息化水平，严格监督管理制度，对违法行为进行治理，同时加大对保护区及周边社区的扶持力度，推动相关产业链的发展，实行可持续性的产业发展，帮助精准贫困户实现脱贫"。精准扶贫"十三五"规划则明确要求在 2020 年所有贫困人口实现同步小康。因此，自然保护区管理如何与精准扶贫整合推进，将是自然保护区管理部门和当地政府扶贫部门共同面临的一个挑战。而自然保护区生态发展与精准扶贫有效对接，将是非常有效的策略方向之一。

（四）研究现状

在研究层面，文献检索已经显示，目前围绕生态旅游与精准扶贫的论文非常少，围绕自然保护区生态旅游发展与精准扶贫对接的研究论文基本没有。虽然有研究明确提出了自然保护区的生态旅游与精准扶贫这些概念，但实际研究侧重的还是生态旅游发展本身，并未涉及精准扶贫的内容，更没有涉及生态旅游发展与精准扶贫对接的内容。个别研究论文虽然提及自然保护区精准扶贫问题，也是侧重国家的生态补偿策略，以期通过增加国家财政转移支付方式推动自然保护区的脱贫工作，尤其是多聘请当地社区村民担任护林员[1]。

在操作层面，尽管在精准扶贫国家发展战略框架下，很多自然保护区在开展当地社区精准扶贫工作，但基本上走的是常规的非自然保护区一直在推行的传统扶贫模式，包括为当地社区修建村道、提供资金和扩大社区的传统种植业和养殖业，生态化产业最多的就是帮助社区开展或者扩大林下种植、林下养殖等。关于自然保护区当地社区通过生态旅游发展推动精准扶贫的实践基本没有。

因此，无论是在理论研究层面还是在实践层面，自然保护区生态旅游发展与精准扶贫对接路径都是空白。在生态保护和精准扶贫日益受到重视的情况下，自然保护区生态旅游发展与精准扶贫对接路径研究不仅具有现实指导意义、示范意义，更有理论体系建设意义，包括自然保护区管理理论体系、生态旅游发展理论体系以及扶贫发展理论体系的建设。

二　研究目的与方法

（一）研究目的

本研究将通过实证研究，了解自然保护区以及当地社区生计特点、贫困状

---

[1]　詹学齐：《三明市创新自然保护区建设管理的思考》，《林业经济》2016 年第 8 期，第 66 ~ 68 页。

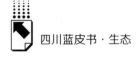

况、精准扶贫现状，以及自然保护区生态旅游发展现状，分析自然保护区生态旅游发展，以及自然保护区生态旅游发展与当地社区精准扶贫之间的关联，结合精准扶贫中的"六个精准、五个一批"，探索自然保护区生态旅游发展与当地社区精准扶贫对接的操作路径，帮助当地社区贫困户通过参与自然保护区生态旅游发展助推脱贫发展，为自然保护区的精准扶贫工作提供示范和借鉴，为自然保护区的有效管理探索新的模式。

（二）研究方法

本研究选择四川卧龙自然保护区为主要研究点，以自然保护区的生态旅游开发和自然保护区内两个乡镇社区尤其是其中的精准贫困户为关键信息人，采用关键信息人访谈法、半结构访谈法（SSI）、问卷法、案例研究法、实地观察法，以及文献分析法，调查了解卧龙自然保护区生态旅游发展状况、当地贫困社区以及贫困户生存发展状况、精准扶贫现状，以及卧龙自然保护区生态旅游发展与当地社区精准扶贫对接情况，从贫困户视角、自然保护区管理部门视角，以及专家视角，探索自然保护区生态旅游发展与精准扶贫对接的路径。

本研究时间为 2015 年 6 月~2016 年 11 月。除了卧龙自然保护区外，还在四川鞍子河自然保护区和四川龙溪 - 虹口自然保护区做了部分调查，以丰富和印证研究结果。

三 研究结果

（一）卧龙自然保护区概况

卧龙自然保护区属四川省阿坝藏族羌族自治州汶川县行政范围，东与汶川县映秀镇连接，西与宝兴县、小金县毗壤，南与大邑、芦山两县毗邻，北与理县及汶川县草坡乡为邻。卧龙自然保护区生物多样性非常丰富，属于我国建立的第一批自然保护区、世界知名的大熊猫故乡，是全球生物多样性保护的热点地区之一。

（二）卧龙自然保护区当地社区贫困概况

卧龙自然保护区内辖卧龙镇、耿达镇 2 个民族镇 6 个行政村 26 个村民小组，有农户 1455 户 4787 人，藏族、羌族等少数民族占总人口的 85% 以上。在"十二五"期间，卧龙自然保护区的贫困人口由 778 人减少到 110 人，贫困发生率从 17.1% 下降到 2.4%。根据 2015 年底的官方确认，"十三五"期间卧龙自然保护区有建档立卡精准扶贫贫困村 2 个，分别是卧龙镇转经楼村和耿达镇耿达村；有建档立卡精准贫困户 33 户 110 人，其中卧龙镇 11 户 35 人、耿达镇 22 户 75 人。

卧龙自然保护区当地社区贫困户的致贫原因比较复杂。调研显示，卧龙自然保护区当地社区贫困户主要致贫原因包括因病致贫、因残致贫、缺劳动力致贫和缺资金技术致贫四类。同时，各类致贫因素又相互交织、多维叠加，增加了贫困人口致贫概率以及脱贫的难度。客观上，由于卧龙自然保护区位于成都平原向青藏高原过渡的高山深谷地带，耕地资源少，用地条件差，"靠天吃饭"现象十分突出。主观上，卧龙自然保护区的依法管理又直接限制了当地社区的发展路径，尤其是严格控制自然资源利用方式，禁止毁林开荒、禁止开矿、禁止采伐和狩猎以及禁止掠夺式采集野生药材等，使得卧龙自然保护区当地社区只能有限地从事传统种植业和养殖业以作为基本生计来源。已有的脱贫人口收入不稳定，抗风险能力脆弱，因病、因灾返贫风险很高，相对贫困问题依然突出。而"十三五"期间必须脱贫的贫困人口脱贫难度更大，政策要求更高，时间也非常紧张。因此，卧龙自然保护区当地社区精准扶贫工作面临的挑战比较严峻。

（三）卧龙自然保护区精准扶贫工作概况

按照"十三五"精准扶贫计划，卧龙自然保护区必须确保 2 个贫困村摘帽，33 户 110 人全部脱贫。根据卧龙自然保护区的计划安排，到 2018 年全部 2 个贫困村实现摘帽，110 名贫困人口脱贫，实现全面消除绝对贫困。2019 ～ 2020 年，对已脱贫对象进行巩固提升，确保已脱贫的村和人口不返贫，并实现同步全面小康。

为此，卧龙自然保护区依据"六个精准、五个一批"采取了许多具体措施来保证所有贫困户能如期脱贫。这些措施包括以下 6 点。

1）计划将 33 户 33 名（每户 1 人）有劳动能力的贫困人口，通过纳入生产和就业扶持实现脱贫。包括种植业（如茵红李）、养殖业（如养猪）以及生

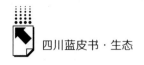

态旅游等产业。

2）计划将33户33人（每户1人）通过卧龙自然保护区的生态保护和生态修复工程，以政策性转移支付方式聘请为护林员或草管员实现脱贫。

3）计划将29户丧失劳动能力、无法通过产业扶持和就业帮助实现脱贫的95人通过低保政策兜底脱贫。

4）计划将33户33人（每户1人）通过医疗救助脱贫。

5）计划将25户长期患有慢性病或重大疾病的32人通过医疗救助脱贫。

6）计划将33户58名幼儿特别是留守儿童通过发展教育脱贫。

基于此计划，卧龙自然保护区在2016年通过社会和企业捐助免费为29户贫困户购买了仔猪（基本是每人1头，同时每头免费配套提供800斤玉米作为饲料）；提供了10个公益性就业岗位（其中6名保洁员、1名园林管护员、1名环境绿化管理员、1名保安、1名停车管理员）；聘请了8名贫困人口为道路养护员，吸收了13名贫困人口作为护林员，2名贫困人口为草管员；有9名患病贫困人口获得每人0.15万~0.5万元不等的医疗救助；28名贫困学生获得社会企业的教育资助。全部33户110名贫困人口纳入低保，每人每月可享受150元的低保救助。

在贫困村层面，转经楼村在第一书记带领下成立了卧龙转经楼经济开发有限公司，承包了卧龙镇的环境保洁工作，每年预计实现利润8万元。同时在该经济开发有限公司牵头下，由4户农户参与成立了卧龙守貘原宿旅游专业合作社。耿达镇龙潭沟村也已成立养蜂合作社和茵红李合作社等。

按照计划，卧龙自然保护区在2016年将完成9户32人的精准扶贫任务。其中卧龙镇4户15人、耿达镇5户17人。

（四）卧龙自然保护区精准扶贫主要措施

卧龙自然保护区共有精准扶贫贫困户33户110人。我们分别在卧龙镇的三村、卧龙关村，以及耿达镇龙潭沟村和耿达村调查了1个贫困村（耿达村）以及22个村民代表（其中贫困户19户，村干部3人）。调查显示，卧龙自然保护区目前在贫困户层面采取的主要精准扶贫措施包括以下几点。

1）产业扶贫：主要是种植茵红李，每年每亩收入在1000元左右；养猪每头收入在2000元左右（成本完全由政府和捐助企业承担）。

2）生态扶贫：主要是聘请贫困户担任护林员，每年满额 12000 元（扣除保险、巡护服等以及巡护工作量不一等情况，实际收入有差异，但都在 9000 元以上）、草管员每年 1200 元。

3）政策兜底扶贫：所有贫困人口享受每月每人 150 元低保。

4）教育扶贫：按照大学生每年每人 3000 元，中学生 2000 元，小学生 1000 元标准补贴一次。

5）医疗扶贫：为全部贫困户购买了医疗保险。

6）公益性岗位：包括卫生保洁员、公路养护员（耿达镇 8000 元/人/年、卧龙镇 500 元/人/月）、地质灾害监测员（2800 元/半年）等。

有些贫困户还额外获得由本村提供的一些扶贫支持。例如，卧龙镇三村洞子口组的残疾贫困户张小风，免费获得村委提供的小货亭经营权 3 ~ 5 年，每月有 800 元左右的纯收入。

上述精准扶贫措施的落实，将确保所有贫困村和贫困户在 2020 年实现脱贫。

（五）卧龙自然保护区生态旅游发展概况

1. 卧龙自然保护区生态旅游资源特点

卧龙自然保护区有森林面积 11.8 万公顷，约占该保护区总面积的 56.7%，另有灌丛和草甸约 3.04 万公顷。复杂多变的自然条件造就了十分丰富的生物多样性，包括动植物种类、群落，生态系统以及生态景观等。例如，卧龙自然保护区有野生动物约 2150 种，高等野生植物约 4000 种。其中有大熊猫、雪豹等国家重点保护动物 57 种，珙桐等国家重点保护植物 12 种。卧龙自然保护区有野生大熊猫 103 只，约占全国野生大熊猫总数的 6%，被誉为"大熊猫的故乡"。大熊猫早已经成为卧龙自然保护区的代名词，具有很高的旅游品牌价值。卧龙自然保护区内丰富的野生花卉、野生药材、野生菌类、天然溪流、雪山、峭壁等，都是高价值的生态旅游资源。

2. 卧龙自然保护区生态旅游发展概况

基于丰富的生态旅游资源，卧龙自然保护区将打造以"大熊猫"为主的生态旅游综合性产业，将大熊猫资源作为当地生态旅游标志性、特色化

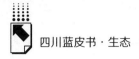
产品，依靠当地原始农林业环境，推进开展系列生态旅游活动，着力打造森林生态体验、休闲避暑等生态旅游产业，通过发展旅游业带动相关产业发展。

卧龙自然保护区生态旅游发展的基本策略有4点。

1）网络整合。发挥"卧龙大熊猫"的旅游品牌优势以及地处九寨沟旅游环线的旅游区位优势进行区域旅游网络整合，将卧龙自然保护区生态旅游融入阿坝州南部旅游环线，与四川四姑娘山国家森林公园携手打造阿坝州南部旅游双子星，与都江堰（青城山）进行旅游无缝对接，使卧龙自然保护区不仅成为九寨沟旅游环线的重要节点之一，而且借助"卧龙大熊猫"品牌成为九寨沟旅游环线的旅游热点之一，确保稳定的客源市场。

2）产业整合。大力发展生态种养业，包括蔬菜、药材、菌类、高山牦牛等，通过以"卧龙大熊猫"为代表的生态旅游品牌产品为引领，带动卧龙自然保护区生态、绿色甚至有机农林牧产品的营销，全面提升卧龙自然保护区传统农林牧产品的附加值，形成以旅游业为引领的综合产业发展格局。

3）产品整合。充分利用卧龙自然保护区以大熊猫为代表的珍稀动植物物种、群落和生态景观等自然资源，以及藏羌少数民族的聚落、服饰、食品、语言等文化资源，打造以"卧龙大熊猫"为品牌的生态康养、自然教育、文化体验等旅游产品体系。

4）营销整合。除了传统的旅游营销途径，卧龙自然保护区还依托各类旅游电商平台，建立一批旅游合作社，利用淘宝等电商平台开设网店，整合卧龙自然保护区的吃、住、行、游、购、娱要素进行在线销售。如以当地已有的家庭旅游资源为基础，重新整合村镇旅游资源，大力发展新型在线农家乐。将家庭旅游电商的基本信息、特色旅游资源、游客旅行感受等信息发布到当地门户网站或旅游中介网站进行推广。

为此，卧龙自然保护区提出的口号是：以生态农业、生态旅游等优势特色产业开发为基础，挖掘生态旅游产业潜力和农村社区内源式发展动力，推动卧龙自然保护区生态旅游与美丽新村互动发展。

目前，卧龙自然保护区已经启动的生态旅游发展工作主要包括四个方面。一是特色旅游品牌培育，围绕"大熊猫生态旅游目的地"主题，打造"熊猫＋康养＋藏羌文化"为一体的卧龙自然保护区旅游品牌。二是改善村容村貌，建设旅游基础设施，力争实现三通（通路、通水、通网）、三建（旅游停车场、游客中心、商品市场一条街）、四改（改厕、改厨、改气、改水）、四保（保民俗、保生态、保卫生、保质量）。三是旅游项目建设，在中国保护大熊猫研究中心基础上，打造集游、娱、宿、吃、养生为一体的康养基地和农耕文化体验园区。四是加强贫困人员旅游服务、经营管理、导游解说、旅游产品销售等技能培训，帮助贫困人口吃上旅游致富饭。

卧龙自然保护区生态旅游发展项目及其建设规模如表1和表2所示。

表1 卧龙自然保护区生态旅游发展项目计划

项目名称	单位	建设数量（规模）	建设地点	建设时间
生态康养项目	个	2	转经楼村、耿达村	2016~2020年
农耕文化体验区	个	2	卧龙镇足木山村、转经楼村，耿达镇耿达村	2016~2020年
村容村貌	村	6	卧龙镇、耿达镇	2016~2018年
游客中心建设	个	5	卧龙镇	2016~2018年
入口标志建筑	个	1	—	—
停车场建设(车位)	个	2000年	川北营、五里墩、月亮湾、皮条河、烂泥塘、甘海子、长海子、九米桥－张家大地沿河带	2016~2017年
导览系统建设	个	1	—	—
旅游公厕建设	座	3	耿达村(獐牙岗、张家大坝)、幸福村(熊猫研究基地入口)、转经楼村	2016~2017年
旅游商品市场基础设施	个	1	幸福村	2016年
康养体验观光步道	处	4	耿达村张家大地河岸－牛坪、耿达村老鸦山－转经楼村步行道	2016~2017年
生态农庄(扶持)	家	20	卧龙镇，耿达镇(獐牙岗)	2016~2018年

资料来源：《卧龙特别行政区脱贫攻坚"十三五"规划》。

表2 卧龙自然保护区生态旅游发展项目投资估算及资金筹措

单位：万元

项目名称	总投资	资金筹措				
		州以上	保护区	农户自筹	招商引资	其他
生态康养项目	4000	3400	400	200	0	0
农耕文化体验区建设	2000	1700	200	100	0	0
村容村貌	1800	1530	180	90	0	0
游客中心建设	500	425	75	0	0	0
入口标志建筑	400	340	60	0	0	0

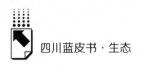

续表

项目名称	总投资	资金筹措				
		州以上	保护区	农户自筹	招商引资	其他
停车场建设(车位)	500	425	75	0	0	0
导览系统建设	250	212.5	37.5	0	0	0
旅游公厕建设	180	153	27	0	0	0
旅游商品市场基础设施	300	255	45	0	0	0
康养体验观光步道	2000	1700	300	0	0	0
生态农庄(扶持)	1200	1020	120	60	0	0
合　计	13130	11160.5	1519.5	450	0	0

资料来源:《卧龙特别行政区脱贫攻坚"十三五"规划》。

3. 卧龙自然保护区生态旅游发展与当地社区精准扶贫对接情况

卧龙自然保护区在"5·12"汶川特大地震灾后重建全面完成后,及时转移工作重心,认真分析新形势下的工作思路,提出了以"生态保护、生态农业、生态旅游"为中心的"三生"绿色发展理念。在生态旅游与当地社区的精准扶贫上采取了以下主要行动。

1)支持和鼓励贫困户发展特色种植和养殖业,并通过生态旅游发展带动当地社区传统农林牧产品的销售,显著提升贫困户传统农林牧产品的附加值,增强贫困户造血能力,把旅游产业培育成为贫困户增收发展的支柱产业。

2)形成政策倾斜,为贫困户提供更多直接参与生态巡护、生态恢复、地质灾害监测、卫生整治等生态旅游发展的周边工作,通过提供有偿服务使其获得稳定收入来源。

3)加强贫困人员在旅游服务、经营管理、导游解说、旅游产品销售等方面的技能培训,提升贫困人口的旅游服务专业技能和水平,为贫困人口参与旅游服务增加收入奠定基础。

4)建立完善的针对贫困人口的生态旅游参与机制和利益共享机制,确保贫困社区和贫困户在保护区内的旅游开发中获得公平的发展机会和受益机会。例如,通过"生态旅游企业认证",让贫困户有更多机会进入保护区内的旅游经营企业(酒店、宾馆、农家乐等)获得工作岗位和合理收入等。

5）夯实生态旅游与旅游扶贫的基础。卧龙自然保护区通过与广西百锐集团等投资商合作，大力推进生态旅游和生态旅游扶贫项目的建设和管理，包括卧龙镇转经楼村精准扶贫生态农业项目、甘海子生态旅游配套设施项目、皮条河守貘部落建设项目、足木山五星级房车酒店建设项目、卧龙关老街民俗风情街及民宿客栈建设项目、熊猫沟生态旅游项目、耿达镇幸福村温泉酒店建设项目、幸福村商业街综合体项目、皮条河水上旅游项目等。在增强卧龙自然保护区生态旅游能力的同时，为当地社区贫困户提供了更多的就业岗位、参与利益分享的机会，同时显著扩大了贫困户传统农林牧产品的销售市场，帮助贫困户实现稳定脱贫和发展。

四　自然保护区生态旅游发展与当地社区精准扶贫对接存在的问题

从卧龙自然保护区 2016 年精准扶贫投资看，共整合各类资金 755.4 万元，其中上级专项扶贫资金 130 万元（含周转资金 30 万元）、本级财政 599.64 万元（含贴息贷款、风控资金 100 万元）、社会扶贫资金 25.67 万元。这恐怕是多数自然保护区都可望而不可即的。也就是说，卧龙自然保护区的精准扶贫模式效果虽然很好，但很难适合其他财力有限的自然保护区。这意味着我们必须探索其他更加可行的，尤其是投入相对低、回报相对较高且有利于后精准扶贫时期贫困户发展（包括返贫户、新生贫困户）以及保护区有效管理的路子。生态旅游应该是重要选项之一。

对于自然保护区生态旅游发展与当地社区精准扶贫对接中存在的不足，我们从自然保护区的视角、当地贫困村和贫困户的视角，以及研究者视角进行了调研分析，要点如下。

（一）自然保护区视角

从目前在卧龙自然保护区等地生态旅游发展对接精准扶贫工作的情况看，主要存在如下几个不足。

1）机械执行精准扶贫的"五个一批"。精准扶贫强调坚持分类施策、因人因地施策、因贫困原因施策和因贫困类型施策的原则，落实到自然保

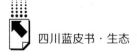

护区就应该有其特点。自然保护区自然资源丰富，生物多样性有效保护是第一要务。因此，"五个一批"应该侧重于有利于生物多样性保护的包括生态旅游、林下种植养殖以及可持续采集等生态产业、生态补偿以及社会保障兜底三个方面。但很多自然保护区目前依然比较注重传统的种养产业，而且是生产端常规的低层次规模性扩张，并未充分考虑其在自然保护区产生生态破坏的潜在风险以及市场风险，更没有有效利用可再生的自然资源，以及非消耗性的生态旅游景观资源。总体上对生态旅游扶贫的工作关注和重视不够。

2）缺乏专业技术人才。要实现精准扶贫，人才已经成为和资金、政策同等重要的要素。虽然生态旅游发展被作为精准扶贫的重要手段，但无论是在自然保护区层面，还是在社区层面，都缺乏生态旅游规划设计、经营管理等方面的人才支撑，扶贫效果将短暂地体现在传统农林牧产品销售上，但如果生态旅游业不能健康发展起来，这些旅游周边产品也会受到冲击，直接影响旅游业和精准扶贫的成效。

3）缺乏生态旅游扶贫发展长效机制。可以说所有自然保护区目前采取的精准扶贫措施都能够确保所有贫困村和贫困户在 2020 年实现绝对脱贫，但后精准扶贫时代返贫户以及新标准下贫困户的脱贫与持续发展仍存在问题。目前的精准扶贫包括生态旅游精准扶贫措施更加关注的是短期效果，还缺乏长效的生态旅游精准扶贫和发展机制。

（二）贫困村和贫困户视角

对卧龙自然保护区 2 个贫困村 33 户贫困户中的 1 个贫困村（耿达村）和 19 户贫困户（卧龙镇 7 户，耿达镇 12 户）的调研显示，其除了靠销售当地的农林牧土特产（尤其是蔬菜）融入卧龙自然保护区的生态旅游实现精准扶贫发展外，其他基本没有什么关系。但贫困村和贫困户对生态旅游助推精准扶贫有非常多的期待。在实地调研中，无论是贫困户社区干部还是贫困户本身，都提出了不少可以直接对接的生态旅游活动，其中包括如下几种。

1）直接提供民宿旅游服务，每个贫困户至少可以提供 4~5 个床位。

2）直接获得常规旅游服务岗位，包括保洁、保安、餐饮、住宿服务等。

3）直接获得（通过培训等）专业旅游服务岗位，包括担任户外向导、导游等，引领游客探险、穿越，观赏野生花卉、生态景观等，协助游客在许可情况下追踪大熊猫、水鹿、金鸡等野生动物踪迹，甚至获得受控的野外狩猎（人工饲养动物）体验等。

4）直接参与藏羌文化体验服务活动，包括指导游客编织藏族花带子等。

上述活动部分是贫困户基于传统知识可以胜任的活动，例如藏羌文化体验、手工编织、户外向导等。但不少需要接受专业培训（包括法律许可）才能胜任。

（三）研究者视角

1. 意识不足

所有的自然保护区在精准扶贫工作中对每户贫困户都落实了具体的减贫措施，但与非保护区地区的减贫措施同质性太高。一般来讲，生态扶贫措施多一些（如护林员等，因为自然保护区生态工程较多），以及社会捐助多一些（包括对自然保护区和保护区员工的捐助）。产业扶贫没有充分利用旅游资源丰富的优势，缺乏生态旅游与精准扶贫对接的思路。对精准扶贫考虑得更多的是短期效益，要确保的是 2020 年脱贫，同时对每个贫困户的减贫措施都是到达脱贫年限就截止，并没有后续发展计划。在这种意识指导下，自然没有意识到生态旅游与精准扶贫对接以及后续发展的问题。

从卧龙自然保护区的情况看，当地社区尤其是贫困户所提到的希望开展和参与的生态旅游活动，不仅卧龙自然保护区目前没有考虑到，连已经大举进入卧龙自然保护区投资开发生态旅游业的广西百锐集团公司等投资商也没有相应的规划设计。可见，自然保护区生态旅游发展与精准扶贫的对接意识还不足。

2. 能力不足

从表 1 可以看出，卧龙自然保护区的 11 个旅游发展项目中，有 3 个是被直接放在两个贫困村的（第 1、2、10）。同时，表 2 显示 3 个与贫困村直接关联的旅游项目，农户自筹资金的比例分别是 5%（生态康养项目）、5%（农耕文化体验区）和 0（康养体验观光步道）。从精准扶贫角度看，作为精准扶贫的贫困户和贫困村，恐怕很难有经济能力来承担这个分摊。从现有资料看，不清楚卧龙自然保护区将通过什么方式来帮助贫困社区和贫困户筹集这笔融资资

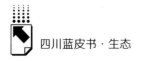

金。以卧龙自然保护区的能力和影响力，这些资金不是大问题，但对于其他自然保护区将是大难题。

对卧龙自然保护区的实地调研显示，社区居民的旅游活动和收入，主要是提供民宿、餐饮服务以及出售土特产（包括土豆、萝卜、野生中药材、森林野菜，以及牦牛肉等）。卧龙自然保护区目前游客的基本特点是观光旅游，多数游客都是利用周末或者节假日前往卧龙自然保护区参观中华熊猫园，旅游消费集中在餐饮和购买土特产上（"吃、游、购"），与过境游客一样很少会产生住宿消费、娱乐消费（"住、娱"）。也有部分游客是在酷暑季节来此避暑乘凉，停留时间较长，会有"吃、住、行、游、购、娱"的旅游消费需求。因此，农家乐目前成为卧龙自然保护区生态旅游的主要形式和内容。近年来随着探险、骑游等旅游形式的兴起，越来越多的游客进入卧龙自然保护区开展此项旅游，少数村民作为导游、背夫提供旅游服务。尽管如此，也只有少数村民能够直接介入到这些旅游活动中获利。卧龙自然保护区当地社区的多数村民包括贫困户，主要还是依靠在公路沿线、定居点、景点等游客相对聚集地区出售自己种植、养殖和采集的农林牧土特产，价格与附近的城市市场（例如都江堰市）基本一致。在四川鞍子河自然保护区和四川龙溪－虹口自然保护区的调研也显示出类似的情况。因此，目前自然保护区贫困村和贫困户的生态旅游经营能力明显不足。

在一些自然保护区的调研也发现，保护区内公路沿线随意堆放着各类垃圾（包括建筑垃圾）、公路两边随意摆摊设点销售土特产现象突出。这些现象将导致旅游景观破碎化，影响自然保护区旅游景观的质量以及旅游环境的安全性和可信赖性，最后将直接影响旅游业发展本身。

与此同时，很多自然保护区只注重旅游设施的硬件建设，忽略软件能力建设，很多景区景点完全是游客自主观赏，把生态旅游当成观光旅游进行开发管理，缺乏旅游吸引力，影响游客驻留时间。如果游客兴趣降低，将直接影响自然保护区旅游业发展本身，更难谈支持精准扶贫了。因此，自然保护区旅游发展的总体管理能力不足。

3.生态旅游产品缺乏

以卧龙自然保护区为例。广西百锐集团目前设计的旅游产品基本上是观光产品（例如人工花海、高山观湖景等），它也正在规划开发民宿产品，但缺乏真正意义的生态旅游产品。在自然保护区通过人工制景方式（种植花卉等）开发旅游产品的方式本身也值得商榷。

卧龙自然保护区内因香港特区政府援建而开发的生态旅游产品主要是在景观观光层面，以及中华熊猫园内部的人工旅游设施（如 VR 电影），生态旅游产品的体验、学习、教育、娱乐等元素设计不足。即便如此，这些生态旅游产品或者活动也还没有成为卧龙自然保护区的旅游经营项目。在引进外来旅游投资商后这些产品清单已经开始被淡忘，至少目前没有进入旅游开发投资商的考虑范围。

调研的几个自然保护区当地社区居民从事的旅游活动主要以经营现代小型宾馆饭店为主，很多农户是利用"5·12"汶川地震灾后重建的房屋，有的仅仅搭建一个简易塑料大棚开展经营，这并非真正意义上的民宿旅游。除了餐饮和蔬菜等当地农林牧土特产外，基本没有其他旅游产品。因此，自然保护区目前生态旅游产品明显不足。

4. 精准扶贫对接机制保障缺乏

研究表明，在自然保护区生态旅游开发能力缺乏，以及生态旅游发展对接精准扶贫意识缺乏的同时，现有的支持贫困村和贫困户精准扶贫的旅游措施也缺乏持续稳定的机制保障。社区尤其是贫困户没有机制保障去有效介入到旅游产业链中，无法对精准扶贫和后续稳定发展产生积极影响。

以卧龙自然保护区为例。卧龙自然保护区已经与广西百锐集团等外来开发商签订了合作开发旅游的协议，但合作协议中并无贫困村和贫困户直接介入旅游开发增收的具体协议和条款，其采取的依然是租用或者流转农户以及社区集体土地、林地、住房并支付租金的做法，虽然有为当地社区提供80%未来旅游经营工作岗位的说法，但并未见到具体的合作协议，更没有第三方（如卧龙自然保护区、汶川县政府等）针对贫困村和贫困户参与生态旅游发展并受益的保障政策。从目前情况看，广西百锐集团的旅游开发设想中并无具体的留给社区以及贫困村和贫困户基于旅游盈利和发展的制度设计。例如，有意识留给社区接待的游客比例（包括住宿、餐饮等）是多少？社区包括贫困村和贫困户是基于旅游发展受益的测算还是基于农林牧土特产销售方面？耿达镇是卧龙自然保护区精准扶贫贫困户最多的地方，但相关社区旅游开发用地一直处于空置状态，部分社区（例如龙潭沟村）可以直接用于社区旅游开发的土地被确定为新农村建设的绿化用地。总体上卧龙自然保护区当地社区不清楚未来旅游开发的计划是什么，社区的角色是什么，社区如何介入到旅游发展中，贫困村和贫困户的利益如何保障，等等，尽管贫困村和贫困户都对此充满期待。因此，生态旅游发展对接精准扶贫的保障机制是非常缺乏的。

五 自然保护区生态旅游发展与当地社区精准扶贫对接路径分析

从在卧龙自然保护区、鞍子河自然保护区、龙溪－虹口自然保护区等地的调研结果看，目前四川省自然保护区生态旅游或者旅游开发的基本模式大致可以分为三类，即外来企业大规模综合性开发模式（保护区限区开发）、合作型大规模综合性开发模式（保护区直接介入投资建设管理）和个体小规模开发模式（主要是提供餐饮服务并受保护区管控）。卧龙自然保护区生态旅游开发以外来企业大规模综合性开发模式为主，截至2016年已经有9家企业进入，实施的是产业链内部垄断方式，当地社区包括贫困户实际上没有任何的介入，但因旅游的辐射效应增加了当地蔬菜、水果、中药材、腊肉等乡土产品的销售量而增加了一定的收入。

因此，从目前自然保护区的旅游开发模式看，无论是观光旅游开发还是生态旅游开发，都还没有直接对接贫困社区和贫困户。

自然保护区旅游发展对接精准扶贫工作，不仅是一个现实需求，也是一个战略需求。从现实情况看，自然保护区现有的精准扶贫措施能够确保所有贫困户、贫困村在2020年摘帽脱贫，但失去了自然保护区的特色。从战略需求看，后精准扶贫时代才是真正的挑战，自然保护区从有效管理角度必须处理好社区发展问题，而且国家在对自然保护区管理的"四化"要求中也明确提出了"社区现代化"的内容。因此，自然保护区的精准扶贫不仅仅要围绕2020年精准扶贫这个阶段性目标，还要涉及贫困村和贫困户后精准扶贫时代的发展，以及自然保护区自身的有效管理。

针对自然保护区生态旅游发展与精准扶贫对接的问题，应该从以下几个层面寻求突破。

（一）指导思想层面

从自然保护区的基本功能要求来讲，自然保护区发展生态旅游，既是自然保护区本身发展的需要（如筹集部分工作经费），又是社会发展的需要。因为生态旅游是一个很好的全民生态环境保护素质教育的手段，而不仅仅是一个旅游产业类型。生态旅游发展对接社区发展包括社区精准扶贫，也不仅是2020年实现同步小康的策略之选，而且是全社会公平发展和可持续发展的基本战略方向。自然保护区管理部门和地方政府要打破传统发展理论的约束，倡导和践行权利为本、公平发展的发展观。自然保护区管理部门要创新自然保护区管理理念和管理方法，将有效保护融入可持续发展思想中，推动生态保护与经济社会发展的双赢，推动自然保护区管理与当地社区包括贫困村、贫困户的共同发展，在当地社区尤其是贫困村、贫困户公平共享自然保护区保护成效的基础上实行共管。

精准扶贫是地方政府的基本任务，传统产业往往是地方政府推动精准扶贫的基本策略。但是，地处自然保护区内或者周边的地方政府不能忽略当地的生态资源优势，要深入领会"绿水青山就是金山银山"的发展理念，要有在有效保护前提下合理和科学利用自然资源的意识，也要有主动与自然保护区管理部门合作共同推进生态旅游发展对接精准扶贫的制度安排。

（二）规划层面

党中央、国务院《关于加快推进生态文明建设的意见》不仅提出了绿色发展、生态经济、可持续发展的发展方向，也提出了"多规合一，一张蓝图"的具体原则性要求。因此，自然保护区管理部门和当地地方政府要充分发挥自己在辖区内对旅游开发宏观调控的作用，将保护区管理计划、社区发展规划、生态旅游发展规划，以及当地扶贫发展规划等都纳入一个规划之中，在规划层面确定自然保护区生态旅游发展与精准扶贫对接，让生态旅游成为自然保护区精准扶贫和社区可持续发展的明确任务之一，避免在操作层面可能出现的无序或混乱，影响自然保护区生态旅游发展以及精准扶贫工作本身，降低自然保护区精准扶贫工作的成效。

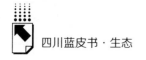

（三）产品设计层面

无论是乡村旅游还是生态旅游，都需要具体的旅游产品分布在整个旅游产业链中。这些旅游产品不仅是供游客选择购买的商品，也决定了当地社区包括贫困户有哪些以及有多少通过旅游产业链融入生态旅游发展的机会，更决定了当地社区和贫困户能够通过生态旅游发展获得什么和多少效益。在满足游客合理需要和保护管理基础上，旅游产品不仅要具有特色和创新，也要突出生态旅游教育和学习的功能，包括对自然保护区当地社区的学习和支持。因此，生态旅游产品在设计上必须体现这个理念，而非单纯的旅游商品而已。即使是自然保护区当地社区的农林牧土特产，其作为旅游纪念品在包装设计上也要融入自然保护区和当地社区的自然特点和人文特点，甚至精准扶贫的元素，为游客支持精准扶贫和生态保护提供更多途径和机会。

（四）运行管理层面

生态旅游发展是一个专业性工作，但并不代表自然保护区当地社区包括贫困户没有能力参与生态旅游的运行管理，关键是要给当地社区和贫困户提供应有的机会和平台，包括能力建设的机会，并通过制度保障实现机制化。根据自然保护区生态旅游产业链环节中不同岗位的特点，优先为当地社区尤其是贫困户提供相应的岗位机会、培训机会，当地社区包括贫困户就能逐步适应并达到工作标准的要求。让当地社区尤其是贫困户通过自己的劳动有尊严地脱贫和发展，既能实现有效脱贫和发展，还能增强贫困户和当地社区对自然保护区生态旅游发展的拥有感和责任感，更有利于自然保护区的有效管理和健康发展。因此，自然保护区管理部门和当地政府应该促进外来投资商与当地社区的对接合作，建立多方参与的合作机制，平衡各方的旅游投入和旅游回报，在生态旅游、森林康养、高山观光、狩猎体验、休闲度假等旅游活动和产品设计上，赋权贫困户做能够做的事情、做应该做的事情，从而形成贫困村、贫困户能有效参与的、责权利明确和合理的、有利于贫困村和贫困户脱贫发展的对接合作模式。这不仅有利于自然保护区生态旅游发展，减少外来投资商投资风险，提高投资效益及其安全性，而且能为精准扶贫以及后精准扶贫时代的可持续发展奠定基础。这才是在确保自然保护区有效管理前提下，既充分考虑了旅游产业发展规律，又建立了真正有利于贫困户脱贫发展的"岗位设计＋能力建设＋利益分配＋机制保障"的 PPP 模式。

（五）贫困户分类管理层面

尽管都是贫困户，但是不同贫困户有不同的致贫原因和脱贫优势。因此，有必要对贫困户进行分类管理。要根据自然保护区各个贫困村和贫困户特点将所有贫困村和贫困户进行分类，对不同类别的贫困村和贫困户既要突出其致贫要素，又要彰显其脱贫途径要素，尤其是细化生态旅游脱贫的具体措施，并将这种生态旅游脱贫的具体措施反馈到自然保护区生态旅游发展的规划、产品开发以及运行管理等重要环节的设计中，基于自然保护区具体而成型的生态旅游发展产业链，确定每个精准贫困户介入生态旅游发展实现脱贫的具体环节和具体行动，使生态旅游发展与贫困户脱贫之间形成有效的互动，才能为生态旅游发展对接精准扶贫奠定坚实基础。所谓精准扶贫的"滴灌"，就是因户因人施策，该"输血"的就输血，该"造血"的就造血，同时形成扶贫措施的整合，重在建立"可扶之"贫困户脱贫和发展的能力，才能实现精准扶贫与持续发展的目标。

（六）自然保护区当地社区生计资本特点

一般来说，自然保护区当地社区包括贫困村和贫困户的生计资本都具有如下特点。

1）自然资本：主要是耕地、林地、草场等，通常都是落实到户并拥有使用权。尽管国家在推进土地确权和土地利用改制，但自然保护区的土地是不可能无空间和时间限制的，因为自然保护区土地利用的基本类型是生态用地，而不是产业用地，更何况自然保护区都是国家明确的限制开发区。

2）人力资本：计划生育政策的执行导致自然保护区总体人口不多，而且当地发展受限使得多数年轻人都外出打工。对于贫困户而言人力资本基本不是优势，因为基本所有的贫困户都存在劳动力严重不足的问题，这也是重要的致贫原因之一。

3）物质资本：自然保护区的基本功能是保护，这决定了发展不是自然保护区的第一要务，因此基础设施相对较差，当地社区的物质资本尤其是通信、交通、教育、医疗等不会有什么优势。即使自然保护区的交通等设施良好，物流利用价值也不大，因为自然保护区当地社区没有多少产品需要外运销售。

4）财务资本：贫困户基本没有财务资本。调研发现，自然保护区贫困村和贫困户的财务能力基本上是基于政府支持和社会企业捐助，包括公益性保险服务、政策兜底扶贫的社保和养老保险等。而且，这些财务资本到2020年实现同步小康后基本会终止。

5）社会资本：如果没有全国性战略性的精准扶贫政策，如果没有当地社区组织和村干部的关心，如果没有当地社区基于血缘和姻缘形成的传统互助架构，自然保护区当地社区和贫困户基本没有什么社会资本。精准扶贫客观上增加了贫困户的社会资本，但大规模的外援同样基本将在2020年脱贫目标实现之时终止。

因此，生计资本特点决定了自然保护区生态旅游发展与精准扶贫对接路径的特点。即，自然保护区生态旅游发展与精准扶贫对接路径主要基于当地社区和贫困户的自然资本（耕地、林地、草场等）、人力资本、物质资本（传统民居民宿等）和社会资本（与自然保护区无法割舍、相互影响的社会关系），并在自然保护区生态旅游产业链中寻求切入点，为生态旅游发展对接精准扶贫创造条件。

（七）自然保护区生态旅游发展与精准扶贫对接路径

家庭收入的基本类别包括工资性收入、财产性收入、经营性收入和转移性收入四类。自然保护区当地社区尤其是贫困户的生计特点，决定了贫困户来自生态旅游发展的主要的收入可能是工资性收入、财产性收入、经营性收入，以及可能的少量的转移性收入。通过对几个自然保护区实地调研以及相关文献的分析，我们认为自然保护区生态旅游发展与精准扶贫对接的可能路径大致包括如下几项。

1. 贫困户工资性收入对接路径

工资性收入即自然保护区当地社区尤其是贫困户通过在生态旅游产业链相关环节打工就业所获得的收入。从自然保护区生态旅游发展基本特点看，贫困户可以从中获得的工资性收入途径包括担任保洁员、保安员、户外向导、户外导游、宾馆服务员、餐馆服务员、餐馆厨师、地质灾害监测员、旅游纪念品售货员、园丁等。贫困户通过在景区景点从事打扫卫生、维护秩序等工作，拥有一份稳定的工作，就能持续解决其家庭的生存和发展问题①。

2. 贫困户财产性收入对接路径

自然保护区当地社区包括贫困户所拥有的财产主要是自然资本（耕地、林地、草场等）、物质资本（传统的或具有民族特色的民宿等），以及因为基于贫困户身份的社会资本所获得的外来的财政支持，例如政府的财政扶贫资金、政策性优惠扶贫贷款、社会慈善捐赠等。这些财产可以通过融资方式进入自然保护区的生态旅游开发中形成贫困户的财产性收入来源。具体包括如下几点。

1）贫困户将自有的耕地、林地、草场、民宿等以入股方式投入到旅游开发中，通过年度股金分红方式获得收入。

2）对集体耕地、林地、草场等采取股权量化方式落实到各个农户包括贫困户头上，他们也以入股方式投入到旅游开发中，通过年度股金分红获得收入。

3）对于国家政策性的产业扶贫资金、扶贫贷款、社会捐赠等资金，也可以量化股权落实到贫困户后直接投入到生态旅游开发中，按照股份按期分红获得收入。

4）贫困户自有和集体的耕地、林地、草场等以出租给旅游开发公司经营的形式，通过额定租金方式获得收入。但租期不宜过长（5年以内为宜），租金也随市场变化而调整以确保双方利益。但必须明确租期到期后可能遇到的土地整理、恢复等费用的安排，保证社区和贫困户的基本生计来源（土地等）不能因为不当旅游开发而受到毁灭性破坏无法利用。

5）对于自然保护区的生态旅游开发而言，社区传统的富有特色的产业过程也是很好的生态旅游资源，例如高山放牧牦牛。因生态旅游开发导致当地社区和贫困户不能如期销售的产品，尤其是游客欣赏的具有景观价值的林木、果树、放牧场景，甚至风水树等，都可以通过协商作价，货币化给当事社区和贫

---

① 黄龙县人民政府网站，2015年11月3日，http：//www. hlx. gov. cn/content. jsp？urltype = news. NewsContentUrl&wbnewsid = 14872&wbtreeid = 1033。

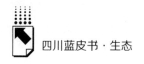

困户，作为社区和贫困户保护这些特定旅游资源、弥补旅游开发所造成损失的补偿或者奖励。

3. 贫困户经营性收入对接路径

对于自然保护区的贫困户而言，经营性收入客观上存在，主要是销售当地生产的农林牧土特产，以及少量的传统文化产品（例如藏族腰带、羌秀等）。常规情况下这些经营性收入都具有规模小，贫困户自身营销能力差、自信心不足以及市场的不确定性导致的不稳定等特点。自然保护区生态旅游发展与精准扶贫对接路径要解决的，就是通过贫困户有效参与到生态旅游发展产业链中，在提高贫困户经营性收入稳定性同时，合理扩大贫困户的经营规模，从而使其获得更多更稳定的收入。从研究情况看，贫困户经营性收入与生态旅游发展对接的路径可以包括如下几点。

1）贫困户作为自然保护区生态旅游开发商的供应商，为相关餐馆提供当地生产的食材，包括蔬菜（人工种植的绿色蔬菜和野外采集的天然森林蔬菜，例如蕨根、野山菌类等）、水果、养生中药材（野生贝母、野生天麻、虫草等）和乡土畜禽（土鸡、土猪等）等。通过确认这种供应链关系，基于市场环境以订单方式确保贫困户种植业和养殖业的规模以及收益的稳定性。

2）贫困户作为自然保护区生态旅游纪念品的生产商、供应商，为游客专供特色旅游纪念品，例如藏族腰带、特色根雕等。

3）在旅游公司统一管理（品牌管理）框架下，贫困户独立开设适量、恰当的配套性质的民俗、特色小吃等服务。

由于贫困户本身缺乏经营能力，因此，贫困户的经营性收入最好采取"旅游公司 + 贫困户"，或者"旅游公司 + 旅游合作社 + 贫困户"的方式推进。但必须确保"精准扶贫"的属性，让贫困户公平合理受益，而不是单纯地发展旅游产业。

4. 贫困户转移性收入对接路径

基于自然保护区生态旅游发展与精准扶贫对接的贫困户转移性收入，不包括国家、社会和非当事旅游开发企业的捐赠，而是应该源于生态旅游开发的直接利润。很多自然保护区的旅游开发企业每年都会拿出部分资金购买慰问品问候贫困户，尤其是在中秋节、春节等特殊节日。但这种随意性比较强的慈善行为不仅社会影响小、缺乏长期效果，也不利于旅游开发企业社会责任的表达和品质提升。因此，可以考虑通过以下路径推动自然保护区生态旅游发展与精准扶贫贫困户转移性收入的对接。

1）旅游开发企业根据自身经济和经营情况，每年定额或者按每年利润的一定比例提取资金成立自然保护区精准扶贫慈善基金（或社区扶贫发展基金），并成立由旅游开发企业、自然保护区管理部门、扶贫部门以及贫困户（社区）代表组成的评审小组，每年根据贫困户情况基于慈善进行支持，也可以将其作为社区和贫困户产业发展的援助基金使用。

2）对于具有实施 EPES（公正的生态系统服务有偿使用）的自然保护区，可以在旅游开发企业与提供对应生态服务的当地社区和贫困户之间形成 EPES 协议，根据当地社区和贫困户提供的生态服务产量和质量，以及旅游企业经营效益的程度，为社区和贫困户提供适当的补助、奖励，或者产业发展支持资金。

六　结论与建议

自然保护区生态旅游发展与精准扶贫对接，是以旅游产业发展和精准扶贫政策为依据，以市场驱动为导向的产业扶贫的一个方向。它不仅符合国家旅游产业发展方向和自然保护区管理的法律法规，也完全符合国家精准扶贫的指导性原则，体现了以资源为依托，宜农则农、宜牧则牧、宜旅则旅、宜林则林的精准扶贫发展思想。

与此同时，自然保护区生态旅游发展与精准扶贫对接，不仅可以因地制宜帮助贫困村、贫困户解决到 2020 年实现绝对脱贫的问题，而且能解决后精准扶贫时代自然保护区当地社区和贫困户可持续发展的问题，以及自然保护区管理有效性的问题。

研究表明，自然保护区生态旅游发展对接精准扶贫具有较多的路径选项，无论是贫困户的工资性收入、财产性收入、经营性收入，还是转移性收入，都可以根据自然保护区生态旅游发展情况以及当地社区和贫困户的情况进行适应性调整，具有很强的可操作性。当然，这也是一个富有挑战性和创新性的工作，既有尝试探索的必要，也应该获得政府职能部门相应的政策支持。

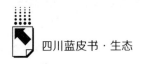
参考文献

吴明忠：《浅议精准扶贫与生态环境保护》，《云南林业》2016 年第 1 期，第 66～67 页。

傅显捷：《生态旅游综合产业发展与地理标志产品研究——从武陵山片区酉阳县生态旅游与精准扶贫说起》，《长江师范学院学报》2015 年第 6 期，第 21～29 页。

覃建雄、张培、陈兴：《旅游产业扶贫开发模式与保障机制研究——以秦巴山区为例》，《西南民族大学学报》（人文社会科学版）2013 年第 7 期，第 134～138 页。

国家林业局野生动植物保护司：《自然保护区管理计划编写指南》，中国林业出版社，2002，第 1 页。

人民日报网，www. paper. people. com. cn，2016 年 7 月 1 日。

网易新闻，news. 163. com，2015 年 3 月 30 日。

甘肃日报网，www. epaper. gansudaily. com. cn，2016 年 5 月 13 日。

美姑县政府网：《三举措助力大风顶自然保护区社区精准扶贫》，www. lsz. gov. cn，2016 年 11 月 1 日。

王晓：《陕西米仓山国家级自然保护区管理局扎实推进精准扶贫》，古汉台网，www. guhantai. com，2016 年 5 月 4 日。

阿坝州政府信息公开工作办公室：《卧龙有效衔接巡山护林和精准扶贫组建村民巡护队》，www. abazhou. gov. cn，2016 年 3 月 1 日。

延安旅游政务网：《黄龙生态旅游成为精准扶贫新亮点》，www. yanantour. com. cn，2015 年 11 月 11 日。

中共中央国务院：《关于加快推进生态文明建设的意见》，人民网 – 中国共产党新闻网，www. cpc. people. com. cn，2015 年 4 月 25 日。

B.4

四川秦巴山片区生态扶贫探析

张耀文 *

摘　要： 本文在分析四川秦巴山片区自然地理与社会经济特征、贫困特征的基础上，回顾了四川秦巴山片区生态保护和区域扶贫开发的历史演进，进而提出了在新一轮脱贫攻坚中必须改变以往扶贫开发和生态保护相脱节的问题，将生态保护与建设融入精准扶贫之中，充分发挥其生态资源优势并将其转换为产业优势、经济优势，构筑脱贫攻坚长效机制。

关键词： 秦巴山片区　生态保护　扶贫开发

秦巴山片区地域广阔，西至青藏高原东部边缘，东至华北平原西南部，该区域包括秦岭、大巴山，涵盖了四川、河南、湖北、重庆、陕西、甘肃等6省（市），秦巴山片区集革命老区、国家重点生态功能区于一体，是国家14个集中连片特殊困难地区之一。四川秦巴山片区地处秦岭、大巴山南侧，位于四川省北部、东北部，包括绵阳、广元、南充、达州、巴中等5市16县（区）。在新一轮扶贫攻坚、与全国同步实现全面小康社会过程中，四川秦巴山片区必须注重生态保护与建设，解决以往扶贫开发和生态保护相脱节的问题，在"绿水青山"中找到一条可持续扶贫模式，在"绿水青山"中挖掘出"金山银山"。

---

* 张耀文，四川省社会科学院2015级农业经济管理专业硕士研究生，主要研究领域为农村经济理论与政策。

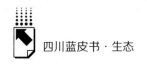
一 四川秦巴山片区自然地理与社会经济特征

（一）该区域是生态功能关键区

四川秦巴山片区处于两种地域和文化的过渡交界地带，既是南北河流水系和暖温带与亚热带之间的分水岭，又是中原文化与巴蜀文化的交叉处。该区域气候温和，雨量充沛且集中于夏季，以山地丘陵地形为主，地势起伏，山高谷深，森林覆盖率较高，河流众多且径流量丰富。整个秦巴山片区也是我国重要的生物多样性和水源涵养生态功能区，有 85 处禁止开发区域，有 55 个县属于国家限制开发的重点生态功能区[①]，四川秦巴山片区作为整个秦巴山片区的重要组成部分，承担了生物多样性保护、水源涵养、水土保持等多项生态保护任务，同时也是长江上游的重要生态屏障，生态功能突出。

（二）该区域是生态脆弱区

该区域是生态脆弱区、生态敏感。该区域多深山，地势陡峭，加之降水集中，滑坡、泥石流等地质灾害频发。2012 年国家地质灾害统计显示：秦巴山片区 6 省（市）发生地质灾害次数总计 3541 次，占全国地质灾害总次数的22.4%，直接经济损失为 30.9 亿元，占全国直接经济损失的 74.8%[②]，四川秦巴山片区也遭受到相当大的损失。水利基础设施建设不足，洪涝、干旱易发多发。

（三）自然资源与人文资源丰富

该区域自然资源与人文资源丰富。巴中、达州、广元等市矿产资源丰富，汞、锑、铅、锌等矿的藏量居全国前列。该区域又是我国重要的有色金属、贵重金属藏区，是西气东输主要气源点和干线之一，仅达州探明天然气地质资源

---

① 国务院扶贫办、国家发改委：《关于印发秦巴山片区区域发展与扶贫攻坚规划（2011～2020）的通知》，2012，第 6 页。

② 李仙娥、李倩：《秦巴集中连片特困地区的贫困特征和生态保护与减贫互动模式探析》，《农业现代化研究》2013 年第 7 期，第 409 页。

储存就高达 3.8 万亿立方米。农业资源丰富，板栗、中药材、牛肉等特色农产品以质量优势获得了较大的市场影响力，该区域素有"秦巴山地天然药库""川东药库"之称，同时也是四川重要的牛肉产区。从历史上看，该区域曾是红四方面军的主要根据地，红色旅游资源丰富，包括川陕革命博物馆、空山大捷遗址等旅游景点，具备发展生态旅游、文化旅游的资源基础。

（四）人口密集、人力资本具潜在优势

从人口数量与密度来看，与四川省其他 3 个扶贫攻坚片区（乌蒙山区、大小凉山彝区、高原藏区）相比，秦巴山片区人口数量更大，人口密度更高。第六次全国人口普查数据显示，阿坝州、甘孜州、凉山州人口密度分别为 7 人/平方公里、11 人/平方公里、75 人/平方公里，而巴中市人口密度为 267 人/平方公里，广元市人口密度为 155 人/平方公里。从人口素质来看，与高原藏区、大小凉山彝区相比，较强的开放性和以汉族人口为主体的人口结构使得该区域"文化贫困"程度相对较低。大量青壮年劳动力外出务工，丰富了阅历，掌握了技能，人力资本水平大幅提高。随着我国经济步入新常态，农民工由于其就业结构和自身人力资本特征，就业稳定性不可避免受到冲击，该区域大量农民工返乡，成为助推该区域农村经济发展的潜在人力资本。该区域人口特征所带来的影响是双向的，人口密集摊薄了人均资源，加大了自然生态负荷，但同时人力资本的潜在优势为资源开发和区域经济的发展创造了条件。

二 四川秦巴山片区的贫困特征

近年来，国家不断加大对贫困地区和贫困人口的扶持力度，使其共享社会经济发展成果。中共中央十八届五中全会也提出，在现行标准下，农村贫困人口全脱贫，贫困县全摘帽，解决区域整体性贫困。四川省委也明确提出把扶贫开发作为实施"三大发展战略"、推进"两个跨越"的全局性工作，提出并启动实施"四大片区扶贫攻坚行动"，采取超常举措打赢脱贫攻坚战[1]。四川秦

---

[1] 王东明：《坚决打赢四川脱贫攻坚这场硬仗》，新华网，http：//news. xinhuanet. com/local/2016 - 03/08/c_ 1118263723. htm，2016 年 3 月 8 日。

巴山片区由于其广阔的贫困区域、庞大的贫困人口、承担重要的生态功能等因素，在全省乃至全国脱贫攻坚战略中处于重要地位。

（一）区域整体性贫困

四川秦巴山片区贫困面广、量大、程度深，呈现出整体贫困态势。恶劣的自然条件、偏远的地理位置、基础设施尤其是交通基础设施薄弱对该区域经济发展构成了极大的障碍。一般而言，区域经济的发展离不开要素的集聚，要素集聚能形成区域经济增长极，以具有扩张性和带动性的区域经济增长极拉动整个地区的增长。但是，该区域资源分散、零碎，单体规模小，难以进行集中连片的规模化开发，加之本身经济状况落后、财力不足限制了资本的积累，难以培育自身的经济增长极，城镇化水平滞后。区位不佳、交通阻隔也使得本区域难以融入市场体系，本地的比较资源优势难以发挥出来，外界资本的进入成本更高，区域贫困处于封闭循环状态。巴中市、广元市、达州市等属于秦巴山片区，3市在地区经济生产总值、人均 GDP、居民储蓄额、农村居民人均可支配收入等反映一个地区经济发展水平的指标上在四川省 21 个市（州）中排名靠后。

（二）资源富集型贫困

四川秦巴山片区丰富而独具特色的自然人文资源在相对静态的条件下并没有转化为可增值的资本，进而成为现实的财富，简而言之，体现为"富饶的贫困"。究其根源，发展条件的限制和发展要素的稀缺使得该区域无力对资源进行有效开发，或因开发成本过高带来比较优势被抵消。出于位置偏远、交通不便、地形阻隔、设施服务落后等原因，资金、技术、管理、人才等先进要素难以在本区域集聚，甚至在"市场磁力"的作用下，本区域优质要素不断流出，进而带来要素的空心化。例如，农村大量青壮年劳动力外出务工，农业劳动力的老龄化、弱质化，加之外界项目安排使用没有与当地农户生产生活方式融合在一起，使得以种养殖为核心的产业帮扶项目难以获得发展的可持续性，造成"项目孤岛"现象。目前该区域对资源的利用大部分还是粗放式、有限度地开发，产业低端，产业链短，综合效益不足。加之地处重点生态功能区，国家政策也限制了煤炭、水泥等对环境破坏严重的资源型产业的发展。

（三）生态脆弱是重要致贫因素

恶劣的自然环境与贫困存在着共生共存的关系。有研究对秦巴山片区 75 个县市进行生态资产与经济贫困之间的关联分析，发现 52 个县市的生态资产与经济贫困属于中度以上耦合，占研究区县市总数的 70%，即生态资产①越少的地方经济贫困程度就越高②。一方面，生态环境构成了部分贫困群体的致贫因子。四川秦巴山片区地形落差大，耕地少，水土流失所带来的地质灾害较多。实地调研发现，该区域部分村庄日常饮水中含有过高的矿物质，长期饮用导致村民患上疾病，进而因病致贫。另一方面，贫困地区的人口对生态系统表现出更高的依赖度，生活能源来自薪柴，收入来源中种植和养殖等农业经营性收入在总收入中所占比例较高，粗放型的生产方式在一定程度上加剧了生态失衡。但近年来，随着经济社会的发展、生产生活方式的转变、青壮年人口大量外出以及人们生活能源来源的多元化，该区域人口与自然生态之间的矛盾有所缓和。

三　四川秦巴山片区扶贫和生态保护与建设的实践反思

（一）四川秦巴山片区扶贫和生态保护与建设的实践探索

1. 1986～2000年的四川秦巴山片区扶贫和生态保护与建设

以农村土地制度改革为核心的农村经济体制改革极大地激发了农民的生产热情，长期受压抑的潜在生产力被释放了出来，带来了普遍性的益贫效果。但制度变革所带来的益贫效果有限，农村贫困开始由全面的制度约束贫困向区域性条件约束和农户能力约束贫困转变。中国有针对性地大规模扶贫开始于 1986 年，当时，我国的扶贫还处于摸索前进阶段，主要采用开发式扶贫方式，

---

① 生态资产是指生态系统提供给人类的自然资源价值和生态系统服务功能的总和，是衡量地区生态环境质量、生态建设水平的重要指标。

② 曹诗颂、赵文吉、段福洲：《秦巴特困连片地区生态资产与经济贫困的耦合关系》，《地理研究》2015 年第 7 期，第 1300～1304 页。

但扶贫的工作机制已初步建立，包括设置专门的扶贫机构、安排专项扶贫资金、制定一系列优惠政策、以县为单位明确扶贫对象等。

秦巴山片区的贫困状况在全国整体经济不断发展的进程中逐渐凸显，并得到了国家决策层的高度重视。1994～2000年国家实施了《国家八七扶贫攻坚计划》，旨在基本解决农村贫困人口的温饱问题，秦巴山片区被列入18个集中连片开发特困地区，与之前的扶贫工作相比，此阶段的扶贫不仅指向更明、力度更大，同时扶贫理念和内容也在变化，科技扶贫的投入加大了，社会力量被动员进入扶贫领域。同时，1998年，该区域开始实施天保工程和退耕还林项目，自然生态环境得以改善。

2. 2001～2010年的四川秦巴山片区扶贫和生态保护与建设

2001年，国家颁布了《中国农村扶贫开发纲要（2001～2010）》。此阶段的扶贫在扶贫战略和扶贫方式上均与以前阶段呈现出较大差异。从扶贫战略上来看，把"改善贫困地区的基础设施和生态环境"作为扶贫目标，在扶贫开发方针上，采取了"政府主导、社会参与、自力更生、开发扶贫、全面发展"，增加了社会参与和全面发展这两个理念，在扶贫思路上，改变了以往单一的以增收为目的的扶贫思路，而是把贫困地区基础设施改善和科教文卫社会事业建设纳入扶贫工作范畴。从具体的扶贫方式来看，新增了整村推进、劳动力转移培训和产业扶贫等三个重点项目。同时，自2000年来国家在该区域先后设立了自然保护区群，生态保护的力度持续加大。

3. 2010年至今的四川秦巴山片区扶贫和生态保护与建设

在此阶段，出台了《中国农村扶贫开发纲要（2011～2020）》，秦巴山片区在新一轮的识别中被确立为集中连片特殊困难地区，同时整个秦巴山片区还专门制定了《秦巴山片区区域发展与扶贫攻坚规划（2011～2020）》，将四川省的绵阳、广元、南充、达州、巴中等5市16县（区）纳入规划范围。在这一时期，该区域的生态建设得到进一步的重视，同时该区域将生态保护与建设纳入扶贫工作之中。2010年出台的《全国主体功能区规划》将秦巴山区纳入国家重点生态功能区，同时明确秦巴山区为秦巴生物多样性生态功能区。国家林业局制定的《秦巴生物多样性生态功能区生态保护与建设规划（2013～2020）》也明确提出"生态扶贫"，具体内容包括发展生态产业、实施人口易地安置、发展生态旅游。

扶贫工作在此阶段也发生了一些重要变化。通过经济增长来带动贫困地区和人口脱贫的空间正在压缩，扶贫资源投入所带来的扶贫边际效益正在下降，以往扶贫工作将易脱贫的人群脱贫，但对于深重度贫困的人影响乏力。贫困人口的分布也由片状分布到"插花式"的点状分布变化，以往开发式扶贫工作方式难以有效应对贫困人口空间布局变化，存在底数不清、指向不明、到村入户机制不完善的问题。同时，到2020年全面建成小康社会的战略部署要求对现有扶贫工作机制进行完善，增强扶贫效益。正是在这一背景下，我国开始实施精准扶贫战略。

该区域的精准扶贫战略同以往相比展现出不同的特征。这不仅仅体现在扶贫资源投入更多、强度更高、力度更大，更体现在扶贫工作方式的转变。一方面，由强调区域整体开发式扶贫向开发扶贫与个体精准扶贫相结合转变。精准扶贫强调"六个精准"，针对不同个体的致贫原因、扶贫需求实施有针对性的扶贫举措，实现区域发展和个体扶贫的"双轮驱动"。另一方面，更加重视扶贫工作与生态保护相结合，在扶贫措施"五个一批"中也包括"生态补偿脱贫一批"。在实际工作中，也开始吸纳贫困人口担任公益林管护员、自然保护区管理员，通过生态补偿转移支付资金帮助贫困人口脱贫，实现生态保护与脱贫攻坚的良性结合。

（二）四川秦巴山片区扶贫和生态保护与建设的反思

四川秦巴山片区经历了约30年的有针对性的大规模扶贫开发，取得了显著成效，主要体现在该区域经济发展水平显著提升，地区生产总值和城乡居民人均可支配收入大幅增加，要素的流动性大幅度增强，开始融入市场经济体系，区域性整体性贫困得以有效缓解；贫困人口大幅减少，贫困人口生活条件明显改善；贫困地区教育、文化、卫生以及基础设施等社会建设不断完善；同时完善了扶贫工作的顶层设计，建立健全了扶贫工作推进机制。在生态建设方面，经历了由强调资源环境的开发转变到强调资源开发与生态保护的统一协调，生态环境得以改善。但是，该区域的扶贫和生态建设也存在着一些不足。

首先，生态扶贫逐步由理念转化为实践，但在一些方面还相对滞后。在生态移民方面，在精准扶贫中，通过大力实施易地扶贫搬迁工程将生存环境恶劣、生态系统脆弱的贫困户搬离原有区域，在改善了贫困户生活条件，阻断了代际贫困传递的同时，也有利于当地生态系统的恢复。在生态工程建设和生态补偿方面，一些地区将由国家财政资金补贴的公益林巡护员、自然保护区管理员的职位提供给当地贫困户，使贫困户在捍卫"绿水青山"中获得经济收入。但在生态资源的开发利用方面相对滞后，该区域生态资源优势尚未转化为产业优势、经济优势。受制于区位和交通因素，加之发展要素稀缺，该区域大部分特色农产品虽质量较优，但尚未得以形成品牌和完整的产业链，影响力、辐射带动力不足，发展潜力并未充分释放。

其次，扶贫与生态建设脱节，甚至两者在一定程度上还相互冲突。一方面，一些扶贫项目的实施给当地生态环境造成负面影响。据世界银行调查，1998～1999年，秦巴山片区开发式扶贫虽带来8%～9%的人脱贫，但返贫率高达11.5%，原因在于以牺牲环境为代价的开发式扶贫导致了生态环境的恶化，从而引发对扶贫效果的反弹①。新一轮的精准扶贫要求对具备劳动能力的人实施产业帮扶，一些地方政府通过大力鼓励和支持农户发展养殖业来脱贫致富。发展养殖业虽然迎合了市场需求，适应了该区域农业劳动力老龄化的要素结构，能够在短期内实现脱贫任务，但是，养殖业的过度、无序发展对生态环境的不利影响是显而易见的，尤其是缺乏污染处置能力的规模化养殖场的建立，会带来极大的空气和水污染。另一方面，为了保护当地生态环境，该区域实施了天然林保护工程、退耕还林工程，同时设立了一系列自然保护区，外部行政力量的介入迫使当地人口减少对当地资源环境的依赖，一定程度上对该区域人口的生计和收入造成负面影响，在该区域以及秦巴山片区的其他区域已经出现过此类现象②。

四　生态扶贫——四川秦巴山片区扶贫思路的新转变

目前，生态扶贫的思路已经在贵州、广西、云南等省区被提出并实施，并

① 刘艳梅:《西部地区生态贫困与生态型反贫困战略》,《哈尔滨工业大学学报》(社会科学版)2005年第6期,第97页。
② 苏冰涛、李松柏:《社会转型期"生态贫民"可持续生计问题及政策措施》,《农业现代化研究》2013年第1期,第359～361页。

在一些地区取得了成效,其先进做法值得四川秦巴山片区乃至整个秦巴山片区的扶贫工作借鉴。

(一)生态扶贫理论概述

贫困与生态之间的关联早在18世纪就引起了学者们的关注,有学者提出了著名的"贫困陷阱"学说,该学说认为贫困与环境之间是一个"相互依赖并相互强化的螺旋下降过程"。粗放型的生产方式在获得了短期经济效益的同时也破坏了长期可持续发展的资源环境基础。同时,生态保护与建设在制度设计上的缺陷或生态补偿金额有限也会导致当地人的发展权益受到损害。大量针对反贫困的研究均是从制度、经济、人口的视角进行研究,但随着人们对致贫原因、反贫困理论研究的不断深入,生态扶贫逐渐受到重视。研究表明,我国生态脆弱区、生态重点功能区和集中连片贫困区域在空间上存在着高度重叠,生态脆弱是重要的致贫与脱贫后再返贫因素。习近平总书记也指出"牢固树立保护生态环境就是保护生产力、改善生态环境就是发展生产力的理念"。生态经济学提出了"生态资本"的概念,认为生态环境作为一种资本,也应该参与价值的最终分配①,这为实施生态保护补偿制度提供了理论依据。

学术界对生态扶贫的概念尚未达成权威共识。从公共管理的视角来看,生态扶贫是生态服务系统在人类反贫困活动中的运用②。也有学者认为生态扶贫"是在贯彻国家主体功能区制度基础上,以保护和改善贫困地区生态环境为出发点,以提供生态服务产品为归宿,通过生态建设项目的实施,发展生态产业、构建多层次生态产品与生态服务消费体系、培育生态服务消费市场,以促进贫困地区生态系统健康发展和贫困人口可持续生计能力提升,实现贫困地区人口经济社会可持续发展的一种扶贫模式"③。尽管不同学者对生态扶贫的概念界定不一,但是对生态扶贫的理念导向和内在逻辑有着一致认同。生态扶贫作为一种新型可持续的扶贫方式,改变了以往片面地通过经济手段实现脱贫目的和单纯地依靠生态建设实现生态保护的思路,探索在"绿水青山"和"金

---

① 王旭:《习近平生态扶贫思想研究》,《财经问题研究》2016年第9期,第11~12页。

② 黄金梓、段泽孝:《论我国生态扶贫研究范式的转型》,《湖南生态科学学报》2016年第6期,第58页。

③ 沈茂英:《生态扶贫内涵与运行模式研究》,《农村经济》2016年第5期,第5页。

山银山"之间找好良性互动的扶贫模式，使由传统的"破坏生态—趋于贫困—再破坏—更贫困"的恶性循环转变为"生态环境建设—摆脱贫困—生态系统功能提升—走向富裕"的良性循环，实现经济益贫和生态保护双重目标的统一。

（二）四川秦巴山片区实施生态扶贫的必要性与可能性

实施生态扶贫，是对四川秦巴山片区以往生态建设与扶贫开发平行推进方式实践经验的反思总结，是对该区域生态脆弱与连片贫困交织并存、互为因果现实的回应，对该区域实施生态扶贫具有重要意义。第一，实施生态扶贫是保护生态环境、履行重点生态功能区责任的必然要求。秦巴山片区与秦巴生物多样性生态功能区在空间上高度重叠，功能区中的 46 个县（区）中有 42 个县（区）属于秦巴山片区①。在新一轮以全面建成小康社会为目标的脱贫攻坚行政压力下，尤其是在产业帮扶中，基层政府具有采取短期化的、以牺牲环境为代价换取扶贫政绩的冲动。而生态扶贫的思路能够解决生态保护和脱贫攻坚相互脱节的问题，将生态保护与建设融入整个脱贫攻坚进程之中，实现人与自然的和谐相处。第二，生态扶贫是四川秦巴山片区摆脱贫困、实现脱贫攻坚胜利的必由之路。实施生态扶贫能够改变以往片面强调生态建设与保护所导致的当地群众利益受损的现象，生态补偿能够弥补重点生态功能区建设开发受限所导致的经济损失。实施生态扶贫必然要求改变粗放型生产方式，更多地进行清洁生产，更多地发展循环经济，促进当地经济增长方式的根本性转变。实施生态扶贫，充分依托当地富集的生态资源优势做大做强做优生态特色产业，将资源优势转化为产业优势、经济优势，带动整个区域经济增长，增强贫困地区的"造血能力"。

该区域实施生态扶贫不仅具有必要性，同时也具备现实的可能性。第一，对生态保护的认识进一步深化，生态保护体制机制不断完善。生态产品被认为是具有外部性的公共产品，生态保护者作为生态产品的生产者难以得到生态产品受益者的经济补偿。随着人们对生态产品认识的深入，学术界也

---

① 田平：《区域协作、错位发展：秦巴山片区 7 市经济发展战略比较》，《湖北工业职业技术学院学报》2015 年第 6 期，第 36 页。

试图对生态产品的货币价值进行估值，并对因生态保护而利益受损或做出生态保护贡献的人群进行生态补偿。生态补偿机制和碳汇交易机制得到运用，水权交易机制已于 2014 年在 7 省市试点，尤其是以国家财政转移支付作为主要资金来源的生态补偿项目，已经成为该区域农村贫困人口的重要收入来源。第二，消费方式的转变、新产业新业态的产生与发展为生态资源产业化创造了良好机遇。在居民消费需求不断升级的条件下，天然、有机、绿色、富有特色的农产品普遍受到消费者青睐，农村电商覆盖面的扩大和农村基础设施在大力度扶贫过程中的完善，也在为打开农产品进城通道创造条件。休闲农业快速发展，据估计，2015 年，全国休闲农业和乡村旅游年接待人次超过 22 亿人次，经营收入达 4400 亿元[①]。该区域生态本底优良、红色资源丰富，可以发展休闲农业、乡村旅游、森林康养等具有较大市场潜力的新产业新业态。

五　四川秦巴山片区生态扶贫的思考与建议

四川秦巴山片区生态扶贫必须转变以往生态保护与建设和区域扶贫开发相互脱节的状况，将生态保护与建设和脱贫攻坚紧密地结合起来，发挥生态资源优势，培育市场竞争能力较强、扶贫带动作用显著、具有长期发展前景的生态产业，并在这一过程中激活该区域潜在人力资本优势，培育贫困人口的自我发展能力，构筑脱贫攻坚长效机制。

（一）发展优势绿色产业，实现生态资源产业化

该区域独特的气候、地形、土壤等自然地理条件使得其农业资源极其丰富，其农产品品质独特，加之具有生态绿色的特质，能够在市场上获得较高的欢迎度。该区域虽然资源潜力较大、产品特色突出，但是其产业发展和产业益贫功能的发挥也面临着要素保障不足、产业同构、贫困户参与不足等问题。因此，该区域在精准扶贫产业帮扶过程中应该做到如下几点。一是要以交通、通

---

① 农业部：《关于印发全国农产品加工业与农村一二三产业融合发展规划（2016～2020 年）的通知》，2016。

信等基础设施建设为先导。由于地理阻隔、区位不佳、交通滞后，该区域的优质特色产品难以融入统一的市场体系之中，供给者和潜在需求者难以建立联结，因此，交通和通信基础设施的建设有助于促进市场流、资金流、信息流等实现迅速通畅的联系。同时，还要解决资源开发和产业培育过程中的技术、资金、管理等要素瓶颈，创新农技供给机制，完善农技服务体系，创新多元产业融资渠道，通过政府扶持、金融支持、引进社会资本、探索农地抵押贷款等多种方式解决产业发展中的投融资困难。二是要防止产业同构。建立健全产业发展区域协调联动机制，四川秦巴山片区涉及不同的市、县（区），不同区域和层级的政府应加强沟通与合作，避免在同一产业、同一产品上重复投入，努力形成产业在不同区域之间的集群联动。探索建立产业协同、预警机制，各地定期上报产业发展的规模、种类、效益，由上级政府进行评估审查，避免产业同构带来的恶性竞争①。三是要扶持多元产业发展带动主体。针对贫困人口的产业帮扶不应该仅仅是政府力量的"单兵突进"，而应该激活市场要素，充分发挥农业龙头企业、合作社、专业大户等新型农业经营主体的带动作用。从该区域产业扶贫的实践来看，受地域条件、劳动力素质等因素限制，应该更多地关注集体、合作社、专业大户等本土性的、覆盖面广、贫困人口参与度高的经营主体，由此，其产业帮扶政策应该考虑更多地向规模较小、利益联结更为紧密的经营主体倾斜。

（二）完善生态补偿机制，增强生态保护积极性

目前，该区域所利用的生态补偿资金主要来自上级财政转移支付，存在着资金来源渠道单一、资金额度有限、难以持续的问题。同时，生态补偿保护者和受益者之间脱节，生态环境"公共放牧地的悲剧"没有得到有效解决②。因此，一是要探索横向生态补偿机制。横向生态补偿机制能够充分体现"谁受益、谁补偿"的权责对等理念，解决单一纵向财政直接支付所带来的补偿金额偏低、激励不足的问题，在具体操作方式上，可以采用中共中

---

① 李裕瑞、曹智、郑小玉、刘彦随：《我国实施精准扶贫的区域模式与可持续路径》，《中国科学院院刊》2016年第3期，第286页。

② 卢毅：《四川秦巴山片区可持续生态补偿模式研究》，《国土资源科技管理》2016年第4期，第71页。

央、国务院《关于加快推进生态文明建设的意见》中所指出的"资金补助、产业转移、人才培训、园区共建"等多元化方式，在增强生态保护动力的同时，也为贫困地区的发展提供帮助。二是要在目前政府主导的生态补偿模式下探索市场化运作机制。例如在受偿方、补偿方相对清晰的条件下探索流域生态保护，可以培育水市场，开展跨区域水权交易。在生态产品可以被计量的情况下，如碳排放、污染排放等，探索开展碳汇交易和排污权的生态配额交易[1]。

（三）将产业发展和贫困户增收融入生态工程建设之中

一方面，可以将特色产业发展融入退耕还林等生态工程建设之中。例如，四川省广元市朝天区依托"国家优质核桃生产基地"，将50%的面积设计为种植核桃区[2]。巴中市通江县实施地、人、林、房、钱、集体"六个盘活"，利用退耕还林地发展乔木产业，形成"林＋禽、林＋果、林＋药、林＋菜、林＋牧"等多元林下经济。这些地区的做法值得其他地区效仿。另一方面，还可以让贫困人口参与并受益于生态保护的过程，并在这一过程之中增强生态环保意识、提升自我发展能力。

（四）加大生态扶贫规律认识

精准扶贫的目标导向与生态保护两者之间存在着冲突。脱贫攻坚硬性要求必须在某一个规定的时间段内实现贫困户脱贫的目标，但生态保护所带来的经济效益不足、见效慢，使得政府在具体发展问题的选择取向和扶贫项目实施过程中可能会朝着不利于生态保护的方向演进，尤其在产业帮扶、易地搬迁中极易导致生态环境的破坏。而这种短视的扶贫必然会给区域人口脱贫和区域经济发展的可持续性带来不利影响。因此，必须深化对生态扶贫内在规律的认识，把绿色发展、生态扶贫的理念贯穿到全扶贫环节，让政府、扶贫社会力量和群众共同做好环境保护。同时，借鉴社区参与、公共资源管理等众多

---

[1] 卢毅：《四川秦巴山片区可持续生态补偿模式研究》，《国土资源科技管理》2016年第4期，第71页。

[2] 何家理、马治虎、陈绪敖：《秦巴山片区退耕还林生态效益外显与经济效益内隐状况调查》，《水土保持通报》2012年第8期，第254页。

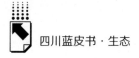
成熟的自然资源管理经验，创新自然资源保护机制，让群众主动参与到生态保护中来①。

参考文献

李仙娥、李倩：《秦巴集中连片特困地区的贫困特征和生态保护与减贫互动模式探析》，《农业现代化研究》2013 年第 7 期。

郭晓鸣：《山区县域经济发展的区域特征和政策选择》，《农村经济》2013 年第 12 期。

张晓山、李周：《中国农村发展道路》，经济管理出版社，2013。

查燕等：《宁夏生态扶贫现状与发展战略研究》，《中国农业资源与区划》2012 年第 2 期。

---

① 《绿色发展与精准扶贫生态脆弱是致贫的重要因素》，搜狐网，http://mt. sohu. com/ 20160729/n461697585. shtml，2016 年 7 月 79 日。

绿色发展

Green Development

B.5

四川森林康养发展现状与展望

张黎明　张益瑞*

摘　要：　经济新常态下的供给侧改革与绿色发展，促进了"森林康养"在四川的适时诞生和发展。作为率先在全国提出并普及推广森林康养的森林资源大省，四川已将森林康养作为林业新兴战略产业纳入省委关于国民经济与社会发展第十三个五年规划的建议内容，融入相关发展领域，得到了社会各界的肯定和欢迎，并带动了森林康养在全国的辐射发展。本文就森林康养概念、发展的重大意义，四川2016年度森林康养大事件、推进进展、面临的主要问题与建议等进行了分析和阐释，并对2017年四川森林康养产业发展进行了展望。

---

* 张黎明，发展管理学硕士、高级工程师，现为四川省林业厅国际合作处副处长，主要研究领域包括现代林业、生态旅游、森林康养、区域可持续发展管理；张益瑞，西华大学工程管理专业本科在校学生，主要研究方向为工程管理、环境友好与可持续、森林自然教育和绿色发展等。

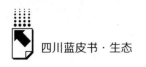

关键词： 森林康养 绿色发展 四川

一 森林康养及其国内外发展现状

（一）森林康养及其产生

"森林康养"正在成为中国林业、旅游、中医药、大健康、养老等领域政府部门、学术界、社团和企业界的人们喜欢谈论的话题，也正在成为一个网络与社会热词。就概念而言，森林康养是四川省林业厅2014年末在吸收国家林业局国际合作引进的"森林疗养"理念的基础上，结合中华传统养生文化，创造性地提出的具有典型中国特色的本土化概念和模式，是四川林业人集体智慧的结晶。

2015年4月，"中国·四川首届森林康养年会"新闻通气会首次向社会发布"森林康养"一词时指出，"森林康养是以丰富多彩的森林景观、沁人心脾的森林空气环境、健康安全的森林食品、内涵浓郁的生态文化等为主要资源和依托（载体），配备相应的养生休闲及医疗、康体服务设施，开展以修身养心、调适机能、延缓衰老为目的的森林游憩、度假、疗养、保健、养老等活动的统称"①。

2016年5月，四川省林业厅印发的《四川省林业厅关于大力推进森林康养产业发展的意见》（川林发〔2016〕37号），定义"森林康养是指以森林生态对人体的特殊功效为基础（见表1），以传统中医学与森林医学原理为理论支撑，以森林景观、森林环境、森林食品及生态文化等为主要资源和依托，开展的以修身养性、调适机能、养颜健体、养生养老等为目的的活动"②。

经过普及推广，森林康养从概念提出到2016年计约两年时间，已在全国10余个省份应用发展。湖南省结合本省实际，定义"森林康养是把优质的森

---

① 国家林业局：《中国（四川）首届森林康养年会新闻通气会召开》，新浪财经，2015年4月7日，http://finance.sina.com.cn/nongye/nygd/20150407/085921896684.shtml。

② 四川省林业厅：《四川省林业厅关于大力推进森林康养产业发展的意见》，2016年5月26日。

表 1　森林主要功能简析

功能类别	主要表现	案例例证
防护功能	蓄水保土、调节气候、改善环境 * 固碳释氧、净化空气、防风固沙、降噪除尘、维护生物多样性等	长江防护林建设，自然保护区建设，野生大熊猫保护工程，水源保护区建设，川西南碳汇林建设，四川长江上游生态屏障建设
生产功能	大量木材等木质林产品以及果实、花卉、森林蔬菜、木耳、松茸等大量非木质林产品，动物蛋白及其他衍生物；芬多精、负氧离子、洁净空气、饮用水等	国家用材林建设，速生丰产林，工业原料林，黑桃、花椒、柑橘、茶叶等经济林建设
康养功能	养眼怡心，提高人体免疫力，提高 NK 免疫细胞活性和细胞数，抗癌蛋白水平，降低皮质醇和肾上腺素，杀菌消炎，调节中枢神经，降低血压及脉搏率等 **	九寨沟、峨眉山旅游目的地建设，德国巴登·威利斯赫恩镇森林理疗产业，日本奥多摩森林疗法基地 ***，韩国人类健康森林建设，峨眉半山七里坪森林康养基地

注：* 《中华人民共和国森林法》，中国林业网，1985 年 1 月 1 日，http://www.forestry.gov.cn/main/24/content-204780.html。** 朴范镇等：《森林环境和物理变量的心理评估》，载李卿编《森林医学》，科学出版社，2013，第 34 页。*** 李宙宇等：《森林与人类健康——日本最近的研究趋势》，载李卿编《森林医学》，科学出版社，2013，第 221 ~ 232 页。

林资源与现代医学和传统医学有机结合，开展森林康复、疗养、养生、休闲等一系列有益人类身心健康的活动"①。

毋庸置疑，森林康养毕竟是一个新概念，其内涵和外延都将随着森林康养事业和产业的发展而不断丰富、扩展和完善，也将随着各地的具体实践，不断演化发展出新的业态。但就其最核心的价值和作用而言，具有较高的一致性，那就是促进人的身心健康，延年益寿。因此，本文用一句话概括定义为：森林康养是依托森林等林业资源开展的促进人类身心健康与延年益寿的所有活动的统称。

（二）森林康养与相关业态的关系

在森林康养之前，森林浴、森林疗养、森林运动、森林旅游和森林休闲等相关概念、活动或者业态已在国内外渐次出现，它们之间既有区别也有联系。

---

① 王明旭：《湖南森林康养的理论与实践》，北京市林学会主办"第六届北京森林论坛"演讲报告，2016 年 10 月 28 日。

将这些相关概念或业态与森林康养进行简要对比分析可以看到，尽管它们叫法不同，直接目的不同，但活动的高级目标或深层效果都与健康紧密关联，其结果殊途同归（见表2）。

表2 森林康养与相关概念（活动或业态）对比

概念	基本含义	直接目的	功能效果
森林康养	以森林对人体的特殊功效为基础，以传统中医学与森林医学原理为理论支撑，以森林景观、森林环境、森林食品及生态文化等为主要资源和依托，开展的以修身养性、调适机能、养颜健体、养生养老等为目的的活动	修身养性、休养生息、调适机能、养颜健体、养生养老	增强身心健康，实现延年益寿，促进健康养老
森林疗养	利用特定森林环境和林产品，在森林中开展森林安息、森林散步等活动，实现增进身心健康、预防和治疗疾病目标的替代治疗方法[①]	作为替代疗法，治疗精神和心理疾病，调理改善精神和心理状态，恢复应有健康水平	促进心理、精神健康和身体健康
森林养生	利用森林优质环境和绿色林产品等优势，以改善身体素质及预防、缓解和治疗疾病为目的的所有活动的总称[②]	改善身体素质，强化身体机能，增强免疫力，强化生命力	促进身心健康实现延年益寿
森林保健	利用森林环境和系列综合性措施开展的保护和增进人体健康、防治疾病的活动	调理身体机能，改善心理状态	维护身心健康
森林浴	吸收森林大气，通过五种感官感受森林的力量[③]	呼吸森林大气，吐故纳新，产生治疗效果有益于身体健康	促进身心健康
森林休闲	利用森林环境和设施进行各类玩耍、娱乐、游憩等的方式	放松身心，恢复体能和精神	维护身心健康
森林度假	利用森林环境和配套设施消磨、度过非工作时间的方式	完成对非工作时间的消费，放松身心	改善身心健康状况
森林（生态）旅游	以森林生态景观等为主要吸引物开展的旅游活动	饱眼福、满足好奇心、释放心情、体验自然、学习森林自然知识	修身养性、调理身心、提升智慧
森林运动	利用森林环境开展的系列肢体活动	实现快乐，增强体魄	促进身心愉悦，增进身心健康

注：①周彩贤等：《推进森林疗养的研究与探索》，《国土绿化》2016年第10期，第48～50页。②国家场圃总站：《推进森林体验森林养生发展的通知》，中国森林公园网，http://www.forestry.gov.cn/portal/slgy/s/2467/content－836812.html，2016年1月16日。③今井通子：《日本森林疗法协会、森林疗法及森林治疗师简介》，载李卿编《森林医学》，科学出版社，2013，第34、211～218页。

但必须指出的是，就内涵来说，森林康养明显较其他业态要浅一些，而其外延较其他业态则更广，具有更大的延展性和更强的包容性。所以，森林浴、森林休闲、森林度假、森林体验、森林运动、森林教育、森林保健、森林养生、森林养老、森林疗养和森林食疗（补）等一系列依托森林生态环境和资源开展的现代服务业活动，尽管各自的重点、组合方式以及直接的目的等可能存在不同，但因为它们都具有不同程度地促进人类身心健康的功能、作用和特征，所以将它们归入以森林康养为核心关键词的产业范畴具有一定的合理性，尤其是从产业发展角度，这或许正是四川省林业厅将森林康养产业定义为"森林康养产业是一切依托森林等林业资源开展的现代服务业的统称"① 的哲学缘由。这种定位、归类和定义不仅具有客观合理性和很强的现实意义，从健康中国建设的国家战略和绿色发展的战略视角来分析，也具有明显的战略前瞻性和客观必要性。

（三）国际社会森林康养发展现状

人类关于森林对身心健康促进作用的认识和实践利用历史很早，但是各国对这些业态的叫法有所不同，发展阶段和水平差别较大。目前，依托森林等自然资源开展的各类疗法在德国、美国、日本、荷兰、英国、挪威和韩国等国家，以不同形式、不同程度地实践和发展。

1. 德国森林疗养发展情况

根据目前掌握的资料记载，最早利用现代医学原理依托自然包括森林进行疗养实践的当属德国，德国是森林疗养的发源地。世界上第一个森林浴基地于19 世纪 40 年代在德国巴特·威利斯赫恩镇创立，该镇拥有 15 万公顷市有林，用于开展森林疗法，60% 的居民从事与森林疗法相关的工作②。森林疗养在德国不是独立存在，也没有森林疗养这个概念。德国将森林疗养融于被称为自然疗法和疗养地疗法的产品与服务组合中。疗养地疗法是一种依托基地开展治疗的疗法模式。德国已建立这类基地 400 余处，主要包括四大类型：海岸

---

① 四川省林业厅：《四川省林业厅关于大力推进森林康养产业发展的意见》，2016 年5 月 26 日。
② 南海龙、刘立军、王小平、周彩贤、马红等：《森林疗养漫谈》，中国林业出版社，2016，第 98～99 页。

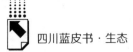

疗养地、气候地形疗养地、克奈圃疗养地和温泉疗养地①。森林疗养作为克奈圃疗法②的一个组成部分，深受德国市民的喜爱。德国以及欧盟部分其他国家已将森林疗法纳入国民医疗保障体系中，经由医生处方即可进行森林疗养③。

2. 日本森林浴与森林疗法

1982 年，日本林野厅长官秋山智英首次提出"森林浴"，初期市民响应情况并不理想。日本内务省调查显示，日本国民乐意基于健康到森林去的比例仅为 12.2%（1992 年）、15.5%（1999 年）、26.4%（2003 年）④。2004 年，日本政府拨出预算，成立由政府部门、学界和民间机构三方参与的"森林疗法研究小组"，研究森林对人体的生理健康影响。2006 年，日本率先在全球提出"森林医学"，并出版多部森林医学专著。2008 年，日本成立"日本森林疗法协会"取代森林疗法研究小组职能。其工作内容之一是认定森林疗法基地和森林疗法向导、森林疗法治疗师，编写森林疗法指南和书籍等。协会截至2010 年已认证了森林疗法向导 520 人、森林疗法治疗师 320 人，截至 2015 年已认证 62 处森林疗法基地⑤。此外，日本还建有 89 处自然休养林⑥。初步估计，日本每年大约 8 亿人次参加森林疗养。

3. 韩国森林休养

韩国于 20 世纪 90 年代启动休养林建设，实施森林休养。主要做法包括：一是明确行政管理部门，韩国山林厅负责森林休养相关工作；二是立法定制度，将休养林纳入《森林文化与休养活动法》，为森林疗养及其产业要素构建创造和提供法律依据；三是开展休养林、森林疗养指导师和疗养师认定，截至2015 年，韩国已建立 158 处自然休养林、173 处森林浴场，截至 2016 年 10

---

① 南海龙、刘立军、王小平、周彩贤、马红等：《森林疗养漫谈》，中国林业出版社，2016，第 97~98 页。

② 欧洲水疗之父塞巴斯蒂安·克奈圃开发创造的疗法系列。

③ 周彩贤等：《推进森林疗养的研究与探索》，《国土绿化》2016 年第 10 期，第 48~50 页。

④ 今井通子：《日本森林疗法协会、森林疗法及森林治疗师简介》，载李卿编森林医学，科学出版社，2013，第 34 页、211~213 页。

⑤ 日本森林疗法协会：《森林疗法基地》，日本森林疗法协会官方网站，2016 年 12 月 11 日，http://www. fo－society. jp/quarter/index. html。

⑥ 南海龙等：《森林疗养漫谈》，中国林业出版社，2016，第 107 页。

月，韩国认定疗养指导师 520 名[①]；四是依法许可注册设立以提供森林解说、森林疗养等福利服务为营业手段的森林福祉专业机构，配合政府主导的森林福祉服务民间产业化；五是构建学科，培养专业人才，其中，忠北国立大学研究生院 2011 年设立"森林疗法系"，提供硕士与博士学位。

（四）我国森林康养发展简况

中华养生文化历史悠久，耳熟能详的道教养生理念"天人合一""道法自然"是目前已知的最早关于自然（包括森林）养生的理念。1990 年，原成都军区昆明疗养院开展了"森林浴对生理影响研究"[②]。但在政府层面，相关理论学习和工作试点始于 2010 年。

在中央机关层面，国家林业局对外合作项目中心 2010 年开始通过林业国际合作，引进森林疗养先进理念优先在北京市试点。之后，2013 年在北京、2014 年在重庆分别举行了相关森林疗养理念的研讨会。2015 年，首次"全国森林疗养国际理念推广大会"在成都圆满举行。2016 年，国家林业局印发《关于大力推进森林体验和森林养生发展的通知》，要求全国各地依托森林公园开展森林体验和森林养生。

在地方层面，北京市园林绿化局依托国际合作项目引进并翻译《森林医学》《森林疗养与儿童康复》相关著述，先后建成 6 条森林疗养步道；启动史长峪、八达岭、西山、百望山、松山等五处森林疗养基地建设；编著相关培训教材开展疗养师培训，认定 30 余名森林讲解员，引进日本专家开展疗养基地认定试点，以松山为代表的中国首个国际标准化的森林疗养基地将于 2017 年对外迎客。

自四川 2015 年 4 月对外发布并推广森林康养概念以来，全国以四川、湖南、贵州、新疆、广东、广西、河北、陕西、甘肃、青海等省（区）为主体推进森林康养的省份已超过 50%。

在台湾地区，以台湾大学为代表，在台湾溪头等地以实证研究为理论基

---

① 李顺德：《韩国疗养林运营及管理现状》，北京市林学会主办"第六届北京森林论坛"演讲报告，2016 年 10 月 28 日。

② 南海龙、刘立军、王小平、周彩贤、马红等：《森林疗养漫谈》，中国林业出版社，2016，第 140 页。

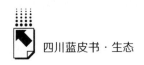
础，运用运动生理学、森林生态学等学科原理，开展森林疗育探索研究，产学研取得一定成效，尽管台湾目前还没有一处认证过的森林疗养基地，但越来越多的台湾市民正在从走马观花式的森林游览转向森林疗养。

二　四川发展森林康养的资源条件和重大意义

（一）四川发展森林康养的综合资源条件

四川发展森林康养的自然与人文资源十分丰富，主要体现在以下几个方面。

1. 生物资源富集

四川是中国乃至世界极其珍贵的生物基因库。有高等植物1万余种；有脊椎动物1200余种，其中国家重点保护野生动物145种。珍稀动物大熊猫资源占全国现存野生大熊猫资源的70%以上。野生花卉资源十分突出，其中珙桐、桂花、杜鹃花、兰花等高价值观赏性野生花卉在局部地区集中成片，规模巨大。有中药资源4500余种，占全国的4/5。

2. 森林资源丰富

到2015年末，四川拥有林地面积3.6亿亩，居全国第3位；森林面积2.63亿亩，居全国第4位；森林蓄积17.33亿立方米，居全国第3位；森林覆盖率36.02%，高出全国平均14个百分点。油橄榄种植面积及产量居全国第2位，核桃产量居全国第3位。森林植被年碳储量7700万吨，森林和湿地年生态服务价值1.65万亿元，居全国第1位。

3. 温泉资源突出

四川已知温泉资源350余处，含有氟、锂、锶、硼、硒、锗、锌等多种有益于人体健康的微量元素。其中，距离成都等大中城市相对较近的温泉数量不少，例如雅安的周公山温泉、安县的罗浮山温泉等。

4. 养生文化厚重

四川是中国道教文化发源地、佛教文化发扬地、彭祖养生文化故土，道家太极、峨眉武术、彭祖养生术在四川具有坚实的文化根基。境内55个少数民族所拥有的民俗养生文化底蕴深厚，博大精深，如汉族的茶文化、藏族的藏浴文化等。

5. 载体基础坚实

四川已建森林和野生动植物及湿地等各类型自然保护区 168 个，其中，唐家河被列入全球首批 21 个绿色保护地名录；建成森林公园 127 个、湿地公园 44 处、风景名胜区 90 个、地质公园 24 个、水产种质资源保护区 37 个；被列入世界自然遗产和文化遗产地名录的 5 处、国家重要湿地名录的 3 处和国际重要湿地名录的 1 处①；卧龙、九寨沟、黄龙 3 个自然保护区加入世界人与生物圈自然保护区网。国家级和省级森林城市（及全国绿化模范城市）16 个，占城市总数的 50%；全国及省级绿化模范县（区）达到 71 个，占可创绿化模范县（区）总数的 53%。

综上所述，四川森林康养自然资源、人文资源、载体资源等都十分丰富，具备大规模推进森林康养的必要资源条件。

（二）四川发展森林康养的重大意义

1. 森林康养将为现代林业发展创造出全新动能

德国、美国、日本、韩国等发达国家依托森林开展疗养实践和产业发展的经验给了我们很多重要启示，森林疗养产业的健康发展能够全面带动交通、航运、旅游、休闲、度假、养生、养老、餐饮住宿以及文化等多产业，并创造出了美林向导、森林疗养向导、疗养师和治疗师等多种新兴职业。四川提出的森林康养作为一种新兴业态，是我国经济发展到现阶段适时出现的最能融合包括森林经营、生态农业、医疗制药、旅游观光、休闲度假、娱乐运动、健康服务、养生养老等在内的一、二、三产业的产业聚合体。以森林康养为中心，上游可以促进森林资源的提质升级和完善，在挖掘和发挥森林康养服务人类健康目标需求的同时，实现森林资源的可持续利用和效益最大化；中游可以促进森林产品以及有机农产品的多样化、精细化、有机化；下游可以开发出更多具有高附加值的现代服务业产品。森林康养这一高度契合健康中国国家战略的新兴业态，必将成为新的产业引擎，为现代林业、绿色发展和地方经济的可持续发

---

① 张黎明：《新常态下生态旅游的创新发展》，载李晟之等主编《四川生态建设报告（2016）》，社会科学文献出版社，第 179 页。

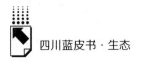

展创造出全新动能和驱动力。

2. 森林康养将构筑现代林业的双支柱地位

随着生态文明建设的全面推进，森林作为支撑、构建和维护国家生态安全的重要主体，为彰显林业在生态建设中的支柱地位发挥着不可替代的重要作用。但鲜为人知的是，在生态安全之外，以森林为主体的林业还具有与维护国家生态安全同等重要的其他作用，那就是森林对于人口健康安全的支撑与维护功能和作用。大量研究表明，随着我国人口老龄化和亚健康人群的大幅度增加，人口健康作为两个"百年梦"的重要健康基础，得到了党和国家领导人的高度重视。《"健康中国 2030"规划纲要》明确了我国人口健康的目标。在实现这些目标的历史过程中，随着森林康养产业的大力推进和发展，其必将建构林业在促进和维护人民健康安全领域的巨大支柱作用。

3. 森林康养是促进林业转型升级的突破口

四川省拥有数量众多的国有林场和规模巨大的国有林区。经过国有林区、林场改革，四川国有林区和林场的转型发展已取得初步成效。但是，如何在依法促进和保护好森林生态系统完整性和稳定性的前提下，鼓励社会资本投资林业、参与林业建设，发展具有四川特色、林业特色的有机产业，将丰富的林业资源优势转变为经济优势，则是改革过程中以及将来一个时期必须面临的现实问题。寻找生态可持续的后续产业发展方向，不仅是四川省也是全国林业推进供给侧结构性改革、推动生态扶贫、同步实现全面小康社会的客观需要和路径选择。而四川省创新提出的森林康养，其业态本身强调森林健康和生态健康的前提，决定了其发展与天然林保护、公益林保护以及森林可持续利用等要求的高度一致性。森林康养的产生和发展，可盘活存量森林资源，挖掘森林资源在生态与社会服务中的新领域、新空间、新价值，找到了最科学、最务实、最有市场需求和产业价值的出路，无疑是林业改革转型升级发展的创新途径和重大突破口。

4. 森林康养是实现"绿水青山就是金山银山"的战略载体

"森林康养"在经济学上的本质意义，就是利用森林资源、森林医药资源、森林食品资源、森林水环境资源等，挖掘、开发和发展符合森林医学、运动医学、康复医学等医学原理的健康服务与产品，构建以改善、促进健康，延年益寿为核心价值的大健康与养老产业链，其核心和所依赖的最关键的基础是健康的森林生态系统。这种森林生态系统的完美组成应当具有健康优美的森林植被、丰富的生物多样性、良好平衡的自然环境、丰富有机的森林食品、洁净清澈健康的水体。而这样的生态系统是"绿水青山"客观的外在表现。发展森林康养产业不仅是构建一个更大、更现代、更符合人民需求的产业融合发展平台，更是创造出一个系统性更强、功能更全面的价值转换与驱动引擎，通过森林康养这一创新引擎，实现将森林生态资源转化为实实在在接地气、兼具公益与市场双重价值的森林康养产品与服务，实现"绿水青山"向"金山银山"的价值和能量转换。此外，对于钢铁、煤炭等过剩产能的聚集区而言，依托其存量和未来增量的森林资源，发展森林康养，能够为产业转移和职工安置开辟新的有效而可持续的渠道，必将为实践"两山理论"发挥出现实作用。

三　2016年森林康养大事记

1. 国家《林业发展"十三五"规划》发布①

5月6日，国家林业局印发《林业发展"十三五"规划》，森林康养作为新兴业态被列入全国"十三五"林业发展的重点内容。该规划提出要大力推进森林体验和康养，发展集旅游、医疗、康养、教育、文化、扶贫于一体的林业综合服务业，强调要重点发展森林旅游休闲康养产业。该规划明确了"十三五"期间，作为林业新兴业态的森林康养在现代林业产业发展中的顶层地位、发展方向、目标要求和重点任务。

2. 首个"森林养生"国家政策发布②

2016年1月7日，《国家林业局关于大力推进森林体验和森林养生发展的通知》（林场发〔2016〕3号）正式印发。通知要求全国各地充分认识发挥森林体验和森林养生的重要意义，加强对外交流，做好国外先进经验的引进、吸收和转化工作，加快硬件软件建设，高起点高标准推动森林体验和森林养生发展，加强组织领导，加大扶持力度，推动森林体验和森林养生的规范快速发

---

① 《权威发布：林业发展"十三五"规划》，中国林业新闻网，2016年5月25日，http://www.greentimes.com/green/news/jiedu/zcjd/content/2016-05/25/content_335201.htm。

② 《推进森林体验森林养生发展的通知》，中国森林公园网，2016年1月16日，http://www.forestry.gov.cn/portal/slgy/s/2467/content-836812.html。

展。2月，国家林业局森林旅游工作领导小组办公室印发《关于启动全国森林体验基地和全国森林养生基地建设试点的通知》，标志着由林业主管部门推动的全国森林体验基地和全国森林养生基地试点建设工作正式启动，大力推行森林康养产业试点，以期创造新产业经济，提升经济增长质量。

3. 《"健康中国2030"规划纲要》发布①

10月25日，中共中央、国务院发布《"健康中国2030"规划纲要》（以下简称《纲要》）。《纲要》要求"坚持以人民为中心的发展思想""以提高人民健康水平为核心""以体制机制改革创新为动力""以普及健康生活、优化健康服务、完善健康保障、建设健康环境、发展健康产业为重点"，"为实现'两个一百年'奋斗目标和中华民族伟大复兴的中国梦提供坚实健康基础"。《纲要》指出，要显著地扩大健康产业规模，加强心理健康服务体系建设和规范化管理，"加强非医疗健康干预，大力发展中医非药物疗法、中医特色康复服务"，"实施中医治未病健康工程，鼓励社会力量举办规范的中医养生保健机构，加快养生保健服务发展"。"积极促进健康与养老、旅游、健身休闲、食品融合，催生健康新产业、新业态、新模式。"培育一批有特色的健康管理服务产业。培育健康文化产业和体育医疗康复产业。"制定健康医疗旅游行业标准、规范，打造具有国际竞争力的健康医疗旅游目的地。大力发展中医药健康旅游。"打造一批知名品牌和良性循环的健康服务产业集群。《纲要》为以促进人民群众健康为主要目的的新兴战略产业——森林康养与相关行业的融合发展，提供了重要的大健康政策依据和指针。

4. 《国家康养旅游示范基地标准》发布②

2016年1月，国家旅游局发布《国家康养旅游示范基地标准》等4个旅游行业标准，推动康养、人文、蓝色、绿色等旅游示范基地建设。康养旅游的提出和标准发布，不仅将有效地促进旅游与康养的深度融合发展，丰富旅游服务产品，拓展旅游产业链，也为传统旅游景区开拓思路、积极探索和融入森林康养产业发展提供了重要的标准化建设路径和技术规范。

---

① 《"健康中国2030"规划纲要发布》，新华网，2016年10月25日，http://news. xinhuanet. com/health/2016 - 10/25/c_ 1119786029. htm。

② 《国家旅游局发布〈国家康养旅游示范基地标准〉》，中国经济网，2016年1月8日，http://www. ce. cn/culture/gd/201601/08/t20160108_ 8156066. shtml。

5.《国家中医药发展战略规划纲要》发布①

《国务院关于印发中医药发展战略规划纲要（2016～2030年）的通知》（国发〔2016〕15号），提出发展中医药健康养老服务。推动中医药与养老融合发展，促进中医医疗资源进入养老机构、社区和居民家庭。鼓励社会资本新建以中医药健康养老为主的护理院、疗养院，探索设立中医药特色医养结合机构，建设一批医养结合示范基地。发展中医药健康旅游服务。推动中医药健康服务与旅游产业有机融合，发展以中医药文化传播和体验为主题，融中医疗养、康复、养生、文化传播、商务会展、中药材科考与旅游于一体的中医药健康旅游。开发具有地域特色的中医药健康旅游产品和线路，建设一批国家中医药健康旅游示范基地和中医药健康旅游综合体。建立中医药健康旅游标准化体系，推进中医药健康旅游服务标准化和专业化。支持举办国际性的中医药健康旅游展览、会议和论坛，积极发展入境中医健康旅游。该纲要为森林康养积极融入中医药健康产业、养老产业发展提供了重要的规划依据和顶层指针。

6.《四川省林业厅关于大力推进森林康养产业发展的意见》发布②

5月26日，《四川省林业厅关于大力推进森林康养产业发展的意见》（以下简称《意见》）（川林发〔2016〕37号）正式在全省印发。《意见》阐释了创新发展森林康养的重要意义，明确了指导思想、基本原则和主要目标，提出到2020年，全省建设森林康养林1000万亩，森林康养步道2000公里，森林康养基地200处。森林康养年服务人数达到5000万人次、森林康养年综合收入达到500亿元，"把四川基本建成国内外闻名的森林康养目的地和全国森林康养产业大省"。《意见》强调实现前述目标，要重点实施六大任务，即大力推进森林康养林营建、大力推进森林康养基地建设、大力推进森林康养步道建设、大力推进森林康养市场主体培育、大力推进森林康养产品与品牌建设和大力推进森林康养文化体系建设等六项重点任务。《意见》在文化体系建设中明确倡导启动实施森林教育"100＋1计划"，"各

---

① 中华人民共和国中央人民政府：《国务院关于印发中医药发展战略规划纲要（2016～2030年）的通知》，中国政府网，http://www.gov.cn/zhengce/content/2016 - 02/26/content _ 5046678.htm，2016年2月26日。

② 张扬：《四川出台推进森林康养产业意见》以下简称《意见》，中国林业新闻网，http://www.greentimes.com/green/news/yaowen/zhxw/content/2016 - 06/22/content _ 337581.htm，2016年6月22日。

县（市、区）规划建设一个不少于 100 公顷的公益性森林教育基地，设置一条不少于 1 公里的公益性森林教育线路，用于当地中小学生开展森林体验、自然教育和森林康养文化学习"。无论是森林康养还是森林教育，该《意见》的出台都堪称开了省级政府部门先河。该项计划如能扎实推进，必将对生态文明建设、绿色发展产生显著的推动作用和辐射带动影响。

7.《四川省森林康养基地建设标准》发布

9 月 27 日，四川省质量技术监督局"四川省地方标准公告"（2016 发字第 6 号［总第 55 号］）发布"森林康养基地建设资源条件"（DB51/T2262 - 2016）和"森林康养基地建设基础设施"（DB51/T2261 - 2016）标准。两项标准分别规定了森林康养基地建设的资源条件，包括空气、土壤、水体、森林、干扰等因子的指标要求，基础设施的必要内容、相关技术参数，等等。该标准是我国第一个关于森林康养的地方标准，不仅开创了全国第一，填补了森林康养标准空白，也为四川省森林康养基地建设提供了重要的技术规范和依据，为在全国普及推广森林康养理念、共促产业发展提供了标准借鉴。

8.《四川省森林康养"十三五"发展规划》印发

12 月，《四川省森林康养"十三五"发展规划》（以下简称《规划》）正式印发。《规划》得到四川省发改委、林业厅、卫计委、民政厅、中医药管理局及四川大学、西南民族大学等单位专家的评审肯定，经四川省林业厅厅务会审定后发布。《规划》分析了四川森林康养在资源、基础设施、公共服务体系、经济社会水平等方面的现状基础，拥有的各项政策机遇、面临的人才等现实问题，确立了四川"十三五"发展森林康养必须"坚持以生态文明建设为统领"，"以推进'健康四川'建设和不断满足人民群众日益增长的健康养生服务需求为目标，以大力推进森林康养产业体系构建、融合发展为根本任务"，"实现经济发展新模式和新增长极"的指导思想。《规划》提出了构建四川省森林康养发展的"1222＋4"的发展布局，即 1 个创新发展核、2 个复合发展轴、2 个特色增长极和 2 个辐射发展片，4 个示范区。《规划》既是中国首个森林康养发展规划，也是首个省级森林康养发展规划。

9.中国·四川第二届森林康养年会圆满举行

四川省在 2016 年根据情况，将第二届森林康养年会按照冬、夏两季的方式，分别于 2016 年 8 月 12～13 日、12 月 1～3 日，在广元、攀枝花两地举行。

年会从产业发展角度及时准确地呼应了《中共四川省委关于推进绿色发展建设美丽四川的决定》，强化了森林康养产业相关政府部门的协作联动，促进了森林康养跨界融合发展，向社会宣传倡导了绿色发展理念，凝聚了林业行业、社会各界对绿色发展理念指导下的森林康养产业发展的高度共识，是林业部门确保推进绿色发展决策部署落实见效的具体行动实践。据了解，年会共签署20余项森林康养项目合作协议，签约金额300余亿元。这一成绩标志着企业主体对森林康养产业的高度认同和积极参与。

10. 首个森林康养电商平台上线升级①

8月13日，在中国·四川第二届森林康养（夏季）年会上，全国森林康养首个互联网平台——"康养宝APP"正式发布上线。据了解，康养宝是一款能够提供浏览森林康养基地产品与服务的应用客户端。通过康养宝平台，客户可以轻松查找国内相关森林康养基地的森林康养产品与服务信息，更好地营销森林康养产品。12月，该平台已升级到2.0版本。"互联网＋"时代，森林康养互联网平台的大力构建和系统完善不仅有利于缩短供给侧与需求侧的时空距离，也直接关系到森林康养产业发展提速的效率。

11. 绵阳市森林康养协会成立②

5月13日，绵阳市森林康养协会在四川省绵阳市正式成立，由绵阳市林业局负责业务指导。据悉，这是全国已知的第一个市级森林康养协会，同时也是截至目前全国成立的第一个森林康养协会。该协会由四川白马王朗旅游投资管理有限公司等多家企业共同发起成立，拥有会员单位75家，涵盖自然保护区、森林公园、医疗机构、科研机构、大专院校和企业，其中，年营业额上千万的企业达20余家。绵阳市副市长经大忠认为，森林康养已成为绵阳市林业发展的必然阶段、必然产物和必由之路，是发展生态林业、民生林业的重要内容，是林业经济新的增长点，成为增强林业部门职能的重要抓手和供给侧改革的重要举措，具有广阔的市场空间和发展前景。他要求绵阳市相关部门理清思路、深挖潜力，探索适合绵阳市发展的森林康养之路。

---

① 朱红：《首个森林康养电商平台今日上线》，凤凰网，http://news. ifeng. com/a/20160813/49772299_ 0. shtml,2016年8月13日。

② 李桥臻：《全国首个地级市森林康养协会在四川绵阳成立》，中国林业网，http://www. forestry. gov. cn/portal/main/s/102/content－873230. html,2015年5月19日。

12. 森林疗养与健康中国主题森林论坛在北京举行①

10 月 28～29 日，以森林疗养与健康中国为主题的第六届北京森林论坛举行。来自国内外的 129 家机构的 200 余名代表和专家参加会议。论坛发布了《森林疗养漫谈》。全国绿委会副主任、中国林学会理事长赵树丛做"关于森林疗养的几个问题"的主旨报告。来自中国、日本、韩国、加拿大等国家的专家学者和管理人员就森林康养、森林疗养进行了 16 个专题的报告交流。四川省森林康养推进工作成果与做法得到与会专家和领导们的充分肯定。论坛全面系统地分享交流了日、韩等森林疗养发达国家在该领域的先进理念、模式、特点和领先经验，展示了森林疗养在中国开展的本土化探索试点及其取得的各项成果。论坛是截至目前以森林康养、森林疗养和健康中国建设为核心主题，在中国举行的第一次规模最大、涉及领域最宽、代表机构最多、探讨最深入的盛会，具有里程碑意义。

四　四川推进森林康养工作进展

森林康养属于新兴战略产业，还处在普及推广发展的初级阶段，对推进成效评价的重点不宜过多关注其收入与产值。本文着重从政策、机制、平台、参与等方面予以尝试评估。

（一）政策机制形成一定基础

从提出森林康养概念到 2016 年末，四川省森林康养的推进工作，在省级部门层面基本形成了林业部门牵头，发改、卫计、民政、旅游、中医药管理等相关部门协同配合的推进机制。四川森林康养年会也顺应这样的机制连续举办了两年。与此同时，林业系统也确立了由一个部门牵头、多个部门协同配合的工作机制。在对相关部门的调研中得知，未来可根据森林康养业态发展基础与规范构建情况适时进行适应性调整。为引导全省形成共识，合力推进森林康养，四川省结合实际及时出台了《四川省林业厅关于大力推进森林康养产业

---

① 郭泽莉:《森林疗养，健康中国的新"处方"》,《中国花卉报》(电子版),http://xinwen. china - flower. com/2016/garden_ 1125/173479. html,2016年12月25日。

发展的意见》。这是全国首个省级森林康养的推进意见。根据该意见，四川各地因地制宜，制定了本地贯彻落实的具体意见，例如巴中、攀枝花两市出台了推进森林康养产业发展的意见，尤其是巴中市，以市委、市政府名义联合印发了推进意见。

（二）规划标准建设取得阶段成果

规划是培育发展新业态的重要指针。《四川省森林康养"十三五"发展规划》由林业部门牵头组织专家编制完成。鉴于森林康养涉及医疗卫生、养老等专业领域，编制工作分别征求发改、卫计、民政、技术监督、中医药管理、旅游等省级部门意见。在开展省级规划编制的同时，四川省也积极推动市州县森林康养规划的制定。巴中市编制发布了全国首个市级规划《巴中市森林康养发展规划》。宜宾市南溪区《马家红豆杉森林康养基地总体规划》等也相继编制完成。与此同时，四川省在大量研究的基础上，制定并正式印发了森林康养基地建设资源条件和基础设施两个标准，为基地建设提供了重要的技术规范。

（三）森林康养基地带动示范逐步增强

四川对 2015 年确定的首批 10 个森林康养试点示范基地的规范化建设进一步加强。眉山市的玉屏山、七里坪以及广元天曌山、巴中米仓山等森林康养基地，围绕森林康养步道建设、森林康养产品策划开发等进行了不断的创新探索。玉屏山森林康养基地在森林康养步道建设上大胆尝试，取得重要进展，得到了北京等地相关专家的高度肯定，在全省起到了示范带动作用。为了促进基地建设，四川省还草拟了《四川省森林康养基地认定办法》，建立了森林康养基地认定和管理专家委员会、专家库，开展了第二批森林康养基地申报评估。公开信息显示，2016 年四川省新增森林康养基地 53 处。

（四）吸引了社会资本参与

调研发现，不考虑原有相关企业在内，四川新增加参与森林康养的企业已超过 30 家，其中金杯集团、腾达集团、德胜集团、万达院线、同仁堂、云中花岭等企业，正在作为森林康养发展的主体企业发育成长。截至 2016 年末，

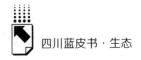

四川先后引进重大森林康养项目或关联融合发展项目超过 30 个，涉及融资金额超过 800 亿元。攀枝花等市还发起建立了可服务森林康养的绿色发展基金。

（五）平台建设取得显著成效

四川积极推进森林康养平台建设，吸引社会参与森林康养产业发展。中国林产联合会森林医学与促进健康分会已批准在蓉设立了森林康养西部推广中心。四川省生态文化促进会内设了森林康养专委会。与此同时，四川省森林康养协会已进入筹备阶段。在市级层面，已成立了两个协会即绵阳市森林康养协会和攀枝花市生态康养协会。四川森林康养管理有限公司、腾达集团、花舞人间等企业发起建立了森林康养产业联盟。由四川农业大学、成都中医药大学、成都大学等多家科研院所和大专院校共同发起成立了森林康养研究中心。

（六）本土理论探索取得新突破

现代医学、森林医学分别为德国与日本森林疗养的发展提供了重要理论依据，也是四川引进和确立森林康养的重要理论支撑。围绕森林康养本土化研究与理论构建，四川省做了积极的探索，取得了重要进展。其中，四川省社会科学院李后强教授等编著的《生态康养论》提出了由绿化度、温度、湿度、高度、优产度、洁净度和配套度构成的"6＋1"度理论，很好地阐释了森林康养的科学性与康养原理，从理论上明确提出森林康养就是以绿色为本底，以负氧离子和芳香树脂为基础，以林产品为食物，以适度肢体运动为手段的"四养"即养生养神养心养性康养体系。四川省科学养生促进会会长谭建三教授从大健康角度提出了森林康养在生态旅游、休闲度假、森林疗养、森林康复四个层级的演化与原理，以及森林康养分层级管理理论。四川省林业厅张黎明提出了森林康养的五个需要层次论以及森林康养设施建设的"五不求"原则等森林康养论述。四川大学吕远平教授等从营养食品角度提出了以森林食品开发推进森林康养的理论依据。四川省关工委副主任陶智全从差异化发展视角提出了森林康养产业发展规划布局的几项重要原则。巴中市人大副主任向前在调研基础上提出了巴中发展森林康养产业的必要性与实践路径。据不完全统计，四川省全年发表森林康养相关学术文献 30 余篇，发布《森林康养》专著一部。

（七）森林康养文化培育进展显著

以培育森林康养文化为目标，结合贯彻四川省委十届八次全会精神和省委关于绿色发展的决定，四川省林业厅实施了森林自然教育"100＋1计划"，并指导四川省生态文明促进会等相关社团联合举办了"中国·四川首届森林自然教育大会"，推选出最佳森林自然教育机构、最佳森林自然教育基地、最佳森林自然教育讲解师各10名。持续举办森林康养年会，普及森林康养理念和知识，推选出12名森林康养最佳形象大使代言森林康养。2016年，四川全省开展各类森林自然教育活动100余次，参与人数超过1万人，新增候选基地100余处，新确定基地10处，开发出相对成熟的森林自然教育课程1000余个。建立了四川森林自然教育联盟。推出了"四川森林自然教育中心"落户成都市植物园，有效实现森林自然教育基地、服务机构和消费者多方间的互联互动，形成了政府行业部门、大专院校、社会团体、企业与公众，合作共推森林自然教育的和谐局面。

五 四川森林康养发展面临问题与建议

（一）社会对森林康养的认知和意识滞后

两种情况较为突出。一是广大市民尽管了解森林空气好，有益于健康，但对森林所拥有的芬多精等森林"药"所具备的改善与维护健康、"治未病"的特殊功能还严重认识不足，选择森林康养促进健康生活的意识还没有真正形成；二是对森林康养业态与产业的边界、产品形态等还没有建立起应有的感性认识。不知道森林康养到底是个什么样子，与经历过的森林旅游会有什么不同。

建议：加大森林康养宣传推广。一是在规范的前提下，持续办好四川省森林康养年会，把年会办成推广森林康养和绿色发展的品牌载体，持续不断地扩大森林康养的社会宣传和区域集中宣传。二是实施森林康养知识科普计划。需要尽快组织森林康养科普知识的开发编撰，采取多种形式、多种途径、多种平台，包括在林业系统设立"森林康养宣传日"活动等举措，在全省持久地开

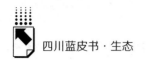

展森林康养科学知识的全面普及和推广，倡导广大市民培养和树立森林康养意识，走进森林，体验森林，共建共享森林康养。

（二）森林康养基础设施建设理念存在误区

一说到森林康养基础设施，很多政府机构包括林业部门、林场等管理与技术人员对于游乐设施的传统惯性思维就先入为主，设施设计与建设仍然抱守"高大上"的理念，求多、求新、求繁、求标新立异。

建议：一是坚定不移地依法强化对森林资源的保护管理，始终坚持在保护的前提下开发利用森林的生态、经济与社会综合服务功能与价值；二是加强监督检查，对已经上马的森林康养规划、项目等进行必要的跟进指导，及时发现问题，纠正偏差；三是强化业务培训，增强各级林业部门对森林康养理念和专业知识的学习，提升专业化水平，增强科学发展意识。

（三）标准体系尚未形成

德国、美国、日本、韩国和中国台湾等森林疗养成熟的国家或地区，已形成了自身相对完善的标准和认证体系。目前四川省虽然已经发布了全国首个森林康养基地建设标准系列，但和森林康养产业规范化发展的要求相比，才刚刚开了个头，无疑不利于森林康养产业的健康可持续培育。

建议：一是继续推进森林康养标准化体系构建，把森林康养产业发展标准化建设作为重点内容，加快建设。近期，要尽快研究制定和发布森林康养林、康养接待服务设施、森林康养产品等标准；二是在已完成的《森林康养基地建设标准·资源条件》《森林康养基地建设标准·基础设施》基础上，逐步试点将森林康养标准化及其认证体系构建纳入社会化轨道，让社会机构逐步担当起四川省森林康养标准化体系的构建与评估认证工作的主体角色。

（四）部门联动协作挑战

森林康养虽由林业部门发起，但其政策涉及医疗卫生、旅游、养老、中医药、土地资源等多个领域，牵涉的行业部门多，需要整合的政策面宽，如果不能妥善协调部门联动，难以形成政府部门联动合力，无法真正将森林康养产业做大做强。

建议：一是高位推动，强化对森林康养推进的工作统筹协调与领导，增强区域联动，部门协作；二是实施省级森林康养产业园区创建试点，探索融合"居、康、养、医、教、文、研、游"等功能于一体的森林康养产业示范园（区）模式，试点相关先行政策，促进森林康养产业与卫生、养老、旅游、体育、地产、文化、教育、农业、互联网等的深度融合发展，为推进森林康养产业良性发展机制探路；三是把森林康养与精准扶贫相结合。按照四川省精准扶贫总体布局和要求，统筹思考谋划四川森林康养产业在助推精准扶贫工作中的着力点、重点及其优先序列。针对森林康养资源禀赋好、经济条件差的地区，政府部门应重点给予扶持，积极推进森林康养产业发展，使之成为帮助山区农户脱贫致富的优势产业。

（五）人才严重缺乏

森林康养产业发展无论是产品开发，还是森林康养向导、康养服务、疗养服务及相关服务的管理，都需要具有养生、林业、医学、心理及旅游等知识领域的专门人才队伍。但是，由于森林康养概念和业态产生的时间不长，符合这些专业要求的人才队伍一是没有现成储备，二是还没有根据要求及时培训构建，三是大专院校学科中还没有开宗明义地面向森林康养需求的学科和专业布局。

建议：森林康养专业人才事关新兴业态的可持续发展，没有人才，就无法将合乎要求的森林康养服务传递给消费者。因此，一是要将森林康养管理人员、从业人员以及森林康养师、理疗师等的培训纳入地方人才保障和就业计划，提升从业人员的技能水平，把康体、养生、养老与旅游服务体系相结合，满足群众多样化、多层次的养生和健康需求；二是建议优先在一些已开设相关学科专业的大专院校例如成都中医药大学、四川旅游学院（校）、四川绵阳师范学院、四川农业大学文旅学院等院校开展学科建设，设立森林康养相关专业，培养专业人才，服务四川森林康养产业发展和社会需求。

（六）森林康养产品开发和品牌建设滞后

四川以年会形式开展森林康养推广普及的影响力年年叠加。但与之匹配的可供消费市场选用的被公认的尤其是符合国际先进理念的成熟森林康养产品，总体来说还不多，产品体系更没有形成，可选择消费的范围十分有限。

建议：一是政府部门加大对产品开发的指导、推动和监督，尤其是抓好森林康养基地产品开发的技术指导和过程监督；二是在以成都为中心方圆100公里范围内，选择符合要求的康养森林资源，采取"政府主导、市场主体、多方参与、合作共建"的模式，尽快打造推出森林康养服务产品展示平台和窗口，为市民提供一个看得见、摸得着、去得了、能体验、可追踪的森林康养体验中心，发挥宣传和引导公众森林康养生活的重要作用；三是对现有已经具备一定休闲度假等服务能力的林家乐、农家乐等在调研、考察森林康养要素条件的基础上，通过指导予以提档升级；四是加大森林对人体健康影响的生态因子例如芬多精等的基础科学研究，为基地建设和产品开发提供科学依据；五是要在森林康养产品开发建设的同时，充分树立品牌意识，结合各地资源禀赋，培育和打造森林康养地理品牌。例如，依靠四川全省各地独特、优美的森林、生态和气候资源禀赋，融合彭祖养生文化、峨眉佛教养生文化、青城道教养生文化等，策划、规划和打造"万寿彭山""长寿青城""养生峨眉""健康秦巴""康养攀西""清新西岭"等森林康养地理品牌，逐步构建四川森林康养品牌体系。

六 森林康养2017年展望

（一）呼应森林康养发展的宏观政策叠加效应将更加凸显

伴随着森林康养被相关行业部门不断认可和支持，森林康养融入关联行业的机会必将持续增多。除林业系统以外，与森林康养相关的其他产业政策包括旅游、体育、中医药、养老等，将逐步为森林康养产业发展平台发挥出"扩容增效"的巨大作用。例如，2016年11月由四川省人民政府印发的《四川省全民健身实施计划（2016~2020年）》，提出"推动全民健身与养老、助残事业及森林康养融合发展，努力改善民生、促进社会和谐"。可以预见，森林康养将进一步得到各级政府的高度重视，融合森林康养发展的更多关联行业政策还将在2017年持续产生，多行业融合发展政策的叠加效应必将充分凸显，对提升全省各市（州）县（市、区）党政领导认识、部门意识，强化森林康养产业发展高位推动的作用和影响也必将显著增大增强。

（二）森林康养的社会参与度将显著提高

社会参与度的提高将至少在森林康养消费者、投资开发者两端呈现出应有态势。一是经过持续两年的宣传推广，森林康养已在广大市民心目中留下一定的视听印象与市场吸引力，市民对森林康养产品的期待，将随着 2017 年度森林康养的政策激励、森林康养基地推介、道地森林康养产品与服务的面市和森林康养 APP"康养宝"服务功能的完善升级持续增长，寻求和乐意参与森林康养体验的市民将显著增多。与此相联动，森林康养的投资吸引力必将随着消费市场的发育成长进一步放大，关注和参与森林康养产业开发的社会资本将持续增长。

（三）政府行业主管部门对森林康养的推进工作将提档升级

在 2016 年推进森林康养工作基础上，四川森林康养行业主管部门推进森林康养产业发展的方式应将发生适应性变化。基于市场预期的大幅度增加，对康养林、森林康养基地的规范化建设以及森林康养步道和综合接待服务设施的完善建设都将得到全面加强。提供符合市场需求的森林康养产品与服务，应成为推进工作的重中之重，受到应有重视和强调。关于森林康养产值贡献的调研、统计指标研究以及统计工作等应被提上议事日程。此外，按照推进时序和节奏，一批新的森林康养基地将得到认定，森林康养人家、森林康养示范乡镇（区）创建将顺势适时启动。成都都市经济圈森林康养展示窗口建设将应市场发展迫切得到加快。服务森林康养文化培育的森林自然教育在政府层面的推动力度将在全省再上一个台阶。

（四）平台构建与功能发挥将互动加快

2016 年落地的中国林产联合会森林医学与健康促进会"森林康养西部推广中心"、绵阳市森林康养协会、攀枝花森林康养研究中心等社会平台，在凝聚本地区森林康养社会力量，促进森林康养产业发展的同时，将发挥出应有的辐射作用和互动影响，带动和催生其他市（州）森林康养协会的产生，并将形成一定的聚合力量，推动省级森林康养协会的尽快诞生。以森林康养年会为载体的推广平台将在新的一年发挥出更大的地区带动作用。

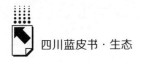

（五）森林康养国内外合作将深化扩大

一是基于对森林康养新业态理念、科学推进的经验和实证研究成果交流共享，以及森林康养国内市场体系培育等的需要，都将促使和扩大四川与兄弟省份间森林康养的发展合作。二是在"一带一路"国家战略引领下，应四川森林康养产业化推进提档升级的客观需求，四川与森林康（疗）养发达国家或地区之间的合作，将在已建的平台上得到进一步深化与加强。

参考文献

李　卿：《森林医学》，科学出版社，2013，第 1~270 页。

李后强、廖祖君、兰定香、第宝锋等：《生态康养论》，四川人民出版社，2015，第 74~93 页。

周彩贤、马红、南海龙：《推进森林疗养的研究与探索》，《国土绿化》2016 年第 10 期，第 48~50 页。

南海龙、刘立军、王小平、周彩贤、马红等：《森林疗养漫谈》，中国林业出版社，2016，第 140 页。

B.6
四川省碳汇林业发展研究

曾维忠　龚荣发*

摘　要：　发展碳汇林业、增加森林碳汇，是减缓和适应气候变化的重
要策略，是实现生态脆弱区生态修复和保护的重要手段，也
是推动主体功能区建设的重要助力。本文在深化对碳汇林业
时代内涵认识的基础上，分析了四川省碳汇林业的发展历程
和现状，揭示了碳汇林业在应对气候变化、促进生态脆弱区
生态修复和保护以及推动主体功能区建设中的积极影响，阐
明了四川省碳汇林业发展面临的新机遇，并提出推进四川省
碳汇林业发展的对策建议。

关键词：　碳汇　林业　气候变化　农户　生态补偿

气候变化是当今人类生存和发展面临的严峻挑战，是国际社会普遍关注的
重大全球性问题，增加森林碳汇，发挥自然生态系统的碳汇功能，是未来20～
30年内缓解气候变暖的重要选择，发展碳汇林业是国际减缓和适应气候变化
的重要策略，是中国落实增汇减排承诺的重要举措，是推进生态文明建设的重
要内容。我国生态脆弱区大多位于生态过渡区和植被交错区，处于农牧、林
牧、农林等复合交错带，是我国目前生态问题突出、经济相对落后和贫困人口
相对集聚的地区，碳汇林业兼具生态、扶贫、促进社区发展等多重功能，是实
现生态脆弱区生态修复和保护的重要手段。主体功能区建设是引导经济布局、

* 曾维忠，管理学硕士，现为四川农业大学科技管理处处长，研究员，博士生导师，主要研究
领域为生态经济、林业资源与环境经济；龚荣发，经济学硕士，现为四川农业大学经济学院
博士研究生，主要研究领域为林业资源与环境经济。

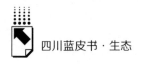

人口分布与资源环境承载能力相适应，适应和减缓气候变化的必然要求。碳汇林业优势发展区与重点开发区和限制开发区在空间上具有一致性，是推动主体功能区建设的重要助力。

四川省森林资源丰富，是适应气候变化试点工程和减碳示范工程建设的重要区域，同时，四川省也是全国典型的生态脆弱区，是西南岩溶山地石漠化生态脆弱区和西南山地农牧交错生态脆弱区的主要分布地带，是国家主体功能区建设的重点开发区和限制开发区。因此，发展碳汇林业是四川省实现国家应对气候变化战略、进行生态脆弱区和主体功能区建设的重要举措。

一 碳汇林业的内涵

《中共中央国务院关于2009年促进农业稳定发展农民持续增收的若干意见》指出，"建设现代林业，发展山区林特产品、生态旅游业和碳汇林业"，碳汇林业作为一个新概念，首次出现在中共中央文件中。但碳汇林业的内涵早已体现在国际国内应对气候变化与生态环境问题的一系列文件和实践中，《联合国气候框架公约》《京都议定书》《哥本哈根协议》等国际文件中界定的发挥森林碳汇功能、减缓气候变化的林业活动和我国多年来围绕森林植被恢复和保护采取的一系列举措都是碳汇林业的集中体现。所谓碳汇林业，就是指以吸收固定二氧化碳、充分发挥森林的碳汇功能、降低大气中二氧化碳浓度、减缓气候变化为主要目的的林业活动。

碳汇林业不同于传统林业，但又是在传统林业的基础上深化而来的，与传统林业之间存在密切联系。综合森林碳汇和应对气候变化战略，碳汇林业应具备以下内涵：①碳汇林业的发展必须适应国际和国家应对气候变化的战略规划，符合社会经济可持续发展要求；②注重碳汇林业发展的多重功能，在实现应对气候变化和保护气候生态功能的同时，碳汇林业追求促进生物多样性发展、流域生态保护以及社区发展等多重效益；③碳汇林业发展必须符合依据国际规则和中国实际制定的技术标准，碳汇林业必须满足可检测、可报告、可核证（MRV）条件；④碳汇林业发展必须依托市场机制和法律手段，通过碳汇交易实现碳汇收益，推动碳汇林业实现生态功能。

二 四川省碳汇林业发展历程

四川作为林业大省，森林资源丰富，是国内率先进行碳汇林业试点发展的省份之一，各类森林碳汇项目发展成效显著，其碳汇林业的发展历程大致可以划分为三个阶段。

第一阶段：萌芽阶段（2005 年以前）。这一阶段主要依托国内林业六大重点工程建设，开展森林经营、抚育，提升造林技术和良种质量，提高森林碳汇和生态服务价值。这一阶段的林业活动虽然不符合碳汇林业定义，但在增加碳汇、减少森林二氧化碳排放等方面已满足碳汇林业的内涵。

第二阶段：起步阶段（2005~2009 年）。这一阶段以 2005 年四川省成立应对气候变化和节能减排工作领导小组和组建森林碳汇项目领导管理办公室为起点，四川省甘孜、凉山、南充、绵阳等地先后建立了林业碳汇项目试点区域。

第三阶段：发展阶段（2009 年至今）。这一阶段四川碳汇林业得到较快发展，其中，2009 年，"中国四川西北部退化土地造林再造林项目"开始实施；2011 年，"川西南林业碳汇、社区与生物多样性项目"两大清洁发展机制下的森林碳汇项目（以下简称 CDM 森林碳汇项目）开始实施。伴随着 CDM 森林碳汇项目的实施，有关森林碳汇的造林技术、核证方法等相继被引入，依据国内实际的方法学研究逐步形成，国内自愿减排机制下的森林碳汇在中国绿色碳汇基金和社会投资支持下在四川省各地区得到迅速发展，碳汇林业多重效益受到广泛关注。

三 四川省碳汇林业发展现状

作为森林碳汇项目早期试点省份，加上省内丰富的森林资源和林地资源等，四川省自 2005 年开始实行森林碳汇试点以来，逐步完善发展机制，健全法律法规，碳汇林业发展取得显著成效。目前，已形成以 CDM 森林碳汇项目为主、自愿减排森林碳汇项目为辅的项目发展格局，在制度安排和技术创新等方面亦取得长足进步，为后京都时代背景下四川省碳汇林业发展奠定了坚实基础。

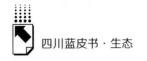

（一）四川省林业碳汇项目实践

四川省林业碳汇项目主要包括两种类型：一类是清洁发展机制下的森林碳汇项目；另一类是国内自愿减排机制下的森林碳汇项目，又以公益性碳汇项目为主。

1. CDM 森林碳汇项目

四川省作为国内林业碳汇项目的主要试点省份之一，自 2005 年成立应对气候变化和节能减排工作领导小组及组建森林碳汇项目领导管理办公室以来，积极开展林业碳汇实践，目前在四川省甘孜、凉山、南充、绵阳等地先后建立林业碳汇项目试点区域。由于国内林业碳汇实践晚于国外，其发展程度较低，因而目前仍然以 CDM 森林碳汇为核心，较为典型的是"中国四川西北部退化土地造林再造林项目"和"川西南林业碳汇、社区与生物多样性项目"。

"中国四川西北部退化土地造林再造林项目"是全球第一个拥有气候、社区与多样性（CCB）标准金牌认证的 CDM 注册项目。该项目由四川省林业厅组织领导，国家林业局、保护国际基金会（CI）、美国大自然保护协会（TNC）、北京山水自然保护中心提供技术和政策支持，3M 公司提供资金资助，四川省大渡河造林局作为经济实体，于 2004 年启动。该项目由企业资助，政府和 NGO 合作开发，首次在造林项目中提出多重效益的理念，运用 CCB 标准来开发和运作项目。

"川西南林业碳汇、社区与生物多样性项目"是中国第一个利用 CDM 机制，采用 CCB 标准，由国外企业购买碳指标，用于自愿减排的林业碳汇项目。该项目是诺华制药主导，四川省林业厅及相关州县林业局等单位协同，由大渡河造林局在四川大熊猫栖息地周边开展以森林恢复为基础的林业碳汇项目。项目于 2009 年 10 月启动，2011 年完成项目开发，2013 年在 CDM 执行理事会成功注册。

2. 公益性林业碳汇项目

CDM 森林碳汇项目对土地合格性、基线等标准要求严格，使得 CDM 项目数量少、规模小，逐渐趋于萎缩，非京都规则下的林业碳汇项目逐步发展起来。相较于 CDM 森林碳汇项目，非京都规则下的林业碳汇项目由于选地、技术等方面标准限制力度不强，加上国内宜林地资源丰富，在近年内得到迅速发展，全国各地区都相继开展了非京都规则下的林业碳汇项目。自 2007 年起，仅中国绿色碳汇基金会就在全国 20 多个省（区、市）营造了 120 多万亩碳汇林。作为非京都规则下林业碳汇项目的重要组成部分，近年来公益性林业碳汇项目在中国取得一定发展。公益性林业碳汇项目是指通过造林和森林经营增加森林面积、提高林分质量，以增加碳汇、实现保护生态及增加社区收入为目的的项目。

表 1 为四川省非 CDM 森林碳汇项目。

表 1　四川省非 CDM 森林碳汇项目

序号	项目名称	项目类型	项目分布	项目规模（亩）	计入期（年）	项目开始（年份）
1	迪士尼碳汇项目	熊猫标准	嘛咪泽	7500	60	2013
2	奥迪－大熊猫栖息地修复项目	熊猫标准	冕宁 金阳	5000	30	2012
3	奥迪－申果庄自然保护区大熊猫栖息地植被恢复项目	公益碳汇	申果庄	2000	30	2010
4	统一企业"绿动中国"大熊猫栖息地植被恢复项目	公益碳汇	嘛咪泽	1001	30	2010
5	多重效益森林－旅游卫视碳中和项目	公益碳汇	关坝村	101	30	2011
6	财新传媒－大熊猫栖息地修复项目	公益碳汇	冕宁	100	30	2013
7	会畅－山水植树项目	公益碳汇	王朗	2	30	2009
8	荥经森林多重效益项目	公益碳汇	荥经	2388	30	2011
9	森林多重效益王朗退化栖息地植被恢复项目	公益碳汇	王朗	1302	30	2006
10	UTC－马鞍山自然保护区生境恢复与生物多样性监测项目	公益碳汇	马鞍山	1800	30	2008
11	旅游卫视必须时尚－山水植树项目	公益碳汇	王朗	41	20	2008
12	利州区国家碳汇造林试点项目	公益碳汇	利州	2000	20	2011
13	大英县国家碳汇造林试点项目	公益碳汇	大英	2000	20	2011

资料来源："基于 CDM 项目的碳汇林业发展路径研究"项目组编制。

总体来看，目前全省各类林业碳汇项目总面积超过 12 万亩，主要分布在阿坝、凉山、绵阳、广元、雅安等市州的 15 个县、5 个自然保护区、40 多个乡镇、70 多个村，在项目实践上走在全国前列。

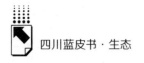

（二）四川省碳汇林业发展的制度保障

四川从组织领导、交易平台建设、发展规划制定等方面为碳汇林业的发展提供了坚强的制度保障。①2005年，四川省林业厅成立应对气候变化和节能减排工作领导小组，负责领导全省森林碳汇产业建设工作；同时组建四川省林业碳汇项目领导管理办公室，协调全省林业碳汇项目开发工作。②2011年，在四川省、西藏自治区政府支持下，经省政府批准，成立省内第一家环境类交易专业化综合性资本市场服务平台——四川联合环境交易所，为森林碳汇交易提供了平台支撑。③2012年底，国家发改委将广元市确定为全国第二批29个低碳试点城市之一。④2015年9月，四川省林业碳汇工作研讨会召开，明确森林碳汇在应对气候变化、改善社区环境和促进社区发展等方面的突出地位。⑤2016年1月，四川省第十二届人民代表大会第四次会议通过的《四川省国民经济和社会发展第十三个五年规划纲要》将增加森林碳汇写进纲要。⑥2016年10月，《大规模绿化全川行动方案》将森林碳汇纳入四川省绿化重点工程建设。

（三）四川省碳汇林业发展的技术支撑

四川省充分发挥科研机构的研发能力，为碳汇林业的发展提供了先进的技术支撑。①2010~2013年，省林业厅组织美国大自然保护协会（TNC）、中科院地理研究所、中科院成都分院生物所、省林规院、省林科院和成都山水自然保护中心等完成"区域林业碳汇/源计量体系开发及应用研究"课题，为森林碳汇计量、监测积累了丰富的技术力量。②2012年，经国家林业局考查筛选，省林规院被确认为具有开展林业碳汇计量监测条件和能力的机构，获得开展林业碳汇计量监测资质。③2013年，四川省建成首个林场级碳计量体系。④2016年7月，四川省林业规划院研发的《基于生态过程模型的林业碳计量方法》获国家发明专利，弥补了传统计量方式的不足，能够更加全面、详细地反映森林生态系统过程的变化，并为进一步合理有效地进行森林经营提供了新手段。

四 四川省碳汇林业对生态建设的贡献

碳汇林业以应对气候变化为核心，其基本途径是通过造林、再造林等多种方式促进碳储量增长，从而实现固碳减排。与此同时，碳汇林业还具备提高项目区周边森林生态系统景观连接性，加强生物多样性保护和提高水土保持能力等其他生态功能。碳汇林业项目实施区域主要集中在生物多样性保护的关键区和水土流失较为严重的偏远地区，与四川 5 类生态脆弱区和主体功能区重叠。因此，碳汇林业对生态脆弱区生态修复和保护以及主体功能区建设具有重要贡献。

（一）应对气候变化

四川省气候类型较多，山地气候垂直变化显著，日照、降雨等区域分布不均，气候区域差别较大，是我国应对气候变化最具挑战的区域。伴随着近年来地区经济规模的不断扩大，以第二产业为核心的发展模式逐渐成为省内经济发展的主流，环境污染、大气污染、二氧化碳排放强度逐步加大，气候变异指数高达 88.50[①]，为全国第二，大气污染分值高达 32，全国排名第 9，对气候变化敏感度大。碳汇林业发展不仅可以增加森林碳汇，减少毁林和森林退化造成的二氧化碳排放，减缓气候变化，还能促进林业产业结构调整，深化林业科技攻关，提升森林质量，增强林业甚至其他产业适应气候变化的能力。

1. 减缓气候变暖

自 2007 年开展森林碳汇试点工程建设以来，截至 2015 年，四川全省范围已完成碳汇造林超过 12 万亩，涵盖四川省凉山州、甘孜州、阿坝州、雅安市、南充市等地，具有巨大的减排潜力。以"中国四川西北部退化土地造林再造林项目"为例（见表 2），该项目所创造的碳储量逐年上涨，在项目第一个计入期 20 年内，其碳储量总额可达 1513598 吨，年均 75679.9 吨，项目区内人均 8.17 吨，高于我国 2013 年人均二氧化碳排放量 7.2 吨[②]，为全国减排做出了正向贡献，对缓解气候变暖具有显著意义。

---

① 资料来源于中国科学院可持续发展研究组《2002 年中国可持续发展战略报告》，科学出版社，2002。

② 《中国统计年鉴 2013》。

表2　川西北 CDM 碳汇项目碳汇价值估算（排除基线碳库变化影响）

年份	碳储量（吨）	市场价格（元）	碳汇价值（元）	环比增速（%）
2014	50782	34.3093	1738106	0.2407
2015	62968	34.3093	2156439	0.2068
2016	75959	34.3093	2602384	0.1809
2017	89677	34.3093	3073266	−0.0465
2018	85502	34.3093	2930237	0.1465
2019	98005	34.3093	3359412	0.1356
2020	111272	34.3093	3814793	0.1247
2021	125137	34.3093	4290673	0.0524
2022	131680	34.3093	4515334	−0.0303
2023	127691	34.3093	4378642	0.0647
2024	135946	34.3093	4662020	0.0887
2025	147992	34.3093	5075457	0.0805
2026	159896	34.3093	5484012	—
合计	1513598	34.3093	51856098	—

资料来源："基于 CDM 项目的碳汇林业发展路径研究"项目组编制。

2. 对气候变化的适应性

碳汇林业采用就地育苗和相似立地条件区域育苗方式，培育应对气候变化的良种苗木，强化苗木良种基地建设，依据项目区海拔、降雨、湿度等自然条件开展树种改良研究和实验，选择适宜区域发展和适应极端天气因子下的良种壮苗，严格遵循"国家苗木质量标准（GB7908 - 1999）""主要造林树种苗木质量分级（GB6000 - 1999）"等技术标准，提高林木成活率和林分质量。碳汇造林采用块状混交模式，合理配置造林密度、造林树种，增加耐寒、耐高温、抗病虫等树种造林比例，避免纯林的火灾、病灾和虫灾，造林过程中严格遵循"国家造林技术规程（GB/T 15776 - 1995）""造林作业设计规程（LY/T 1607 - 2003）"等技术标准，避免森林灾害发生，降低碳汇林风险。

碳汇林业建设中的育种、造林等技术通过社区培训，逐步被推广给林农，使省内尤其是碳汇项目区林木质量得到有效提升，加上碳汇林业发展促进森林检测技术的推广，有效控制了森林灾害对森林的破坏，增强了区域林业甚至其他相关产业应对气候变化的能力。

（二）促进生态脆弱区生态修复和保护

四川省西部地区地形起伏大、地质结构复杂，水热条件垂直变化明显，土层发育不全，土壤瘠薄，植被稀疏，受人为活动的强烈影响，区域生态退化明显，加之过度砍伐山体林木资源，地震等自然灾害频发，植被覆盖度低，造成严重水土流失，生态环境较差，是典型的西南山地农牧交错生态脆弱区和西南岩溶山地石漠化生态脆弱区，生态脆弱指数 2.51。生态脆弱不仅是制约四川省环境与经济协调发展的重要因素，也是造成环境进一步恶化的关键因素。《关于加强生态脆弱地区生态保护与修复的指导意见》指出，加快推进生态脆弱地区生态保护与修复，是建成长江上游生态屏障、加快构架国土生态安全体系的战略选择，是提升环境资源承载力、保障区域经济社会可持续发展的根本途径，是拓展农民就业创业渠道、促进同步实现小康的重要举措。碳汇林业兼具生态修复、涵养水源、促进社区发展等多重功能，是实现生态脆弱区生态修复和保护的重要手段。

1. 促进生态脆弱区生态功能修复

川西藏区沙化土地、严重退化湿地、岩溶地区石漠化土地、干旱半干旱地区和地震灾区等五类地区是四川省主要的生态脆弱地区，主要分布在凉山州、甘孜州、阿坝州、广元市、雅安市等地。目前，省内开展的各类森林碳汇项目和碳汇林业试点工程主要分布在理县、茂县、青川、越西、甘洛、昭觉等地，属于省内生态最脆弱的地带。同时，近年来，四川省经历了"5·12"汶川地震和"4·20"芦山地震两次地震灾害冲击，迫切需要对地震灾区生态功能进行恢复，在省内主要的地震灾区，具有森林碳汇试点项目，并取得良好成效，碳汇林业发展区域与生态脆弱区和地震灾区在空间布局上高度重叠，对省内生态脆弱区生态修复和保护以及地震灾区生态功能修复具有显著贡献。

目前，四川已在生态脆弱区和地震灾区完成造林 12 万亩，区域生态环境得到显著改善，推动了区域生态修复机制的建立，对川西藏区土地沙化治理、退化湿地恢复、岩溶地区石漠化综合治理、干旱干热河谷地区林草植被和地震灾区生态功能恢复具有显著贡献。生态脆弱区和地震灾区 70% 农户认为碳汇林业项目开展对社区环境、水土保持、生物多样性保护等具有显著作用，同时对农户生态意识提升具有明显的正向作用。

2. 碳汇林业对破除 PPE 怪圈具有显著成效

四川省生态脆弱区与集中连片特困地区高度重合，人口增长、自然资源的相对匮乏，尤其是人地之间的尖锐矛盾，是生态脆弱区生态进一步恶化的主要原因，也是生态修复和保护过程中主要的制约因素，生态脆弱与贫困形成恶性循环，陷入人口（Population）增长、贫困（Poverty）和环境（Environment）退化的 PPE 怪圈（见图 1）。因此，四川省生态脆弱区的生态修复和保护必须避免形成"人口增长－资源开发－环境退化－加速开发－环境恶化－贫困加剧"的"贫困陷阱"，实现减贫和生态保护兼顾的包容性增长，突破 PPE 怪圈。

表 3 为农户森林碳汇项目实施生态效益认知表。

表3 农户森林碳汇项目实施生态效益认知

单位：%

题项	非常不同意	不同意	不确定	同意	非常同意
森林碳汇有效改善社区环境	0	3.09	9.74	20.13	67.04
森林碳汇有效提升水土保持能力	0.5	4.54	20.44	50.47	24.05
森林碳汇对生物多样性保护具有积极作用	3.96	6.85	18.35	45.66	25.18
森林碳汇降低泥石流、水土流失等自然灾害发生率	8.08	4.12	10.94	40.57	36.29
森林碳汇有助于提升农户生态保护意识	2.72	7.28	8.09	15.48	66.43

资料来源：国家社科基金项目"推进西南民族地区森林碳汇扶贫的政策研究"课题组。

碳汇林业具有适应与减缓因二氧化碳过度排放引起的气候变化、改善社区发展以及促进可持续发展等多重功能，具有明显的生态效益、社会效益和经济效益。以中国四川西北部退化土地的造林再造林，诺华川西南林业碳汇、社区和生物多样性及华特迪士尼大熊猫栖息地恢复等为代表的森林碳汇项目实施，主要集中在凉山、阿坝、甘孜、广元和雅安等市州的边远贫困山区。项目的实施不仅仅为当地带来了经济收入、就业机会和新技术，更为其打破资源陷阱提供了外部资源，调动了内部资源，吸引了政策资源；不但能给农户带来一定的造林劳务、林地出租或入股、木材与核证减排量（CER）

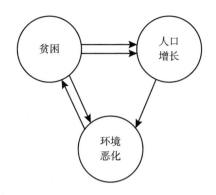

图 1 PPE 怪圈示意

销售、碳汇林管护和放牧损失补偿等直接经济收益，而且能给他们带来造林营林新技术，增加与外界联系的机会和途径，拓宽市场信息等的来源渠道。此外，部分森林碳汇项目还采取开展食用菌培育、养蜂等社区项目，通过印发《香菇袋栽活动历》《实用养蜂技术》资料，邀请科研院所专家和专业大户开展技术培训与指导，积极推动区域特色产业发展等生态补偿方式，为打破 PPE 怪圈提供了新途径。

国家社科基金项目"推进西南民族地区森林碳汇扶贫的政策研究"课题组通过对四川省 2 个典型的 CDM 森林碳汇项目（见表 4）测算，发现森林碳汇项目带来的生态效益、社会效益和经济效益巨大，而且呈现出逐年递增的趋势，对农户而言，不仅带来了显著的经济收益，还通过技能培训、干中学等方式大幅度提高了农户造林、抚育等技能，拓宽了农户就业渠道，尤其是在一些民族地区，森林碳汇项目的社会效益更加明显。

表 4 四川省 2 个 CDM 森林碳汇项目效益分析

县（区）	F	生态效益	社会效益	经济效益
北川	1.277	0.362	0.696	0.219
青川	1.081	0.388	0.532	0.160
理县	1.487	0.399	0.744	0.345
平武	1.170	0.406	0.582	0.182
茂县	1.464	0.396	0.755	0.313
昭觉	1.153	0.341	0.692	0.120
越西	1.165	0.356	0.704	0.104

县(区)	F	生态效益	社会效益	经济效益
美姑	1.153	0.356	0.701	0.096
雷波	1.281	0.404	0.742	0.135
甘洛	1.273	0.365	0.710	0.198

资料来源：国家社科基金项目"推进西南民族地区森林碳汇扶贫的政策研究"课题组测算。

可见，兼具应对气候变化和扶贫等多重功能的森林碳汇项目是突破贫穷与生态退化的恶性循环，实现生态保护与扶贫开发有机结合的新途径。

（三）推动主体功能区建设

四川省资源开发强度较大，环境问题较为突出，生态环境承载力较弱，四川省环境水平指数为 38.54，土地侵蚀分值高达 76.91，生态水平分值仅为 55.97，在全国排名 19，是国家主体功能区建设中的重点开发区域和限制开发区域，四川省主体功能区建设是四川省生态文明建设的重要组成部分。四川省碳汇林业实施区域与秦巴生物多样性生态功能区、大小凉山水土保持和生物多样性生态功能区在空间上高度耦合，同时，碳汇林业具备生物多样性保护功能，与主体功能区建设的珍稀动植物资源保护等高度相关，对四川省主体功能区建设具有积极作用。

碳汇林业作为应对气候变化最经济、最有效、最生态的方式，对四川省应对气候变化和提升农业、林业以及其他产业对气候变化的适应性具有显著的成效；同时，碳汇林业兼具促进社区发展、带动农民增收等社会经济功能，是有效缓解生态恶化与扶贫开发矛盾、突破 PPE 怪圈的重要选择；四川省是国家主体功能区建设的重点省份之一，碳汇林业与主体功能区建设在空间上的高度重叠和战略上的相关性，使得碳汇林业成为主体功能区建设的重要助力。

五 四川省碳汇林业发展展望

（一）四川省碳汇林业发展面临的机遇

1. 林业应对气候变化的突出地位日益得到认可为碳汇林业发展提供了新环境

近年来，由气候变化引起的自然灾害发生频率大幅上升，对农业、林业等敏感性产业的负面影响不断显现，人类社会对气候变化的关注日益增强，林业在应对气候变化中的突出地位亦逐步得到认可。《国家应对气候变化规划（2014～2020年）》、《2015年林业应对气候变化政策与行动白皮书》以及《林业应对气候变化"十三五"行动要点》等文件先后明确在应对气候变化中突出林业的特殊地位，应当把发展林业作为应对气候变化的战略选择，通过加强组织领导、完善政策法规、加大资金投入以及探索推进应对气候变化工作考核评价等保障措施，通过增加林业碳汇、减少林业排放、提升林业适应能力等行动实现林业"双增"，强化林业应对气候变化能力，推动林业转型升级和碳汇林业发展。这一系列政策文件和人类对气候变化的关注为深化碳汇林业发展创立了新的发展环境。

2. 森林碳汇发展机制的不断优化为碳汇林业发展提供了新途径

自1992年联合国政府间谈判委员会达成《联合国气候变化框架公约》至今有25年，从1997年《京都议定书》对清洁发展机制的确立，2005年蒙特利尔《联合国气候变化框架公约》第13次缔约方会议对REDD机制的提出，2007年巴厘岛会议将REDD纳入气候谈判，到2009年哥本哈根会议对REDD＋活动的肯定，2015年12月12日该活动在巴黎气候变化大会上通过，2016年4月22日在纽约签署的气候变化协定——《巴黎协定》，其不断优化森林碳汇的发展机制，拓展了碳汇林业发展的途径。

3. 碳交易市场的不断完善为碳汇林业发展提供了新平台

自2013年6月18日国内首个碳排放权交易平台在深圳启动，到北京、天津、上海、广东、湖北、重庆等7省市启动碳排放权交易试点，再到全国统一碳排放权交易市场于2016年试运行，国内碳交易市场不断完善，全国性碳交易市场在2017年建立，交易制度和形式逐步与国际接轨，国内市场和国际市场交易标准逐渐一致化，将进一步拓宽碳交易渠道，促进碳交易量的增长，带动碳汇供给增长，农户收益增长明显，对碳汇林业的满意度和支持程度得到显著提高，为碳汇林业发展提供了新的平台。

4. 森林碳汇项目的迅速发展为碳汇林业发展奠定了扎实的基础

自2005年以来，碳汇林业实践在全国各主要林业省份、区域先后开展试点，取得了较为显著的成绩（见表5）。目前，国内碳汇林业发展规模大、减排潜力巨大、涉及项目类型多，不仅涉及国际清洁发展机制下的造林再造林项目，还包括国内自愿减排市场机制下的公益项目，参与主体多元化，随着经济发展和环境问题的不断加剧，人类社会对生态保护的意识逐步加强，农户、林场、企业等多元主体积极参与到森林碳汇发展中来，"政府推动型""企业主导型""农户主体型"等多种发展模式在各主要碳汇实践中逐步得到发展，为进一步推进碳汇林业发展奠定了实践基础。

表5　碳汇林业在我国发展情况

项目名称	实施日期	项目规模	项目成效
中国东北部敖汉旗防治荒漠化青年造林项目	2005年	415万亩	《京都议定书》生效以来我国与国际社会合作的首个林业碳汇项目
广东长隆碳汇造林项目	2011年	13000亩	预计总减排量为347292吨二氧化碳当量，是全国第一个可进入碳市场交易的中国林业温室气体自愿减排（CCER）项目
伊春市汤旺河林业局森林经营增汇减排项目	2012年	926亩	黑龙江省首个森林经营增汇减排试点项目，预估项目净碳汇量6022吨二氧化碳当量
浙江临安毛竹林碳汇项目	2008年	700亩	全国首个竹子碳汇造林项目
北京市房山区碳汇造林项目	2007年	2000亩	北京市首个碳汇造林项目
青海省碳汇造林项目	2012年	20512亩	青海省首个碳汇造林项目，预期产生20.58万吨碳汇量
广东省龙川县碳汇造林项目	2008年	3000亩	广东省第一批碳汇造林项目，预期产生57254吨碳汇量
广东省汕头市潮阳区碳汇造林项目	2008年	3000亩	广东省第一批碳汇项目，预估净碳汇量60610吨二氧化碳当量
甘肃省定西市安定区碳汇造林项目	2008年	2000亩	预期产生4300吨碳汇量
甘肃省庆阳市国营合水林业总场碳汇造林项目	2008年	2000亩	对探索贫困国有林场的解困、增加周边农民就业机会和经济收入、发挥森林的生态和经济效益将起到积极的示范作用
香港马会东江源碳汇造林项目	2013年	4000亩	保护东江源头的生态环境，积极应对气候变化，促进经济社会可持续发展

资料来源：中国绿色碳汇基金会网站，http://www.thjj.org/。

（二）四川省碳汇林业发展面临的挑战

1. 林牧矛盾明显

四川省碳汇林业优势发展区主要集中在川西少数民族地区，资源相对匮乏，PPE 现象较为显著，农户农业生产方式单一，长期以来依赖传统农业、牧业，森林碳汇对人类行为限制严格，导致森林碳汇与农业、牧业等产业融合度不高，冲突明显，尤其是林牧冲突，农户对森林碳汇的认可度和支持度不高，导致碳汇林人为损害严重，成效降低，扶贫功能弱化。

2. 短期收益与长期收益分布不均

碳汇林业依赖碳储量增长，从长期来看，碳汇收益潜力巨大，但因林木生长周期较长、碳汇计量核算标准的要求严格等，短期内没有较为明显的收益，而碳汇林业发展区域农户收入来源单一，对林地的依赖程度较高，林牧冲突较为明显，短期收益过低导致农户对森林碳汇的参与意愿低下。

3. 极端气候条件下的造林技术缺乏

四川省碳汇林业优势发展区和实施区环境承载能力低，生态脆弱性高，生态环境恶化较为明显，对造林、抚育和管护技术的要求较高，现有的造林技术往往不能满足这些极端气候条件下的碳汇造林需要，导致碳汇林成活率低，生长缓慢，进而导致碳汇林业效益低下。

六 对策建议

应对气候变化、生态脆弱区生态修复和保护以及主体功能区建设是四川省生态文明建设的重要组成部分，也是当前扶贫攻坚和全面小康建设的重要支撑。兼具应对气候变化、促进社区发展、带动农民增收等多重功能的碳汇林业不仅仅是当前应对气候变化的主要手段，更是破除生态恶化与贫困加剧恶性循环的重要选择，同时也是主体功能区建设的重要助力，大力发展碳汇林业是四川省下一阶段生态文明建设的重要措施。四川省碳汇林业目前已具备良好的发展基础，在项目实践、制度保障和技术支撑等多个方面均走在全国前列，碳汇林业发展对应对气候变化、增强农业气候变化适应性、促进区域可持续发展、带动主体功能区建设等方面具有显著的成效，如何把握从《京都议定书》到

《巴黎协定》碳汇林业发展的国际形势，抓住全国碳交易市场建立的有利机遇，依托四川省良好的实践基础，深化碳汇林业发展是当前四川省生态文明建设的重要任务。

（一）积极用好国际国内森林碳汇发展平台

首先，认真总结川西北、川西南两大CDM森林碳汇项目开发实践经验，积极引进减排压力大、碳汇需求强烈的国际大企业来川开发CDM森林碳汇项目。其次，总结自愿减排森林碳汇项目开发经验，针对国内企业自愿减排需求逐年增大的趋势，在中国绿色碳汇基金会指导下主动研发包括项目设计、审核、注册、签发、交易、监管等内容在内的公益类农户森林经营碳汇交易体系，并利用好国内七个试点碳交易所，积极联系国内自愿减排企业来川开发公益减排森林碳汇项目。再次，基于对口扶贫框架体系，重点引导协调省内外大企业积极参与自愿减排森林碳汇交易和项目开发。最后，配套策划制作以绿色低碳循环发展为主题的公益宣传片，在传统媒体和新兴网络媒体进行展播，围绕大熊猫栖息地生命走廊在国际社会打响"熊猫碳汇"品牌。

（二）创新整合森林碳汇扶贫资源

针对性地完善林地流转、森林生态补偿、技术援助等特惠性政策，形成政策激励合力。在发展壮大各级各类碳基金的基础上，整合扶贫资金、生态补偿资金，强化碳税、碳汇权抵押贴息贷款和森林保险等制度创新，积极吸引社会资本进入，形成资本激励合力。充分利用互联网，以全国碳排放交易平台建设为依托，及时公布相关信息，并与农民信息网、农业科技网等对接，以提高信息效率，降低信息成本，促进碳汇交易的实现。

（三）完善参与机制

注重调动内生动力与活力，通过设立一系列优惠和支持条件，给予市场主体在参与方式、参与深度等方面更多的选择空间，并在实践中不断探索、总结和推广各具区域特色的项目运作模式及其利益分享机制，通过效益驱动发展，而非强制推进，增强农户参与意愿和参与能力，进而提升农户参与程度，增加农户在碳汇林业发展中的收益，促进碳汇林业的可持续发展。

（四）开展示范工程建设

大力开展森林碳汇造林技术集成示范工程、森林碳汇社区参与机制示范工程、森林碳汇社区参与项目示范工程等建设，克服碳汇林业发展中面临的技术困境、林牧冲突困境等，积极引导农户、造林大户、集体组织参与碳汇林业发展，尤其是通过造林大户、集体组织的实践，更好地引导农户参与；总结凝练示范工程建设中的经验和问题，推广好的模式和组织架构，增加碳汇林业的多重效益。

参考文献

漆雁斌、张艳、贾阳：《我国试点森林碳汇交易运行机制研究》，《农业经济问题》2014年第4期，第73～79页。

张颖、周雪、覃庆锋、陈珂：《中国森林碳汇价值核算研究》，《北京林业大学学报》2013年第6期，第124～131页。

王静、沈月琴：《森林碳汇及其市场的研究综述》，《北京林业大学学报》（社会科学版）2010年第2期，第82～87页。

杨帆、庄天慧、曾维忠：《农村精英森林碳汇项目组织意愿及其影响因素分析》，《科技管理研究》2016年第4期，第201～206页。

张驰、杨帆、曾维忠、周连景：《基于供给方视阈的森林碳汇项目建设组织模式研究——以四川省"川西北"、"川西南"项目为例》，《中南林业科技大学学报》2016年第5期，第138～142页。

曾维忠、张建羽、杨帆：《森林碳汇扶贫：理论探讨与现实思考》，《农村经济》2016年第5期，第17～22页。

杨帆、赵仕通、曾维忠：《自愿市场视角下城市居民森林碳汇购买意愿的影响因素分析——基于347位成都市民的调查》，《西北林学院学报》2015年第2期，第287～292页。

杨浩、曾圣丰、曾维忠、杨帆：《基于希克斯分析法的中国森林碳汇造林生态补偿——以"放牧地－碳汇林地"土地用途转变为例》，《科技管理研究》2016年第9期，第221～227页。

张驰、曾维忠、龚荣发、张建羽：《基于灰色关联度模型的林业碳汇项目绩效影响因素分析——以四川省2个CDM项目为例》，《林业经济》2016年第8期，第81～85页。

龚荣发、何勇、黄薇薇、张希昱、曾维忠：《川西北CDM碳汇项目碳汇价值潜力估算》，《林业经济》2015年第5期，第38～41、75页。

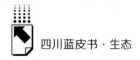

明辉、漆雁斌、李阳明、于伟咏：《林农有参与林业碳汇项目的意愿吗——以 CDM 林业碳汇试点项目为例》，《农业技术经济》2015 年第 7 期，第 102～113 页。

李金航、明辉、于伟咏：《四川省林业碳汇项目实施的比较分析》，《四川农业大学学报》2015 年第 3 期，第 332～337 页。

国家发展和改革委、财政部、住房城乡和建设部、交通运输部、水利部、农业部、林业局、气象局、海洋局：《国家应对气候变化战略》。

国家林业局：《全国森林经营规划（2016～2050 年）》。

国家林业局：《2015 年林业应对气候变化政策与行动白皮书》。

国务院：《国家应对气候变化规划（2014～2020 年）》。

国家林业局：《关于推进林业碳汇交易工作的指导意见》。

国家林业局：《林业应对气候变化"十三五"行动要点》。

四川省委：《中共四川省委关于集中力量打赢扶贫开发攻坚战确保同步全面建成小康社会的决定》。

四川省林业厅：《推进生态扶贫工程实施计划》。

四川省发展和改革委、省财政厅、省林业厅：《关于加强生态脆弱地区生态保护与修复的指导意见》。

B.7
文化适应与民族地区生态
可持续发展研究

——以森林碳汇项目为例

杨帆 骆希*

摘　要：　我国森林碳汇项目选址和少数民族聚居区存在地理意义上的高度重合。以森林碳汇项目为载体的现代商业契约文化和少数民族传统文化的规范与习俗存在潜在矛盾与不适。在边远贫困少数民族地区实施森林碳汇项目，不仅是一个气候视角的生态问题，也是一个关于参与农民激励的经济问题，更是一个两种不同文化体系之间的调适与融合问题。制度变迁必须与少数民族农民的文化适应与文化需求相吻合，才能取得预期效果。本文基于文化适应理论，以彝族农民参与诺华川西南林业碳汇、社区和生物多样性项目为例，从整合、同化、分离、边缘化四个维度探讨了少数民族农民对森林碳汇项目进驻所采取的文化适应策略，并从文化适应视域提出了促进森林碳汇项目对少数民族地区可持续发展的政策启示，以期为少数民族地区生态扶贫提供一定借鉴。

关键词：　森林碳汇　彝族　文化适应　制度变迁　生态扶贫

＊　杨帆，四川农业大学管理学院博士研究生，从事生态经济、贫困经济学研究；骆希，四川农业大学管理学院博士研究生，从事农业经济管理、农村反贫困研究。

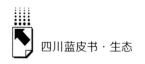
一 引言

全球气候变暖，已经对人类社会的文明延续造成了严重不确定性负面影响。增加森林碳汇是国际公认的减缓和适应气候变化的重要策略，关键举措之一是开展碳汇造林。伴随《京都议定书》等一系列国际气候文件的签署，现阶段以缓解温室效应、改善全球气候为最主要目的的森林碳汇造林再造林项目，在包括中国在内的全球各地尤其是发展中国家纷纷展开试点。出于保障土地、劳动力等生产要素供给和降低交易成本的双重考虑，项目实施地多选在宜林地丰富、劳动力相对充足、地租和工资水平相对低廉的边远贫困山区，在中国，这些地区又常常和少数民族聚居地重合。森林碳汇项目作为一种现代商业契约文化载体，对保持碳储量增长有着严格规定，要求参与项目者严格遵守合同规定，在相当长①的项目期内持续积极参与碳汇林的栽植、抚育和管护。这些合同规定和根植于少数民族地区传统农牧文化的规范与习俗存在着潜在矛盾，若处理不当，不仅仅对项目可持续发展造成阻碍，甚至会引发治安问题，妨碍社会稳定与民族团结。因此，在边远贫困少数民族地区实施森林碳汇项目，不仅是一个气候视角的生态问题，也是一个关于参与农民激励的经济增长问题，更是一个两种不同文化体系之间的调适与融合问题，应从更深层次的文化适应视角予以考察。

二 相关文献回顾

（一） 文化适应研究

文化适应是反映文化特性和文化功能的基本概念，Graves认为文化适应是指个体在与其他文化接触中所经历的信仰、态度和行为等的改变。Berry认为完整的文化适应包括两个层面，一是群体文化适应，即文化接触之后社会结构、经济基础和政治组织等方面发生的变迁；二是个体文化适应，即文化接触之后个体在行为方式、价值观念、态度以及认同等方面发生的变化。为了具体

---

① 一般为20~40年。

研究个体在面对源文化与新文化时所采取的应对策略，学者们提出了不同的文化适应理论模型，即一维模型、二维模型和多维模型。一维模型认为个体文化适应就是个体从源文化的持有到源文化的丧失，最终完全接受新文化的过程。随着研究的发展，学者们逐渐认识到一维模型的局限性，比如现实中个体在接受新文化的同时并没有抛弃对源文化的保持，表明文化适应并非一维的。在此基础上，Berry 提出了文化适应的二维模型，他根据个体在文化适应中面临的两个基本问题，即是否趋向于保持原有文化传统和身份，是否趋向于和新文化群体接触并参与到新文化群体活动中，将文化适应方式分为四类：整合、同化、分离和边缘化。整合是指个体既重视保持源文化，也强调对新文化的吸收与接纳；同化是指个体不愿意保持原有文化，认同并追求其他文化；分离是指个体重视自己原有文化并希望避免与其他文化接触；边缘化是指个体对保持原来文化和接纳吸收新文化都不感兴趣。随着对文化适应问题研究的深入，在二维模型基础上，又有三维或三个以上维度的文化适应模型被提出，但总体而言，多维模型中影响文化适应的变量过多导致分析更为复杂，对现实中的文化适应现象解释不够稳定，目前仍处于探索阶段，二维模型是目前文化适应中最常用、最主流的理论分析模型，并得到了众多实证研究的验证。

（二）森林碳汇项目与区域发展研究

目前，有关森林碳汇项目与区域发展的关系研究，大多集中在项目实施的区域生态、经济和社会效益上，仅少数学者关注到区域文化对项目发展的影响。Smith 从项目成本和社会福利两方面考察了森林碳汇项目的社会效益，分析认为大规模的工业种植园和严格的森林保护可以降低项目的边际成本，但面临很高的社会风险，而社会效益好的项目在经济上又不太划算，因为存在较高的交易成本。陈冲影以全球第一个森林碳汇项目为例，分析了项目实施对农户生计的影响，研究认为森林碳汇项目在五个方面提高了农户收入的同时，也在五个方面造成了农户权利的损失。马盼盼通过对碳汇扶贫的案例分析，发现目前为止我国森林碳汇项目主要在边远贫困地区开展，四川主要集中在川西少数民族贫困地区，除了减排和改善生态环境外，项目实施也为边远贫困少数民族地区带来了经济收入和就业机会，成为这些地区打破资源陷阱、提升自身发展能力、实现可持续发展的重大契机。巩海滨研究认为，推动森林碳汇项目建设有利于促进四川农村经济可持续发展。魏雪峰分析认为,发展森林碳汇项目有利于促进石漠化地区的扶贫开发。丁一、马盼盼对四川凉山彝族自治州越西县森林碳汇项目实施区的调查显示,毕摩文化在彝族人民生活中不可或缺,充分利用"毕摩"① 和毕摩文化的影响力,能对碳汇造林项目的宣传、实施和后期管护发挥一定作用。

(三)文献述评

从研究回顾可知,文化适应理论主要是研究处于两个或两个以上不同文化体系的群体或个体在与其他文化体系持续不断的接触中所发生的文化变迁现象,文化适应包括群体文化适应和个体文化适应两个层面,二维文化适应模型是目前文化适应中最常用、最主流的理论分析模型。森林碳汇项目作为现代商业文化的载体,与项目实施地少数民族的传统文化习俗之间存在差异与不适,因此有必要相信,少数民族农民对森林碳汇项目的进驻,也可能存在文化适应现象,他们对以项目为载体的现代商业文化与契约精神的适应和接受程度,将直接影响项目的持续顺利推进。但目前将文化适应理论应用到森林碳汇项目上的分析与研究相对很少,既有研究大多将研究思维与视角设定在项目对参与农民增收、贫困社区发展和区域生态环境改善等的正向促进作用上,较少意识到项目与少数民族地区的传统文化和风俗习惯之间可能存在的潜在矛盾,或者虽然关注到项目对农户权利造成的损失,却没有进一步挖掘这种损失产生的根源。

鉴于此,本文拟通过对参与了四川省诺华川西南林业碳汇、社区和生物多样性项目的凉山州彝族农民的调查,从个体心理文化适应层面考察项目实施对当地少数民族参与农民造成的文化影响,并从文化适应的视角提出促进项目持续健康发展的应对策略。

三 森林碳汇项目商业文化与彝族传统文化
习俗之间的潜在矛盾

经实地调查发现,森林碳汇项目商业文化与彝族传统文化习俗之间的潜在

---

① "毕摩"为彝族民间沟通、调解(以念诵经文和其他特定仪式等形式)人与神鬼关系的宗教职业者,是彝族原始宗教的创造者、传播者、主持者和彝族文字的集大成者。

矛盾主要表现在以下四个方面。第一，彝族是中国第六大少数民族，主要聚居在中国西南部的云南、四川、贵州、广西等省份，四川凉山彝族自治州是其最大的聚居区。毕摩文化作为一种原始宗教文化，是彝族文化的核心，"毕摩"在彝族民间被看作智者的化身，具有很高的威望，彝族素有"君王来到，毕不起身"的说法，毕摩文化从本质上具有"人治"属性，即相信人（精英）的力量；而森林碳汇项目作为现代商业文化的载体，以合同形式对参与项目双方的权利义务进行了明确规定，试图以规则与制度来确保项目的顺利实施，从本质上具有"法治"属性，即相信制度的力量。这是森林碳汇项目所代表的现代商业文化与彝族传统文化最本质的差异。第二，彝族是一个崇拜火的民族，火把节是彝族地区最普遍、最隆重的传统节日，篝火晚会、打火把仗是典型的庆祝方式；而森林碳汇项目以吸收并封存二氧化碳为最主要目的，对保持项目碳储量增长有着严格规定，为了防止火灾发生，禁止在碳汇林区及其周边地区发生危险的燃烧行为，这显然和火把节的庆祝活动存在潜在矛盾。第三，彝族居住地多为高寒山区，山高水远，山坡、山沟里最适宜养羊，羊肉是彝族人民主要的肉食来源；而森林碳汇项目一方面将原有草甸、山坡等放牧区划为碳汇林区，缩减了放牧区域，另一方面又明确规定禁止在碳汇林区放牧，造成放牧区域缩减，可能导致自然状态下的羊肉产量下降，这显然与彝族民众吃羊肉的饮食习惯存在潜在矛盾。第四，彝族农村的能源使用依然以薪柴为主，农民对薪柴的消耗量很大，而实施区域比较集中的森林碳汇项目进驻，一方面将原有部分质量较差的薪柴林划归成碳汇林，另一方面禁止随意进入新造碳汇林捡拾薪柴，禁止对碳汇林随意砍伐，削减了薪柴来源，这显然对彝族农村传统的能源使用造成冲击。

四 彝族农民对森林碳汇项目的文化适应测量

（一）文化适应量表编制

运用 Berry 提出的二维文化适应模型，构建少数民族地区森林碳汇项目参与农民的项目文化适应模型（见表1），该模型把少数民族农民对森林碳汇项目的文化适应策略划分为四种类型：整合、同化、分离和边缘化。第一，整合，是指参与农民既希望保持传统文化的规范与习俗，又认可森林碳汇项目的商业契约文化。例如，参与农民既认为火把节是非常重要的传统节日，又认可项目规定的不能在碳汇林区发生大量燃烧行为，在火把节期间其可能采取的策略就包括，在远离碳汇林区的地方点燃火堆，或者缩减燃烧规模。第二，同化，是指参与农民因为认可（或者被说服）以森林碳汇项目为载体的商业契约文化而主动放弃和森林碳汇项目相冲突的传统文化。比如，参与农民可能因接受了森林碳汇项目的清洁发展理念，或者因向往更现代的物质文明生活方式，而渴望放弃使用薪柴等传统能源，希望改用沼气、天然气、风能、太阳能等新能源。第三，分离，是指参与农民并不认可以以森林碳汇项目为载体的商业契约文化，更加重视保持传统文化规范与习俗①。这样的参与农民产生违约风险的可能性更高，他们更可能不遵守合同规定而继续在碳汇林区放牧，或者在监管不力或缺位的情况下随意砍伐碳汇林，从而阻碍项目可持续发展。第四，边缘化，是指参与农民既不关心原有传统文化，又不注重融入以森林碳汇项目为载体的现代商业契约文化。

表1　少数民族农民对森林碳汇项目的文化适应模型

		是否希望保持原有传统文化	
		是	否
是否认可以森林碳汇项目为载体的商业契约文化	是	整合	同化
	否	分离	边缘化

根据少数民族农民对森林碳汇项目的文化适应模型，编制了参与农民对森林碳汇项目的文化适应量表（见表2）。

（二）数据来源

本文数据源于课题组2015年1月在四川省诺华川西南林业碳汇、社区和生物多样性项目区的调研，具体地点为昭觉、越西、美姑、雷波和甘洛等5县（包括申果庄、嘛咪泽、马鞍山3个省级大熊猫自然保护区）。该项目于2010年启动实施，是中国第一个国内企业与外资企业直接合作的造林减碳项目，也

---

① 这样的参与农民更可能是在参与项目建设前，在不了解项目合同规定的情况下，被动或在从众心理作用下参与到项目建设中。边缘化情况类似。

表 2　彝族农民对森林碳汇项目的文化适应量表

被测项	问题选项	对应的文化适应策略
Q1：对"毕摩"（"人治"）与项目合同（"法治"）的认知态度	A. 对项目合同和"毕摩"同等认可	整合
	B. 更认可项目合同	同化
	C. 更认可"毕摩"	分离
	D. 对二者均不认可、不在乎	边缘化
Q2：对火把节与森林碳汇项目的态度	A. 因为要遵守森林碳汇项目的合同规定，所以火把节期间我们缩减了燃烧木柴的规模	整合
	B. 因为要遵守森林碳汇项目的合同规定，所以火把节期间我们不燃烧木柴庆祝了	同化
	C. 火把节是我们最重要的传统节日，燃烧火把是理所当然的	分离
	D. 我不关心火把节是否燃火把，也不关心森林碳汇项目的清洁发展理念	边缘化
Q3：对吃羊肉（牧羊）与森林碳汇项目的态度	A. 吃羊肉是我的传统风俗习惯，但由于碳汇造林发放了放牧补贴，所以我养的羊比以前少了	整合
	B. 由于发放了放牧补贴，且碳汇造林缩减了放牧区域，所以我不再养羊了	同化
	C. 吃羊肉是我的传统风俗习惯，即使有放牧补贴也不能阻止我继续养羊	分离
	D. 我不关心吃羊肉，也不关心森林碳汇项目	边缘化
Q4：对能源使用选择与森林碳汇项目的态度	A. 烧柴做饭不花钱，用沼气或天然气做饭方便洁净，各有各的好处，二者结合最好	整合
	B. 我赞同森林碳汇项目的清洁发展理念，我不想烧柴做饭了，如果能使用沼气或天然气做饭就好了	同化
	C. 在自己的承包地栽树，为了收集做饭的柴火，我当然可以进去捡柴甚至砍伐	分离
	D. 我不关心用木柴、沼气还是天然气做饭，也不关心森林碳汇项目的清洁发展理念	边缘化

是中国第一个注册的将未来碳汇资金提前支付用于造林的清洁发展机制（CDM）造林项目，并获得国际气候、社区和生物多样性联盟（CCBA）金牌认证。四川省大渡河造林局为碳汇供给方，瑞士诺华集团为碳汇需求方。项目在四川省凉山彝族自治州 5 个县 17 个乡镇的 27 个村开展，造林再造林 4196.8

公顷，预计在 30 年的项目计入期内可吸收 105 万吨二氧化碳，受益人口达 1.8 万余人，其中 97% 为少数民族（主要是彝族）。调查方法采用分层随机抽样，为确保问卷有效性，在正式调查前进行了数次预调研并完善了调查问卷，在正式调研前对调查员进行了集中培训。为了克服部分彝族农民不懂汉语的困难，本次调研采取邀请学习过汉语的当地青年学生充当翻译。共发放调查问卷 400 份，回收有效问卷 392 份，问卷回收有效率为 98%。

（三）数据分析

1. 被调查者基本情况

392 位被调查的森林碳汇项目参与彝族农民，以男性为主，共 258 人，占 65.82%；年龄分布在 17 周岁至 65 周岁之间，平均年龄 43.11 周岁；受教育水平普遍偏低，平均受教育年限仅 3.25 年；家庭收入来源以农业为主，占 85.71%；家距最近集市较远，平均距离为 52.8 公里；参与森林碳汇造林的土地面积平均为 8.28 亩（见表 3）。

表 3　被调查者基本情况的描述统计量

	极小值	极大值	均值	标准差
年龄（周岁）	17	65	43.11	13.93
教育（年）	0	12	3.25	2.64
收入主要来源（1＝农业；0＝其他）	0	1	0.86	0.35
家距最近集市距离（×10 公里）	0.20	8.00	5.28	1.85
参与土地面积（亩）	2.00	50.00	8.28	3.42

2. 被调查者对森林碳汇项目的文化适应分析

从表 4 可知，彝族农民对不同传统文化习俗与森林碳汇项目之间的文化适应策略存在着差异化选择。

第一，在对"毕摩"与项目合同认知态度的文化适应中，分离策略优势明显，有 274 位彝族农民选取该策略，其次是整合策略，有 100 人选择，同化策略较微弱，仅 18 人选择，无人选择边缘化策略。彝族农民对"毕摩"与项目合同采取以分离为主的文化适应策略，一方面表明，"毕摩"在彝族农民心中处于极重要的宗教文化位置，另一方面也说明，参与项目的彝族农民对项目合同约束力的认知依然不足，彝族农民从非正式的"人治"向正式的"法治"过渡，必须发挥"毕摩"的宗教文化精英引领作用。

第二，在火把节与森林碳汇项目的文化适应中，整合策略占优，有211位农民采取了该策略，其次是同化和分离策略，分别有125人和56人选择，无人采取边缘化策略。彝族农民对火把节与森林碳汇项目采取以整合为主的文化适应策略，说明火把节作为彝族重要的传统节日，被很多彝族人所牢固接受，让其完全放弃既存在实践上的困难，也不利于保存少数民族独特的文化遗产。

第三，在吃羊肉（牧羊）与森林碳汇项目的文化适应中，分离策略为主，有195位农民采取了该策略，130位农民采取了整合策略，67位采取了同化策略，无人采取边缘化策略。彝族农民对吃羊肉（放牧）和森林碳汇项目采取以分离为主的文化适应策略，从一个侧面反映出仅仅从经济层面给予放牧补贴，并不能有效阻止碳汇林区少数民族农民牧羊，原因在于，一方面，目前的放牧补贴并不能完全弥补牧羊收入，另一方面，更重要的是，吃羊肉作为彝族的传统饮食习惯，是人体机能与环境长期适应的产物，难以改变。

第四，在能源使用选择与森林碳汇项目的文化适应中，同化策略占比较高，有189位农民采取了该策略，135位农民采取了整合策略，68位采取了分离策略，无人采取边缘化策略。彝族农民对做饭等能源使用选择与森林碳汇项目采取以渴望同化为主的文化适应策略，原因可能是，传统依靠木柴烧饭，既费时费力，还存在卫生隐患，而沼气、天然气等新能源更省时省力，洁净卫生，彝族农民出于对美好生活的向往采取此种适应策略，应是人之常情。

表4　彝族农民对森林碳汇项目的文化适应策略选择

文化适应策略	整合	同化	分离	边缘化
问题答项	A	B	C	D
Q1	100	18	274	0
Q2	211	125	56	0
Q3	130	67	195	0
Q4	135	189	68	0

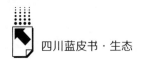

五 结论与启示

本文通过对参与森林碳汇项目彝族农民的问卷调查，运用文化适应理论分析发现，彝族农民对森林碳汇项目的文化适应采取了差异化的应对策略：对"毕摩"与项目合同采取了以分离为主的文化适应策略，对火把节与森林碳汇项目采取了以整合为主的文化适应策略，对吃羊肉（放牧）和森林碳汇项目采取了以分离为主的文化适应策略，对做饭等能源使用选择与森林碳汇项目采取了以渴望同化为主的文化适应策略。对森林碳汇项目发展而言，同化策略最为有利，但这既存在实践上的困难，也不利于文化多样性的保存。因此，与项目发展相关的制度变迁必须与少数民族农民的文化适应与文化需求相符合，才会产生良好预期效果。为此提出促进森林碳汇项目在少数民族地区可持续发展的政策启示。

一方面，长期生活在传统农牧文化环境中的少数民族农民，对现代商业文化和契约精神的适应，需要较长时间。因此，仅仅依靠制度和规则约束，并不能在森林碳汇项目实施伊始，就对农民履约产生规制作用，应根据其文化适应规律循序渐进引导。另一方面，要形成"跳出森林碳汇项目发展森林碳汇项目"的思维，以制度变迁、技术进步、生态补偿、文化适应等为理论指导，应充分发挥彝族传统文化在生态可持续发展中的积极作用，同时以基础设施建设和经济结构调整为推动力，帮助农民减弱对林地和森林的生计依赖。

具体的实现路径如下。其一，有效发挥"毕摩"文化在碳汇项目实施中的积极作用。一方面，森林碳汇需求方、造林实体和地方政府，要加强对参与彝族农民规则意识和契约精神的宣传教育，另一方面，现阶段要充分利用"毕摩"作为彝族精英在彝族农民心中强有力的文化影响力，敦促农民持续积极参与项目建设，并在实践中逐渐培养、接受、内化现代商业文化中的规则意识与契约精神。

其二，尊重当地文化习俗，引导并激发民众创新节庆方式。以火把节为例，政府应在尊重少数民族文化传统和风俗习惯的基础上，积极发展民族地区公共文化事业，开通电视、广播、互联网，积极引导人们将庆祝活动重心从室外移至室内，可以借鉴清明节网络祭祀的方式，将实物火把转移到互联网电子火把上来，既节约能源，减少碳排放，保护碳汇林区森林安全，又实现了传统文化现代意义上的继承创新。

其三，大力发展集约化、规模化家畜养殖。生态可持续发展不应以牺牲当地居民基本生产生活需求为代价。因此，在土地供给与肉食需求的双重约束下，应发挥技术进步在经济结构变化中的决定性作用，将模仿创新与自主创新相结合，通过引进、购买新技术，加强人员培训，发展集约化、规模化养殖，既减少传统粗放式家畜放牧对碳汇林的破坏，又充分保障了少数民族农民的经济收入，尊重了其传统饮食文化。

其四，积极推进民族地区能源替代等民生工程。为避免当地农户因薪柴使用而影响碳汇项目成效，正确的政策导向应该是，顺应少数民族农民的文化适应选择，因地制宜在民族地区大力发展沼气、天然气、风能、太阳能等新能源，实行"以电代柴""以气代柴""以风代柴""以光代柴"的生态补偿策略，改善农村的能源使用结构，帮助农民摆脱对木柴的能源使用依赖，促进森林碳汇项目可持续发展。

参考文献

Graves T. D. , "Psychological Acculturation in a Tri-ethnic Community," *Southwestern Journal of Anthropology*, 1967, 23（4）: 337 – 350.

Berry J. W. , "Understanding Individuals Moving between Cultures," *Applied Cross-cultural Psychology*, 1990,（14）: 232.

王挺：《黎族的文化适应：特征、影响因素及理论模式》，华东师范大学硕士学位论文，2013。

杨德亮、王慧珍：《论文化适应与牧区经济发展——基于青海祁连的调查研究》，《北方民族大学学报》（哲学社会科学版）2009 年第 1 期，第 57~63 页。

Smith J. , Scherr S. J. , "Capturing the Value of Forest Carbon for Local Livelihoods," *World Development*, 2003, 31（12）: 2143 – 2160.

陈冲影：《森林碳汇与农户生计——以全球第一个森林碳汇项目为例》，《世界林业研究》2010 年第 5 期，第 15~19 页。

马盼盼：《森林碳汇与川西少数民族贫困地区发展研究》，四川省社会科学院硕士学位论文，2012。

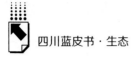

巩海滨:《林业碳汇与四川农村经济可持续发展》,《农村经济》2014 年第 11 期,第 63~67 页。

魏雪峰:《基于 CDM 林业碳汇的云南省石漠化地区扶贫开发生态路径探讨》,《生物技术世界》2015 年第 4 期,第 17 页。

丁一、马盼盼:《森林碳汇与川西少数民族地区经济发展研究——以四川省凉山彝族自治州越西县为例》,《农村经济》2013 年第 5 期,第 38~41 页。

B.8
四川藏区宗教人士的生态参与
调查与政策创新*

柴剑峰**

摘　要：　生态参与是指当事人及利益相关者在生态保护和生态建设中的主动介入的态度和自觉的行动。藏传佛教是四川藏区农牧民信仰的主要宗教形式，宗教人士生态参与对于该地区生态参与的形成、生态建设成效具有至关重要的作用。本文将藏传佛教宗教人士放入当代社会历史进程与四川藏区农牧民现实生活中予以观照，对宗教人士生态参与内在原因、生态参与形式及对该区域生态建设成效的影响进行调研和探讨，初步提出了宗教人士有力有序有效生态参与的建议，以求因势利导，促进形成政府、寺庙僧侣和社会民众有效互动生态参与模式，为四川乃至全国生态安全提供强有力的支撑。

关键词：　四川藏区　宗教人士　生态参与

　　"参与"作为一种公众行为，是当事人及其利益相关者在公共事务中主动介入的态度和自觉采取的行动。生态参与是指在生态环境保护中公众通过建

---

　*　本报告为国家社科基金项目"川甘青毗邻藏区生态和农牧民生计双重困境调查与应对研究"（16BMZ073）阶段性成果，2017年省软科学"基于绿色发展的川甘青毗邻藏区精准脱贫研究"（17RKX0595）阶段性成果。

　**　柴剑峰，四川省社会科学院科研处副处长，博士，研究员，研究方向为区域发展管理、人力资源管理。

议、质询、监督等一定程序和途径参与生态立法、生态政策决策和行政执法等相关领域的活动。宗教人士的生态参与是指宗教人士在生态建设中的主动介入的态度和自觉的行动。本文将宗教人士界定为藏传佛教寺庙的全部职业僧人以及学经人员。四川藏区是生态脆弱区和敏感区，生态地位重要，承担着保护四川乃至全国的生态安全的神圣使命。为此，中央政府和地方政府需要为该区域各类社会主体提供各种生态参与的机会、搭建参与平台，寺庙僧侣作为一支特殊的社会组织群体，需要承担生态建设的职责，其参与意识、参与形式、参与行为对该区域整个生态参与和生态建设具有重要影响。如何参与，如何提高参与能力和水平，如何在制度、政策上给予具体的规定，并形成良好的生态参与机制至关重要。

一 国家需要和自身需要形成生态参与两大支撑

1. 作为重要社会组织的寺庙和宗教人士承担着生态建设的社会责任

习近平在全国宗教工作会议中指出，要"积极引导宗教与社会主义社会相适应，深入挖掘教义教规中有利于社会和谐、时代进步、健康文明的内容，对教规教义作出符合当代中国发展进步要求、符合中华优秀传统文化的阐释"。藏传佛教是藏区文化重要基石，在藏区农牧民心中具有特殊的地位。四川藏区是藏传佛教的腹心地带，同时也是承载四川乃至国家生态安全的核心地带。凡是公共事件的利益相关者或关注者，均可以主动介入的态度和自主行为成为事件中的一员。为此，政府也应该给予宗教人士生态参与的平台和机会。换言之，生态参与从某种意义上讲既是其参与社会活动的权利也是其参与社会活动的义务。挖掘藏传佛教中支撑生态建设的教义，引导寺庙的全部职业僧人以及学经人员有序进行生态参与重要且必要。

四川拥有全国第二大藏族聚居区，150多万藏族人口分布在全省52%的土地空间中。藏传佛教延续1300多年，时间长、分布广、影响大，逐渐成为藏文化的核心部分。在几乎全民信教的藏区，寺庙僧侣不仅是精神信仰的重要依托，也是传统文化、教育、医学等文明的重要滋养源头。藏传佛教文化和理念，渗透于农牧民社会生活的方方面面。藏区村落是寺庙宗教人士赖以生存和发展的社会空间，而寺庙和宗教人士是藏族村落中最重要的社会组织和社会资源，二者互动融合，形成了独具特色的统一体。寺庙的宗教人士逐步成为政府和社会公众的桥梁，形成政府动员和组织的有益补充，组织动员更多的社会民众更大程度地参与到区域生态建设中来。

2. 藏传佛教文化中的生态思想是宗教人士生态参与的思想基石

基本教义规范。佛教认为"此生故彼有，此生故彼生；无此则无彼，此灭则彼灭"，世上的一切事物都是相互依存、相互联系的，都处于一种因果联系中。轮回贯穿始终，因果报应系自然法则。为此，需要在身、语、意三方面做到积善避恶，众生皆有佛性，自然界一切动植物皆有生存权利，众生平等，为此要避免伤害别人，尽可能帮助别人。如藏区随处可见的佛塔、玛尼经幡、玛尼石堆都是为众生祈福。戒杀生作为藏区佛教基本教义，就是崇尚人与地球皆为平等的主体，是一种天地人和谐共处的生态理论观，成为宗教人士修为的基本参照。宗教人士在寺庙中诵习藏传佛教相关教义，履行佛教八正道，成为其生态参与的内在要求。

宗教领袖影响。高僧大德的教诫和示范，对藏区生态环境和物种多样性的保护都起到了重要作用。宗教领袖是教义最为坚定的执行者，他们是寺庙活动的领导者、思想的引导者。寺庙中活佛对生态保护的认识以及其表现出的行为将直接影响寺庙的僧侣。如五世达赖喇嘛在自传中提到关于植树造林的事宜。十三世达赖喇嘛更是从自身做起，从一草一木做起，发布封山禁水令，保护动植物，提倡植树造林、开垦荒地、平衡生态等，影响一代又一代的宗教领袖，并对所有宗教人士产生直接的垂范作用。

二 宗教人士生态参与模式

浓厚的传统宗教文化影响着当地居民的生活态度、价值取向、行为准则，对藏区农牧民生产生活具有不可替代的作用。在生态治理中，不仅需要发挥国家正式组织系统权威主导作用，还有必要激发以寺庙为代表的民间力量，良性互动，形成生态建设重要支撑。

1. 宗教人士自身践行生态观

寺庙宗教人士恪守教义，通过自身修行，加强对生态保护的认识，并在日常行为中践行生态文明观念，规范日常言行，维持寺庙及服务区生态建设和环

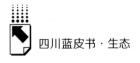

境保护。调查中发现一些地区一些法事活动的不环保行为在观念上有了一些积极变化，并且得到了一定程度的控制。如经幡、香火的使用更注重环保。

2.宗教人士社会活动影响民众生产和生活方式

日常宣教。寺庙宗教人士与周边社区有着极为紧密的依存互动关系。寺庙均有其固定的传教区域为教区内农牧民提供宗教服务，特别是集体性质的宗教服务，而将生态保护的要求乃至行为规范融入宗教服务中，并加以放大，应作为其最为重要的生态参与。调查发现，寺庙宗教人士与农牧民存在供养关系。藏区农牧民每年都要到寺庙参与大型的法事活动，农牧民自家也会举办小型祈福等法事。僧侣将其生态保护理念和思想贯穿于整个活动中，润物无声，入心入脑。很多农牧民家中设有专门的佛堂，每年会根据自家收入情况花费几百元甚至更高费用用于喇嘛的法事活动。涉及的生态理念融入宗教服务中，但更多是潜意识的、较低水平的。此外，还有召开专门生态保护、生态建设的法事活动。访谈中了解到某寺庙的活佛在大型法事活动中宣讲生态环境保护的重要性，这种宗教生态服务组织性强、规模大、效果好。

契约式惩戒。遵循宗教教义要求，对信众群体有一些约束，提出一些日常行为的具体规范。如宗教活动地点的卫生清洁；要求挖完虫草后将土回填。如调查发现，寺庙活佛会对信徒提出禁止抽烟的要求，如果发现要批评，甚至罚款。从实施效果来看，差异较大。一些地区由于活佛要求严格、威信高，运行效果较好。由寺庙喇嘛出面进行"乡规民约"的制定和实施，开展生态环境保护活动。

公共事件参与。在社会公共事务中，寺庙宗教人士是生态保护最有力的维护者。对于进行矿产开采、水电开发等的破坏生态环境的企业的入驻，寺庙僧侣常常率先站出来，认为这类产业开发破坏了神山、圣水，并与普通民众形成合力，甚至产生群体性事件。这类生态参与涉及利益多、覆盖范围广、影响力大。但出于信息不对称等原因，可能出现积极或消极截然不同的走向。为此，这类生态参与需要政府及时有效地介入和及时地跟进。如访谈中谈及的金沙江上游水电站建设，几个寺庙宗教人士联合起来反对，因为水电站建设淹没了寺庙和村镇，也破坏了生态环境。为此，政府需要提供寺庙和村落搬迁的妥善方案，统筹生态与生计、物质需求与精神需求，及时消除误解、误读和误传。

3. 宗教人士与外部交流互动

外部主要是指非本区域公众。随着民族地区的旅游经济崛起，越来越多的公民愿意到民族地区感受异族风情和原生态文化。如阿坝州 2016 年共接待海内外游客 3761.47 万人次，实现旅游收入 318.4 亿元，较 2015 年分别增长 16.43% 和 11.68%。2016 年国家旅游局发布首批"全域旅游示范区"创建名单，甘孜州全境被纳入创建范围，预计 2018 年接待人数将超过 1600 万人次，旅游收入达到 164 亿元。其中寺庙旅游一直是旅游热点，更多的游客进入寺庙，与僧侣交流互动，涉及生态保护的一些教义也成为交流的重要话题。一些寺庙采取更加主动的方式应对，安排专门的僧侣进行讲解。此外，寺庙的高僧大德通过与政府和生态保护方面的专家互动，认识并修正一些不利于生态保护的行为。宗教人士到外地交流，也实现了有关生态教义的输出。

三　宗教人士生态参与评估

宗教人士生态参与是生态保护和建设的重要部分。参与效果如何，本文尚没有建立定量的评估指标，仅做出初步定性的讨论。

1. 生态参与评估

宗教人士通过自身践行、宗教服务渗透、公共事件参与等多种形式较好实现生态参与，发挥示范效应，内在融入农牧民日常行为规范中，并与农牧民形成有效互动的良好格局。与社会组织互动，开展环境教育，结合社区居民的需求，编写藏文生态保护和环境教育教材；传授藏族手工艺促进自然生态保护和社区发展；参与 NGO 的环保项目等，形成合力。如德格县挂靠于宗萨寺藏医院的玉妥医疗中心，为公众提供生态环境保护在内的全方位服务；建立巡山队，防止乱砍滥伐和偷猎行为，参与"神山圣湖保护项目"；等等。可见，宗教人士参与的广泛性强，认识到位，参与程度深。

与此同时，生态参与存在一些不足。一是片面性。宗教人士生态参与遵循宗教教义，与生态文明建设对宗教人士的期望和需要有一定差距和偏差。无法很好地站在经济发展、社会稳定和生态保护等多维角度综合考虑，或者只考虑某一时间段或某一区域的生态建设。二是单一性，宗教人士在生态参与中与民族社

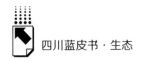

会组织的关系有一定的发展，但与政府、企业互动还不够，动力支撑不强。

2. 生态参与的成效评估

宗教人士的生态参与总体来看是积极的、有效的，他们信奉人与自然和谐相处、慈悲为怀的生态伦理精神，并积极地付之于生态实践中去，促进了四川藏区生态保护。由于藏区农牧民文化程度低，传统观念浓厚，仅从科学角度宣传成效不明显。如通过当地节庆活动，交互运用藏传佛教教义与科学理念教导乡民保护高原生态环境，成本低、效果佳。

同时也存在一些问题：慈悲为怀、"戒杀生"的佛教精神，可能会造成更大的生态环境承载压力。调查中，一些区县时有大量牲畜放生事件，如大量放生的牦牛加速了当地草地退化。一些生态参与事件被放大，形成群体性事件，甚至有可能被利用，引起文化冲突。此外，藏传佛教"戒杀生"而吃素，这对于出家僧人是实用的，但是农牧民难以全办到，需要找到既防止滥杀生，又能满足人的生存和发展需要的契合点。

四 宗教人士有力有序有效生态参与的对策

1. 组织有效生态动员

坚持政府治理型动员与民间情感型动员相结合。政府一方面依托行政权威，综合使用行政、经济、法律等多样化的手段，利用寺管会这个平台，组织寺庙宗教人士参与一些重大生态项目，并整合其他社会力量和资源，汇集各方的人力、物力和财力，"各尽其能、各得其所"。充分挖掘宗教自愿、自发的文化力量，发挥宗教人士横向的、非强制的动员，形成合力，将自上而下的行政化动员与自下而上的社会化动员、水平方向的市场化动员有机地结合起来，推动生态保护。

2. 提高宗教人士生态参与的意愿和能力

"宗教在注重现实社会和人生中不断完善与提高，使宗教既能达到升华和超越之境，又能为社会进步、世界发展做出贡献。"① 挖掘藏传佛教教义与生态文

---

① 侃卓措：《社会生活的现代化发展与藏传佛教的世俗化改革》，《黑龙江史志》2009年第20期，第99页。

明建设中激励相容的部分,将藏传佛教的生态伦理思想与现代的生态伦理相接轨,并需要用符合现代社会的语言加以阐述、表达,充分宣传,鼓励宗教人士自觉、自愿、有序地介入,增强生态参与的意识,通过自身学习与社会力量互动,提高生态参与的能力。进一步挖掘藏传佛教丰富的文化内涵和极富感染力的表现形式,引导更多农牧民和外来人士参与生态保护和建设。鼓励宗教人士对环境权力和责任的监督,增加宗教人士在生态参与中的表达机会,推动环境政策由政府直控型向社会制衡型转变,发挥寺庙宗教人士在生态建设中的社会功能。

3. 丰富生态参与平台和形式

生态参与是对生态动员的响应。政府和社会力量加强与宗教人士互动,消除信息不对称,政府扩大环境信息公开的范围,改进方式、方法。发挥好宗教团体和寺管组织引导作用,开展生态保护各类主题活动和规范管理工作。同时,鼓励寺庙宗教人士参与政府主导的座谈会、新闻发布会、民意调查、公众建言、征求意见、信访、环保公益活动等,在允许范围内运用短信、微信、QQ 等引导农牧民乃至游客进行生态参与,传播环保知识、环保理念,增强被传播群体生态保护和建设的自觉性。

4. 完善程序和组织构架

生态参与真正落实,根本途径是设计一个具体可行的参与制度,保障生态环境决策立法中的商议民主。要通过制度和法律来规定寺庙宗教人士生态参与范围、形式、手段和工具等。同时要建立寺庙等社会组织参与生态建设的制度化网络;要依法保护僧侣、信众的宗教权利、人身权利、财产权利和公民权利等,通过利益引导,为藏传佛教宗教人士生态参与提供制度化的资金保障。

参考文献

张安毅:《农村生态保护中农民生态参与的困境、成因与对策》,《财经科学》2014年第 10 期,第 133 页。

《习近平出席全国宗教工作会议并发表重要讲话》,新华社,2016 年 4 月 23 日。

方天立:《杂阿含经》卷十二,中国人民大学出版社,1986,第 153 页.

才让:《藏传佛教慈悲伦理与生态保护》,《西北民族研究》2007 年第 4 期,第 32 页。

美丽乡村建设

Beautiful Country Construction

B.9
自然保护区有效管理框架下
当地社区发展成本研究

——以四川省卧龙国家级自然保护区为例

钟 帅　何海燕*

摘　要：　本文参考《LY/T1726-2008自然保护区有效管理评价技术规
范》，从3个类别11个维度共25个指标对卧龙自然保护区有
效管理水平进行了等级评估，实证评估研究结果表明：卧龙
自然保护区在规划设计、管理体系、社区管理、权属管理等
方面取得了显著成绩，在生态旅游管理等方面有待进一步改
善。在此基础上，本文运用构建的社区发展成本指标体系得
出在卧龙自然保护区现有管理水平下当地社区发展显著的成
本主要有灾害成本、资源使用成本，环境成本、人身健康成本
对社区发展影响不显著，机会成本对社区发展的影响待测定。

---

* 钟帅、何海燕，四川农业大学经济学院，林业经济管理专业硕士研究生在读。

关键词：　自然保护区　有效管理　社区发展成本

　　四川省地处青藏高原向平原、丘陵过渡的地带，地貌复杂奇特，孕育了类型丰富、独具特色的生物多样性。作为全球 25 个生物多样性热点区域之一，全省有种子植物 8500 余种，占全国种类的 1/3，居全国第二位，其中国家重点保护植物有 73 种，药用植物有 4600 余种；野生脊椎动物 1247 种，占全国总数的 45% 以上，其中国家级重点保护野生动物 140 余种，占国内总数的 40% 以上。四川省不仅是生物多样性富集区和重点保护区域，而且也是贫困集中区域。近年来，全省面临着人口增加、资源过度开发、植被破坏、社区发展不平衡等压力，自然保护区周边社区发展和扶贫工作更是其中的重点问题，精准扶贫的最终目标是在解决社区贫困户脱贫后达到可持续性发展，实现由个体户发展促进社区整体经济长久良性发展。因此，研究社区发展成本有利于认清和正视社区发展在保护区有效管理过程中所付出的代价，从而为政府有的放矢地提出平衡自然保护区有效管理与协调社区发展的政策提供参考，以达到保护区生物多样性保护和社区扶贫及发展的双赢目标。

一　四川省自然保护区有效管理与社区发展成本研究背景

　　截至 2012 年底，四川省共有各类型保护区 167 个，主要包括国家级 27 个，省级 65 个，市级 28 个，县级 47 个，每个自然保护区涉及的当地社区少至几个，多至 10 余个，均涉及保护区的管理内容。保护区的管理重点和方式的不同导致评估保护区管理是否有效的指标也不同。而自然保护区数量的不断增加，一方面表明建立自然保护区日渐成为我国保护生物多样性的关键措施之一，另一方面也显示我国的生物多样性面临的威胁尤其是来自当地社区的威胁越来越大，自然保护区与当地社区的关系，也由初期的排斥对立，逐步过渡为合作与共同发展。在这样的转型过程中，因社区生计资本的禀赋程度不同，社区所付出的发展成本也有所差异。为此，全面地掌握保护区有效管理下周边社区发展成本，是改善及优化保护区管理手段和社区发展政策的重要前提条件之一。

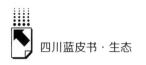
二 四川省自然保护区有效管理与社区
发展成本研究依据

四川省自然保护区经过数十年发展，在自然保护区保护工作，诸如法律法规的制定与完善、保护区机构设置与基础设施建设、保护对象绩效等方面均取得了较好的成绩，如《四川省自然保护区管理条例》、"一区一法"、《四川省野生动植物保护及自然保护区建设总体规划（2001～2050）》、《四川省湿地保护区条例》等法律法规的出台。

此外，在2010年9月2日由环保部、四川省政府、欧盟委员会、联合国开发计划署、联合国环境规划署在蓉城主办的"中国生物多样性保护战略国际论坛"会议上，四川省制定的《四川省生物多样性保护战略与行动计划》中也提到，四川将在2010～2020年估算投资9.33亿元用于四川省生物多样性保护，其中在具体行动中也提到社区发展为6项具体行动之一，包括中国"自然保护区法"中也把"社区发展"作为主要内容之一。毋庸置疑，四川省在自然保护区面积与数量方面取得了骄人成绩，自然保护区在保护生物多样性和生态系统方面的积极贡献也已得到社会较高的认可。但正如前文所述，自然保护区的设置对当地社区（包括区内和区外社区）的发展影响同样是存在较大的争议的，例如，在保护区有效管理的过程中，社区发展对传统资源利用的限制，野生动物致害，以及林地（主要指经济林）和社区土地的占用、生态移民搬迁等。因此，本研究希望通过全面分析与了解卧龙自然保护区管理下的周边社区发展成本现状，帮助卧龙自然保护区提出具有针对性且更加合理的微观措施来降低社区发展的成本，在促进社区发展的基础上实现自然保护区的有效管理。

三 相关研究现状

（一）自然保护区有效管理

关于自然保护区有效管理的定义，相关学者将其定义为：最大化地使用自然保护区的各类资源和自然环境的优势，合理进行生产经营等必要活动，将产出的经济效益用于弥补管理建设的资金劣势，强化管理手段，促进保护区持续发展，在完成基本任务的前提下达到预期成果。此外，相关学者指出应注意到，保护区管理的有效性不是在管理过程中进行纯粹式开发，而是保护性的开发，实现有效管理是要达到保护、发展的目的，开发只是有效管理中的措施和手段，是自然保护区管理的全过程，包括管理的各个环节①。除相关学者的定义之外，国际组织世界自然基金会（WWF）和世界自然保护联盟（IUCN）也较完整地做出了解释：自然保护区的有效管理包含了自然保护区内重点保护对象（物种、栖息地、生态系统）的变化情况、自然保护区的机构能力建设变化和当地社区等主要利益相关者与自然保护区管理部门进行合作等多个方面。综上可看出，自然保护区的有效管理至少应该表现为在生物多样性得到有效保护的前提下，依托资源的经济效益实现各利益相关者的效益目标。

（二）发展成本

关于"发展成本"的概念，最早是由学者牛文元和哈瑞斯于 1996 年提出的：某一国家或区域在经济起飞的过程中达到区域战略性发展目标，用于区域基础设施建设的支出成本，即付出的经济代价。后续研究中，学者王朝科从结构定义指出，发展成本是一个国家或者地区为获得发展而需要支付的成本，并指出从结构上来看，发展成本主要包括中间投入、资源成本、环境成本、灾害成本、人类健康损失（或人类健康成本）。除此之外，相关学者也对自然保护区保护成本进行了相关研究，指出，人类为实现生物完整性保护而用于自然保护区及其相关管理部门运转的支出成本，其中也包括舍弃土地、林木等自然资源的利用而支出的经济成本，并进一步将其归类为直接保护成本与间接保护成本、机会成本。同理，作为"友邻"的周边社区，在保护区管理有效性的实现过程中，保护区较深地涉及社区的生产生活方面，其中既有积极的，但也不乏消极的影响。正如相关学者在研究中所指出的部分积极效益：自然保护区的设立有助于社区在薪柴、林产品、野生植物的采集以及非农就业机会的获取中获益。但它相应地也带来了一些负面效益，正如本研究的研究依据中曾提到的，许多自然保护区在设立初期是没有全面地考虑当地社区的利益的，在自然

---

① 国家环境保护局自然保护司：《自然保护区有效管理论文集》，中国环境科学出版社，1992。

保护区设立之际，当地社区同样面临着诸如对传统资源利用的限制、野生动物致害，甚至对社区土地的剥夺和占用等成本和约束力。虽然当地政府也采取了相应的补偿政策，诸如生态补偿、土地占用补偿等机制，但此类补偿，且不说补偿金额低，其中社区土地占用补偿更多的是一次性补偿，这无疑加重了社区发展的成本，更加剧了自然保护区与社区之间的矛盾升级。此外，一些学者也对自然保护区与社区之间的关系进行了相关研究，从宏观及微观层面均提出了相应的政策与建议，以期减缓甚至解决保护区有效管理与社区发展之间的矛盾，但此类研究主要集中在社区发展、社区生计资本、社区可持续发展等方面，在社区发展成本方面暂无相关研究文献。

综上，本文将社区发展成本界定为：社区（特指保护区当地社区）在自然保护区进行生物多样性有效管理的过程中获得发展而支付的代价，包括放弃及被限制使用土地、林地等资源的利用而付出的代价。

本文在发展成本理论的基础上，希望通过研究社区发展在自然保护区有效管理下所需要付出的代价（即成本类型），较全面地掌握自然保护区当地社区所付出的各类成本，从而有针对性地、有的放矢地开展自然保护区生物多样性保护与社区发展活动，继而针对这一成本提出平衡社区发展与维护社区权益的措施，为四川省自然保护区相关政策的制定和可操作性提供一定的参考，实现自然保护区有效管理下社区发展成本的合理化。

鉴于此，本研究主要目的如下：

第一，了解研究区域自然保护区有效管理下当地社区的发展成本类型；

第二，基于问卷调查与实地访谈结果，进一步分析每一类型成本的合理性；

第三，为四川省自然保护区与当地社区协调发展以及生物多样性保护政策优化提供实证参考。

四　四川省卧龙国家级自然保护区概况

（一）卧龙自然保护区概况

1. 地理位置

卧龙自然保护区位于四川盆地西缘，邛崃山脉东南坡，四川省阿坝藏族羌族自治州东南部，岷江上游汶川县映秀镇的西侧，成都平原向青藏高原过渡的高山深谷地带，东经 102°52′~103°25′，北纬 30°45′~31°25′，东西宽 52 公里，南北长 62 公里。东与汶川县映秀镇连接，西与宝兴、小金县接壤，南与大邑、芦山毗邻，北与理县及汶川县草坡乡为邻。最高峰为西南的四姑娘山，海拔 6250 米，附近有 101 座海拔高于 5000 米的山峰。群山环抱，地势从西南向东北倾斜，溪流众多。

2. 资源特点

卧龙自然保护区（以下如无特殊说明，简称为"卧龙"）建立于 1963 年，有野生大熊猫约 143 只，是我国建立最早、大熊猫种群数量最多、栖息地面积最大的大熊猫自然保护区。1983 年，经国务院批准建立的"四川省汶川卧龙特别行政区（以下简称特区）"是我国第一个为保护特定物种而建立的"保护特区"，已于 2006 年被列入世界自然遗产名录，现有林地 200 余万亩，原始森林达 80 万亩，区内有植物 4000 余种，其中高等植物 1898 种，属于国家重点保护的珍贵濒危野生植物有珙桐、香果树、红豆杉等 24 种；兽类 109 种，鸟类 365 种，昆虫 1700 余种，其中属于国家重点保护的珍稀动物有大熊猫、金丝猴、牛羚、绿尾虹雉等 57 种（一级 13 种，二级 44 种）。

3. 管理特点

卧龙下辖 2 镇（卧龙镇、耿达镇）、6 个村落、26 个村民小组，现有农户 1455 户，农业人口 4787 人，藏族、羌族等少数民族占总人口的 85% 以上，卧龙直属国家林业局，而特区隶属省政府，国家林业局及四川省人民政府同时委托四川省林业厅作为代管方，采用"两块牌子、一套班子、合署办公"的体制进行管理。

4. 社区产业特点

在卧龙建立前，当地社区收入主要以砍伐林木、挖药材、猎捕动物等为主。特区建立后，当地采取了一系列措施，如生态移民、土地及林木等资源限制使用等。目前，当地社区居民主要以农业活动为主，以种植玉米、莲花白、土豆等农作物为主，部分社区户还从事一些建筑运输、旅游服务、中草药采集等生产活动。2015 年全区经济总收入 7516.27 万元，比 2014 年增加 1109.047 万元，增长率为 17.309%，其中第一产业占比 42.9%，第二产业占比 29.28%，第三产业占比 27.82%。人均纯收入 9949.29 元，比 2014 年增加

1394.13 元，增长率 16.3%。除此之外，在精准扶贫的外部政策帮扶下，卧龙积极推进农村产业结构调整，生态种养殖规模和效益逐步提高。当地社区贫困户兼种植茵红李、大棚莴笋，无公害蔬菜种植面积达到 2000 亩，大棚蔬菜种植基地 55 亩，魔芋种植 196 亩；特色水果茵红李 2650 亩，夏草莓示范推广顺利，金针菇、猴头菇等中低温食用菌年产量达 1300 万袋。建设大型生猪场 3 个，年存栏 1400 余头，年出栏 2500 余头，特种山猪和野猪养殖场 3 个，年存栏 600 多头；肉牛养殖场 5 个，年存栏 900 余头。半散放圈养羊场 6 个，年存栏 470 头。虹鳟鱼养殖场 2 个 500 余尾。126 户村民养殖蜜蜂 2623 箱。

此外，303 省道纵贯整个卧龙自然保护区，是卧龙及当地社区与外界联通的重要通道。目前卧龙已经形成以山珍部落、四友饭店、张家大地、卧龙关老街等为代表的生态旅游服务设施体系。卧龙镇、耿达乡现营运的农家乐有 21 家，床位 426 张，具备农家乐潜在接待能力的民宿住房约 180 户，床位近 2000 张。

特区建立后，为实现保护对象及社区有效管理，特区采取了一系列针对社区的措施，其中基础设施建设、开展天然林保护工程、植树造林、退耕还林（还竹）、草原及生态补偿、开发生态旅游，使村民的生活生产方式变得较以前更加多样化。另外，保护区管理措施的实施，虽然在一定程度上提高了区内居民的家庭收入，但对社区利用自然资源的限制，以及保护区有效管理后野生动物数量增加对社区庄稼和家畜的破坏，也使当地社区承担了较多的灾害成本、机会成本等发展代价。

（二）研究方法与指标体系构建

1. 研究方法与数据收集

本研究针对保护区部分的调研以访谈资料为主，访谈内容以国家林业局于 2008 年 3 月 31 日发布，同年 5 月 1 日实施的《LY/T 1726 - 2008 自然保护区有效管理评价技术规范》（如无特殊说明，以下简称"规范"）为主。

本研究针对社区部分的调研，主要采用 PRA（参与式乡村快速评估）田野调查方法，包括小组访谈和自由讨论，内容主要包括社区生计现状、受教育水平及劳动力、社区各类成本现状等信息。在社区调研对象的选取上，本研究主要选取了精准扶贫村和精准扶贫户。其中卧龙镇卧龙关村 6 户贫困户，耿达镇耿达村（贫困村）8 户贫困户，共计访谈对象 14 人，占卧龙精准贫困户的 42%，精准扶贫人口的 12%。

此外，我们还收集了大量的卧龙二手资料用于文献分析。

2.卧龙自然保护区有效管理评价指标体系

在保护区有效管理的评价标准上，虽然相关学者进行了相关研究，但本研究主要参考"规范"。根据"规范"，保护区有效管理各评价指标的标准有"优、良、中、差"等不同等级。在对卧龙进行实地调研过程中，仅就"规范"中的关联性较大的指标让保护区管理人员进行了评估，主要有规划设计、管理体系、社区管理等3个I级指标。评估指标具体如表1所示。

表1　卧龙国家级自然保护区有效管理评价指标体系

I级指标	II级指标	III级指标
规划设计	总体规划	已编制总体规划
		已批复总体规划
		按照总体规划进行建设
	边界勘定	外部功能区边界清楚
		区域边界被清楚了解
		已完成边界勘定,有界桩
	范围划定	涵盖主要保护对象分布区
		有利于保护对象生存和保护
		有利于实现保护区管理目标
	权属管理	拥有核心区土地产权
		拥有缓冲区土地产权
		拥有实验区土地产权
管理体系	管理机构	具有独立的管理机构
		机构设置与总体规划相符
	站点布局	保护区站点的设置和布局相符
	行政执法权	建有专门公安执法机构或配备有自己的警务人员
	人员编制	已批复人员编制与实际在岗人员数量一致
		中专以上学历或专业技术人员占总数60%以上
	职业培训	每年组织职工职业培训
		每年有职工参加与专业技术相关短期学习和进修
社区管理	社区关系	当地居民协助保护区保护工作
		保护区管理活动促进社区发展
		当地居民自觉遵守管理规定
	生态旅游管理	保护区能有效地对旅游活动进行管理
		有通过上级主管部门审批的生态旅游规划

"规范"Ⅲ级指标共有 100 项,但研究中,指标的选取一方面为了符合可获得性、时间成本性等原则,主要就关联性较大指标(共 3 大类 11 个维度 25 个指标)对卧龙进行评估。另一方面通过访谈主体适当的解释和描述,保护区管理人员在访谈过程中对"规范"中涉及的指标进行较客观与全面的评价。"规范"中的评价规则指出,符合一条便得 1 分,不符合则不计分,总分在 85 分以上(含 85 分)为优秀;75~84 分为良好,应该有所改进;60~74 分为合格,相应地加强改进完善;59 分及以下,说明有效管理质量较不理想,亟须进行大量改进完善。但本研究主要以评估等级"优、良、中、差"为主。

3. 卧龙自然保护区周边社区发展成本指标体系构建

针对社区发展成本方面,我们把卧龙当地社区发展成本分为两大类Ⅰ级指标,即直接成本与间接成本,在Ⅰ级指标下,环境成本、灾害成本、资源使用成本等Ⅱ级指标分属Ⅰ级指标中的直接成本,而人类健康(或损失)成本、机会成本等Ⅱ级指标分属Ⅰ级指标中的间接成本。各Ⅱ级指标描述如下。

(1)环境成本

环境作为一种资源,其每一个系统的单个要素及其结合模式是全社会得以发展进步的前提与基础,失去此基础即意味着无人类这一种群。在社会前进步伐中,人类越加清晰地认识到环境不仅是产生社会福利的关键因素,而且同时是限制生活品质的重要指标,均需要支出一定的成本。作为资源禀赋富足的区域,如自然保护区,其环境资源的供给量更是随着当地社区持续的各类活动呈现降低的趋势,环境质量渐趋退化,进而恶化至危害保护区周边社区的生存与发展。本研究中将环境成本定义为:自然保护区为达到有效管理,实现生物多样性保护目标,而造成当地社区生产生活的全部损失,如农药化肥投入限制、耕地被占用成本、林地被占用成本、生态移民承担成本。

(2)灾害成本

本研究定义的重点是基于自然保护区有效管理视角下当地社区所承受的灾害损失(灾害成本)。由于四川省大多数自然保护区位于贫困山区或者高寒区域,而卧龙更处于"5·12"地震带区域。毋庸置疑,所有的灾害都会产生不同程度的损失,而从本研究的观察视角来看,每一次灾害产生的损失并不均来自自然保护区的有效管理，均应计入社区成本的灾害成本项目。本研究所指的灾害特指那些在自然保护区为实现保护目标而采取一系列措施后，野生动物种群数量增加，而对社区农作物（包括经济作物）、人畜造成的损失。这类事件部分是自然保护区为实现有效保护与管理等目标导致的，也有社区生产生活区域与自然保护区域界线不清等原因。诸如此类事件的直接影响为：①影响社区的常规生产生活活动；②危害人身安全；③对社区未来的发展造成惯性损失（劳动力的减少）。所谓的惯性损失是指保护动物种群数量的增加，社区农作物（经济作物）被损害的概率及面积有可能增加，直接的后果是家畜损失，可能导致社区物质资本降低，收入下降，社区整体经济发展缓慢，脱贫速率放缓，间接后果是人畜被致害，社区劳动力、生产、生活等也受到影响。而且这种惯性损失是否会持续且加剧仍有待考察，如产生野生动物破坏作物（农作物和经济作物）成本、野生动物致害的人畜成本、自然灾害成本（主要是移民后新房遭受自然灾害的损失）。

（3）资源使用成本

关于资源成本的定义研究中，有学者将其界定为：资源是全社会为实现发展目标有用性的货币化，其是社会经济类活动过程中自然资源的投入与产出所支付的代价，其数值高于或等同于使用资源本身的经济价值。主要有：①资源形成成本，指自然资源相对于社会发展的有用性、稀缺性和服务性的价值表现；②资源保护成本，为了保护、恢复和更新资源，以及再生、增值、提高资源存量所进行的生产活动而产生的资源价值。而自然保护区的建立经历了由最初目标从单一的物种、物种栖息地保护到基于保护区保护目标与依赖自然保护区保护对象而生存与发展的相关利益者（本研究主要指自然保护区周边社区）共同协调发展的阶段。因此，在本研究中，借鉴第②种资源成本的定义，本研究将资源使用成本界定为：为保证社区对资源需求量不超过资源供给量的生产能力范围，达到保护资源，提高资源经济效益及生态效益的目的，社区所需要承担的损失（支付的成本），如野生中药材采集限制、薪柴采集限制、木材采伐限制等成本。

（4）人身健康（或损失）成本

在生计资本理论中，有人力资本这一内容。可以说，人力资本是一种重要的资本。健康资本存量是人力资本存量的重要内容之一，人的健康状态由其质量决定，如个体的无疾病时间或健康时间。大到一个国家，小到一个社区，如果它的健康损失越大（正如上文所述，人的无疾病时间或健康时间周期短），很显然其健康资本的存量水平会受到一定的影响。由此，本研究中的健康成本特指：自然保护区通过与社区共同协调发展从而实现保护目标而在相关活动的实施过程中客观上对当地社区居民造成的健康损失，如旅游开发不当导致水污染、空气质量下降等。

（5）机会成本

机会成本较统一的定义为：为了得到某种东西而所要放弃另一些东西的最大价值①。现实中，任何稀缺资源的使用，无论是否为之支付代价，总会造成"机会成本"，即为了这种使用所放弃的其他使用能带来的最优值（本研究主要是经济价值）。自然保护区建立会形成机会成本，例如，自然保护区如果不建立，土地可以用于耕地种植产出、林业产出等。如果不建立自然保护区而多得到经济收益或者经济增长，这部分损失收益即为自然保护区建立的机会成本。同理，自然保护区的建立对当地社区的影响也是双向的，既有正向，也有负向，社区同样面临着保护区建立后的机会成本。本研究中的机会成本特指当地社区在自然保护区建立后从事新的社区发展项目中所产生的机会成本，例如，引进新的种植物，放弃传统作物而造成的损失；参与生态旅游项目，转让土地使用权所造成的损失；非农就业岗位的损失。

综上，本研究结合现有文献的查阅与实际调研经历，构建了卧龙周边社区发展成本指标体系，具体指标选取如表2所示。

表2　卧龙自然保护区有效管理下社区发展成本指标

Ⅰ级指标	Ⅱ级指标	Ⅲ级指标
直接成本	环境成本	农药化肥投入限制、耕地被占用成本、林地被占用成本、生态移民承担成本
	灾害成本	野生动物破坏作物成本、野生动物致害的人畜成本、自然灾害成本
	资源使用成本	木材采伐限制成本、薪柴采集限制成本、野生中药材采集限制成本

---

① Paul A. Samuelson，William D. Nordhaus：《经济学》，人民邮电出版社，2008。

Ⅰ级指标	Ⅱ级指标	Ⅲ级指标
间接成本	人身健康（或损失）成本	医疗费用成本、劳务工时成本、早逝成本、预防性支出成本
	机会成本	社区经济开发限制成本、非农就业岗位成本

资料来源：①王朝科：《发展成本论析》，《统计研究》第 1999 年第 1 期，第 26～28 页；②段伟：《保护区生物多样性保护与农户生计协调发展研究》，北京林业大学硕士学位论文，2016；③王昌海：《秦岭自然保护区生物多样性保护的成本效益研究》，北京林业大学硕士学位论文，2011；④ Clements T. , Suon S. , Wilkie D. S. , et al. , " Impacts of Protected Areas on Local Livelihoods in Cambodia"，*World Development*，64（2014）：S125－S134；⑤实际调研数据。

五　四川省卧龙自然保护区有效管理等级评估结果与分析

（一）保护区有效管理评估结果

1. 规划设计

科学合理的规划是保护区建设管理的先决条件。正如表 1 所示，规划设计主要评价保护区总体规划、边界勘定、范围划定等方面。

在此项评估中，卧龙自然保护区处于"优"。

2. 权属

四川省自然保护区大多数位于山区，山林权属国有或者集体所有。早在 1986 年，卧龙就开始推行退耕还林"责任管护"模式，与退耕农户签订了管护责任书。卧龙在核心区土地产权、缓冲区土地产权、实验区土地产权与集体林所有者签订管护协议，实现了权属清晰，暂未出现权属不明区域。

此项评估指标中，卧龙评估等级为"优"。

3. 资源保护工作

资源保护工作评估的重点是保护区控制、巡护工作、保护方法、保护成效等方面。访谈结果显示：（1）生态环境得到有效保护，目前，全区森林覆盖率为 57.6%，植被覆盖率超过 98%，截至 2016 年连续 43 年无森林火灾；（2）大熊猫科研工作成果显著，大熊猫圈养种群数量从最初的 10 只增加到了 218 只，

先后放归了经过野化培训的人工繁育大熊猫 5 只，实现了大熊猫从野外到圈养、再从圈养返回自然的新跨越，大熊猫科研水平领先世界。

在此项评估上，卧龙评估等级为"优"。

4. 科研与监测

科研与监测工作方面，评估的重点指标包括资源调查、资源监测、科研平台等。访谈结果显示：（1）监测到雪豹、豺、狼等处于食物链顶端的动物，证明卧龙具有完整的生态系统；（2）已与 11 个国家 13 家动物园开展大熊猫科研合作，同时与国内 30 家动物园、野生动物园、科普教育馆等机构开展大熊猫公众教育及借展合作；（3）成功申请林业行业标准 3 个，获国家专利 4 项。

在此项评估指标上，卧龙结果为"优"。

5. 社区协调性评估

显而易见，自然保护区与当地社区的关系是否和谐是直接影响保护区建设管理目标能否实现的关键因素，为实现保护区有效管理，采取有效措施、妥善处理社区发展与管理角色等关系应该是也必然是每一项保护区管理工作的基本内容之一。此项评估指标主要考察社区关系、协调措施、社区参与和社区共管等重要内容。访谈结果显示：（1）卧龙保护区域截至 2016 年连续 43 年无森林火灾；（2）发展生态农业，已开展莲花白、茵红李、绿色大棚蔬菜、魔芋、夏草莓、中药材种植以及肉牛、羊、特种山猪、野猪、野山鸡、虹鳟鱼、蜜蜂等特色种养殖业试点工作。仅 2015 年，全区经济收入 7516.27 万元，人均纯收入 9949.29 元，高于四川省大多数自然保护区周边社区人均收入。

在此项评估上，卧龙评估等级为"优"。

6. 生态旅游管理

生态旅游是自然保护区社会效益的主要体现，访谈及实地观察结果显示如下。

（1）保护区建立至今，生态旅游规划的编写经历了 4 个阶段：

第一阶段，在 2000 年，卧龙组织相关专家编写了《卧龙生态旅游规划》，并获得省政府和国家林业局的批准；

第二阶段，2006 年卧龙大熊猫旅游集团根据当时旅游开发的实际情况，编制了《卧龙生态旅游规划》（2007～2015），但还未付诸实施，四川便不幸

地遭遇了"5·12"大地震;

第三阶段,2008年"5·12"大地震后,卧龙邀请北京大学编制完成了《卧龙国家级自然保护区生态旅游规划》(2009~2015),提出了卧龙旅游开发的目标与定位,并明确了游憩范围、空间布局,进行了生态旅游产品体系和配套设施的初步规划;

第四阶段,由香港发展局牵头编制《卧龙生态旅游发展实施计划》(此为暂定名),编制工作已进入前期准备、调研阶段,目前暂未完成编制。

(2)现有旅游产品主要包括:邓生沟原始森林景点、卧龙关老街景点(当地特色建筑风格游览)、自然地震博物馆、守貘部落(民俗风情体验型购物点)、生态展示教育培训中心(即游客服务中心)、黄草坪至牛坪木质栈道(以沿途自然景色为主)、中国保护区大熊猫研究中心(大熊猫观赏与科普教育区)、山珍部落等农家乐(住宿、餐饮与休闲度假)。

(3)实地调研结果表明,保护区旅游活动现状如下。

①邓生沟原始森林。周末高峰期有1~2名邓生沟保护站点的工作人员在沟口限制游客进沟,但效果不大,而且邓生沟原始森林属于保护区核心区域。

②卧龙关老街属于灾后由香港援建的一处居民聚集点,住户均为当地户籍村民,现阶段,游客到此属于无规范式游览,座椅、垃圾桶、游览指示牌等基础设施缺乏,且暂无有效的社区与旅游服务接洽途径、模式。

③中国保护大熊猫研究中心。游览时间短,虽有智慧旅游系统,但宣传手段太单一,仅放置宣传牌。现阶段,科普教育功能较低。

在此项指标评估等级上,卧龙评估为"良"。

(二)保护区有效管理评估结果分析

研究结果表明,从能获取的评估指标结果的评估等级来看,根据《LY/T 1726-2008自然保护区有效管理评价技术规范》对评分等级的设定,卧龙在有效管理的等级上属于"优"。

从"规范"的评估指标中,不难看出,在自然保护区实现有效管理的过程中,涉及社区管理与发展的指标占据一定的比例。然而,一方面由于此次关于自然保护区的有效管理的等级评估受到时间成本等限制,虽然做了较全面的评估,但仍存在部分指标的缺失,如管理计划、年度工作计划、管理培训等指标。另一方面，大多数自然保护区在现实管理中，很难达到完美的有效管理，"优"仅代表自然保护区在同类型保护区中的突出代表性，以及对其他自然保护区在管理方法及保护手段上的重要借鉴意义，能更客观地反映出在达到"优"等级管理下，自然保护区周边的社区发展成本的现状。因为正如前文所述，社区的管理与发展应该是也必然是每一项自然保护区管理工作中的重要工作内容之一，而掌握社区发展成本从而为自然保护区或政府制定更优化的政策措施提供实证基础是本研究的主要目的。

六 四川省卧龙自然保护区周边社区发展成本实证结果与分析

（一）社区经济发展现状

卧龙关村共有200户居民，其中贫困户6户，主要收入来源包括种植、养殖、天保补偿、退耕还林还竹补偿、扶贫岗位收入、草原补偿、低保等；其中大棚莴笋种植由康芝源公司资助，面积100多亩，覆盖120户，其中贫困户全覆盖；其中10户放牧，牛、羊有20～30头。2015年全村总收入100万元，户均5000元。耿达村共有196户，其中贫困户8户，主要收入来源与卧龙关村一致。根据对调研社区样本户的访谈，调研社区样本户生计现状如表3所示。

表3 调研社区样本户生计现状

序号	社区样本户\生计项目	茵红李种植	大棚莴笋种植	重楼种植	养猪	养鸡	低保	天保	退耕还林还竹	草原补偿	其他
1	范书明	√	√	/	√	/	√	√	√	√	/
2	明光红	√	√	/	√	/	√	√	√	√	/
3	李荣凯	√	√	/	√	/	√	√	√	√	/
4	范玉洪	√	√	/	√	/	√	√	√	√	/
5	唐春贵	/	/	√	/	/	√	√	√	√	√
6	高克林	/	/	√	/	/	√	√	√	√	√
7	崔方建	/	/	√	√	/	√	√	√	√	√
8	邓志贵	/	/	√	√	√	√	√	√	√	√

序号	社区样本户＼生计项目	茵红李种植	大棚莴笋种植	重楼种植	养猪	养鸡	低保	天保	退耕还林还竹	草原补偿	其他
9	刘再芬	/	/	/	√	/	√	√	√	√	√
10	赵明霞	/	/	/	√	/	√	√	√	√	√
11	叶开武	/	/	/	/	/	√	√	√	√	√

注：①"√"代表样本户有此项生计，"/"代表该样本户无此项生计；

②"其他"主要指精准扶贫背景下，针对贫困户提供的扶贫岗位，主要包括村道维护员、巡护员、LED播放员、防洪防汛监测员、护林员等就业岗位。

资料来源：卧龙关村、耿达村实地访谈及两村村委会。

如表3所示，两村均属于涉及自然保护区有效管理中的代表性社区，在自然保护区划定区域范围及相关管理措施下，两村的生计项目比较多样化，仅从表3中，我们可看出社区样本户所拥有的生计项目最少为5项，至多高达7项。通过表3及实地调研，我们将样本社区生计项目类型总结为以下3项。

第一，政策性生计项目。主要包括低保、退耕还林还竹、天保、草原补偿，以及其他。

第二，外来引入型生计项目。主要包括茵红李种植、大棚莴笋种植、重楼种植。

第三，传统型生计项目。主要包括生猪养殖、鸡养殖。

以上生计项目的形成既有外部政策的因素，如精准扶贫，又有受自然保护区保护目标的保护，以及社区生产生活对保护区保护对象造成的影响等内部因素。而社区每一项生计项目形成所付出的代价在此前是未有较完全的分析与研究的。因此，在本研究评估自然保护区有效管理等级层次，较全面地阐述了自然保护区周边社区中具有代表性的社区生计项目类型后，应当看到在自然保护区取得卓越成绩的同时，将眼光投向自然保护区当地社区经济发展（在此特指样本社区）所付出的代价（即成本类型），以及各类成本是否存在不合理的情况。

（二）社区发展成本实证结果与分析

1. 环境成本

在环境成本中，社区支付的成本主要包括农药化肥投入限制、耕地被占用

成本、林地被占用成本、生态移民承担成本。

农药化肥投入限制。卧龙位于岷江上游汶川县映秀镇的西侧，从河谷到山顶，形成了从亚热带到冰原环境的各种土壤类型。其主要衡量标准为卧龙为实现保护区区域内水域的水质达标而限制社区户无机类药物投入量造成的作物产量损失（以市场价衡量）。在此项成本上，两样本社区暂未承担重大成本。

耕地被占用成本。此处的耕地主要指涉及保护区退耕还林的社区耕地。访谈结果表明，社区户的土地在被占用之前主要用途为种洋芋和玉米，占用前土地产值平均达到 2000~3000 元/年。卧龙自 2000 年开始实施耕地补偿，补偿标准为 200 元/亩，而社区平均每户耕地为 3 亩，也即每户补偿金额为 600 元/年，耕地被占用导致的年成本是 1400~2400 元。在此项成本中，社区经济发展受到较显著影响。此外，《自然保护区条例》中明确指出："自然保护区的建设与管理，尤其应注意周边社区经济建设与发展及生产生活之间的平衡关系。"但因为大部分保护区补偿义务及补偿标准不清晰，相关补偿标准难以实现。由此，出现了保护区周边的社区户以自身生计水平的"被动式降低"来承担保护区建立而附带的"外部效应"。但在对本研究样本社区的调研过程中，调研样本并未反映有降低自身生计水平以适应保护区管理的情况。毋庸置疑的是，现阶段，耕地仍是社区发展的重要资本之一。

林地被占用成本。主要是面对长期以来天然林资源被过度消耗而引起的生态环境恶化的现实，旨在通过天然林禁伐和大幅度减少商品木材产量，以解决四川省天然林的休养生息和恢复发展问题。调查结果表明，样本社区林地被占用前的主要用途为建筑木材，被占用前收入大概在 4000~6000 元/户/年，被占用后补偿标准按天保补贴进行补偿，补偿对象为年满 7 周岁以上当地户籍村民，补偿标准从 2016 年起由 600 元/户/年上涨至 690 元/户/年，样本区域均被覆盖。在此项指标上，样本社区年成本为 3310~5310 元。但调研对象均反映，这项成本支付合理，森林覆盖率高，空气质量高，水质好，环境资源系统的产出量才能高，且以建筑木材为主要收入的社区户比例较低。由此可见，样本社区户的环保意识与环境的生态效益认识较高，这对保护区的有效管理来说是显著正效应，但如果造成社区成本负担过重，保护区及政府应注重多样化的补偿机制的建立，创造多渠道可持续性收入，以保障社区发展不受影响，成本合理化。

生态移民承担成本。由于保护区处于山区地带，出于对自然灾害的预防及集群管理、有利于保护等目的，保护区曾进行生态移民，但失败了。访谈结果表明，样本社区在生态移民过程中，承担的成本主要是住房建设，因为如果没有住房等保障基本生活，社区生产活动无从谈起。在此项成本中，补偿标准是社区户自筹一部分、上级配套补助一部分、镇村解决一部分，但仍有部分社区户借贷，借贷来源一般为亲戚和震后实施的 2 万元无息贷款。样本户中，耿达村刘再芬便属于向亲戚借款修建房屋。调查结果表明，此项成本虽然在样本社区成本中占较小比例，影响不显著，但样本社区之外的社区仍有待验证。

2. 灾害成本

灾害成本主要包括野生动物破坏作物成本、野生动物致害的人畜成本、自然灾害成本。

野生动物破坏作物成本。在卧龙自然保护区建立之前，周边社区均有打猎及猎杀野生动物的生产活动。保护区建立后，出于对金丝猴、大熊猫、野猪等野生动物种群数量的恢复考虑，保护区制定了"禁止打猎"、现金惩罚等保护措施，在这样的背景下，一方面，无论是保护动物（金丝猴、大熊猫）或是普通野生动物（野猪）的种群数量均得到了较大的增加；另一方面，野生动物数量增加后，食物需求量同样紧跟而上。因此，出现了部分野生动物"下山"对社区农作物的掠食，而由于保护措施的限定，遭受损失的社区户只能驱赶，但驱赶后，"回头客"仍旧络绎不绝。在卧龙，受害农作物主要包括玉米、莲花白、茵红李等，其中，野猪致害的农作物主要是玉米和莲花白，猴子主要致害的是茵红李，时间主要是每年 6、7 月份。目前致害成本主要由卧龙的资源管理局根据实际损失进行赔偿，计算方式：如茵红李每亩产量 500 斤，每斤 4 ~ 5 元（市场价，其中已包含生产成本），那么一亩赔偿损失即 2000 ~ 2500 元。在此项成本中，样本社区野生动物对农作物致害损失最低有数十元，最高有数百上千元，由于致害规模的不定性，目前卧龙暂无有效统计数据。虽然《野生动物保护法》指出"由野生动物对周边社区种植农作物造成的损失，补偿由当地政府负责"，但实际操作难以实现。此外，该法规定除国家一级保护动物造成的庄稼作物损失之外的一切损失一概不予赔偿，但实际上，大多数农作物的损失是由非一级保护动物造成的，因此此类成本在实际操作中难以兑现。

179

本研究实证结果表明：目前，卧龙保护区此类损失（成本）主要由村委会实际操作，但仍存在以下几个值得思索的问题：补偿制度的法律化，补偿范围的明确，补偿经费的可持续性，野生动物损害的频率及规模是否造成惯性损失（前文已做解释）。因为，如果自然保护区的有效管理和保护是以损害社区户生存、减缓社区发展为代价，不仅对生物多样性的保护存在一定的负效应，更加重了社区成本，阻碍区内贫困户的脱贫。

野生动物致害的人畜成本。调查结果表明，卧龙对社区人身造成安全隐患的动物有野猪，但并未发生人畜受到野生动物致害的案例，发生率为零。虽然卧龙出资修建了铁栅栏等防护措施，但防护功能及防护规模是否科学，亟待验证。

自然灾害成本。本研究中的自然灾害成本特指自然保护区为便于社区的集群管理，让涉及保护区有效管理区域内的社区进行异地搬迁而给社区造成的损失。调查结果表明，样本社区近3年内，发生此类损失的仅有1例，为卧龙关村贫困户范书明，其由安盟保险资助的5头猪幼崽，在养殖的过程中，被洪水冲走了3头，主要是2016年"7·26"事故，即保护区内发生强降雨，造成横贯保护区内的皮条河流域各大支流发生山洪，除造成样本社区范书明一户的损失之外，处于保护区内的熊猫沟发生的泥石流，还造成了其余损失，包括卧龙镇民房受灾11户9栋，受损耕地约200亩，其中耕地灭失约30亩；冲毁猪圈2个，冲走生猪10余头、厕所1座、蜜蜂40箱；农用拖拉机受损2辆。耿达村刘家河坝约8亩耕地及蔬菜被淹，瑶子沟竹子地被淹约2亩。以上损失卧龙暂未统计出详细的损失金额。

3. 资源使用成本

资源使用成本是指自然保护区为了保护、恢复和更新资源，以及再生、增值、提高资源存量所进行的投入活动，采取的一系列对社区利用资源的限制手段，给社区发展带来的负面代价，主要指标包括野生中药材采集限制、薪柴采集限制、木材采伐限制等成本。

野生中药材采集限制成本。在20世纪90年代前，当地村民便开始对中药材进行挖掘，但销售品种单一。例如，药用植物，区内共有850余种，利用种类仅21种，利用率不到4%，导致天麻、贝母等珍贵单种药材挖采数量较大，被过度利用，此类资源存量日益锐减。随着卧龙生态旅游的开发，当地受到国内外旅游人员和科研人员的"宠幸"，社区户发展意识渐趋改变，对野生中药材、野生森林蔬菜等利用加剧，破坏力显著上升。为此，卧龙及时制定了相应的保护措施，对中药材采集季节进行限制，一方面为了保护资源，另一方面也是为了提高经济类中药材的存量和再生功能。相应管理措施实施后，挖掘季节是 3 月份开挖重楼，5 月份采天麻、贝母等。调研结果表明，此项成本对样本社区发展的影响不显著。

薪柴采集限制成本。此指标在本研究中特指，出于保护的需要对薪柴采集的限制，包括时间、地点、树种、胸径等对当地社区造成的影响。调查结果表明，卧龙在这一项成本中呈正值，即薪柴采集的限制对目前社区发展影响不显著。主要原因是基础设施方面，尤其是水电供给方面的优惠，在"5·12"地震后，由香港援建的基础设施中，水电费仅 1 角/度，使当地社区付出的成本相较于以前在薪柴采集时所付出的成本大大降低，加之社区用水均为当地皮条河支流水，水费基本没有成本。因此，此项成本对社区发展影响不显著。

木材采伐限制成本。本研究中特指，保护区为使林木资源得到有效保护，而禁止社区通过砍伐树木获得收入的成本。调查结果表明，在设立保护区后，在退耕还林及天保措施颁布之前，从事木材砍伐的样本社区的社区户在这一项生计项目的收入大概是 4000~6000 元/年，保护区禁止砍伐后，因为样本社区有这一项生计收入的户数比例较小，这一部分的成本对样本社区的发展影响甚微。由此得出，此项成本对社区发展影响不显著。

4. 人身健康（或损失）成本

人身健康资本存量的质量取决于人的健康状态，健康资本的存量水平越高，人力资本（健康资本）的贡献率也会大大上升。本研究中的人身健康（或损失）成本包括医疗费用成本、劳务工时成本、早逝成本、预防性支出成本。本研究中，医疗费用成本特指因为保护区为促进当地经济发展，引进外来开发项目，开发商在开发过程中为了追求成本最低化而影响社区生存环境，由社区支付的不合理成本。例如，排放废物造成的水污染、空气质量下降，进而造成社区户在除去自身顽疾之外所支出的费用，包括影响身体健康而导致在家休息时间过长造成的劳务工时成本，严重的产生早逝成本（由外界因素造成个体自身经济价值未实现最大化），以及相关预防性支出成本。

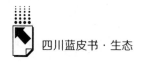

调查结果表明，样本社区中的医疗费用、劳务工时、早逝、预防性支出均未有此项成本。因此，该项成本对样本社区发展的影响同样不显著。

5. 机会成本

机会成本是保护区为实现有效管理、促进社区经济发展而让社区放弃某一部分生计收入所付出的代价（成本），衡量指标包括社区经济开发限制成本、非农就业岗位成本。

社区经济开发限制成本。本研究中，社区经济开发限制主要指社区户放弃土地使用权而参与保护区开展的生态旅游、参与社区发展项目而进行土地原有作物改种、限制养殖规模而承担的成本。在现阶段，卧龙周边社区一、二、三产业的发展均受到保护区或者当地政府的严格限制，如餐饮业、住宿业及生态旅游业、新品种种植业的进入门槛对样本社区的大多数个体户来说均较高，主要原因包括资金、土地申请程序的复杂，样本社区通过自身经济基础很难实现经济增长。调查结果表明，样本社区现阶段由保护区引进的社区发展项目主要是茵红李种植、大棚莴笋种植、重楼种植等，餐饮业、住宿业及生态旅游业暂未涉及。样本社区土地改种的茵红李主要通过当地茵红李合作社收购出售，补偿标准为 1000 元/户/年，茵红李收购价为 4~5 元/斤（2015 年市场价）。合作社提供苗木和种植技术、种植肥料，但合作社与种植户约定在每户总产值中提成 20%。茵红李种植自 2016 年开始，所以种植户2016 年年成本与 2016 年年产出暂无有效数据，无法与土地原有作物产出进行比较。在调研对象中，重楼种植仅有耿达村唐春贵 1 户，2016 年 1 月份开始种植，投入与产出同上，无法进行比较，实施补贴的相关部门也暂未确定；其他包括限制草原放牧规模，在保护区实施草原限制放牧前，样本社区共有10 户放牧，总计 200 头牛羊，保护区为避免草原退化、荒漠现象的出现，对放牧规模进行限制，样本社区现共有 20~30 头牛羊，2011 年保护区开始实施草原补偿，补偿标准为 500 元/人/年，补偿截止期限不知。社区经济开发限制下，由于样本社区参与的项目均为 2016 年初实施，投入与产出均无有效数据进行比较。

非农就业岗位成本。由于本研究的样本社区调研对象均为贫困户，因此在精准扶贫政策背景下，当地政府针对社区的贫困户劳动力现状，提供了一些非农就业岗位，主要包括：

（1）村道维护，800 元/月，2016 年 1 月开始，非合同制，是否续签无明确规定；

（2）生态巡护，合同制，期限 1 年，9000 元/年（除去 1000 元保险、服装等费用），是否续签无明确规定；

（3）防洪、防汛、地质灾害监测员，2016 年 5～9 月开始，2800 元/年（除去 2000 元保险、服装等费用）；

（4）护林员，1000 元/月，非合同制；

（5）草管员，1200 元/年，2016 年开始，非合同制，是否续签无明确规定。

以上非农就业岗位的人员均为贫困户，在帮扶之前全是纯农民，他们均表示就业后家庭收入较以前增加，成本（损失）为正值。因此，此项指标不存在就业前后岗位的收入比对，此项成本对社区发展的影响不显著。

（三）社区成本实证结论

通过对社区各个成本指标的实证研究，最终我们可以得出，在保护区的有效管理下，卧龙样本社区发展成本类型主要有以下几种。

（1）环境成本。包括耕地被占用成本、林地被占用成本。

（2）灾害成本。包括野生动物破坏作物成本、自然灾害成本。

（3）其他。包括资源使用成本、人身健康（或损失）成本等在内的成本类型指标在社区发展成本中无显著影响。对于机会成本，由于样本社区参与的替代项目均为 2016 年开始实施，暂未有年成本与年产出，因此其待测定。

七 卧龙自然保护有效管理与社区发展成本实证结论的反思

通过对保护区有效管理等级的评定，社区生计现状的统计与描述，了解社区在保护区管理过程中所付出的成本类型，虽然保护区在保护生物多样性，以及以大熊猫为主要保护对象方面的贡献已得到广泛认可，然而，在实证研究中，我们不难发现，保护区在实现有效管理的目标背后，给周边社区带来积极影响的同时，也带来一些消极成本和负效应。

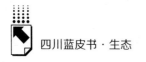

（一）"动物权""人权"双权背景下：谁来承担灾害成本？

在社区发展成本实证研究中，目前，保护区野生动物致害的损失成本在样本社区损失成本中的占比虽然小，但不可否认的是成本是存在的。我国大多数自然保护区现行法律，更多的是将野生动物作为人类的某类财产来使用。学者提到：当全社会都高唱保护颂歌的时候，似乎很少有人真正关注，到底谁承受了保护的成本？国家建立自然保护区的初衷是最大可能地保护或者恢复区域生态系统，使得区域生物的数量有所增加或至少不会锐减，一个连温饱还不能保证的人，其实是很难有动力保护动物的。本研究案例中，存在社区温饱未解决的现象虽无一例，但这仅是卧龙，截至2013年底，我国（不含港澳台）国家级自然保护区的数量已达470处，省级多达3000余处。其中，关于野生动物致害已威胁到周边社区的发展甚至生存的案例，虽然本研究中不存在，但如果存在，当野生动物的生存权同周边社区居民的生存权发生冲突时，哪个权利更重要一些呢？正如前文所述，保护区成立之前，社区户可以通过狩猎、制造陷阱来避免野生动物对农作物的破坏，保证产出的稳定。而在保护区建立之后，一方面社区户不能再对野生动物进行打猎，另一方面由于严格的保护，野生动物种群数量快速增加，对农作物的威胁程度日益加剧。虽然样本社区有保护区或保护基金会出资修建的铁栅栏，但调查结果表明，样本社区仍有野生动物致害的现象。甚至个别保护区出现了野生动物攻击农户导致伤亡的事件。而样本社区户均劳动力为2人，且多为年老者（50岁以上），劳动力是样本社区经济发展的重要资本，劳动力的损失对样本社区及样本户的影响是较大的。尽管四川省已出台了相应的野生动物肇事补偿办法，且样本社区也享受到相关补偿，但补偿的资金是否具有保障性，补偿的具体办法与方案是否已形成，仍是需要保护区考虑的，现阶段保护区可以通过与保险公司（如安盟保险）合作来实现补偿的可持续性。除此之外，应严格确保野生动物活动区域与社区生产生活区域的隔离及安全保障性指数。

（二）"贫困陷阱"还是"生计保障"：机会成本的降低

在本研究中，现阶段，保护区引进的社区发展项目（康芝源公司的大棚蔬菜种植，中药材，如重楼种植；茵红李合作社的茵红李种植等）由于处于开始运营阶段，对社区发展收益的贡献，暂无实证数据。但我们需要注意的是，仅从相关社区调研的资料来看，此类性质的社区发展项目大多数是在诸如全球环境基金（GEF）、WWF 等非政府国际组织的帮扶下进行，资助的主要形式有提供种苗、种养设施及借贷资本，并配以相关技术培训，支持社区发展生态、绿色养殖业，目的主要在于提高社区户的生计水平和社区经济发展能力。不可否认的是，这些社区发展项目在执行有效期间效果较显著，但主要的问题是一旦项目帮扶期结束，大多数资助项目很可能存在夭折隐患，导致此类性质项目的不可持续性。个中原因既有社区户自身的生产经营不当，也有劳动力和市场销售渠道的影响。本研究中，贫困村落的贫困户社区发展项目参与率达到100%，一方面我们认可社区发展项目带来的经济效益，其帮助农户实现了收入的多元化，降低了农户本身对自然资源的依赖程度；另一方面，我们应清晰地认识到，农户之所以贫困，是由于其所掌控的资本极少，而且此类资本呈现显著的时间流动性，表现为不断减少，这便是所谓的"贫困陷阱"。本研究中，社区户选择参与社区发展项目的一个关键原因便是其所拥有的生计资本极少，其放弃社区发展项目中的替代收入一定大于其他选择所带来的收益，表面上看社区户得到了更多的生计保障，但如果此类发展项目不可持续，那么"保障"极有可能转变为又一个"贫困陷阱"。

因此，为了避免掉进这一类"贫困陷阱"，外部的帮助（包括安盟保险生猪提供、茵红李种植技术、有利的扶贫政策等）等发展项目是基础，内部的提升（依靠项目提高当地社区户教育水平及非农转型技能的掌握）才是根本。本研究也证明了保护区引进的社区发展项目对社区户的确产生了影响，而且社区户中95%均为初中以下学历，多为纯农民。

（三）扶贫援助下的代际成本：可持续性生计模式的选择

本研究中，样本社区均为贫困村，社区户均为贫困户，受教育扶贫的样本个数占总样本个数的20%，教育支出占据家庭总支出的大部分，负担较重。习近平总书记于2013年11月首次提出"实事求是、因地制宜、分类指导、精准扶贫"，与粗放扶贫相对，精准扶贫针对不同贫困区域环境、不同贫困农户。在大多数扶贫的区域，包括本研究区域，扶贫的对象多是年老体弱的中老年一代，生命周期较之家庭下一代短，接受新技术与新理念的意识薄弱，在扶贫的过程中，大多数农户只重视短期收益，忽视长期收益，即使脱贫，返贫的概率也较高。本研究中的生态旅游参与调查结果也表明，大多数样本户选择的是唾手可得的效益，包括修建房屋、增加楼层层数、扩大养鸡规模等，仅有极个别样本户对如何有效参与生态旅游，实现可持续性脱贫有较深入的认识。政府和保护区针对大多数扶贫对象付出的成本远远高于对贫困户中年轻一代的资助。而样本区域中，家中有在校大学生的仅有一户，中学生2户，其余样本户年轻一代均为辍学、打工状态，且多从事纯劳务性工作。究其原因，便是家庭贫困，扶贫帮扶绩效实现周期长。精准扶贫的意义绝不是解决一代人的贫困，而是解决几代人的贫困，而作为在外务工多年，且视野和新科技掌握能力远远高于中老年一代的年轻一代，无论是从扶贫角度抑或长远发展角度来看，其创造经济价值的周期性比中老年一代更长，可能性也更高，且他们更可能成为新型职业农民。

此外，本研究中，虽然社区户人均生计项目最低有5项，最高至7项，但其中政策性收入项目数占所有收入项目数的近50%，政策性收入项目均是为实现保护区生物多样性保护而产生，其中务工收入项（即非农收入项，包括护林员、村道维护员等岗位）也是在精准扶贫政策背景下产生的，除去生态巡护属于合同制（合同期限1年），其余均为非合同制，是否续签也未有明确的合同方案。此类项目的可持续性同样面临挑战。

八　政策建议

社区在保护区有效管理下获得了一定的收益，但同时也承受了附带的成本。社区成本对社区户家庭财富状况及保护态度产生直接影响。鉴于此，在较全面地了解社区发展成本类型的基础上，保护区及当地政府在有效管理过程中应明确社区所付出的主次成本，注意保护区与社区农户发展利益之间的生态效益与经济效益关系，平衡社区所支付的成本和维护社区权益。

首先，需要健全补偿机制，建立补偿专项基金，降低灾害成本。对保护区野生动物致害成本补偿机制具体化，明确补偿范围与补偿主体、补偿要求。在此基础上，吸纳各种财政救助和补贴，保障补偿资金的可持续性。

其次，通过多渠道提高社区户生计资本，降低机会成本与资源使用成本。

除了进行生态扶贫帮扶，聘请社区户从事资源管护工作之外，更应通过开展生态旅游、发展可持续性的种养殖帮扶产业等方式对保护区生态环境进行利用，尤其是完善社区生态旅游参与机制，明确资源收益的分配机制，真正起到促进社区可持续性发展的作用，从而降低社区机会成本、资源使用成本。

最后，建立贫困户家庭年轻一代帮扶措施，尝试帮扶对象的转移，降低社区总发展成本。正如前文所述，保护区除具有保护功能外，还具有促进社区发展的作用。尤其是在精准扶贫过程中，从长远的角度看，帮扶年轻一代的成本远低于帮扶中老年一代，这并不是指中老年一代均不值得帮扶，对于有经验和市场经营能力的中老年仍有帮扶的必要，但扶贫的最终目标是实现几代人的脱贫。对于有大学生的家庭，大学生可以通过自身在校学习，再加上校内校外等创业渠道，在政府的一定帮扶下，结合自身家庭所拥有的土地等资源进行新型农户、创业农户的转型。

参考文献

高岚、李怡、靳丽莹：《广东省自然保护区有效管理评估指标体系的构建与应用》，《林业经济问题》2012 年第 32 期，第 201～206 页。

侯一蕾、温亚利：《野生动物肇事对社区农户的影响及补偿问题分析——以秦岭自然保护区群为例》，《林业经济问题》2013 年第 32 期，第 388～391 页。

王朝科：《发展成本论析》，《统计研究》1999 年第 1 期，第 26～28 页。

王岐海：《自然保护区管理转型：核心问题探析》，《林业经济》2013 年第 3 期，第 77～80 页。

徐玮：《四川省国家级自然保护区管理现状与对策建议》，《四川环境》2012 年第 1 期，第 108～202 页。

周世强、郭勤：《卧龙自然保护区与周边社区协调发展对策》，《林业调查规划》2003 年第 28 期，第 43～45 页。

段伟：《保护区生物多样性保护与农户生计协调发展研究》，北京林业大学硕士学位论文，2016。

王昌海：《秦岭自然保护区生物多样性保护的成本效益研究》，北京林业大学硕士学位论文，2011。

国家林业局：《LY/T 1726－2008 自然保护区有效管理评价技术规范》，中国质检出版社，2008。

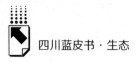
Clements T. , Suon S. , Wilkie D. S. , et al. , "Impacts of Protected Areas on Local Livelihoods in Cambodia", *World Development*, 64 (2014), pp. 125 – 134.

Sandbrook C. , "Local Economic Impact of Different Forms of Nature-based Tourism", *Conservation Letters*, 3 (2010), pp. 21 – 28.

TEEB, *Ecological and Economic Foundation*: *The Economics of Ecosystems and Biodiversity* (UK: Earthscan Books, 2010).

Sachs J. D. , T*he End of Poverty*: *Economic Possibilities for Our Time* (Penguin, 2006).

B.10
退耕还林工程对农业产业结构、人口流动的影响研究

——以四川为例

漆雁斌　于伟咏*

摘　要：　本报告首先总结了退耕还林工程的生态、经济和社会效益研究进展，然后基于1999～2014年退耕还林工程实施情况数据，从理论和实证探讨了退耕还林政策对农户家庭收入结构、农业产业结构、农业人口流动、森林旅游的积极效应，并对四川省实际情况做了深入分析。为进一步巩固四川省退耕还林工程效果，强化政策的收入性、结构性和增效性经济效应，本报告最后提出相应的政策建议，为下一步退耕还林工程政策设计、调整和执行提供有力参考。

关键词：　退耕还林工程　农户收入结构　农业产业结构　人口流动森林旅游

一　退耕还林工程实施情况

我国在1999年开始试点退耕还林补助政策，2000年国务院出台了《关于进一步做好退耕还林还草试点工作的若干意见》（以下简称《意见》），并于

---

* 漆雁斌，经济学博士，四川农业大学经济学院党委书记，教授，博士生导师，主要研究领域为农业经济理论与政策；于伟咏，博士研究生，四川农业大学经济学院，主要研究领域为农产品安全。

2002 年全面启动退耕还林建设工程，《意见》规定：国家无偿向退耕户提供粮食、现金补助。2014 年国务院批准了《新一轮退耕还林还草总体方案》（以下简称《总体方案》），下达了山西、湖北等十省（区、市）及新疆生产建设兵团 2014 年度退耕还林还草任务 500 万亩。其中，退耕还林 483 万亩、退耕还草 17 万亩。《总体方案》明确了新一轮退耕还林还草补助政策：退耕还林每亩补助 1500 元，其中，财政部通过专项资金安排现金补助 1200 元，国家发展改革委通过中央预算内投资安排种苗造林费 300 元；退耕还草每亩补助 800 元，其中，财政部通过专项资金安排现金补助 680 元，国家发展改革委通过中央预算内投资安排种苗种草费 120 元。中央安排的退耕还林补助资金分三次下达给省级人民政府，每亩第一年 800 元（其中种苗造林费 300 元）、第三年 300 元、第五年 400 元；退耕还草补助资金分两次下达，每亩第一年 500 元（其中种苗种草费 120 元）、第三年 300 元。同时，《总体方案》还明确，地方各级人民政府有关政策宣传、检查验收等工作所需经费，主要由省级财政承担，中央财政给予适当补助①。新一轮退耕还林在以下几个方面做了更新。一是改原来"政府主导、农民自愿"为"农民自愿、政府引导"。根据不同地理、气候和立地条件，宜乔则乔、宜灌则灌、宜草则草，有条件的可实行林草结合，不再限定还生态林与经济林的比例，重在增加植被覆盖度，不盲求退耕规模和速度。二是重点退坡耕地和严重沙化耕地。到 2020 年，全国具备条件的坡耕地和严重沙化耕地 4243 万亩将退耕还林还草。其中包括：25 度以上坡耕地 2173 万亩，严重沙化耕地 1700 万亩，丹江口库区和三峡库区 15～25 度坡耕地 370 万亩。对已划入基本农田的 25 度以上坡耕地，要本着实事求是的原则，在确保省域内规划基本农田保护面积不减少的前提下，依法定程序调整为非基本农田后，方可纳入退耕还林还草范围。严重沙化耕地、重要水源地的 15～25 度坡耕地，需有关部门研究划定范围，再考虑实施退耕还林还草。有学者指出退耕还林工程是一项以粮食换生态的工程，由于耕地面积持续减少，而粮食需求持续增加，在短期内退耕区"人口—耕地—粮食"三者之间的耦合关系必然受到影响②。

① 《新一轮退耕还林还草总体方案》，http：//www.ntv.cn/a/20141013/55688.shtml。
② 刘贤赵、宿庆：《黄土高原水土流失区生态退耕对粮食安全的影响》，《山地学报》2006 年第 1 期，第 7 页；马彩虹、赵先贵：《人口—耕地—粮食互动关系与区域可持续发展——以陕西省为例》，《干旱区资源与环境》2006 年第 2 期，第 50 页。

四川省作为第一批退耕还林工程试点地区，截至 2014 年累计退耕还林面积达到 474.90 万公顷，累计完成退耕还林投资 170.13 亿元，退耕还林生态效果显著。2014 年底全国提出的新一轮退耕还林工程总体规模为 4240 万亩，四川省新一轮退耕任务 65 万亩[①]。重点分配在贫困、民族、地震灾区等生态脆弱区，包括长江干流及主要支流流域等生态区位重要地区，以及秦巴山区、乌蒙山区、大小凉山彝区、高原藏区等特殊困难地区，以村为基本单元整村推进、规模实施，同时不再限定还生态林和经济林比例，重在增加植被覆盖[②]。退耕还林工程已基本实现了较大的生态、经济和社会效益，在调整农民收入结构、农业生产结构、农村剩余劳动力转移、森林旅游发展等方面发挥了积极效应。

二 退耕还林工程的生态、经济、社会效益研究进展

退耕还林还草工程效益主要包括生态效益、经济效益和社会效益。其中生态效益和社会效益远大于经济效益，长期利益远大于短期利益[③]。农户对于退耕还林政策持积极态度，总体上农户都有较高的生态环境保护意识，理性选择退耕意愿[④]。基于对四川和重庆地区退耕还林情况调研的基础上，本研究发现农户参与退耕还林的意愿，取决于其对参与退耕还林的成本和收益的权衡，尤其是货币性收益的增加和非货币性成本的减少。退耕还林工程实施效果中存在着生态效益外显与经济效益内隐的状况[⑤]。

（一）退耕还林工程的生态效益

退耕还林使耕地生态系统服务价值降低，林地生态系统服务价值增加[⑥]，

---

① 《四川省新一轮退耕还林任务 65 万亩优先分解至生态脆弱区》，《四川日报》2014 年 12 月 9 日。

② 《四川省人民政府办公厅关于实施新一轮退耕还林还草的意见》，2015 年 1 月 16 日。

③ 支玲、林德荣等：《西部退耕还林工程社会影响评价——以会泽县、清镇市为例》，《林业科学》2004 年第 3 期，第 2 页。

④ 马岩、陈利顶等：《黄土高原地区退耕还林工程的农户响应与影响因素——以甘肃定西大牛流域为例》，《地理科学》2008 年第 1 期，第 34 页。

⑤ 何家理、马治虎等：《秦巴山区退耕还林生态效益外显与经济效益内隐状况调查》，《水土保持通报》2012 年第 4 期，第 251 页。

⑥ 赖元长、李贤伟等：《退耕还林工程对四川盆周低山丘陵区生态系统服务价值的影响——以洪雅县为例》，《自然资源学报》2011 年第 5 期，第 755 页。

退耕还林工程的生态效益主要包括：森林面积和森林蓄积量增加，进而提高了森林固碳量，对于改善生态环境、缓解气候变化、保护生物多样性等方面具有重要作用。研究表明采伐对退耕还林工程碳汇能力提升具有积极效果，退耕还林工程在采伐前期碳储量高于后期，但随着退耕林林分质量和蓄积量提高，从长期看对退耕还林工程实施适度的采伐可提高工程的碳汇能力。退耕还林工程的生态效益还包括了对耕地生产力的影响，研究发现2000~2005年，退耕还林还草政策的启动对耕地的持续占用导致耕地生产力占补平衡指数由前一时段的正平衡变为负平衡，转出耕地生产力总量比新增耕地生产力高31%，耕地转为林草地损失的耕地生产力分别较前一时段提高57%，在退耕还林还草政策等驱动因素作用下耕地开垦区与占用区的空间分布差异使得耕地生产力占补平衡状态和趋势呈现明显的区域差异。在陕西吴起县，退耕区植被恢复明显好于周围区域，退出耕地主要为林地、草地和果园，林草覆盖率增加显著；在陕西延安市，退耕还林工程的实施有效地改善了研究区生态环境状况，水土流失问题也得以缓解；农户虽然在退耕初期承受退耕地收益减少的负担，但长期可以得到退耕还林的保肥效果和风沙灾害损失减少的生态经济效果；从碳汇收益角度出发，退耕还林实际补贴额度低于最优补贴额度，政策激励作用有限。

（二）退耕还林工程的经济效益

经济效益也是决定农户退耕还林意愿的决定因素[1]，经济补偿收益越高，农户退耕意愿更强，另外还要考虑当地居民对粮食消费的外在依赖程度[2]。学者将退耕还林的经济效应发展水平分为四个类型，具体为：经济效应增效型，该模式特征是使原来种植粮食作物的传统农业向以大棚蔬菜瓜果为主的特色农业发展，单一农业向多元化产业发展；经济效应稳步型，该模式非农收入最高，退耕后剩余劳动力持续向非农行业转移；经济效应迟缓型，该模式退耕区种植产业经济效应较小，或者经济效应发展缓慢；经济效应滞后型，退耕后农业结构调整缺乏积极性，后续产业建设滞后，经济效应出现滞

---

① 刘璠：《退耕还林行为动因的经济分析》，《北京林业大学学报》（社会科学版）2003年第4期，第22页。

② 徐建英、陈利顶等：《基于参与性调查的退耕还林政策可持续性评价——卧龙自然保护区研究》，《生态学报》2006年第11期，第3789页。

后现象①。从退耕还林政策的直接经济效益出发，经济效益包括了收入性经济效益、结构性经济效益和增效性经济效益。

一是收入性经济效益主要包括了农户家庭工资性收入占比的增长、林业收入的提高、牧业收入的提高、种植业收入的降低等方面。农户家庭退耕还林后可耕地减少，所需农业劳动力投入降低，为保障家庭收支和增加储蓄收入，农业剩余劳动力会选择外出务工，由于外出务工边际收益远高于农业边际收益，他们偏向于放弃农业生产，出现了耕地流转和撂荒现象。外出务工一方面增加了家庭工资性收入，加快了农户脱贫致富，另一方面导致了耕地大面积撂荒，长期导致耕地复耕困难，可耕地面积减少影响我国粮食安全，农户家庭没有了土地保障，后续社会保障风险增加，两者都会影响社会福利和社会稳定。退耕还林工程的持续推进及配套政策措施的出台，对增加农民收入、促进非农就业和改善农民生计都产生了较为显著的正向影响②，对非农就业的收入有显著的促进作用③。研究指出退耕后河北省退耕户人均纯收入达到 2573 元，高于河北省农村人均纯收入，可以看出退耕政策可提高农户人均纯收入，其中劳务收入是退耕后农户家庭的主要经济来源，占总收入的 53% 左右，已超出传统的种养殖业收入。

二是结构性经济效益包括了直接效应的农牧业比重、农林业比重变化，以及间接效应的粮食作物与经济作物比重的调整和种植结构的改变。退耕还林的实施减少了农耕区，增加了牧区面积，特别是对林下种养殖业的促进明显，农村留守劳动力会兼业牧业养殖，提高了收入水平；另外退耕地农户会选择经济效益较高树种，目前四川地区选择较多的为核桃、花椒、速生丰长树种等经济林，能够持续为农户带来经济收益，这样也会增加家庭林业收入；在家庭耕地不变的情况下，退耕后家庭可耕地面积进一步压缩，在有限的耕地上实现收益最大化，加上政府引导，理性农户会选择经济收益更高的经济作物耕种，种植

① 刘志超、杜英等：《黄土丘陵沟壑区退耕还林草工程的经济效应——以安塞县为例》，《生态学报》2008 年第 4 期，第 1476 页。

② 朱长宁、王树进：《退耕还林对西部地区农户收入的影响分析》，《农业技术经济》2014 年第 10 期，第 58 页；刘璨、张巍：《退耕还林政策选择对农户收入的影响——以我国京津风沙源治理工程为例》，《经济学》（季刊）2006 年第 1 期，第 273 页。

③ 易福金、陈志颖：《退耕还林对非农就业的影响分析》，《中国软科学》2006 年第 8 期，第 31 页。

业内部粮食作物与经济作物结构发生变化，经济作物种植面积和产量增加。在政策研究上，退耕还林还草政策对区域农业生产带来影响，优化了土地利用结构，具体表现在耕地面积的减少、作物结构的变化、畜牧业的快速发展等方面[1]，从而促进了农村劳动力结构和农业产业结构的转变，明显提高了农户收入[2]。从短期看，退耕还林并没有严重影响我国的粮食总量安全，在一定程度上加快了粮食市场供求关系的转变，对农户的种植业收入产生显著的负面影响，而林业和养殖业短期内难以成为替代收入来源，而从长期看，在保证人均粮食消费的基础上，应当适当调整退耕还林规模[3]。退耕还林政策调整产业结构，加快林下经济、木材加工业、果品业、森林旅游业发展水平的提高。在传统牧区，收入结构从以传统牧业为主转向以外出务工为主。

三是增效性经济效益包括了农业生产效率的提高。由于退耕后可耕地压缩，为实现农业生产收益最大化，农户会选择集约化、机械化生产，更多地运用科技，提高土地单位面积产出收益，退耕还林倒逼农户提高农业生产效率。退耕区土地生产力改善明显，退耕区农户的农业生产效率有所提高，大部分农户的农业生产处于规模收益递减状态[4]。退耕促进了作物生产结构优化和基本农田生产力的提高、农村剩余劳动力转移速度的加快[5]，同时降低了退耕户种植业生产投入的积极性[6]。在沂蒙山区，退耕还林前与退耕还林后相比，退耕后

---

[1] 杜富林：《黄河上中游地区实施退耕还林还草政策对农业生产的影响》，《干旱区资源与环境》2008年第4期，第86页；张芳芳：《退耕还林与农业结构调整研究——以陇南市成县为例》，《干旱区资源与环境》2010年第10期，第165页。

[2] 杨小鹏：《陕西退耕还林工程对农业经济的驱动分析》，《水土保持研究》2007年第4期，第230页。

[3] 东梅：《退耕还林对我国宏观粮食安全影响的实证分析》，《中国软科学》2006年第4期，第46页；陶然、徐志刚等：《退耕还林、粮食政策与可持续发展》，《中国社会科学》2004年第6期，第25页；谢旭轩、张世秋等：《退耕还林对农户可持续生计的影响》，《北京大学学报》（自然科学版）2010年第3期，第457页。

[4] 刘盈盈、姜志德：《安塞县退耕还林背景下退耕区农户农业生产效率分析》，《北方园艺》2013年第6期，第198页；韩洪云、喻永红：《退耕还林的土地生产力改善效果：重庆万州的实证解释》，《资源科学》2014年第2期，第389页。

[5] 孙新章、谢高地：《泾河流域退耕还林草综合效益与生态补偿趋向——以宁夏回族自治区固原市原州区为例》，《资源科学》2007年第2期，第194页。

[6] 汪阳洁、姜志德等：《退耕还林（草）补贴对农户种植业生产行为的影响》，《中国农村经济》2012年第11期，第56页。

每年土地能值净增量为 1.05e + 19sej/年。学者对会宁县退耕还林工程政策效果的研究显示，工程实施后，谷物、薯类、豆类和油料作物的种植面积和单位面积产量都有一定增长，主要是由于耕地的投入和耕作集约化程度有所提高，耕地基础设施建设有所加强，单位面积产出提高。但也有研究指出退耕工程在促进农民增收和结构调整方面作用甚微，其经济可持续性存在很大的疑问[①]。

（三）退耕还林政策的社会效应

退耕还林的社会效应主要包括，一方面通过提高森林覆盖率，改善生态环境，从而使得人们生活、工作所享受到的空气、生活用水质量提高，从而提高社会总福利水平；另一方面森林作为公共物品，需要改善和提质，一部分土地通过退耕、保护建立了森林公园、自然保护区、自然景点等，为人们提供休闲、娱乐、教育、益智、康养等所需的场所，同时增加旅游收入；退耕还林政策的社会效应还包括扶贫效应，生态系统管理的基本导向为人类活动和生态系统服务之间的社会—生态相互依存关系[②]。研究指出退耕还林以来宁武县土地生态系统服务因子均发生变化，提供食物产品服务明显减少，而消遣和生态旅游服务明显增加。退耕后，参与项目的绝对贫困、相对贫困和一般农户在人均收入和生计综合能力方面都发生了积极变化，且绝对贫困人口收益最大。

三　退耕还林工程发展现状

自 1999 年全国各试点地区实施退耕还林政策以来，退耕还林工程产生了很大的效果。图 1 为我国退耕还林工程情况，可知，全国退耕还林面积变化趋势分三个阶段，第一阶段是 1999 ~ 2002 年，是退耕还林工程起步阶段，造林面积呈快速增加趋势，开始实施年份 1999 年退耕还林面积为 683599 公顷；第二阶段为 2002 ~ 2005 年，退耕还林在全国推广开来后呈快速减少趋势，退耕还林面积最大年份为 2002 年，达到 6196128 公顷；第三阶段为 2005 年至今，

① 徐晋涛、陶然等：《退耕还林：成本有效性、结构调整效应与经济可持续性——基于西部三省农户调查的实证分析》，《经济学（季刊）》2004 年第 1 期，第 139 页。

② Chapin Ⅲ F. S., Carpenter S. R., Kofinas G. P., et al., "Ecosystem Stewardship: Sustainability Strategies for a Rapidly Changing Planet," *Trends in Ecology and Evolution*, 2009, p. 241.

呈稳步减少趋势，到2013年全国退耕还林面积为378575公顷。退耕还林投资呈先较快上升再大致稳定状态，在2008年达到最大值，达到3526462万元，在退耕还林面积缩小的情况下，退耕还林投资却稳中有升。退耕还林投资包括国家投资和地方配套，实际完成投资按构成分为建筑安装工程费用、设备、工具、器具购置费用、人工造林费用、飞播造林费用、迹地更新费用、封山育林护林费用、种苗费用和抚育费用。随着退耕还林政策的深入，可退耕面积逐渐压缩，劳动力和农林资成本的不断提高，导致单位面积退耕成本不断提高，主要体现在种苗费用、农资费用、人工费用等方面，加上后期抚育规模的扩大，为保证退耕林质量，需要加大退耕还林投入。四川退耕还林面积变动趋势与全国情况基本重合，退耕还林投资额投资大致趋势也一致。四川省是最早试点退耕还林的地区，1999年退耕还林面积为99240公顷，在2002年达到最大值478891公顷，在2014年减少到16838公顷，退耕还林投资在2002年为34470万元，2008年投资额最大，达到531320万元，2009年以来逐渐稳定，2014年为346732万元。总的来说，随着退耕还林政策持续深入和可退耕土地的减少，退耕还林造林面积将呈下降趋势，而退耕还林投资将呈缓慢下降趋势，降速明显低于造林速度。

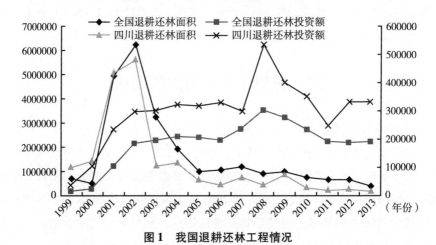

图1 我国退耕还林工程情况

注：左轴为全国退耕还林面积、全国退耕还林投资额，右轴为四川退耕还林面积、四川退耕还林投资额；其中退耕还林面积单位为公顷，退耕还林投资额单位为万元。

图2为四川省退耕还林面积占林地面积比重和退耕还林投资占林业投资比重情况，可以发现，退耕还林面积占比在2002年前呈快速上升趋势，2003年

出现快速下降，之后从缓慢下降到逐步稳定。从 2002 年的 1.80% 降为 2014 年的 0.07%，下降明显，说明退耕还林面积在政策实施初期对于林地面积增加具有较强的作用，但总体占比不大，后期由于可退耕地减少，退耕还林面积也逐年减少。退耕还林投资占林业投资比重在 2001 年前呈快速上升趋势，之后总体呈逐年下降并在 2011 年后呈稳定态势。1999 年退耕还林投资比重为 19.14%，2001 年达到 83.12%，之后下降到 2014 年的 14.43%。从退耕还林面积占比和退耕还林投资占比可知，尽管退耕还林面积占比较低，但退耕还林投资比重较高，以 2002 年和 2014 年为例，退耕还林投资占比分别高于退耕还林面积占比 78.49 个百分点和 14.36 个百分点，占比差距超过 50 个百分点的年份有 6 年。说明退耕还林造林成本显著高于其他林业工程造林成本，主要集中于对退耕农户的生态补偿。而随着退耕还林政策的深入和持续，在政策强力推动的背景下，退耕还林净效用、家庭禀赋的作用弱化，加上土地机会成本上升、营林造林成本高，削弱了农户退耕还林意愿，而目前的经济补偿对农户刺激有限[1]，土地耕作的机会成本越小的地区和农户，越愿意参与退耕还林项目[2]，补贴金额越高，农户自愿参与项目的可能性越大[3]。而退耕后农户的风险承担程度也会影响农户自愿参与情况[4]。

1999 年退耕还林工程实施以来，我国相继在河北、四川、辽宁、重庆、内蒙古等 23 省（自治区、市）开展起来，截至 2013 年底，全国累计完成退耕还林造林面积 2321.80 万公顷。选取退耕还林政策实施的主要年份 1999 年、2005 年、2010 年和 2014 年作为时间节点，并以 2014 年底累计退耕还林造林面积对 23 个退耕地区进行排序，如图 3 所示。由图 3 发现，各退耕地区累计退耕面积差异较大，主要退耕还林区域为西部地区。截至 2014 年底累计退耕面积最大的地区是河北省，2014 年底达到 8549643 公顷，其次是四川省，达到

---

① 刘燕、董耀：《后退耕时代退耕还林意愿影响因素》，《经济地理》2014 年第 2 期，第 131 页。

② 万海远、李超：《农户退耕还林政策的参与决策研究》，《统计研究》2013 年第 10 期，第 83 页。

③ 蒋海：《中国退耕还林的微观投资激励与政策的持续性》，《中国农村经济》2003 年第 8 期，第 30 页。

④ 柯水发、赵铁珍：《农户参与退耕还林意愿影响因素实证分析》，《中国土地科学》2008 年第 7 期，第 27 页。

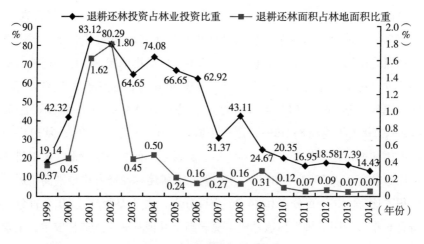

图2　四川省退耕还林强度

4749032公顷，再次是甘肃省，2014年底累计退耕面积2665065公顷。其中200万公顷以上的省份有7个，100万公顷以上的有13个，最小的地区是西藏，2014年底累计退耕面积为65105公顷，与最大的河北相差近850万公顷，与四川相差超过450万公顷。从退耕政策实施进展看，起初四川省累计退耕面积最大，之后河北退耕还林规模显著扩大。各地区累计退耕面积存在差异，主要是各地区耕地条件、粮食生产政策差异等原因导致的，四川作为全国主要的粮食主产区，除了平原和丘陵地区外，退耕还林政策主要在山区地区实施，这样既保证了粮食安全，也提高了生态效益。

截至2013年底，全国累计完成退耕还林投资444.74亿元，占到林业投资的14.43%，退耕还林成本投入相对还较大，主要还是给予退耕农户生态补偿，且各地方有配套资金。图4为全国23个主要退耕还林地区累计退耕投资分布情况，各退耕还林地区累计退耕投资存在差异性，西部地区投入较大。截至2014年底累计退耕还林投资最大的地区为陕西省，达到234.98亿元，其次是内蒙古（195.18亿元），再次是甘肃（176.06亿元），四川省累计完成退耕还林投资170.13亿元，累计投资超过100亿元的省份有12个，最小的地区是西藏（10.47亿元）。这说明目前退耕还林工程投资较大，相对其他林业工程投入成本更高。

图5为1999年各退耕还林试点地区退耕还林面积与投资额分布情况，各

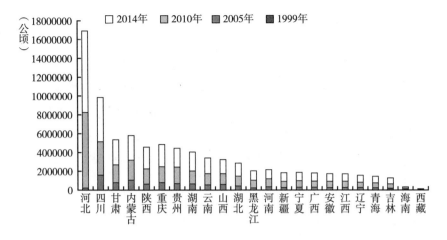

图3　全国各退耕还林区累计退耕面积

注：以2014年总累计退耕还林面积排序。

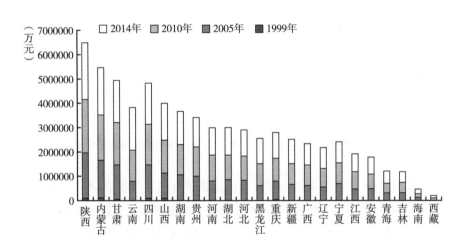

图4　全国各退耕还林区累计退耕还林投资

注：以2014年总累计退耕还林投资排序。

分布点到原点的斜率为退耕还林单位面积成本。可知，退耕还林单位面积成本差异明显，西部地区明显高于其他地区。退耕还林单位面积成本最大的地区为青海，成本较大的地区还包括贵州、新疆、四川、湖南等地区，较小的地区有吉林、海南等地区。四川是退耕还林面积和投资额都相对较高的地区，内蒙古、陕西、山西是退耕还林面积相对较大，需要投资相对较低的地区。造成造林成本不同的原因主要是地理条件，造林成本较大的贵州、新疆、四川等地区，退耕还林主要集中在山区，多为喀斯特地貌，立地条件差，交通不便，山区地区缺水现象严重，造成退耕还林成本提高，且后期抚育工作难度大、投入高。从图5可知，四川是单位面积退耕成本较高的地区，四川退耕地区主要集中在凉山州、甘孜州、阿坝州和秦巴山区等地区，除去给退耕农户的生态补偿部分，这些地区由于地形条件较差、气候条件恶劣，造林成本相对更高；部分地区造林成本过高造成农户退耕意愿较弱，甚至出现了返耕现象，主要是由于退耕还林机会成本较低。

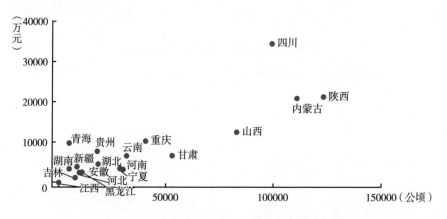

图5　1999年各省（自治区、市）退耕还林面积与投资额分布

图6为2014年各退耕还林试点地区退耕还林面积与投资额分布情况，各分布点到原点的斜率为单位面积退耕还林成本。退耕还林工程实施到2014年，与图5相比较，试点地区退耕还林面积和投资额发生了较大变化。从图6退耕还林面积和投资额分布情况可知，大部分退耕还林试点区单位退耕还林成本分布在右下方区域，长时间段来看，大部分地区退耕还林单位面积成本呈下降趋势。主要是由于退耕还林政策前期补偿高于后期，且2002年以来退耕还林面积逐年减少，但退耕还林投资下降速度显著高于退耕还林面积，一直占林业投资的较大比重，后期抚育和退耕还林工程巩固资金的增加，加上后期退耕政策对于退耕地坡度进行了下调，相对提高了退耕地质量，造林成本相对更低，加上机械设备的应用，总体上降低了退耕还林单位造林成本。

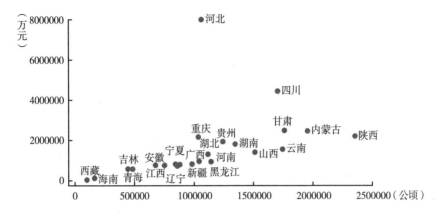

图6　2014年各省（自治区、市）退耕还林面积与投资额分布

四　退耕还林工程对家庭收入结构的影响

退耕还林工程减少了农户家庭耕地面积，增加了退耕生态补偿资金，使得更多农业剩余劳动力外出务工，家庭非农收入明显提高，特别是工资性收入占比提高，农业收入占比降低，家庭收入结构发生变化。因此，可以提出退耕还林工程可以显著提高家庭工资性收入比重的研究假说。为验证此假说，基于全国23个退耕还林试点地区1999～2014年的面板数据，构建固定效应模型，探讨退耕还林政策对家庭收入结构的影响。

表1为全国、退耕区和四川省退耕还林、收入结构指标的描述性统计。四川省退耕还林年均造林面积达到10.63万公顷，高于退耕区的6.86万公顷，退耕还林累计造林面积显著高于退耕区均值；林业用地面积也高于退耕区和全国平均值，达到了2390万公顷；退耕还林投资显著高于退耕区均值，高了20.43亿元，退耕还林累计投资显著高于退耕区均值；林业投资相对全国平均值高了57.90亿元，说明退耕还林投资拉高了四川林业投资总额。在家庭纯收入方面四川省和退耕区平均值均低于全国均值，四川省略高于退耕区均值，说明退耕还林地区多为经济发展落后地区，主要原因是退耕区家庭工资性收入明显低于全国均值，四川家庭工资性收入高了退耕区均值296.11元，低了全国均值493.89元。从家庭工资性收入占比看，反而四川省家庭工

资性收入相对全国平均收入高了1个百分点，相对退耕区高了7个百分点，说明四川农业剩余劳动力外出务工较为普遍，务工收入占比相对较高。同时解释了退耕导致农业剩余劳动力退出农业生产，非农收入增加，具有扶贫效应，调整了家庭收入结构。

表1 描述性统计结果

分区	全国		退耕区		四川	
指标	平均值	标准差	平均值	标准差	平均值	标准差
退耕还林面积(公顷)	50866.93	87585.38	68559.77	95553.07	106332.10	141066.80
林业用地面积(公顷)	9301763.00	8632867.00	11200000.00	9030424.00	23900000.00	1637103.00
退耕还林投资(万元)	68670.85	80710.66	92556.37	81051.93	296814.50	111489.90
林业投资(万元)	419171.10	866737.00	439579.30	927525.20	998154.10	720497.90
退耕还林累计造林面积(公顷)	554449.00	576273.20	747300.80	550821.60	1279807.00	513162.60
退耕还林累计投资(万元)	615434.60	1161315.00	829498.80	1281006.00	2224061.00	1581605.00
家庭纯收入(元)	5054.46	3482.90	4032.07	2337.58	4095.09	2291.23
家庭工资性收入(元)	2167.69	2251.81	1377.69	1147.90	1673.80	1130.56
家庭工资性收入占比	0.37	0.15	0.31	0.11	0.38	0.05
GDP(亿元)	10056.14	11226.52	7089.75	6964.52	12423.43	8518.88
农业GDP(亿元)	1002.72	923.36	960.32	841.25	1978.34	929.23
样本数(个)	496		368		16	

对退耕区1999~2014年面板数据工资收入占比与退耕还林累计造林面积、累计投资做散点图（见图7），可以看出在退耕区农户家庭工资性收入占比随着退耕还林累计造林面积和累计投资的增加而提高，投资对其提升效应更大。家庭联产承包后家庭确权土地有限，部分耕地退耕还林后，家庭可耕地面积减少，劳动力密集型农业由于面积减少而对劳动力需求减少，家庭剩余劳动力出现外出务工从事非农行业，部分甚至完全退出农业生产，家庭可耕地或流转或撂荒，这样家庭非农收入占比提高，传统农业收入占比会降低。同时退耕还林累计投资可促进工资性收入占比提高，也就是说对退耕还林补偿越大农户越愿意外出务工。因此，退耕还林工程能够调整家庭收入结构，促使工资性收入占比提高，农业经营性收入占比降低，可以加快农民增收。

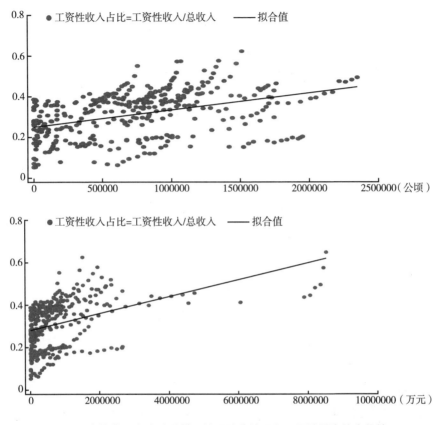

图 7　工资性收入占比随退耕还林累计造林面积、累计投资的变化情况

本研究以工资性收入占总收入比重为被解释变量，考虑到退耕还林政策效果的滞后性，以退耕还林累计造林面积和累计投资为解释变量，选择 GDP、农业 GDP 为控制变量，构建固定效应模型和 OLS 模型，回归结果如表 2 所示。

模型 1 和模型 3 为全国退耕区面板数据回归结果，模型 2 和模型 4 为四川省时序数据 OLS 回归结果。由模型 1 可知，退耕还林累计累计造林面积可显著提高工资性收入占比，但影响效应有限。当每增加 1 单位退耕还林累计造林面积，农户工资性收入占比提高 5.34e−08 个百分点，主要是由于当前传统农业边际收益远低于务工边际收益，特别是在生态脆弱区和地力不良地区，面对日益增加的生

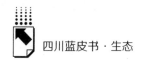
表 2　实证回归结果

指标	模型1(退耕区)	模型2(四川省)	模型3(退耕区)	模型4(四川省)
退耕还林累计造林面积	5.34e−08 *** (7.210)	2.35e−08 (1.470)	—	—
退耕还林累计投资	—	—	1.13e−08 *** (3.350)	3.85e−08 ** (2.530)
GDP	2.86e−06 * (1.760)	−2.42e−07 (−0.050)	3.00e−06 * (1.740)	−1.05e−06 (−0.280)
农业 GDP	0.00002 (1.530)	0.00005 (0.990)	0.00003 ** (2.040)	−1.67e−06 (−0.040)
C 值	0.231 *** (40.840)	0.266 *** (10.390)	0.252 *** (47.200)	0.315 *** (10.100)
R^2	0.574	0.904	0.525	0.926
N	368	16	368	16

注：表中 *** 、** 、* 分别表示1%、5%、10%显著性。

活成本，即使未享受到退耕还林政策，家庭劳动力更偏向于半放弃或全放弃农业生产和收益，出现了农耕地撂荒的普遍现象，退耕还林反而为农户外出提供了额外收入和保障，激励农户外出务工。从四川时序回归结果看，退耕还林累计造林面积对工资性收入占比提高具有正向影响，但不显著。从退耕还林累计投资出发，退耕还林累计投资与农户家庭工资性收入占比呈显著性正相关关系。说明退耕还林转移支付为退耕户保证了土地收益，促使剩余劳动力积极外出务工，补偿资金的心理回报效果较强。因此，退耕还林对工资性收入占比虽然具有显著的积极作用，但正向挤出效应有限，更多的是心理激励和额外保障效果。

五　退耕还林工程对农业产业结构的影响

针对农牧业结构生产效益差异和消费市场多样化趋势，我国提出和实施了农业生产结构转型策略。目前农牧业生产效益差异较大，对要素配置需求不同，成本收益差异化明显，农业以耕地产出为基础，牧业以土地附着物为基础。随着退耕还林面积和成效扩大，更多的耕地转化为林地，传统种植业土地转化为牧业土地，土地性质和生产活动发生改变，这样导致牧业与农业产值比重发生改变，牧业产值相对会不断增加。同时随着家庭联产承包耕地面积减少，为保证家庭收入水平，在有限耕地上存在调整粮食作物结构情况。本研究分别分析退耕还林政策对农牧业产值比和粮经作物种植面积比的影响，来探讨退耕还林政策对农业产业结构调整的影响。

（一）退耕还林工程对农牧业产值比的影响

由图8可知，农牧业产值比随退耕还林累计造林面积的增加稍有提高，但随累计投资的增加而变化不大，故退耕还林政策对农牧业产值比的影响效果无法确定。一方面退耕还林政策促使耕地调整为林地和牧地，农民改变家庭生产结构，由传统农耕业转变为牧业，因而有更充足的饲养场所，促进牧业扩大规

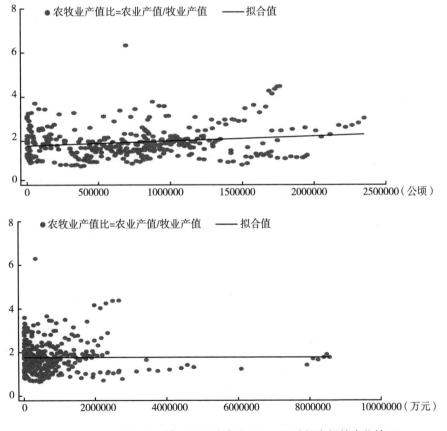

图8　农牧业产值随退耕还林累计造林面积、累计投资额的变化情况

模和增收；另一方面随着退耕农民市场意识增强，面对农业的弱质性、低收益、高风险，部分农牧民选择退出农牧工作，为提高家庭收入，选择流入城镇和其他行业，进而造成牧业养殖出现缩减，牧业产值出现一定程度的降低。故本研究需要通过实证来检验两个路径的作用大小，以判定退耕还林政策对农牧业产值比的影响。

为研究退耕还林对农牧业产业结构的影响，本研究选择农牧业产值比、粮经比分别作为被解释变量，退耕还林累计造林面积、退耕还林累计投资为解释变量，选取 GDP、农业 GDP 为控制变量，分别基于 1999～2014 年的全国面板数据和四川省时序数据，分别做固定效应模型和 OLS 模型，回归结果如表3所示。

表3　农牧业产值比与退耕还林政策的回归结果

指标	模型1(退耕区)	模型2(四川省)	模型3(退耕区)	模型4(四川省)
退耕还林累计造林面积	$-2.98e-07$ *** (-5.150)	$-4.69e-08$ *** (-5.61)	—	—
退耕还林累计投资	—	—	$5.70e-08$ ** (2.210)	$-3.32e-07$ ** (-2.320)
GDP	0.00001 (0.900)	0.00002 *** (3.86)	$1.32e-06$ (0.100)	0.0001 *** (3.950)
农业 GDP	0.00004 (0.380)	-0.006 *** (-2.670)	-0.00006 (-0.480)	-0.0007 (-1.530)
C 值	1.874 *** (42.340)	1.826 *** (13.640)	1.777 *** (43.700)	1.495 *** (5.100)
R^2	0.273	0.880	0.256	0.699
N	368	16	368	16

注：表中 *** 、** 分别表示1%、5%显著性。

退耕还林对农业产值存在挤出效应，对牧业存在溢出效应，但影响效应很小。模型1结果显示退耕还林累计造林面积与农牧业产值比呈显著负相关。说明农牧业产值比随退耕还林累计造林面积的增加而降低，但降低幅度有限。由于退耕还林使得农业耕地面积减少，相应农业产值会有一定程度的缩减，更多的退耕林地一方面为牧业提供了饲养原料，能够承载更多牛羊等生长，另一方面由于农民耕地面积减少，农业收入相应减少，农业剩余劳动力增加，为保障家庭收益和解决就业，他们会选择收益更高的畜牧业，造成农业产值相应降低而牧业产值增加的趋势。模型 3 说明在退耕区退耕还林累计投资可促进农业产值的提高，可能的原因是退耕还林累计投资促使农户选择投入成本较高、经济效益更好的经济作物种植，促使农业总产值相对增加。因此，退耕还林政策对农业产值存在挤出效应，同时存在对牧业的溢出效应。

四川省退耕还林累计造林面积与农牧业产值比也呈显著负相关。由模型 2 和模型 4 可知，随着四川省退耕还林累计造林面积的增加，农牧业产值比相对降低，即牧业产值相对农业产值提高幅度更大。比较发现，退耕还林累计投资对农牧业产值比弱化作用强于退耕还林累计造林面积。四川省退耕耕地多为山区地区，地形条件较差，灌溉条件较差，土地收益较低，本来存在部分撂荒耕地，退耕还林后农业剩余劳动力多为留守老人、妇女，为保障家庭收入和解决就业问题，通过政策鼓励和产业扶持选择畜牧业生产，而牧业产值在山区相对农业边际收益更大，从而提高农牧业产值比。

（二）退耕还林工程对粮经种植面积比的影响

退耕还林工程使得农户家庭耕地面积减少，农业产值降低，为保障家庭收支水平和提高单位农业劳动力报酬，农户会在有限耕地上通过调整农业作物结构来增加收益，主要的结构调整为粮食作物转变为经济作物，因经济作物相对粮食作物边际收益更高。从理论上可以推导出退耕还林工程促使粮食作物种植面积降低、经济作物种植面积相对增加的假说。

图 9 为粮经比（粮食作物种植面积/经济作物种植面积）随退耕还林面积增加的变化情况，基于全国 1999 ~ 2014 年面板数据，可知，粮经作物种植面积比重随退耕还林累计造林面积的增加略有下降。退耕还林工程挤压了可耕地面积，为保证农业收入水平稳定或减少不大，种植户调整粮食作物为单位收益更高的经济作物，从而造成经济作物种植面积增加。同时粮经比随退耕还林累计投资增长稍有下降趋势，下降幅度有限。退耕还林阶段性生态补偿为退耕户持续性提供土地收益保障，农户拥有更多生产资料投资资本，由于不受生产性融资约束，部分退耕户会选择调整原有耕种的粮食作物为蔬菜、药材等经济作物，以获得更高的收益。但同时若退耕补偿标准偏低，农户获得机会成本更低，在退耕补偿期后部分农户会存在道德风险，对退耕林地进行复耕，造成退

耕还林政策失效，故退耕还林补偿标准需要充分考虑农户土地的机会成本和各区域、各时期的物价水平，使得退耕户有积极退耕和持续管护的意愿，实现退耕林地的生态效益最大化。

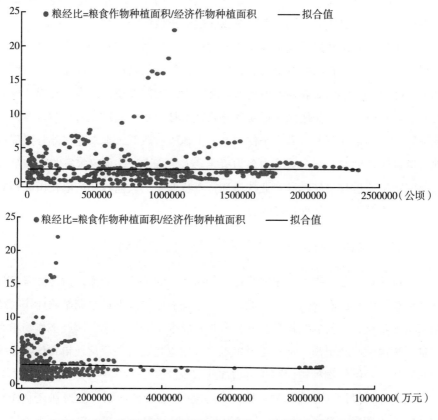

图9 粮经比随退耕还林累计造林面积、累计投资的变化情况

为进一步验证退耕还林工程对粮经作物种植结构的影响，构建全国面板数据的固定效应模型（模型1）和四川省时序数据的OLS模型（模型2），实证结果如表4所示。可知，退耕还林政策促使农业生产中经济作物种植面积增加。模型1显示粮经比随退耕还林累计造林面积的增加而显著降低，但降低幅度较小。显著降低是由于可耕地面积减少，农户选择收益更高的经济作物进行种植；退耕政策对粮经种植结构影响较小，因为粮经种植结构主要影响因素为市场需求的变化和产业政策调整，而粮经比调整仅是退耕还林政策的延伸效应。模型 3 表明退耕还林累计投资与粮经播种面积比呈显著负相关。退耕还林累计投资主要为发放给农户的生态补偿，不仅保障了农户退耕后的土地收益，提高农户退耕积极性，还提高了森林生态效益，同时促使农户进行种植结构调整，退耕投资可以用于农业生产性资料投资，基本消除了农业融资约束，激励农户种植投入成本较大、经济效益更高的经济作物。

表 4 粮经比与退耕还林政策的回归结果

指标	模型 1(退耕区)	模型 2(四川省)	模型 3(退耕区)	模型 4(四川省)
退耕还林累计造林面积	$-5.85e-07$ ** (-2.520)	$-5.13e-07$ *** (-5.030)	—	—
退耕还林累计投资	—	—	$-2.78e-07$ *** (-2.780)	$-3.98e-07$ ** (-2.530)
GDP	-0.0003 *** (-5.450)	-0.00005 * (-1.800)	-0.0003 *** (-5.210)	$-7.15e-06$ (-0.190)
农业 GDP	0.003 *** (6.710)	0.0005 * (-1.790)	0.003 *** (6.680)	0.0006 (1.140)
C 值	2.141 *** (12.080)	2.504 *** (15.310)	1.896 *** (12.030)	2.093 *** (6.490)
R^2	0.135	0.820	0.138	0.634
N	368	16	368	16

注：表中 *** 、** 分别表示 1%、5% 显著性。

四川省粮经比同样随退耕还林累计造林面积和退耕还林累计投资的增加而降低。退耕区种植结构调整主要是将传统玉米、水稻、小麦等粮食作物调整为蔬菜、油料、中药材等经济作物，经济作物价格更高，部分地区加大经济作物产业扶持政策力度，促使农业生产结构调整。农业供给侧改革能够强化退耕还林政策对农业种植结构的调整力度。

随着退耕工程的深入开展，土地利用结构的大调整必将导致农业产业结构向更优化发展，生产结构也将由传统的以粮食生产为主、突出经济效益的结构逐步向农林牧有机结合、强调生态经济效益并重的结构转变。通过实施退耕工程，扩大林草种植面积，借此重新调整农林牧三元结构比例，推广农业科技的应用，提高单产，发展集约农业，加快草畜转化，提高农业综合效益，增强农村经济发展后劲。

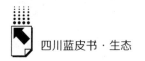

六 退耕还林工程对人口流动的影响

退耕还林政策使农业生产结构转型、收入结构调整，同时还能促进城镇化水平提升。随着退耕还林政策的推进，农业剩余劳动力倾向于选择进城务工，部分地区和家庭甚至选择放弃农业生产，推动农业人口向城镇转移。图10为基于1999～2014年全国面板数据做出的城镇化率随退耕还林累计造林面积、累计投资额增加的变化情况，可知城镇化率随退耕还林累计造林面积的增加而提高，即退耕还林政策促进了城镇化率的提升。同时显示城镇化率随退耕还林累计投资额增加而提高。说明退耕还林累计投资增加不仅能够扩大和巩固退耕还林效果，同时为退耕户提供收入性补偿，部分解决退耕后的生活保障问题，退耕地

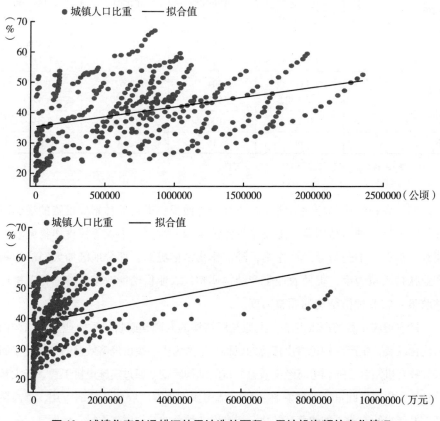

图10 城镇化率随退耕还林累计造林面积、累计投资额的变化情况

财产性保障功能促使农户更愿意流入城市生活工作和定居，从而增加城镇居民人口数量。

为验证退耕还林政策能够提升城镇化率，本研究将以城镇化率为被解释变量，退耕还林累计造林面积和累计投资分别作为解释变量，构建全国面板数据的固定效应模型和四川省时序数据的 OLS 模型。实证结果如表 5 所示，退耕还林累计造林面积和累计投资都表明退耕还林累计造林面积与城镇化率呈显著性正相关，即退耕还林累计退耕地越多，城镇化率越大，但影响系数较小。退耕还林累计造林面积的扩大促使更多耕地退出种植，家庭可耕地面积被不断减少，农业剩余劳动力和家庭向城镇转移，最终成为城镇人口。全国和四川的实证结果都验证了此观点。退耕还林累计投资的逐年提高保障了农户退耕的收益稳定性，一方面退耕补偿促使农户愿意退耕还林还草，另一方面退耕还林多数造林为经济林，还可以获得一定的经济收益和收入补偿。从模型 1 和模型 3 比较，全国退耕区退耕还林累计造林面积对城镇化率的影响程度高于累计投资；从模型 2 和模型 4 比较，退耕还林政策在四川省累计造林面积和累计投资对城镇化率的影响程度差异不大，退耕投资驱动效果略好。因此，退耕还林累计造林面积对农村耕地退出和人口转移具有倒逼效应，退耕还林政策的补偿效应是土地保障性收益的阶段性延续。

表 5　城镇化率与退耕还林政策回归结果

指标	模型 1(退耕区)	模型 2(四川省)	模型 3(退耕区)	模型 4(四川省)
退耕还林累计造林面积	6.65e－06 *** (10.650)	2.55e－06 *** (7.120)	—	—
退耕还林累计投资	—	—	1.07e－06 *** (3.500)	2.73e－06 *** (6.720)
GDP	0.0007 *** (5.140)	0.0005 *** (4.460)	0.0007 *** (4.770)	0.0003 *** (2.850)
农业 GDP	－0.0005 (－0.410)	0.001 (1.020)	0.0008 (0.540)	－0.0008 (－0.650)
C 值	30.849 *** (64.610)	24.999 *** (43.580)	33.338 *** (69.090)	28.133 *** (33.790)
R^2	0.741	0.996	0.667	0.996
N	368	16	368	16

注：表中 *** 、** 分别表示 1%、5% 显著性。

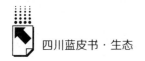
七　退耕还林工程对森林旅游的影响

退耕还林工程增加了林地面积，改善和保护了生态环境，同时促进森林旅游面积、景点和旅游人次、旅游收入的增加。退耕还林使得林地面积增加，特别是森林公园、自然保护区、自然景点等地区的农户退耕后，他们更愿意将耕地进行造林设计，使得周边森林景色更加丰富、独特和优美，部分农户开始从事乡村旅游、生态旅游等产业，随着城镇居民生活水平提高和城市环境恶化，更多城市居民选择森林旅游、乡村旅游，在回归大自然的同时达到修身养性的目的。基于全国退耕区1999～2014年面板数据，森林旅游收入随退耕还林政策实施变化的情况如图11所示。由图11可知，森林旅游收入随着退耕还

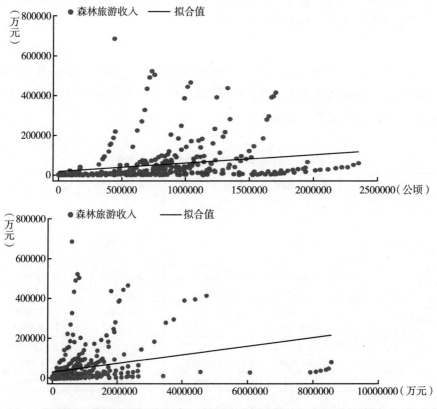

图11　森林旅游收入随退耕还林累计造林面积、累计投资的变化

林累计造林面积的增加而提高，主要通过增加森林面积来提升森林规模和质量以增加森林旅游收入。图11也显示森林旅游收入随着退耕还林累计投资的增加而提高，且增长幅度高于退耕还林累计造林面积。退耕还林累计造林面积直接决定了森林面积，而退耕还林投资决定了退耕地造林质量，投资越多，造林效果越好。由于退耕地都为坡地，灌溉条件受限，部分地区退耕造林效果重点取决于后期抚育管护，需要持续增加对退耕还林地区的巩固投资，从而发挥退耕还林政策的生态效益最大化和可持续化。

为验证退耕还林政策能够促进森林旅游业发展，本研究以森林旅游收入为被解释变量，以退耕还林累计造林面积和累计投资为解释变量，基于1999～2014年全国面板数据构建固定效应模型（模型1和模型3），基于四川省1999～2014年时序数据构建OLS模型（模型2和模型4），回归结果如表6所示。模型1和模型2结果显示退耕还林累计造林面积增加可促进森林旅游收入的提高，但模型3和模型4显示退耕还林累计投资与森林旅游收入呈正相关关系，但不显著。退耕还林造林面积可以提高森林覆盖率，吸引更多游客参与森林旅游，特别是近年来发展较快的乡村旅游、康养旅游、生态旅游等产业形式，从传统的参观、游览到体验，在四川省已形成了多个省内外闻名的森林公园、自然保护区、康养基地、乡村旅游景区等景点，逐渐发展成为新的旅游产业增长点，实

表6　森林旅游收入与退耕还林政策的回归结果

指标	模型1(退耕区)	模型2(四川省)	模型3(退耕区)	模型4(四川省)
退耕还林累计造林面积	$1.07e-06$ *** (3.500)	$2.73e-06$ *** (6.720)	—	—
退耕还林累计投资	—	—	0.006 (1.180)	0.004 (0.260)
GDP	0.0007 *** (4.770)	0.0003 ** (2.850)	12.541 *** (4.740)	14.988 *** (3.470)
农业GDP	0.0008 (0.540)	-0.0008 (-0.650)	-22.559 (0.900)	17.284 (0.310)
C值	33.338 *** (69.090)	28.133 *** (33.790)	-11495.830 (-1.41)	-73517.100 * (-2.030)
R^2	0.667	0.996	0.405	0.988
N	368	16	368	16

注：*** 、** 分别表示1%、5%显著性。

现了森林旅游人次、收入的增加。退耕还林累计投资不仅巩固了造林质量和生态效果，特别是景区内农户退耕还林后，森林生态环境改善，传统行业借助乡村旅游和景区游客发展农家乐、采摘园等产业，不但吸引了更多的游客参观体验，还实现了农户家庭增收，解决了就业等问题。

八　政策建议

基于退耕还林政策对家庭收入结构、农业产业结构、人口流动及森林旅游收入等方面的影响研究，全面、深入探讨了退耕还林工程的收入性、结构性和增效性经济效益，为下一步退耕还林工程政策设计、调整和执行提供有力参考。本研究提出以下展望和政策建议。

第一，保证项目的可持续性，强化标准的浮动性。目前项目的可持续性令人担忧，退耕还林与社会经济的协调发展需要得到更多关注①，对于退耕林地的造林、抚育积极性不高，需要解决退耕户的后顾之忧，制定、保证和宣传项目的可持续性。同时随着土地产出率和收益的提高，部分地区退耕标准已不能充分补偿退耕土地的机会成本，导致复耕现象，需要设计和制定出根据土地产出收益、物价水平、造林成本的区域性、浮动性标准。

第二，强化政策宣传，注重自愿公平。鉴于目前我国和四川省退耕还林工程具有较强的政府强制色彩、农户参与并非完全自愿，退耕户尚未从退耕还林中获得足够经济效益。为保证退耕还林成果，建议第二轮退耕还林补偿到期后，继续延长退耕还林补偿期限，在新退耕工程执行中充分尊重农户意愿，公平分配退耕指标，强化政策宣传和公示透明度，严格、及时、足额发放退耕补偿补助，提高农户参与积极性，使退耕还林成为农户的自觉行为。农户参与退耕还林的意愿取决于其对参与成本和收益的权衡，因此，应增加农户参与项目的货币性收益、提高农户生态意识及非货币性收益、减少农户参与项目的货币性成本和非货币性成本等，这是实现退耕还林可持续性的制度创新路径②。为

① 冯琳、徐建英等：《三峡生态屏障区农户退耕受偿意愿的调查分析》，《中国环境科学》2013年第5期，第938页。
② 柯水发、赵铁珍：《农户参与退耕还林意愿影响因素的实证分析》，《中国土地科学》2008年第7期，第27页。

保障粮食安全，同时也要避免宜耕地被退耕还林。

第三，引导产业调整和效益提升，促进农民再就业和持续增收。研究表明退耕还林政策能够促进农户对农牧业产业结构和粮食作物与经济作物种植面积的调整。而政策对农户土地利用行为具有很强的引导作用，政府制定的相关惠农政策对于巩固退耕还林成果十分重要①。退耕后部分农业剩余劳动力可选择外出务工从事二、三产业，农村留守农民存在更多闲暇时间，为保证家庭收入水平，保证传统农民再就业和社会稳定，政府应当强化扶持畜牧业、经济作物种植等，促使退耕户调整农牧业结构、粮经结构，从事经济收益更高的畜牧养殖、蔬菜种植、药材种植等，同时强化农业科技扶持，提高农业生产率和产出效益，强化农林牧有机结合，实现农户持续增收，保证退耕还林工程的生态效益成果，增强退耕还林工程的扶贫效应。

第四，落实退耕林地产权保证，完善退耕对象社会保障。对于退耕还林林地要落实林地产权，并颁发林权证，鼓励林权交易，发挥林权收益性；引导退耕地树种选择，应考虑适应性、技术性和收益性；为保障退耕林地造林效果，探索以退耕地流转、转包、入股等形式，形成一批造林专业合作社、专业队等社会化服务组织。为防止退耕林地复耕现象，保证退耕农户收益，需要完善退耕对象的社会保障机制。首先应加大对农户林业经营管理的技术培训、服务及资金支持力度，提高农户林业收入；其次应加强未退耕田地的基础设施建设，保障农业生产安全；最后应拓宽农户增收渠道，提高和完善外出务工人员的社会保障水平，减轻农户对土地的依赖强度，引导和激励外出务工人员转化为城镇居民，进一步提升城镇化水平。

第五，建立科学监测评价体系，加强退耕政策监督机制。退耕还林工程在四川已连续实施 17 年，但目前针对退耕还林工程生态、经济和社会效益评价的监测体系还未达成共识，只有对退耕还林项目实施全面、系统评估，才能及时准确地发现项目存在的问题，从而有针对性地进行政策调整，建议构建一个多目标、多层次的科学监测评价体系，并借助第三方机构对四川各退耕区进行退耕还林政策效益监测，为地区经济发展、产业结构调整、人口流动、森林旅

---

① 郗静、曹明明等：《退耕还林政策对农户土地利用行为的影响》，《水土保持通报》2009 年第 3 期，第 5 页。

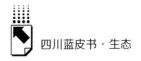
游发展提供理论支撑。同时应强化退耕还林政策的监督机制，提高项目中期监督、后期监督力度，包括项目执行、造林效果、退耕林地确权、退耕生态补偿资金发放和管理等方面，切实巩固退耕还林工程效果，保障退耕户相应收益。

参考文献

马岩、陈利顶等：《黄土高原地区退耕还林工程的农户响应与影响因素——以甘肃定西大牛流域为例》，《地理科学》2008年第1期，第34页。

赖元长、李贤伟等：《退耕还林工程对四川盆周低山丘陵区生态系统服务价值的影响——以洪雅县为例》，《自然资源学报》2011年第5期，第755页。

李登科、卓静：《基于RS和GIS的退耕还林生态建设工程成效监测》，《农业工程学报》2008年第12期，第120页。

王兵、刘国彬等：《基于DPSIR概念模型的黄土丘陵区退耕还林（草）生态环境效应评估》，《水利学报》2013年第2期，第143页。

马永欢、樊胜岳：《沙漠化地区退耕还林政策的生态经济效应分析——以民勤县为例》，《自然资源学报》2005年第4期，第590页。

于金娜、姚顺波：《基于碳汇收益视角的最优退耕还林补贴标准研究》，《中国人口·资源与环境》2012年第7期，第34页。

姚盼盼、温亚利：《河北省承德市退耕还林工程综合效益评价研究》，《干旱区资源与环境》2013年第4期，第47页。

支玲、张媛等：《基于农业循环经济发展视角的西部退耕还林影响评价——以陕西省伊川县为例》，《林业经济》2010年第1期，第99页。

郭欢欢、李波等：《退耕还林工程对农户生产生活影响研究》，《中国人口·资源与环境》2011年第11期，第110页。

陈磊、李海涛等：《基于能值的沂蒙山区农业生态系统发展评价及退耕还林损益分析》，《中国农业资源与区划》2014年第1期，第82页。

王超、甄霖等：《黄土高原典型区退耕还林还草工程实施效果实证分析》，《中国生态农业学报》2014年第7期，第850页。

刘秀丽、张勃等：《黄土高原土石山区退耕还林对农户福祉的影响研究——以宁武县为例》，《资源科学》2014年第2期，第397页。

王立安、钟方雷等：《退耕还林工程对农户缓解贫困的影响分析——以甘肃南部武都区为例》，《干旱区资源与环境》2013年第7期，第78页。

B.11
乡村旅游经营模式与乡村生态
文明建设协同路径研究

——以四川省平昌县为例

邓维杰　贺梦婷　张浩然*

摘　要： 我国乡村旅游发展迅速，经营模式也日益多样化。与此同时，
我国生态环境的快速恶化促使生态文明建设变得日益急迫，
并被党中央、国务院提到了国家战略层面的高度，乡村旅游
经营模式与乡村生态文明建设协同发展变得愈发重要。对四
川省平昌县的研究表明，乡村旅游经营模式与乡村生态文明
建设协同路径具有较多的选项。一方面，要以生态文明建设
指标体系为引领，统筹乡村旅游的规划、设计和经营管理，
确保乡村旅游能够健康发展。另一方面，要紧紧依靠乡村旅
游所涉及的旅游六要素，以乡村旅游产业链为基础找到有效
的切入点，整合和实践生态文明建设要素，从而在乡村旅游
经营中践行和推动生态文明的建设，实现乡村旅游经营与生
态文明建设的协同发展。

关键词： 乡村旅游　经营模式　生态文明　协同路径

---

* 邓维杰，亚洲理工学院（AIT）理学硕士，现为四川农业大学旅游学院副院长，副教授，硕
士生导师，主要研究领域为旅游、自然资源管理与社区扶贫发展；贺梦婷、张浩然，四川农
业大学旅游学院旅游管理专业在读本科生。

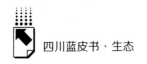

一　问题的提出

（一）乡村旅游及其发展

对于乡村旅游的定义，国内外学者虽有共性但多有侧重。例如，西班牙的Gilbert 等认为，乡村旅游是"由农户向旅游者提供食宿，以使游客在农场、牧场等典型乡村环境中进行各类休闲活动的旅游形式"[①]。其强调了是农户向游客提供食宿服务，而且一切活动发生在乡村环境中。Bill 等则认为，乡村旅游除了是基于农业的旅游活动外，还应包括"在乡村进行的运动休闲旅游、生态旅游、文化民俗旅游等具体活动，如骑马、登山、探险、打猎等活动"[②]。因此，Bill 等对乡村旅游的理解超越了乡村既有的传统活动，融入了与乡村生产生活没有必然关系的新兴旅游活动，包括探险和骑马等。欧盟（EU）和经济合作与发展组织（OECD）将乡村旅游定义为"发生在乡村环境下、空间开阔、小规模的、以自然乡村生产生活为主要吸引物的旅游活动"[③]。这里不仅强调了乡村环境，更强调了空间开阔和小规模。因此，国外对乡村旅游的定义强调的是乡村环境下、空间开阔的、小规模的，由农户提供食宿服务所开展的包括农业和非农业的旅游。

国内学者对乡村旅游的定义比较类似。例如，熊凯认为，乡村旅游的活动场所应该在乡村社区，而乡村独特的生产形态、生活风情和田园风光应该是乡村旅游的主要内容。肖佑兴等进一步指出，乡村旅游除了以乡村空间、乡村生产生活形态和乡村风光等为基础外，还必须利用城乡差异来规划和设计符合旅游基本要素的产品。这里特别强调了城乡差异并突出了旅游基本六要素。乌恩等在 2002 年的研究中将乡村旅游的定义突出了不过

① Gilbert D. , Tung L. "Public Organizations and Rural Marketing Planning in England and Wales", *Tourism Management*, 1990, 11 (2): 164 – 172.

② Bill B. , Bernerd L. , *Rural Tourism and Sustainable Rural Development*, Channel View Publications, UK, 1994.

③ Reichel A. , Lowengart O. , Milman A. , "Rural Tourism in Israel: Service Quality and Orientation", *Tourism Management*, 2000, 21 (5): 451 – 459.

多依赖资本和技术，较少使用专用接待服务设施等要素，强调了乡村旅游是以乡村生产生活常态为吸引物，基于乡村生产生活基本设施和服务能力的旅游类型。

因此，这里的乡村旅游可以被定义为：发生在乡村社区的，以乡村生产生活常态为基础，以城市游客为主要服务对象，以乡村农户为主，提供或者参与提供食宿等产业服务的旅游。

谢天慧认为，中国最早的乡村旅游活动应该是始于 20 世纪 70 年代，并以深圳的"荔枝节"等活动为先河。经过 30 多年的发展，乡村旅游目前已经成为中国旅游业中最广泛和最亲民的旅游方式。作为中国农家乐的发源地，四川省乡村旅游资源富集，独特的地理优势造就了丰富的乡村旅游资源。从著名的成都平原，到川东川北丘陵区，再到川西北（青藏）高原区，既有广袤的传统农业生产区，也有耀眼的现代农业产业园区，更有天然林区和天然牧场，以及特色鲜明的民族文化，包括语言（方言）、餐饮、服饰、民居、习俗、节庆等，乡村旅游在四川省的发展极为迅速和普遍。数据显示，2015 年四川省乡村旅游总收入 1708 亿元，占全省旅游总收入的 27.5%[①]，乡村旅游已经成为四川省建设旅游经济强省的重要组成部分。目前，四川省乡村旅游的发展呈现多样化的趋势，游客不再满足于吃农家饭、住农家屋、观农家景，更期待丰富多彩的具有时代特点和更有品质的乡村旅游活动，这对乡村旅游的经营管理提出了更高的要求。

（二）乡村旅游发展面临的挑战

我国的乡村旅游业在近几年得到了十分快速的发展，显著推动了国家和地区经济的发展、当地农民生活水平的提升，以及农村生态环境的改善等。同时涌现出田园风光游、乡村民俗文化游、传统村落游、乡村度假游，以及乡村康养游等多种乡村旅游业态。但在乡村旅游业态和内容日益丰富的同时，也出现了直接影响乡村旅游健康发展的问题和挑战，主要包括以下几点。

1）旅游城市化：乡村旅游正逐步失去"乡村性"这个核心卖点，城市化色彩愈加浓厚。

---

① 中国网，www. trave. china. com. cn，2016 年 10 月 18 日。

2）文化域外化：对乡村本土文化的保护、传承和发展力度不足，越来越多的乡村旅游盲目引进国外文化，如西洋雕塑、欧式风情街、西方节日等，它们逐渐变为乡村旅游的基础甚至是主要内容。

3）景区景点人工化：不依托乡村既有的自然和特色资源发展乡村旅游，而是乐于斥巨资建造景观景点，包括瀑布、雕塑群、牌坊等，乡村旅游资源失去了天然属性。

4）食宿高档化：不少乡村旅游景区虽以"民宿"吸引旅游者，但多停留在口号上。不少地区的乡村旅游以满足消费者需求为由，大建豪华宾馆甚至休闲会所、度假酒店等，这不仅忽略了乡村旅游的民俗性、民宿性、天然性和传统性，客观上也带来了巨大的经营压力，造成了严重的投入浪费。

5）产品简单化：很多乡村旅游依然停留在"吃农家饭、住农家屋、观农家景"的农家乐初级层面，产品类型单一、品位低，并且缺乏文化内涵和特色，使得市场上的乡村旅游产品村村如一、家家相同，产品简单化、同质化现象突出。

6）规划建设随意化：缺乏统一规划协调，缺乏产品互补，缺乏乡村旅游产业链协同全面发展的思路等，导致景区景点布局混乱，运行管理凌乱，严重影响了旅游品质和游客的重游率，直接影响了乡村旅游的经济效益，更降低了社会文化影响力。

7）发展金钱化：将乡村旅游的发展简化为经济发展，忽略了乡村旅游发展过程中的社会发展、文化发展等。对精神文明建设、生态文明建设等的重视度不够，尤其是缺乏对游客、村民及经营者的教育，导致环境污染、生态破坏、资源浪费等现象普遍。

8）管理封闭化：乡村旅游是系统工程，涉及多个关键利益相关者，尤其是政府职能部门。但这些部门之间缺乏沟通，尤其是缺乏协调机制，各自为政，封闭管理，致使一些冲突不能得到及时解决，影响了乡村旅游的健康发展。

乡村旅游发展管理不当将严重破坏乡村自然生态环境，以及古民居、古村落等。不容否认的是，乡村旅游的基础是旅游资源，而乡村旅游资源相对丰富的地区都在我国主体功能分区中的前两类中，即禁止开发区和限制开发区。如果乡村生态环境没有得到良好的保护，不仅会直接失去乡村旅游开发的基础，更会违背我国相关的法律法规要求。与生态破坏性相对较强的传统种植业和养殖业比较，乡村旅游本身就是一个更能兼顾经济发展和生态保护的产业类型。因此，乡村旅游发展必须与生态保护相协调，与生态文明建设同步进行。

（三）生态文明与生态文明建设

目前，我国的生态环境承载能力几乎已经达到上限，但对生态环境的保护工作仍未得到有效落实，生态文明建设总体上依旧明显滞后于经济社会的发展，这使生态文明建设更具有必要性和紧迫性。党的十八大将生态文明明确定义为人类为保护和建设美好生态环境而取得的物质成果、精神成果和制度成果的总和，并贯穿于我国政治、经济、文化和社会建设的各个方面的整个过程中。因此，生态文明应该是人类物质文明与精神文明发展的总和，要充分体现人与人之间和人与生态环境之间的和谐共生。中共中央和国务院于2015年联合发布了《关于加快推进生态文明建设的意见》，认为生态文明建设就是把可持续发展提升到绿色发展高度，为后人"乘凉"而"种树"，留下更多的生态资产。因此，生态文明建设不仅是实现中国可持续发展的前提条件，更关乎到中华民族的未来，包括"两个一百年"奋斗目标和中华民族伟大复兴这个中国梦的实现。

生态文明建设是党的十八大提出的经济建设、政治建设、文化建设、社会建设、生态文明建设"五位一体"的核心布局之一，其实现路径具体包括"五个坚持"和"五项任务"。"五个坚持"包括了"节约优先、保护优先、绿色发展、循环发展、低碳发展和培育生态文化"等原则。"五项任务"则包括了"技术创新、结构调整、资源节约、循环高效使用、改善生态环境质量，以及健全生态文明制度体系"等内容。

因此，生态文明建设的路径，至少应该覆盖以下四个方面。

1）生产方式绿色化，尤其是资源消耗要低、环境污染要少并且应得到有效的无害化处理。

2）生活方式绿色化，主要体现在人们衣、食、住、行、游等方面，体现在人们勤俭节约、绿色低碳、文明健康的生活方式和消费方式上。

3）生态文明主流化，即将生态文明渗入人们生产生活的每个环节，形成人人、事事、处处、时时都崇尚生态文明的社会主义新风尚。

4）建立完整、健全的制度体系，规范、约束人们的生产生活行为，激励生态友好、环境友好的生产生活方式与行为，保障生态文明建设顺利进行。

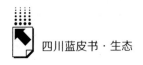
同时，在操作层面提出了具体要求，包括区域多规合一、城镇建设多样性、发展生态节水农业、推广清洁能源和可再生能源，以及严格控制人造水景工程等等。

（四）生态文明建设面临的挑战

从目前情况看，我国生态文明建设面临的挑战可以被归纳为以下三个方面。

1）环境污染面大，程度深。土壤污染、地下水污染、河流污染等情况依然严重，但全社会的保护意识尚未完全形成，预防和治理措施没有完全到位。

2）生态发展理念落后。粗放式、不科学、不可持续的资源利用方式普遍，盲目垦荒、滥伐森林、过度放牧、不合理灌溉等行为引起的水土流失、沙漠化、石漠化、盐碱化、草场退化和生物多样性减少等问题突出。

3）制度缺失突出。在一些有效传统制度丢失的同时，新的系统制度还未建立起来。没有把生态文明建设的理念、原则、目标深深地融入社会主义现代化建设的各个方面，没有以更加完整科学的新制度进行落实、监管和创新。

也就是说，我国生态文明建设面临的关键问题，一是环境急剧恶化，影响未来可持续发展，二是对环境现状的意识不足、回应不够、效果欠佳。

而乡村旅游作为新兴的产业业态，不仅能满足城市居民对乡村休闲度假、健康养生、体验学习等的需要，而且顺应了生态文明建设的要求，能积极应对我国在生态文明建设中所面临的挑战。因此，探索不同乡村旅游经营模式与生态文明建设的协同路径，既是彼此的现实需求，又是共同的战略需要。它不仅能够推动双方的健康和顺利发展，同时也突破了现有"要么站在乡村旅游角度谈生态文明建设，要么站在生态文明角度看乡村旅游"的单维度研究局面。

二　研究方法

本研究开展于 2015～2016 年，以中国休闲农业与乡村旅游示范县四川省巴中市平昌县作为实证研究地，选择其中有代表性的 5 个乡村旅游景区、景点作为研究样本，包括驷马镇驷马水乡景区、五木南天门景区、灵山巴灵台景区、云台镇龙尾村"三十二梁"及青凤镇枫香村。

研究方法以研讨会法、关键信息人访谈法、半结构访谈法（SSI）、问卷法、实证案例分析法、文献分析法及实地观察法为主。首先，本研究基于乡村旅游经营者、当地村民、村干部、景区景点所在地乡镇人民政府分管旅游负责人，以及县人民政府涉及旅游开发管理的县旅游局、县扶贫移民局、县环保局、县农业局、县林业局、县精神文明办等相关人员的视角，通过研讨会的方式，全面了解了平昌县乡村旅游发展的历史、现状和计划与趋势。其次，研究人员与上述相关人员以现场调研的方式，共同分析了平昌县乡村旅游发展与生态文明建设的实践状况。最后，结合文献分析，探讨了乡村旅游经营模式与乡村生态文明建设协同发展可能的实践路径。

三　研究结果

（一）平昌县乡村旅游概况

平昌县位于四川东北部，土地面积 2229 平方公里。截至 2016 年 10 月，全县辖 43 个乡镇，1 个街道办事处，28 个居委会，521 个行政村，3960 个村民小组，总人口 107.1 万人（其中农业人口 86.16 万人），有耕地面积 62.68 万亩。

平昌县委、县政府自 2012 年起，开始大力推进乡村旅游工作，到 2016 年就已经成功获得了全国休闲农业与乡村旅游示范县、四川省旅游标准化示范县、四川省乡村旅游强县等称号。平昌县主要乡村旅游品牌如表 1 所示。

表 1　平昌县主要乡村旅游品牌（截至 2016 年 10 月）

单位：个

品牌类型	个数
国家级旅游品牌全国休闲农业与乡村旅游示范县	12
省级旅游品牌四川省乡村旅游示范县	37
四川省乡村旅游示范镇	6
四川省乡村旅游特色乡镇	1
四川省乡村旅游示范村	15
四川省乡村旅游特色业态经营点	7

其中，平昌县有集红色文化、民俗体验、佛教朝觐为一体的佛头山景区，集米仓古道、巴人文化、田园风光于一体的灵山巴灵台景区，集湿地体验、水

乡风情、休闲观光于一体的驷马水乡景区，集森林度假、康体养生、运动休闲于一体的五木南天门景区，以及以茶文化为载体的三十二梁秦巴云顶共5个国家4A级旅游景区。建成了9个集居住、特色美食、旅游休闲为一体的特色旅游集镇，6个省级乡村旅游示范镇，53个特色旅游村，121个休闲农业与乡村旅游示范点，现有乡村旅游酒店50个。

平昌县先后引进外部企业，以驷马元丰省级农业科技示范园和三十二梁现代茶业科技园为引领，建成20万亩茶园、10万亩花椒园、10万亩核桃园、10万亩巴药园。建成以富硒有机蔬菜、农耕体验、生态采摘为特色的元山镇中岭村生态农业科技园2000亩，各类产业带将新村串成线、连成片，形成了驷马—得胜—五木—灵山—元山100公里长的生态休闲观光旅游环线。平昌县还高品质打造了"全国红色旅游经典景区"刘伯坚烈士纪念园，收录12大苏区16个省79个县共千余幅红军石刻标语，建成全国最大的红军石刻标语园。修缮了红四方面军北山寺会议旧址，建成英烈纪念园，打造"红云台—刘伯坚烈士纪念园—北山寺"红色旅游线路。挖掘提炼巴人文化，在佛头山文化产业园规划建设两平方公里的巴人民俗文化区，展示巴人文化的独特魅力。以巴灵台景区为核心，高品位打造米仓古道巴灵寨遗址和灵山巴灵大院，包装提升国家非物质文化遗产——翻山铰子舞、金钱棍等巴人传统民间艺术。在著名画家罗中立油画作品《父亲》原创地驷马水乡打造孝道文化园等。

平昌县先后举办了多种乡村旅游节庆活动，如乡村旅游文化节、灵山镇的荷花节、土兴镇的青花椒采摘文化旅游节、驷马镇的葡萄采摘节、江口镇的猕猴桃采摘节、白衣渔村的钓鱼文化节、巴灵台的巴人文化节等，显著推动了平昌县的乡村旅游体量增长。2015年，全县共接待游客308.15万人次，实现旅游收入24.62亿元。仅在2016年1~6月，全县就共接待游客近281.42万人次，实现旅游业总收入23.16亿元，半年的乡村旅游收入就已接近上年的全年收入。目前，平昌县乡村旅游环线共发展了农家乐300余家，带动运输、营销、娱乐等相关旅游服务业1000多家，从业人员1万余人，年营业总额达3亿元以上。平昌县自2011~2015年乡村旅游发展简况如表2所示。

四川省一直走在全国森林康养的前列，平昌县更是其中的优秀代表之一。自平昌县镇龙山国家森林公园被评为"全省十大最佳森林康养目的地"以来，全县已拟订了森林康养发展计划，举办了多次康养论坛，整合国土、民政、交

表 2　2011～2015 年平昌县游客接待情况统计

单位：万人次，亿元

年份	接待游客	旅游收入
2011	129.92	7.14
2012	177	9.35
2013	199.1	14.8
2014	213.2	17.7
2015	308.15	24.62
合计	1027.37	73.61

通等相关部门项目和资金，全力用于森林康养产业。平昌县板桥镇、秦巴云顶等正在开发与森林康养相关的乡村旅游项目，包括林中散步、远足、骑马游、骑车、登山、林中露营游等。"十三五"期间，平昌县将围绕镇龙山、三十二梁、皇家山等拟建设森林康养基地 23 个，建设康养产业基地超过 1 万公顷，将平昌县建成国内具有影响力的森林康养目的地。

从调研情况看，平昌县乡村旅游发展管理具有以下特点。

1）三区同建。即把产业区、安置区当作景区来设计与建设，将乡村旅游作为后续生计的重要来源进行提前规划设计。

2）树立一村一景、一区一景、一路一景（生态廊道）的乡村旅游发展思想。既有"大农村"的乡村旅游发展思想，更有特色景点、景区甚至是4A 级景区的支撑，体现区域性、大旅游的乡村旅游开发特点，而不局限于农家乐。

3）以乡村旅游促精准扶贫。全县建有 16 个乡村旅游扶贫村，不少异地搬迁精准扶贫村安置点就专门建在乡村旅游的环线，并配套建设乡村旅游服务设施，作为精准扶贫和持续发展的基础。

由此可见，平昌县乡村旅游不仅发展势头强劲，而且在四川省的乡村旅游业中非常具有代表性。

（二）平昌县乡村旅游基本模式

我国乡村旅游经过 30 多年的发展已经形成了多种类别或模式。郑群明等分别从经营方式、经营内容、经营主导者等角度将乡村旅游做了分类。

乡村旅游必须回归其乡土性来进行旅游开发，才能实现旅游发展与乡村发展包括当地村民脱贫致富的双赢。从四川省平昌县乡村旅游发展的历史、现状和趋势看，我们从当地社区包括村民与乡村旅游活动的直接利益关系和利益互动水平或者机会出发，基于产业链理论，将乡村旅游经营模式分为如下三类。

1）景区经营模式。具备比较完备的自然资源和社会资源，能为游客提供"吃、住、行、游、购、娱"的系统的旅游产业链服务，因而包含了较多的旅游形态和产品，如体验式、认养式、观光式、学习式（农业生产）、休闲度假式、养生式（温泉、康养、食疗、中医等）、科普教育式等旅游活动。例如，平昌县的秦巴云顶，就提供田间采茶、手工制茶、品茗、运动养生、避暑度假等一系列旅游活动。农业（茶业）生产是基础，延伸开展乡村旅游活动，其本身就是一个独立的旅游产业链。中岭村的现代农业园区不仅开展以现代蔬菜种植为主的农业生产，还带动观光、养老、垂钓、休闲度假等旅游活动，也是一个完整产业链的景区经营模式。

2）景点经营模式。仅具备比较单一的主题性旅游资源，主要为游客提供"游、娱"方面的服务，或部分"购"的服务，通常不能提供餐饮、住宿服务（方便食品例外），因而只覆盖了旅游产业链的部分环节。例如，平昌县的川东农耕文化博物馆（蔡家大院）、驷马水乡的孝道文化长廊、青凤镇枫香村的七彩枫林、青凤镇龙井村的芍药花海，以及各类单纯的乡村节庆活动等。该类乡村旅游经营模式主要提供观光式、宣传式、展示式旅游活动，必须有其他配套服务才能构成完整的旅游产业链。同时，该类经营模式往往通过举办各类专项节庆聚集人气、创建旅游品牌，通过"游、娱"带动"行、吃、住、购"，实现旅游创收。因此，此类经营模式的"游、娱"往往与"行、吃、住、购"是分离的。目前平昌县已经举办过至少7种专项旅游节，如芍药节、荷花节、垂钓节、采摘节等。

3）景区景点依托经营模式。此类乡村旅游经营模式本身不建设、管理和营运任何景区景点，但依托这些具体的景区景点获取游客市场，为这些景区景点的游客提供配套性的"吃、住、购"等服务，实现创收，尤其是通过特色餐饮、民宿，以及土特产等获得经济利益，基本的表现形式就是传统农家乐。客观上此类乡村旅游经营模式也提供一些体验式、康养式的旅游活动，但内容和水平视服务提供者拥有的乡村旅游资源而定。平昌县目前有 300 多家农家乐，分布在各个景区景点的沿线，都依赖于景区、景点和旅游环线，通过提供配套服务生存，被动性非常强。

（三）平昌县乡村旅游经营中生态文明建设情况

根据生态文明建设的基本要求，结合平昌县乡村旅游经营情况，我们从规划建设、能源使用、节水节能、游客宣传管理和机构内部管理五个方面，设置了相关关键指标来评价或者反映平昌县乡村旅游经营中生态文明建设情况。以下是调查信息分析结果。

表 3 涉及的人造景观和水景虽然客观上存在较高比例，但都是结合本地乡村文化，利用天然石材等适当雕琢而成。同时也发现，景区景点建设与周边自然和人文环境不完全协调，乡村旅游经营中污水污物处理方面的正面评价比例也不高。

表3　平昌县乡村旅游规划建设中的生态文明建设指标

单位：%

指　标	是	否
本单位(农家乐等)是否纳入本县甚至本市统一规划和建设管理	60	40
本景区(景点、农家乐)规划设计有无突出当地文化和自然特色	40	60
当地有无统一规划建设的排水、防涝、供热、供气、垃圾处理系统	80	20
硬件设施建设是否考虑了与环境的协调	60	40
有无人造景观	80	20
有无人造水景	40	60
乡村旅游中污水污物处理的比重	20	80

从表 4 可见，平昌县乡村旅游中薪柴利用和煤炭利用的比例比较高，而薪柴利用又直接与森林保护和碳排放相联系。同时，沼气、电力使用比例很低，具有较大拓展空间。对于薪柴的利用，乡村旅游经营者有生态保护的意识，但观念模糊，认为没有砍伐树木就不构成破坏，忽略了碳排放造成的生态问题。以上几点说明，平昌县的乡村旅游经营者在生态保护方面的意识还不够强。

对于川东地区来讲，水资源依然非常宝贵，从表 5 可以看出平昌县乡村旅游在节水节能方面意识较强。

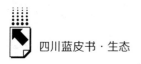

表4　平昌县乡村旅游经营能源使用中的生态文明建设指标

单位：%

使用能源类型	目前使用所占比例	使用能源类型	目前使用所占比例
薪柴	100	太阳能	0
电力	20	生物质能	0
煤	100	天然气	40
沼气	20		

表5　平昌县乡村旅游经营节水节能中的生态文明建设指标

节水节能设施/措施类型	目前使用所占比例
节水厕	100%
雨水收集	40%
废水循环处理使用	60%
节能灯	100%
声控或者光控灯	0
低耗电空调	100%
低耗电冰箱	100%
其他	节能电器使用覆盖率基本达100%

针对游客在生态文明建设方面的宣传教育（潜移默化），平昌县乡村旅游经营者目前的做法如表6所述。

表6　平昌县乡村旅游经营游客宣传管理中的生态文明建设指标

单位：%

指　标	是	否
是否采购和供应绿色农产品(包括有机农产品)	100	0
有无针对游客宣传	100	0
生态环保的相关制度是否上墙张贴	20	80
是否针对游客开展生态环保教育活动	0	100
有无传统农业文化体验、生态农业和有机农业体验活动及其设施	40	60
有无向游客提供高档和野生动植物消费品	0	100
有无提醒消费者不浪费粮食、不破坏环境的标语和提示	20	80
有无鼓励游客减少使用一次性餐具、洗漱用具的措施和制度	0	100
有无向游客提供一次性餐具	20	80
有无向游客提供一次性洗漱用具等	40	60
是否对一次性餐具、洗漱用具收费	60	40

表6显示，平昌县在乡村旅游经营中针对游客的生态文明教育是比较欠缺的，具体体现在没有向游客提供一次性餐具、洗漱用具的比例较高，对游客的生态文明宣传行为（制度上墙）较少等。

从生态文明建设的要求看，乡村旅游经营者或者经营机构内部也有相应的要求。平昌县乡村旅游经营机构的情况如下。

从表7可以看出，一方面，平昌县的乡村旅游经营机构内部比较重视生态文明建设工作，尤其是在照顾弱势群体就业，以及开展生态保护宣传教育等方面。另一方面，考虑到乡村旅游的季节性特点，乡村旅游经营者在聘用员工时一般会规避其法定假日的相关问题，所以对员工该方面权益的重视和保障力度不足。即使如此，以上也反映出当地的乡村旅游经营者对员工权益的保障有意识，但保障制度不够完善。

表7　平昌县乡村旅游经营机构内部管理中的生态文明建设指标

单位：%

指　标	是	否
有无建立党群组织（党支部、团支部、工会等）	20	80
每年是否（定期）举办传统文化节日（旅游）活动	40	60
员工有无产假等法定节假日（包括补休）	0	100
有无专门政策或者岗位照顾当地弱势群体就业	100	0
内部有无定期开展生态保护宣传教育活动	100	0

从上面的分析可以看出，平昌县在乡村旅游经营与生态文明建设协同发展上做得比较好的方面如下。

1）全域综合、规划引领。以全域旅游、全域景区的理念编制《平昌县旅游发展规划》及景区规划，并与全县基础设施建设、产业发展、扶贫开发、社会事业发展等规划紧密衔接，实现多规合一。乡村旅游开发基本达到了"多规合一、一张蓝图"的生态文明建设要求。

2）三区统建、农旅融合。推行景区、园区、社区"三区"统建，以茶叶、花椒等六大特色产业园区为乡村旅游的基本支撑，一次投入实现多重效益和产出，充分体现"节约、节俭、生态化"的生态文明理念。平昌县一路一景（生态廊道）的乡村旅游经营模式大量植入和实践了生态文明建设的元素，包括农村环境连片集中整治（如垃圾处理等）、新型城镇化、新村建设等。通过一路一景，将社区、园区和景区串成线、连成片，推动协调和协同发展。

3）保持乡土，突出特色。平昌县在乡村旅游开发中遵循依山傍水、自然和谐的原则，注重乡土味道，保留乡村记忆，突出生态特色、田园意境、地域文化。全县乡村旅游没有大量建设人工景点，其中涉水景点大多是利用天然河流或者池塘，景区雕塑基本都是利用当地原有天然石头并依其形态略加雕琢而成，充分保持了平昌县乡村色彩，充分坚持了"城镇形态多样性、防止城镇化建设千城一面"等生态文明建设原则。

4）以旅带农，综合提升。基于景区景点建设，平昌县投入6.5亿元对300公里县道老油路进行全面改造，建设景区车行道和高品质游步道220公里，新建乡村道路2750公里，配套建设乡村旅游环线客运招呼站，开通县城到各景区景点旅游公交，在完善"吃、住、行、游、购、娱"旅游要素的同时配套改善乡村公共服务设施，同期全面提升全县乡村的交通、通信、网络、医疗、垃圾处置、供水等基础设施水平，极大地改善了群众出行和景区进入的基础条件。同时，基于旅游需求，所有乡村景区景点均发展了有机农业、生态农业及特色经济林、林下经济（养鸡）等多种绿色产业，并科学施用化肥、农药，满足游客"绿色健康"的消费要求。乡村旅游经营者还大力使用清洁能源、可再生能源，应用沼气、节能灶、节水节能电器等，践行了区域综合发展、同步发展和绿色发展的"生态文明建设"思想。

5）保护挖掘，同建文明。平昌县在乡村旅游开发中不仅注重自然资源保护开发，同时注重文化资源的保护和传承，实现精神文明建设水平的提升。在通过乡村旅游的发展不断改善乡村基础条件的同时，平昌县在国内首次提出了"住上好房子、过上好日子、养成好习惯、形成好风气"的口号，通过建设农家书屋、农村文明院坝、农民夜校，出台巴山新居文明公约，以及设置"幸福家庭""业兴家富""庭洁院美""礼孝人和""身健心乐"等一系列评选活动，推动了物质文明与精神文明同步建设发展的进程，并产生了多重效益。

6）公平发展，精准扶贫。旅游资源的特点决定了其公共性，但开发能力又决定了不同群体对同一资源利用效能的差异甚至巨大差异。作为国家重点扶贫工作县，平昌县截至2015年还有贫困人口7.94万人。为了让这些贫困户通过乡村旅游实现精准脱贫和发展，平昌县支持具有不同能力的贫困户，通过开发乡村旅游、参与乡村旅游服务、生产提供和出售农副土特产品、加入乡村旅游合作社、入股乡村旅游企业取得分红等方式推进旅游扶贫。驷马水乡景区管委会与当地村委合作，引导社区的 106 户贫困户以其闲置的房屋、土地承包经营权、林权等作为股份参加了当地的旅游合作社，350 多名贫困人口通过直接参与水上游乐、乡村民宿、风情农家等旅游项目，在 2015 年就实现了人均收入 3860 元。平昌县青凤镇龙井村通过乡村旅游合作社探索股权量化等方式开展旅游扶贫。南天门景区招收工人时优先考虑贫困户从事保安和保洁员等力所能及的工作。目前平昌县已有乡村旅游扶贫村 16 个，涉及 1000 多户建卡贫困户 3300 多个贫困人口，体现了生态文明建设的公平发展、绿色发展特点。

7）措施到位，内部为先。尤其是硬件建设与自然和人文环境的协调、严控人造景观（包括人造水景）、广泛使用节水节能设施，以及经营机构内部制度建设和落实等。从表 3～表 7 可以看出，平昌县乡村旅游经营受访者中，有 80% 认同全县有统一规划建设的排水、防涝、供热、供气、垃圾处理系统；60% 认为全县乡村旅游没有大搞人造水景；100% 在使用节水节能设备；60% 在循环利用废水；40% 在收集雨水利用；100% 在采购和供应绿色农产品；100% 对游客进行宣传；60% 不向游客提供一次性洗漱用具；100% 有专门照顾当地弱势群体就业的政策或者岗位；100% 会定期开展内部的生态保护方面的宣传教育活动。

调查同时发现，平昌县在乡村旅游与生态文明建设协同发展中尚存一些不足。比较突出的有：

1）100% 的经营者依然在使用薪柴，理由是薪柴易获取且不破坏林木，忽略了碳排放污染的问题；

2）100% 的经营者没有使用太阳能、生物质能等清洁能源；

3）100% 的经营者没有对游客开展生态环保教育活动；

4）100% 的经营者没有鼓励提醒游客减少使用一次性餐具、一次性洗漱用具，60% 的经营者对一次性餐具和洗漱用品收费；

5）80% 的经营者没有提醒游客不浪费粮食、不破坏环境的提示或者标语，认为游客有自觉性；

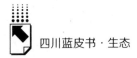
6）80%的经营者认为当地有以突出乡土色彩为主的人造景观；

7）80%的经营者认为乡村旅游中产生的污水污物没有得到很好处理；

8）80%的经营者没有使用沼气；

9）80%的经营者没有将生态保护的有关制度上墙宣传；

10）60%的经营者认为本地乡村旅游的规划设计没有突出本地文化和自然特色；

11）60%的经营者没有针对游客提供传统农业、生态农业、有机农业的文化宣传体验活动。

整体上，平昌县乡村旅游的基础设施建设快于管理水平的提升，乡村旅游经营中的生态文明建设比较令人满意。但现有管理能力，包括直接涉及生态文明建设的意识、能力、制度、机制保障等还存在明显不足。一些景区景点管理不到位，脏、乱、差现象依然存在，针对游客进行的生态文明建设宣传教育的意识和手段不够，尤其是缺乏基于体验旅游、互动旅游、亲子旅游等乡村旅游活动开展生态文明建设宣传教育活动的能力，多数旅游从业人员文化素质相对不高，缺少针对性、系统性的培训等。

四　乡村旅游经营模式与乡村生态文明建设协同路径讨论

乡村旅游发展与生态文明建设二者是相辅相成的关系。乡村旅游要实现可持续经营发展，需要以生态文明的理念来引导和促进。而乡村旅游本身也是融入生态文明建设理念和元素来开展有效的生态文明建设的最佳实践平台。乡村旅游之所以可以成为生态文明建设的良好平台，其原因是乡村旅游完全有别于一般大众旅游。

1）乡村旅游资源的原生性。这决定了乡村旅游从过程到结果都基于原生的自然和人文基础，展现的是乡村的自然性及其四季轮回、文化的传统性和传承性，以及自然和人类的天人合一等真实状态，与生态文明息息相关。

2）乡村旅游活动的体验性。相对而言，乡村旅游活动是最为安全的旅游活动，这为游客参与、体验、学习、反思、改进提供了极好基础，这也是为什么很多乡村旅游活动成为亲子旅游的重要选项的原因之一。例如，平昌县的茶园，可以提供种茶、采茶、人工制茶、品茶、观茶（茶道茶艺）等一系列观赏体验学习活动，若把这些体验学习活动与养生保健相结合，不仅可以提升乡村旅游的品质内涵，也将提升旅游经营者与游客的生态文明意识水平。

3）乡村旅游教育的互动性。对于城市游客而言，他们追求的是脱离城市繁忙生活后的心理上和生理上的放松，同时也非常关心旅游过程中吃、住、行、游、购、娱六要素的安全、健康、享受和快乐等，从而对乡村旅游服务有较高要求，包括绿色产品、自然景观、生态环境、乡土文化及其差异性和特色性等。如果乡村旅游经营者忽略这些具体要求就会失去市场，乡村旅游就无法持续经营下去。如果要满足市场要求则必须保持乡村的原生性和特色性，并确保旅游产品品质才能满足游客的消费需求，这正是乡村生态文明建设的动力和成果之一。与此同时，城市游客在乡村旅游地必须遵循乡土文化及旅游管理规范，通过观摩、体验、学习、消费等形式接受乡村生态环境、乡土文化及传统知识的洗礼，从而可以加深对乡村的认识、关注、关心，包括农村的生态环境和社会环境，增强社会道德感、责任感甚至自觉性，包括对乡村贫困的关注和支持，提升在社会公平发展和可持续发展方面的意识。这种城乡群体之间在意识与行为上的互动过程，将显著促进城乡双方生态文明的建设和发展。

4）乡村旅游市场的便利性。乡村旅游的休闲度假等特点，决定了其主要客户基本来自本地市场，尤其是乡村旅游景区、景点附近的城镇人口。这种时空和交通的便利性，为乡村旅游中城乡互动的重复性、验证性、持续性提供了基础，也为生态文明建设过程和成果的强化创造了良好条件，远胜于其他单纯的一次性的生态文明建设活动。

根据生态文明建设的基本要求，我国发展乡村旅游的意义不仅在于提高旅游目的地社区村民的收入，推动当地经济发展，更在于提升社会、文化等方面的协同发展水平，如保持乡村自然景观和本土文化的完整性，促进城市游客的反思和综合素养的提升，实现中国社会全面和可持续的发展。这就要求乡村旅游的经营管理必须建立在生态系统良好、传统文化有效保护和传承的基础上。

乡村旅游本质上应该是绿色旅游，生态产业和循环经济是其核心基础。小规模的景区景点依托型乡村旅游经营模式（通常是农家乐）往往具有个体性、自发性、随意性、盲目性等特点，缺乏交通、能源、商业、宣教、环保、财

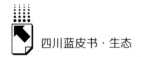

政、技术等旅游支撑和保障子系统，若不纳入有效统筹规划和监管系统，很容易破坏乡村旅游景观的完整性、节点关联性，以及自生发展的可持续性。

景区经营模式和景点经营模式往往是政府和企业投资建设管理，具有企业追求利益最大化，以及政府追求短期政绩等特点，它们很容易为了经济效益尤其是短期经济利益而忽略生态保护，造成对自然资源的过度利用甚至生态环境破坏，以及对本土文化的曲解、异化（如盲目引进域外文化）。游客既然是生态文明成果的受益者，就可以把其对高品质生态产品的消费需求作为动力，以促进乡村旅游经营管理者对生态化、绿色化和高品质乡村旅游产品的开发管理，提高乡村旅游经营管理者的生态文明水平，促进乡村生态文明建设。因此，从乡村旅游开发者、经营者和管理者的角度出发，有很多生态文明建设的切入点，包括生态环境保护、节水节能设备使用、本土文化保护传承等。

毋庸置疑，乡村旅游是旅游的一种形态，作为一种有偿的商业活动，游客付费就应该得到相应的服务。但是，游客的多样性决定了游客在乡村旅游中的消费行为具有多样性特点。客观来讲，我国目前多数旅游者的生态文明素养不高，不少游客尤其是城市游客在乡村旅游过程中往往追求自我享受，常常有不理智、违反公共道德甚至违规违法的消费行为（如浪费、吃野味、乱扔垃圾、高消费等）。畸形的消费观导致了乡村旅游经营主体和消费主体生态文化的欠缺甚至缺失，不仅直接影响了生态文明建设，更直接影响了乡村旅游的健康发展。因此，在乡村旅游过程中融入生态文化教育是非常有必要的，利用乡村旅游经营中的生态化、绿色化过程和结果，提升城市游客的生态保护意识，使游客承担作为生态文明建设者的角色及相应责任。

与此同时，绿色GDP和生态效率理念的推广，将不断促进企业对生态保护的重视和投入。乡村旅游的绿色消费、生态消费需求，将引领政府和企业推崇绿色技术、支持绿色产品的开发，以绿色产业满足社会发展的需要，而不仅仅是绿色消费、生态消费，进而促进整个社会生态文明的发展。因此，从乡村旅游消费者（游客）角度看，同样存在很多生态文明建设的切入点，包括节约粮食、理性消费、爱护环境、关心贫困人口等弱势群体、低碳生活、培养子女三观、开发生产绿色产品等等，以达到培育健康的生态文化和社会氛围的目的。

五　乡村旅游经营模式与生态文明建设协同路径建议

由此可见，乡村旅游的不同经营模式与生态文明建设的协同路径具有多种选项。从四川省平昌县乡村旅游发展及其生态文明建设的情况看，有如下具体建议。

（一）理念层面

一方面，要认同乡村旅游是我国生态文明建设的良好平台之一，生态文明建设能有效促进乡村旅游的健康发展，乡村旅游能够与生态文明建设实现协同发展的理念。

另一方面，中国的决策体系决定了政府在乡村旅游中的决定性影响力，以及公众参与的必要性。无论哪种乡村旅游经营模式，要实现乡村旅游与生态文明建设协同发展，都需要各级政府的引领，以及乡村旅游经营者和游客的有效参与，甚至主体参与，这是乡村旅游经营模式与生态文明建设协同发展的重要理念。

（二）规划层面

"多规合一、一张蓝图"是生态文明的重要体现之一。因此，利用规划这一工具，整合包括乡村旅游在内的区域发展专项规划非常重要，尤其是要确保各个专项规划实施过程和实施结果的生态化，将乡村旅游发展的各个利益相关群体纳入规划范围，通过规划确定各政府职能部门和技术部门的服务角色，社区组织、乡村旅游经营者和游客的主体角色，才可能推进乡村旅游经营模式与生态文明建设的协同发展。虽然乡村旅游是市场化推动，经营模式也各不相同，但必须纳入统一的区域规划中，统筹整个乡村旅游产业链，形成合理的时空布局，以及旅游产品的互补网络，减少同质化和内耗式竞争，满足游客合理消费需求，既推动乡村旅游体量和效益的最大化，又实现环境成本和社会文化成本的最低化、无害化。

（三）操作层面

在操作层面要根据不同乡村旅游经营模式，结合生态文明建设的具体要求，找准协同发展的具体切入点并融入具体且有特色的干预内容和措施，通过操作、完善过程逐步实现乡村旅游经营模式与生态文明建设的协同发展。从乡村旅游经营者视角看，乡村旅游产业链相关环节都可能是切入点。对于游客而言，旅游的"吃、住、行、游、购、娱"六要素都是契机。鉴于我国游客的基本特点，在操作层面适于利用"渗透"方式把生态文明建设融于旅游六要素中。

第一，在吃方面，应该以具有当地特色的乡土菜为主，包括小吃类。不能为迎合游客口味而随意提供外来食品，包括垃圾食品、过度包装食品、高档奢华食品，甚至以"野味"吸引游客。同时，要通过口头、漫画、标语甚至奖励优惠等方式提醒和鼓励游客杜绝浪费、理性消费、低碳消费，如不提供一次性免费餐具。从四川省平昌县的调研情况看，"野味"在个别景点作为吸引游客的广告语还是存在的。乡村旅游可以适当提供乡土野菜，但绝对不可提供"野味"，即使是人工饲养的，因为通过"野味"不仅会在客观上对游客产生误导，也会影响乡村旅游景区景点的品牌内涵。

第二，在住方面，应该以民宿为主，适量建设符合市场需求的乡村度假酒店，把提供住宿的利益还给当地村民而不是外来投资商。房屋风格、建材、外观、内饰等都要突出当地传统文化特色，与周边自然景观协调。在住宿范围内尽量不要随意人工种植外来物种，包括花卉等，一定要凸显本土乡村风格。不要提供一次性免费的洗漱用具，尽量提供安全卫生、原汁原味但有品质的农家住宿环境，同时硬件建设必须是节水、节能和安全的。四川省平昌县的调研显示，总体上住宿体现了本土化风格（川东民居），但民宿开发还存在一定不足。

第三，在行方面，除了网格化的绿色公共交通（电动公交等）外，应尽量以现有的机耕道、村道、作业道（田埂）为基础，适当整理（最好不用水泥硬化，可以考虑铺设环保砖或鹅卵石，不影响小草萌发生长），在确保安全的情况下，既不影响日常生产作业，又可以将其作为游客的健康步道，创造条件鼓励游客通过步行、骑车、搭乘公交车等方式在不同景点和田间开展旅游活动，让游客融入真实的乡村生产生活中。需要注意的是要尽量减少自驾车的使用，但也不能让游客有孤单感和不安全感。在四川省平昌县的调查发现，环线公交网格已经成型，很多景区景点也配置了观光自行车，也有专门的运动步道（作为森林康养的活动内容），但尚未形成区域性的步行、骑游网络。游客点对点的流动（行）还是依赖自驾车，步行和骑游基本限于景区景点范围内。

第四，在游方面，乡村旅游中的游，不应是一般大众旅游的观光游览，甚至走马观花。不能把乡村旅游当成观光旅游来经营管理。乡村旅游的"游"也不能满足于"清新空气，田园风光"的服务和消费层次，而是应该开发设计和经营管理与生态文明建设要求一致的、有利于乡村旅游健康持续发展的、符合现代游客需求的乡村旅游产品，尤其是体验产品、互动产品、养生产品等。从四川省平昌县的情况看，有运动康养产品，但康养产品还是以理念推广居多，缺乏实质创新的康养产品，其他产品类别亟须开发。不过，平昌建设的"3D动漫走廊"是一个结合乡土特色开发的游览项目，具有一定的市场号召力，尤其是针对年轻游客，可以考虑进一步完善系列产品。

第五，在购方面，理所当然要体现当地乡土产品，如农产品、畜牧产品、果品产品、养生类中药材等。不过，乡村旅游的"购"不应该采取单纯的销售（设置销售点），而是应该与体验活动（采摘、认养、亲子）、运动娱乐活动（如安全狩猎）、消费活动等结合起来，通过消费营销、体验营销、运动营销、娱乐营销等策略推广本土产品，满足游客的"购"，带动乡村土特产的销售，实现乡村发展增收。

第六，在娱方面，乡村旅游的娱乐不能像大众旅游一样大建人工娱乐设施，而是要与乡村传统时令性节庆、赶集，以及具有时代感又富有本土特色和创新性的文化节等结合，也可以与跟生态文明建设和生态保护相关的全国性以及国际性纪念日结合，例如，广元传统的女儿节、苍溪的猕猴桃节、世界地球日、世界环境日、世界森林日、世界水日、全国节能宣传周等。乡村旅游的"娱"更要与乡村四季轮回的农事活动结合起来，让游客通过参与农事活动来体验、学习、锻炼、娱乐，甚至接受教育等。乡村旅游中设计良好的体验活动、亲子活动、认养活动、康养活动等都是非常好的乡村旅游娱乐活动，能真正彰显乡村旅游的特点和内涵。

上述所有活动都应该基于统一规划形成互补方式，切忌出现同质化、庸俗化现象，尤其是乡村节庆活动的设立和举办，要挖掘健康的本土传统文化，例如，平昌县驷马水乡的"孝道文化"等，尽量避免域外化甚至西方化的产品设计（例如情人走廊、欧式婚庆街等）。这样才能增强游客的吸引力、提高重游率、延长驻留时间等，逐渐建立乡村旅游的品牌。

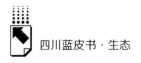

所有活动要体现体验式教育，润物细无声，寓教于乐才能产生效果。鼓励游客参与活动，尤其是体验式、认养式、评价式、奖励式等。

（四）制度安排层面

乡村旅游的健康持续发展是一个过程，生态文明建设也不能一蹴而就。因此，好的规划设计及运行管理，需要有相应的制度保障，尤其是正能量的引导示范需要一定的激励机制来推动。从调研和文献分析来看，乡村旅游经营模式与乡村生态文明建设协同发展所需要的制度安排至少包括以下几个方面。

1）部门合作：区域发展包括专项规划、运行监督、行政和执法管理（规范）等环节，乡村旅游本身就涉及多个政府部门（如旅游、国土、规划、农业、林业、环保、卫生、检验检疫、扶贫、治安、安监、文化教育等）。从"多规合一、一张蓝图"的编制到运行管理，都需要建立良好的部门合作，在各自依据相关法律法规规范管理的同时，还要形成部门协调机制，避免各唱各戏甚至相互矛盾。这是实现乡村旅游经营模式与乡村生态文明建设协同发展的根本条件。

2）机构能力：无论是乡村旅游本身，还是与生态文明协同发展，不仅是一个专业性工作，也是一个需要不断创新的工作。因此，对机构能力的要求很高，包括规划与更新、产品设计、游客管理、危机管理、利益分配、社区合作、扶贫发展等。这不仅仅要依靠引进相应人才，更要结合乡村旅游特点，培养本土人才。从目前调研情况看，规划通常是委托外地机构编制，本土参与尤其是乡村旅游经营者和村民参与太少。尽管乡村旅游体量在不断增加，但本土乡村导游很少甚至基本没有，不少乡村旅游景区景点认为不需要导游，游客自行观看即可，即使需要也是所谓的专业导游而非乡村本土导游，这实际上是对乡村旅游的一个误解。此外，乡村旅游合作社不仅数量少而且缺乏经营能力（尤其是市场开拓和精准扶贫整合方面），对森林康养的理解还停留在修建养老院层面或者体育锻炼层面。以上这些都需要具有相关能力支撑体系才能通过集中培训、现场诊断指导等方式提高本土机构能力。从游客宣传教育的角度，手段的多样化和时代感必须考虑，不能单纯通过标语广播来做宣教。平昌县的"3D动漫走廊"就是一个不错的实践。

3）责任追究：无论是乡村旅游经营还是生态文明建设，都涉及区域层面经济、社会和文化的健康发展，必须建立和运行相应的责任追究制度。除了严格执行《中共中央、国务院关于加快推进生态文明建设的意见》和《党政领导干部生态环境损害责任追究办法（试行）》，还要根据区域层面实际情况，形成县级（市级）乡村旅游经营与生态文明建设责任追究细则及奖励制度。同时要把政府部门和官员的政绩、乡村旅游的绩效和乡村旅游经营与生态文明建设协同发展结合起来评价，不能因为经济增收忽略其他影响，尤其是生态环境和传统文化方面的不利影响。将绿色GDP和生态效率理念融入具体实践中，体现在政绩考核指标体系中。

六　结论

乡村旅游是中国未来旅游业发展和乡村发展的主要方向和支柱之一，生态文明建设则是中国实现可持续发展的基本战略保障之一。一方面乡村旅游的经营正在践行乡村生态文明建设，推动生态文明建设，尽管还有众多不足。另一方面生态文明建设也正在极大地推动乡村旅游的健康发展，尽管空间还很大。因此，乡村旅游是生态文明建设的良好载体与平台，生态文明建设则是乡村旅游发展的助推器，乡村旅游完全可以与乡村生态文明建设实现协同发展。

从研究结果看，乡村旅游经营模式与乡村生态文明建设协同发展路径，首先是有效的部门合作制，其次是机构能力建设体系，最后是非常具有中国特色的责任追究制。在操作层面，要基于旅游的"吃、住、行、游、购、娱"六要素的基本要求，结合乡村旅游经营模式的特点，以各地乡村旅游产业链各个环节为切入点，重点是设计好旅游产品，充分体现体验式、互动式、评价式、学习式、奖励式、重复式的特点，不仅为生态文明建设做贡献，更直接提升乡村旅游的经济价值、文化价值、生态价值和社会价值等。

参考文献

Gilbert D. Tung L. , "Public Organizations and Rural Marketing Planning in England and Wales," *Tourism Management*, 1990, 11 (2), pp. 164 – 172.

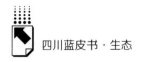
Bill D., Bernerd L., *Rural Tourism and Sustainable Rural Development*, Channel View Publications, UK, 1994.

Reichel A., Lowengart O., Milman A., "Rural tourism in Israel: Service Quality and orientation," *Tourism Management*, 2000 (21), pp. 451 – 459.

熊凯:《乡村意象与乡村旅游开发刍议》,《地域研究与开发》1999 年第 3 期,第 70 ~ 73 页。

肖佑兴、明庆忠、李松志:《论乡村旅游的概念和类型》,《旅游科学》2001 年第 3 期,第 8 ~ 10 页。

乌恩、蔡运龙、金波:《试论乡村旅游的目标、特色及产品》,《北京林业大学学报》2002 年第 3 期,第 78 ~ 82 页。

谢天慧:《中国乡村旅游发展综述》,《湖北农业科学》2014 年第 11 期,第 2715 ~ 2720 页。

中国网:www. trave. china. com. cn, 2016 年 10 月 18 日。

王秋芳:《生态文明视阈下安丘市乡村旅游发展研究》,《山东纺织经济》2015 年第 1 期,第 50 ~ 52 页。

《中共中央国务院关于加快推进生态文明建设的意见》,人民网 – 中国共产党新闻网, www. cpc. people. com. cn, 2015 年 4 月 25 日。

《乡村旅游带动产业大发展》,平昌县人民政府政府网, www. pcxzf. gov. cn, 2016 年 7 月 26 日。

平昌县人民政府:《发展乡村旅游 助力精准脱贫》,全国乡村旅游与旅游扶贫工作推进大会上的发言, 2016 年 8 月,内部资料。

郑群明、钟林生:《参与式乡村旅游开发模式探讨》,《旅游学刊》2004 年第 4 期,第 33 ~ 37 页。

王云才、许春霞,郭焕成:《论中国乡村旅游发展的新趋势》,《干旱区地理》2005 年第 6 期,第 862 ~ 868 页。

尤海涛、马波、陈磊:《乡村旅游的本质回归:乡村性的认知与保护》,《中国人口资源与环境》2012 年第 9 期,第 158 ~ 162 页。

中共中央办公厅、国务院办公厅:《党政领导干部生态环境损害责任追究办法(试行)》,新华网青海频道, www. qh. xinhuanet. com/zwpd, 2015 年 8 月 20 日。

自然资源管理

Natural Resource Management

B.12
四川自然资源资产评价关键技术研究

张洪吉　罗　勇　滕连泽　谭小琴　陈青松 *

摘　要： 对自然资源资产进行科学、合理的评价，是编制自然资源资产负债表、健全自然资源资产管理制度的一项关键基础性工作。本文在借鉴国内外经验的基础上提出了四川省自然资源资产评价技术研究的总体思路、目标和主要内容，并重点阐述了创新方法和关键技术手段，以期为自然资源资产评价工作提供参考。

关键词： 自然资源　资产　评价　技术

---

* 张洪吉，四川省自然资源科学研究院助理研究员，主要研究方向为资源信息；罗勇，四川省自然资源科学研究院副研究员，主要研究方向为资源规划；滕连泽，四川省自然资源科学研究院副研究员，主要研究方向为资源遥感监测；谭小琴，四川省自然资源科学研究院副研究员，主要研究方向为资源环境；陈青松，四川省自然资源科学研究院实习研究员，主要研究方向为农业资源利用。

党的十八届三中全会提出，要健全自然资源资产产权制度和用途管制制度，探索编制自然资源资产负债表，对领导干部实行自然资源资产离任审计。我国《生态文明体制改革总体方案》和《四川省生态文明体制改革方案》都明确提到要研究和编制自然资源资产负债表，构建自然资源的资产和负债核算方法。而自然资源资产评价是编制自然资源资产负债表、健全自然资源资产产权制度的重要环节之一。但是，当前还没有完整的面向区域或行政区（省、市、县、乡）的关于自然资源资产实物（账户）量化的指标体系，也没有将实物量、质量和价值量相统一的评价体系，更没有成熟的方法技术体系或成套解决方案可循，仅有一些单一领域或单项的关于自然资源数量、质量或价值评价等方面的指标或技术可供借鉴。因此，亟须开展立足于地方特色的自然资源资产评价方法和技术体系研究，从而为自然资源资产负债表编制、自然资源可持续管理等相关工作提供科学的决策依据和有效的技术支持。

一 评价技术研究的思路、目标和主要内容

（一）关于几个基本问题的理解

1. "资源"与"环境"的联系和区别

由于资源与环境存在密切的联系和辩证的关系，长期以来人们将"资源"和"环境"两个词连在一起表述为"环境资源"或"资源环境"，却忽略了资源和环境之间的区别。特别是在领导干部自然资源资产离任审计被提出后，容易将自然资源资产审计与环境审计混淆起来，这不利于自然资源资产的科学核算和合理评价。所以，厘清资源与环境之间的联系和区别，是开展自然资源资产评价的前提，也是学界和业界不可回避的问题。

"环境"，指与人类生存和发展有关的各种天然的和经过人工改造的自然因素的总体。"资源"，这里指"自然资源"，引用联合国环境规划署的定义：指在一定时间、地点条件下，能够产生经济价值，以提高人类当前和未来福利的自然环境因素和条件。所以，不管人类用不用，无论对人类是利还是弊，存在而有关就是环境；而资源至少应具有以下基本属性，即边界性、时效性、有用性、可控性和价值性。因此，资源和环境是不同的概念，总体而言，环境的

范畴更大，只有在一定的条件下，当环境中的东西具备资源的属性时，"资源"和"环境"才可以被认为是从不同的角度对同一事物的不同价值判断。只有"资源"才能进入自然资源资产评价的范畴，而"环境"也可以被评价但与"资源"不是同一概念，更不能将环境评价等同于自然资源资产评价。

2. 自然资源资产内涵的理解

相对于对自然资源内涵的认识，学界和业界对"自然资源资产"的定义和范围没有定论。其中有两种颇具代表性的观点：一是认为自然资源中能够资产化的部分即为自然资源资产，这一观点明确指向具有经济性、收益性、权属性和有偿性等一般资产属性的自然资源，并将资源资产主要集中于自然资源的资产化和经济核算方面；二是认为自然资源资产是指具有明确的产权主体、具有清晰的产权边界、能够为人类带来福利并以自然资源形式存在的物质资产。两种观点的共同点是都认为自然资源只有能够资产化的部分或者以资产化形式存在的部分才能成为"自然资源资产"，但是具体以什么标准或什么指标来界定，尚未明确。我们认为，自然资源要成为资产或者要能够被用来开展资产评价，应具备以下基本条件：一是要同时具备需求性和稀缺性，这是自然资源能够成为资产最基本的条件；二是要有明确的产权主体，即要清楚是谁（国家、集体、个人）对资源拥有些什么权利（如所有权、管理权、使用权、经营权、收益权等），否则评价就没有主体；三是边界要明晰，即在特定的时间和空间内能够辨识和计量资源的实物情况；四是要具有量和值的可评价性，即在评价期的技术条件下能够对资源进行计量和对价值进行评估或核算。

3. 自然资源资产评价的范畴

在评价范围（资源类型）方面，涉及土地、水、森林、生物、气候、矿产等资源类别。在评价深度方面，涉及实物数量、质量和价值评估，尤其是价值评估和核算范畴，自然资源资产的价值包括其资源价值、环境价值、生态价值、经济价值、社会价值和文化价值等，其中经济价值是核心，但具体评价哪些价值仍存在争议。就四川而言，在资源类别方面，可以优先或重点评价土地、森林、水和矿产资源；在评价深度和价值评估方面可以先期评价资源实物量，在此基础上优先核算经济价值和生态价值，综合评价资源和环境基本承载能力和承载压力。由于四川资源种类丰富、片区差异较大，所以我们对不同地区资源评价的侧重可以有所区别，以便提高评价的可操作性和更好地突出地方特色。

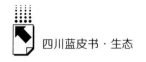

（二）总体思路

本文以评估区域自然资源状况和管理利用情况、编制自然资源资产负债表的现实需求为导向，立足当前四川省自然资源管理技术和工作基础，选择1～2个试点区作为切入点，在统一的平台框架和标准下，优先摸清土地、森林、水资源的数量和质量现状、资产权属属性和使用状况，在此基础上开展价值评估及资源基本承载能力和压力评价。进而总结出一套科学的评价方法和技术体系，为改进区域自然资源资产管理提供技术支持，为构建生态文明制度体系提供科技支撑，供相关部门下一步推广应用。

（三）总体目标

整合土地、森林、水资源重要专业数据并搭建资源账户子平台，构建自然资源资产账户总平台框架，开展试点区的资源数据融合和账户充实。突破远程观测和实地复核、数据获取与更新、资产价值量化、区域资源环境承载能力评价等关键技术，建立一套比较适用的基本成熟的技术方法体系。以试点区为评价范围，完成重要自然资源资产自身属性（数量、质量水平和存在状况）评价、使用状况和价值评价，以及资产负债与可持续发展的综合评价。在审计领域开展试点县自然资源资产离任审计应用，在国土资源管理领域开展区域建设用地绩效评价应用，在环境保护领域开展生态环境管理评价应用，在林业管理领域开展退耕还林绩效评估应用，在水资源管理领域开展水资源开发利用和管理绩效评价应用。同时，探索资源管理改进方式，提升"后服务"，即科技支撑资产评价后的资源开发利用管理改进，包括战略规划、区域政策建议、环境治理等方面的咨询与技术服务。

（四）评价对象和主要工作内容

评价对象：一是土地、森林、水等单项资源资产，包括实物计量、质量评价和价值量核算；二是面向区域的自然资源资产（包括资源）综合评价；三是自然资源与人相结合的匹配度和可持续性评价（负债、承载力等）。

主要内容：本研究内容重点分为自然资源资产基础账户平台（系统）建设和关键的评价方法与技术研究两个方面。

（1）整合搭建自然资源资产基础账户（大数据支撑平台）

1）土地、森林、水资源环境专业子平台构建。以拟试点的县（市、区）或市（州）为对象，以土地、林业、水务、环保等相关部门及科研单位和社会团体长期积累的有关自然资源数量和质量状况数据、环境数据、产权权属数据为基本信息，重点搭建以实物量为基础的、以区域资产负债表框架为基本骨架的、具备资源空间特征属性的平台框架，形成一个试点工作区土地、森林、水资源"家底"账户。

2）数据整合与综合总平台搭建。主要内容是整合不同行业部门和专业领域的数据，开展数据的规范化、标准化处理，以及资源数据的空间可视化表达，形成一个总平台。同时按需逐步积累和完善数量质量数据、权属数据、变更数据，为资产的各项评价和应用奠定基础。其难点在于数据整合后的一致性及数据更新。

（2）自然资源资产评价关键技术体系研究

自然资源资产评价的目的是科学合理地评估区域自然资源状况和管理、利用情况，为资源合理开发利用、环境保护提供科学的决策依据。根据这个目的，确定下列研究内容：一是资源资产数量与质量水平的评价（单项评价），二是资源资产的使用状况及价值评价（单项评价），三是资源资产的压力和承载能力评价（综合评价）。这三个评价具有整体关系，共同构成一套区域自然资源资产评价体系：数量和质量的评价是价值评价的基础和依据，也是"家底"的状况评价；使用状况和价值评价是对资源的使用管理、市场价值及潜在价值做通盘考虑；压力和承载能力评价是区域综合评价，分别或综合反映区域资源需求和负债情况，是区域可持续状况的量度，同时也间接反映了使用管理水平，评价成果能够为绩效评价、问题追责、损失估价赔偿、资源开发利用管理的改进、资源政策的制定、资源储备制度的建立、资源市场的培育奠定基础。具体内容包含以下三个方面的关键方法和技术研究。

1）自然资源资产自身属性（数量、质量水平和存在状况）评价方法与技术研究。以土地、森林、水等主要资源资产作为对象，以试点区为评价范围，以年度为周期，以资产的数量、质量水平、存在状况和权属为评价内容，研究数量获取方法、质量检测方法、动态消长规律和变化速率、影响数量变化和质量改变的主要因子、受自然和人为的干扰程度、资源受保护程度、与全国进行

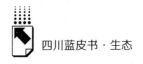

对比分析的相对优势度等，以及相应的快速识别、远程观测、实地复核、空间制图、动态变更等关键技术。

2）自然资源资产的使用状况和价值评价方法与技术研究。以评价区范围内的主要资源清单的实物量和状况为基础，开展价值量的评估，包括市场价值和潜在价值，或有形价值和无形价值，从区位度、社会需求度、稀缺性、可开发可转化度、功能可替换度等方面进行价值量化和核算。

3）区域自然资源资产负债与可持续发展评价方法与技术研究。资产负债评价包括资源负债和环境负债，其中资源负债是资源必需量被占有、损耗、破坏而必须偿还的部分，环境负债是开发资源中产生了环境的负面问题，主要表现为大气、水、土壤环境容量超过了承载力。关键是区域资源环境承载能力和实际压力评价技术，拟在一定区域、时期、人口和技术经济水平条件下，从公认的资源最低需求保有维持量及环境负面因子最大许可容量两个方面进行突破。

二 创新方法与技术体系

（一）技术路线

首先，在前期理论和方法研究的基础上，选定典型试点区，通过行业部门和专业机构收集区域的土地、森林、水等重要自然资源资产的原始数据。

其次，研究数据标准化和行业数据整合与融合技术，设计账户平台总体框架。开展数据整理，研究账户平台建设关键技术，搭建总平台原型框架及土地、森林、水资源专项子平台。

再次，研究各领域专项及综合性的自然资源资产评价指标体系及评价方法和技术体系，开展试点区初期评价。

最后，收集一个周期（1 年）的变更数据，充实资源资产账户平台，开展专项和综合评价，并在自然资源资产离任审计、土地整理、退耕还林、水资源管理绩效评价等方面开展应用。

（二）创新方法体系

根据自然资源资产自身属性—使用状况和价值—负债与可持续发展的评

价内容，建立前评价—现评价—后评价的方法体系。其中，前评价主要是对自然资源进行界定和对资产化方面的定性与定量评价；现评价主要是对评价期自然资源的价值进行评估和核算；后评价主要是对未发现的或潜在的价值进行评价。构建该方法体系的优越性在于：通过前评价掌握资源的真实性和变化历史；通过现评价掌握评价期的自然资源资产状况并与市场经济相接轨；通过后评价以动态和发展的眼光看待资源，为资源的培育、资源的增值提供科学的依据。

1."前评价"内容和方法

（1）真实性与可控性评价。弄清资源的空间特性，在空间上的边界，在评价期的技术水平下是否可控，可采用调查、辨识、绘制和统计等方法，通过该评价可以掌握资源的实物量。

（2）资源产权的清晰度评价。对于资源的所有权、管理权、经营权、使用权、收益权的明晰程度，主要采用调查法，明确资源的产权属性和资产评价的主体与客体，为下一步价值评估及综合评价奠定基础。

（3）需求性与稀缺性评价。对于评价期经济社会发展对资源的需求程度，资源的稀缺程度评价，可采用市场调研、存量用量比、价格成本比等方法。

（4）市场环境评价。考察资源有没有交易市场，市场是否规范，支撑交易市场健康发展的政策通畅性等，主要可采用市场调查法。

（5）价值实现的历史评价。对一定时期拟评价资源的历史价值开展评价，在了解资源使用和管理历程及历史价值的同时为资源战略决策提供信息基础。

2."现评价"内容和方法

（1）现在市场价值评价。主要方法为市场价格法，即根据评价期自然资源现实市场（交易市场和转让市场）中形成的资源价格来核算、评估自然资源的价格，进而结合资源实物量来共同推定自然资源的价值。但运用该方法的前提是目标评价客体已具备发育相当成熟并有序规范的市场，并建立在"前评价"中"市场环境评价"的基础之上。

（2）模拟市场合理评估价。对评价期还没有形成成熟规范市场但假设产权明晰且具备市场的情况下开展的资源价值评估。主要方法有：成本费用法——根据自然资源价格构成因素进行资源价值的推算；收益还原法——根据替代和预测原理以适当的还原利率折为现值来估算资源价值量；意愿支付

法——通过支付意愿调查的价值来估算资源价值量；等等。

3."后评价"内容和方法

资源承载力、压力及未发挥的潜在价值评价。资源的可持续能力及可能存在的潜在价值评价，可用间接市场估价法、趋势分析法、层次分析法、专家打分法和问卷调查法等。

当前，一些价值评估方法在实际操作过程中尤其是单项资源评价中已获得应用，但其综合运用还需进一步集成。可根据评估过程中对资源、环境、经济、社会几者之间关系考虑的侧重点不同而选择不同的估价方法。例如：在评价市场价值时如果重点考虑资源与经济的相互依存关系，可使用市场价格法或模拟市场评估法；在潜在价值评估时如果关注资源对社会发展的依存关系，可选择意愿支付法；在重要生态功能区关注资源利用对环境和人类生存条件的影响时还可以重点评估生态价值。

（三）关键技术和主要手段

1.运用大数据与云计算技术，构建"互联网＋自然资源"的资产评价模式

开展自然资源资产评价，无论是对实物量进行统计还是对价值量进行核算，都涉及海量的数据和庞大的信息，而且数据源多、专业性强，这对数据存储、管理、分析和共享提出了很高的要求。大数据与云计算技术为资源资产评价工作提供了有效的解决途径：应用大数据存储技术缓解海量数据管理和分析压力，采用分布式计算提升数据分析能力，通过数据挖掘提高资源资产评价效率。

（1）构建基于大数据的自然资源资产账户平台

以区域为对象，将与自然资源管理和核算相关的土地、森林、水务、环保、统计等相关部门及有关科研、事业单位长期积累的土地、森林、水、矿产等自然资源数量、质量状况数据、环境数据、产权权属数据进行整合，重点解决以实物量为基础的，以区域资产负债表框架为基本骨架的，同时数据具备资源空间特征属性的平台框架，形成区域"家底"账户大数据平台。

（2）研发基于云计算的自然资源资产信息系统

由于自然资源资产相关数据来自不同的部门和单位，而且不同类别的资源资产评价和量化具有较高的专业性，将这些庞杂的数据和不同的专业领域

进行统一是开展资产评价的前提之一，这就对数据的收集、处理后台提出了比单一评价更高的要求。可以依托分布式数据库、分布式处理、云存储技术，研发基于云计算的自然资源资产信息系统，提高数据收集与分析效率，加强资源数据的转换和分发能力，提升不同部门、不同专业人员协同工作水平。

2. 基于"3S"技术集成的海量时空数据获取、处理、挖掘与管理

自然资源资产评价最基础的环节就是获取精准的基础数据。而自然资源基础数据在形态上大多具有显著的空间（位置）特性，并对应其权属、价值、质量等专题属性数据；在时相上随着时间推移和资源利用状况的不断变化而形成不同时期的时态数据并要求不断监测和更新。因此，需要有力的技术手段对这些海量的时空数据进行获取、处理、挖掘和管理。"3S"——遥感技术（Remote Sensing，RS）、地理信息系统（Geography Information Systems，GIS）技术和全球定位系统（Global Positioning Systems，GPS）技术的不断发展和集成为解决这个问题提供了有效的方案。

遥感技术因其数据获取范围广、获取速度快、获取周期短、受限条件少的优势，已在资源数据采集方面获得了大量成功的应用。运用遥感技术，可以解决从宏观到微观不同空间尺度上资源分布和对象的识别，以及范围的快速计量问题。

地理信息系统技术以计算机硬、软件系统为支撑，开展空间及属性数据的储存、分析、管理和可视化表达，其数据类型包括矢量、栅格、表格等，数据对象涵盖空间位置、遥感影像、专题属性等。自然资源资产评价过程中对具有空间特性的资源数据的需求使得地理信息系统技术成为关键的支撑技术之一。应用地理信息系统技术，可以解决自然资源时空数据的分类记载、统计、分析和管理，以及资产的空间表达问题。随着三维地理信息的不断发展，还可以实现资源在空间位置、数量、质量，以及变化情况上的三维可视化表达。

全球定位系统技术当前已经成为资源调查的重要手段，并不断向快速、便捷、灵活的方向发展。它可以为资源边界划分、模糊资源辨识、混合资源资产识别、资产权属（国有、集体、个人）确认、权利的（所有权、使用权等）分别计量、产权的划分等提供精准的定位服务。

"3S"技术已在资源的调查、评价方面得到了大量的应用并取得了良好的成果。例如，在土地资源调查与监测方面，运用高分辨率的遥感影像，在全球定位系统支持下进行辅助实地调查，利用地理信息系统对土地空间位置、类型、权属、质量，以及变化情况进行处理、分析和存储管理，为土地资源的管理、土地利用规划等提供科学的数据支撑和有效的技术支持。在林业资源监测和保护方面，已在森林防火地理信息系统、森林病虫害的监测、森林资源的清查等方面开展有效应用。在矿产资源调查、水文资源调查与评价等方面也有应用并发挥了重要作用。而面向区域性的自然资源资产评价，还需要根据应用需求和结合数据实际进一步集成。

以"互联网＋"模式并集成"3S"技术开展自然资源资产评价的基本思路是：在资源资产大数据平台框架和统一的标准和规范体系下，开展基于"一张图"的资源空间数据获取和处理，基于专业化的资源质量数据来源，构建基于云计算与地理信息的自然资源资产评价信息系统，以价值评估模型库和专家系统开展专项和综合评估。在技术层面有两个关键环节，即标准化时空数据库建设与数据更新，以及评价模型库的构建。

标准化时空数据库建设与数据更新：当前，自然资源资产基础数据来自不同行业（资源类别）部门和不同专业领域的相关单位。如土地资源方面，主要有国土部门的土地资源详查数据、国土资源年鉴、土地利用遥感监测数据、基本农田监测数据等；森林资源方面，主要有林业部门的调查数据、森林资源规划设计调查公报、草地资源调查成果数据等；水资源方面，主要来自水务（水利）部门及其科研单位，如地表水和地下水水资源量、水资源公报、河流和饮用水水质等；矿产资源方面，主要有国土部门的储量、开采量数据，地矿系统的勘查数据，以及能源统计年鉴等。数据格式多样，主要有纸质资料、电子表格、文字描述、遥感影像、矢量化的空间数据等。然而正是数据的多源化和类别的多样性，使得数据庞大而往往标准、格式、比例不一，导致数据一致性不高、融合度较差等问题。因此，需要在统一的标准框架下，以大数据平台为支撑，建立"一张图"基准下的专业化时空数据库并进行常态化更新。

评价模型库构建：自然资源资产评价涉及各单项资源的专业技术，尤其是在价值评估方面，除了以市场价格来评价以外，需要各种专业模型。因此从业务和专业的角度，多种模型之间的耦合度差，模型复用困难，影响资产评价的科学性和客观性。所以，要在统一的标准、规范和指标体系下，建立评价模型库，提高评价的自动化水平，降低作业成本，减少评价的不确定因素。

三　成果应用与组织保障

（一）应用领域和推进步骤

技术成果可以在审计、国土、林业等几个重要领域优先应用。并按照试点—示范—推广的步骤推进，具体如下。

1. 几个重点领域的应用

在领导干部自然资源资产离任审计方面，可以开展自然资源资产管理绩效评估、负债责任审计、自然资源管理改进提升的后服务支撑等应用；在国土资源管理方面，可应用于大面积国土整治绩效评估、建设用地绩效评价、乡村土地的产权置换、土地交易的税收定价等；在林业方面，可以进行退耕还林的绩效评估，森林公园、城市绿化的生态资产值评估，自然保护区的破坏追责等方面的应用；在水资源管理方面，可应用于塘、库、堰建设，饮用水源保护，区域水土保持等水资产增量绩效评估等。

2. 试点、示范和推广应用步骤

通过试点研究和应用摸索一套解决方案，在不同资源丰富度区、不同人口密度区、不同生态经济区开展典型示范，进而总结完善方法和技术体系并进行推广应用，同时根据实际需求开展人才培训和技术服务。

（二）支撑队伍

如前所述，一方面自然资源的基础数据来源于不同的部门，同时资产评价涉及土地、林业、农业、水务、测绘、统计等众多专业领域。另一方面自然资源资产评价的最终目的是要通过合理地评估区域自然资源管理、利用和保护状况，进而为资源的合理开发、环境保护提供科学的决策依据，所以另一个重要环节是评价后的资源管理改进提升建议和技术支撑服务工作。因此，需要面向四川省自然资源资产评价和管理的需求，建立一支调查—评价—后服务全过程

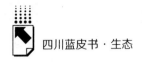
的专业技术支撑队伍。建立这支专业队伍的基本思路是：深化行业协同与专业融合，以自然资源管理部门或自然资源资产管理机构为核心，以相关专业技术为纽带，加强国土、林业、统计、审计、测绘等相关专业领域的深度合作，共同建立一支专业技术队伍。

（三）保障措施与建议

1.加强资源资产评价能力建设

根据资源资产评价的实际需求，发挥相关部门和行业的专业优势力量，进一步加大在资源调查、监测和资产评价方面的技术研发支持力度。加强各行业、各领域（不同资源类别）和专业技术人员的合作，开展自然资源管理方面的综合培训。

2.提高资源资产评价和管理的信息化水平

由于自然资源资产数据的多样性和评价的复杂性，且评价过程须实现数据获取、信息提取、数据更新、模型计算，以及成果展示整个流程的数字化与可视化，因此需要构建资源资产信息平台，综合应用空间信息等先进技术，为资产评价提供信息化支撑。

3.加快健全相关配套制度体系

一是健全自然资源资产产权制度。二是建立自然资源资产评估和结果应用制度，将自然资源纳入国民经济核算体系账户，研究制定自然资源资产评估标准和规范，同时鼓励和支持第三方参与自然资源资产调查与评价，提高评价结果的客观性。三是完善自然资源有偿使用和市场交易制度，构建合理的价格形成机制，提升资源资产评价的科学性和管理的可持续性。

四　结语

自然资源资产评价是编制自然资源资产负债表、推进资源可持续管理的一项基础性工作，同时也是一项理论性、方法性、技术性、规范性和政策性都很强的系统工程，而四川作为我国资源大省，资源种类多、区域性强，这项工作更为复杂。课题组只是抛砖引玉，从技术研究的角度对自然资源资产评价的范围、方法和技术实现途径方面进行研究和探讨，以期为自然资源资产评价和管理提供一定的参考。要实现自然资源资产评价的规范化、标准化和常态化，亟须进一步加强理论、方法、技术研究，以及规范制定和政策设计，需要学界和业界共同努力，推动此项工作扎实有序地开展。

参考文献

孔繁文、戴广翠：《瑞典、芬兰森林资源与环境核算考察报告》，《林业经济》1995年第 1 期，第 76 ~ 80 页。

张耀辉、蓝盛芳：《自然资源评价的多角度透视》，《农业现代化研究》1997 年第 6 期，第 349 ~ 351 页。

吴优：《挪威和芬兰的资源环境核算》，《中国统计》1998 年第 5 期，第 39 ~ 40 页。

王树林、李静江：《绿色 GDP：国民经济核算体系改革大趋势》，东方出版社，2001，第 5 ~ 6 页。

董瑞伶、宫辉力、赵文吉、李小娟：《3S 技术在国土资源大调查中的应用初探》，《首都师范大学学报（自然科学版）》2006 年第 2 期，第 93 ~ 97 页。

刘军：《环境核算在美国》，《山东经济》2006 年第 4 期，第 75 ~ 78 页。

万年庆、罗焕枝、刘学功：《对自然资源概念的再认识》，《信阳师范学院学报》（自然科学版）2008 年第 4 期，第 630 ~ 634 页。

裴辉儒：《资源环境价值评估与核算问题研究》，中国社会科学出版社，2009，第 10 ~ 12 页。

徐渤海：《中国环境经济核算体系（CSEEA）研究》，中国社会科学院研究生院硕士学位论文，2012，第 5 ~ 8 页。

黎祖交：《正确认识资源、环境、生态的关系——从学习十八大报告关于生态文明建设的论述谈起》，《绿色中国》2013 年第 3 期，第 46 ~ 51 页。

韩斌：《3S 技术在土地整理中的应用研究》，《北京农业》2013 年第 6 期，第 199 页。

陈玥、杨艳昭、闫慧敏、封志明：《自然资源核算进展及其对自然资源资产负债表编制的启示》，《资源科学》2015 年第 9 期，第 1716 ~ 1724 页。

杨海龙、杨艳昭、封志明：《自然资源资产产权制度与自然资源资产负债表编制》，《资源科学》2015 年第 9 期，第 1732 ~ 1739 页。

《国务院办公厅印发〈编制自然资源资产负债表试点方案〉》，新华网，http：//news. xinhuanet. com/politics/2015 – 11/17/c_ 1117168120. htm。

孔含笑、沈镭、钟帅、曹植：《关于自然资源核算的研究进展与争议问题》，《自然

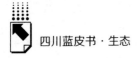

资源学报》2016 年第 3 期，第 363 ~ 376 页。

周林：《资源性资产的定价及交易问题研究》，财政部财政科学研究所硕士学位论文，2016，第 9 ~ 10 页。

马志娟、邵钰贤：《"互联网 + "模式下自然资源资产离任审计研究》，《会计之友》2016 年第 6 期，第 108 ~ 111 页。

周冬莲、黄小林：《森林资源监测中林业 3S 技术的应用现状与展望》，《资源与环境》2016 年第 8 期，第 75 ~ 76 页。

四川自然资源资产产权制度建设研究

黄昭贤 杨红宇 黄先明*

摘 要: 本文从建设区域生态文明的高度,结合国家和四川省实际情况提出了构建全新的自然资源资产产权制度体系的意义、内涵、工作基础、体系框架、总体目标和近期任务。系统阐述了加快推进自然资源资产产权制度建设的五大方略:借鉴国际先进的经验,突破认识误区树立新的资源观,用现代方法技术与平台支撑,建设一支现代化人才队伍,政策措施配套。本研究的创新点在于:重新界定资源与环境两个不同概念,阐明资源与环境在经济、社会、生态价值方面及其在资产化、产权化、价值化、市场化方面的差异及条件,为自然资源资产产权制度体系建设认识论和方法论的突破提供了新的途径。

关键词: 自然资源 资产 产权 制度

四川是自然资源大省,资源开发管理潜力巨大。四川和全国一样,虽然自然资源丰富,但是也存在着人口多、底子薄的特点,人均自然资源并不丰富,自然资源的利用效率并不高,生态环境问题十分突出,已经成为阻碍现代化建设和全面小康建设的一个重要瓶颈。为此,认真贯彻落实党的十八大和十八届二中、三中、四中、五中全会精神,按照党中央、国务院关于加快推进生态文明建设的总体决策部署,积极开展四川区域自然资源资产账户管理、资源环境

---

* 黄昭贤,四川省自然资源科学研究院研究员,主要研究方向为资源管理;杨红宇,四川省自然资源科学研究院工程师,主要研究方向为资源信息与资源规划;黄先明,四川省自然资源科学研究院工程师,主要研究方向为资源数字化管理技术。

生态红线管控、自然资源资产产权制度建设、用途管制制度建设、自然资源资产负债表编制、领导干部自然资源资产离任审计、生态环境损害责任追究等工作，并将这些工作上升为一个全新的、系统化的、完全适应现代市场经济发展的自然资源资产产权制度体系，这既是推进我国、四川省生态文明制度体系建设的一项长期的重要任务，也是经济、社会发展制度建设的一项基本工作。

一　着力构建全新的自然资源资产产权制度体系

（一）构建全新的自然资源资产产权制度体系的紧迫性

我国是一个从计划经济逐步过渡到市场经济的国家，长期以来自然资源资产的产权制度建设和管理存在着以下问题。一是管理部门分散，生态、环境、资源管理权限分散在过多的部门中，自然资源行政监管和资产管理职能没有分离开来管理①，实际上是政资不分：长期以来，我国或者一个省级的区域，都没有形成一个相对独立的自然资源资产管理体制和相应的运行机制，这既阻碍了各种自然资源的有效配置，又不利于政府的统一协调和监督管理，降低了市场和政府两方面的效率。二是顶层设计问题，国家、省、市、县上中下缺乏顶层设计和综合统一的决策部门②。资源开发利用、环境保护与经济社会发展综合决策机制不完善。三是自然资源资产产权制度法律不健全或者缺失，突出表现在自然资源资产产权主体代表缺乏明确法律规定，归属不清、权责不明。四是资源与资产、资源与环境概念不清，关系不清，界限不清，边界模糊，资源的经济性、社会性、生态性理论研究不够，资源资产产权的现代手段方法，以及平台支撑不足。五是尚缺乏一支自然资源资产产权制度建设的领导、研发、管理、中介队伍。

为了加快推进自然资源的高效利用，加快推进区域生态文明建设，必须创新、全面推进自然资源资产产权制度体系建设工作，并把这项工作作为一项重要的系统工程来抓，这也是当前经济建设、社会建设和区域可持续发展的一项

---

① 谷树忠、李维明：《自然资源资产产权制度的五个基本问题》，中国经济新闻网，2015年10月27日。
② 史建磊：《自然资源产权制度建设有待破题》，《中国环境报》2014年11月25日。

最基本的制度建设工作，其重要性、紧迫性主要体现在以下四个方面。

其一，明确各类主体及其受益的关系，在市场经济条件下，静态的物权管理制度远远不能适应综合化、多样化①、动态化、现代化的自然资源资产产权管理。

其二，现阶段区域生态环境问题比较严重，生态环境能够在新的自然资源资产产权制度下得到有效保护和改良。

其三，有利于建章立制，保证资源环境生态有章可循、有法可依，用制度规范自然资源的占有、使用、收益、支配、保护、开发、改善、管理等各种行为主体的行为。

其四，将进一步优化资源配置，提高资源的使用效率。依靠合理的自然资源资产产权界定，根据自然资源本身的多样性、区域性、公共性程度的差异，以及自然资源的经济性、社会性和生态性价值的差异来科学界定自然资源资产产权，因地制宜地制定一个多层次、多元化结构的自然资源资产产权制度体系，才能够适应市场经济发展的要求。

其五，建立一个能够支撑自然资源资产产权制度建设的理论体系、现代化手段方法平台体系，以及配套的管理人才队伍体系，形成一个全方位的自然资源资产产权制度体系，还要能够系统性地、可持续地培育和建立健全自然资源资产产权交易市场，通过产权制度、交易制度、管理（管控）制度、补偿制度、监控制度、责任追究制度建设等，推动自然资源的定价、交易、保护、利用、开发更加合理、更加有效，大大提高自然资源的使用效率。

（二）构建全新的自然资源资产产权制度体系已有的工作基础

党的十八届三中全会以来，以习近平同志为核心的党中央在国家层面提出并实施了加强生态文明制度体系建设的任务，把自然资源资产产权制度建设提上议事日程。

1. 中央出台一系列文件和措施，着力开展自然资源资产产权制度建设

党的十八届三中全会决议六十条②，明确了建设自然资源资产产权制度的

---

① 李胜兰、曹志兴：《构建有中国特色的自然资源产权制度》，《资源科学》2000年第3期，2000年5月。

② 《中共中央关于全面深化改革若干重大问题的决定》（2013年11月12日中国共产党第十八届中央委员会第三次全体会议通过），《求是》2013年11月18日。

宏观导向。国家出台一系列的文件和政策措施推进该项工作。主要内容包括：探索编制自然资源资产负债表，开展领导干部自然资源资产离任审计，建立健全自然资源有偿使用制度，建立生态环境损害责任终身追究制和生态补偿制度，开展划定生态保护红线工作，等等。

2. 全面推进依法治国若干重大问题的决定出台

2014年，中共中央做出了关于全面推进依法治国若干重大问题的决定，从最高法律的高度提出了完善以宪法为核心的中国特色社会主义法律体系，提高了宪法实施的要求，提出了新的理念和方法，要求创新适应公有制多种实现形式的产权保护制度，各类产权的重要性被提到一定高度，明确加强对国有、集体资产所有权、经营权和各类企业法人财产权的保护。

3. 中央提出了加强生态文明制度建设的系列方案

一是党的十八届三中全会后，中央出台《关于加快推进生态文明建设的意见》（2015年4月25日）。二是2015年9月，国家出台了《生态文明体制改革总体方案》，2016年6月，四川省出台了《生态文明体制改革方案》，提出了健全自然资源资产产权制度的几个具体内容及明确的目标和任务，地方实践取得积极进展。三是2016年12月，国务院办公厅印发了我国第一个《生态文明建设目标评价考核办法》，中央还出台了《党政领导干部生态环境损害责任追究办法（试行)》，着手开展生态环境损害赔偿制度试点，结合领导干部自然资源资产离任审计工作，建立具体的考核、审计报告制度，对有直接责任的相关党政主要负责人进行责任追究。

4. 中央和地方积极开展自然资源资产产权制度建设具体行动

2016年12月20日，国土资源部、中央编办、财政部、环境保护部、水利部、农业部、国家林业局印发了《自然资源统一确权登记办法（试行)》（国土资发〔2016〕192号），国家制订了自然资源统一确权登记试点方案，公布了自然资源登记簿表格格式和自然资源登记簿填写说明。着力推进自然资源确权登记法治化，建立一个"归属清晰、权责明确、监管有效"的自然资源资产产权新制度。

（三）一个全新的自然资源资产产权制度体系的基本框架

经过对自然资源资产产权制度要素、性质、内涵、功能目标、建设管理支撑保障体系的分析研究，我们提出了全新的自然资源资产产权制度体系，包含三大价值、八项权能、五项支撑保障。其基本框架设计如图1所示。

1. 全新的自然资源资产产权制度包含"1+2"三大价值功能

传统的物权制度，在权利性质上属于私权，主要注重经济属性。自然资源产权制度和传统的物权制度有一样的地方，更有不一样的地方，它既体现了经济属性，又体现了资源的公共品性和生态价值，也就是社会属性和生态属性。它是使用价值与生态价值的结合体，在设计自然资源资产产权制度时，不仅要考虑制度本身的经济属性，还要考虑社会属性、生态属性[1]，要考虑经济价值、社会价值和生态价值三大价值的有机结合，做好制度安排。

2. 全新的自然资源资产产权制度内容至少包括"4+4"八个权能

在市场经济条件下，自然资源产权具有一般产权性质，包括占有权、使用权、收益权、支配权等四个基本特征[2]，但是自然资源与人，特别是人的群体的生产生活生态息息相关，因此它的产权制度不仅仅停留在单纯的，可以只是个人的经济活动利益、资产价值上，而且还要考虑群体利益，以及是否可以持续利用这两个关键问题，进一步研究，自然资源的产权权能还包括了开发、保护、改善和管理等四个新的权能。

四个新权能的意义是：开发权，由于自然资源具有多样性，因此可以综合开发；保护权，自然资源具有毁灭性，而且一旦毁灭，将造成巨大的价值损失，受其影响的社会成员数量可能巨大，因此，必须赋予保护的权利，履行保护的义务、责任；改善权，有些自然资源是可以被改善的，通过改善，其使用价值越来越大，因此必须赋予改善的权利，这种改善，不仅对支配权人有作用，而且对社会还有作用，换句话说就是自然资源的增值；管理权，占有、使用、支配、开发、保护、改善都涉及一系列管理问题，既需要管理权人，又需要有效的管理制度来实现。管理权人不能缺失，管理权的范围必须界定，管理制度必须健全，管理方法必须科学配套。

3. 全新的自然资源资产产权制度建设需要五项支撑保障

要实现自然资源三大功能价值与八大产权权能并不容易，根据目前的状况

---

[1] 杨海龙、杨艳昭、封志明：《自然资源资产产权制度与自然资源资产负债表编制》，《资源科学》2015年第9期。

[2] 王玮：《自然资源资产产权制度十问》，《中国环境报》2013年11月29日。

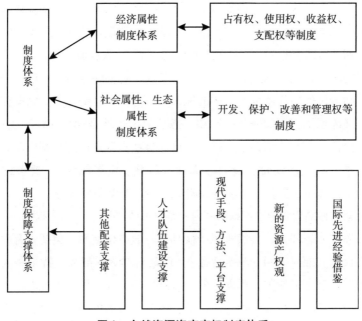

图1 自然资源资产产权制度体系

资料来源：作者自己制作。

必须建立与之相匹配的五项支撑保障，才能构建起全新的自然资源资产产权制度体系。五项支撑保障分别是：借鉴国际上先进的产权制度经验，树立全新的资源产权观，采用新方法、新技术、新平台支撑产权制度建设，构建一支现代化的产权制度建设管理队伍，配套政策及其他制度保障。详细内容本文将在推进方略中叙述，这里不再重复。

4. **自然资源资产产权制度体系的表述**

综上所述，一个完整的、全新的自然资源资产产权制度体系，具有"1+2"三大价值功能，"4+4"八个权能特征，五项支撑保障。三个功能价值包括反映自然资源产权经济价值与行为、社会价值与行为、生态价值与行为三种产权制度，"4+4"八个权能特征包括占有权、使用权、收益权、支配权等4个基本权能，以及开发、保护、改善和管理等4个新的权能。五项支撑保障包括国际先进的经验借鉴支撑，新的认识、新的领域、新的理论、新的法律体系支撑，新的计量、监测、评估、统计、管理等手段、方法、平台支撑，新的领导队伍、研究队伍、中介队伍、管理队伍等人才体系支撑，其他保障政策支撑等。以上三大板块结合建设才能构成完整的自然资源资产产权制度体系。三大价值是功能要求，八个权能特征是产权制度的内涵，五项支撑是制度体系建设的保障和力量，三个方面缺一不可。

二 建设自然资源资产产权制度体系的主要目标任务

（一）总体目标

以科学发展观为指导，以中国特色社会主义经济理论、现代产权经济理论、环境与资源经济学为基础，借鉴、总结自然资源资产产权制度的国际经验与中国的改革实践，探索构建一个适应中国社会主义市场经济体制的自然资源资产产权制度，推进物质文明与生态文明。

1. 建立产权关系明确，责、权、利对称合理的自然资源资产产权制度

首先划分自然资源产权管理层次，明确自然资源产权责、权、利对称关系，一般划分为三个层次：第一层次是企业层次，在这个层次上，核心工作是实现自然资源所有权和经营权的分离；第二层次是企业和国家之间的层次，在这个层次上，核心工作是实行自然资源最终所有权和经济上的所有权的分离；第三层次是国家层次，在这个层次上，核心工作是国有资产管理部门加强行使自然资源所有权的管理。通过三个层次、两种职能、两种权利的划分与分离，实现责、权、利关系逐步明确、对称，有利于提高自然资源的管理和利用效率。

2. 实现自然资源资产产权体系多样化和多层次化

产权单一是我们国家自然资源资产产权的基本现状特征。新的目标是：划分自然资源类型特征，建立起不同类型的自然资源资产产权体系。一是对于那些产权界限比较清晰的，如森林、草原、矿山等自然资源，应在考虑和权衡三个利益——公共利益、所有者与使用者利益，包括国家、地方政府、企业和个人利益的同时，将自然资源的权益按照社会主义市场经济的规律和方法，科学有效地配置给不同的产权利益主体。二是对于那些产权界定不十分清晰，或者不能清晰划分的，作为准公共物品的自然资源，如大气、地下水、海洋水产资源，或者外界环境等，需要建立一个相对统一的管理机构，以及建立相应的政

府监督管理和委托代理制度，从而逐步实现对各类型自然资源或者公共环境的有效管理。

3. 实现产权制度建设体系化

自然资源资产产权制度建设，一方面，作为一般产权制度理解，不仅需要充分体现市场经济运行规律，突出资源资产化、市场化、价值化的产权制度；还需要责、权、利关系对称合理化，产权多样化，管理区域化；另一方面，根据其自身的特点，需要建立具有自然资源特色的、包含社会价值和生态价值的，内容包括资源开发、保护、改善、管理四个不同类型的自然资源资产产权制度。以上"六个化、四个类型"就构成了自然资源资产产权制度建设的体系化。

4. 完善产权制度建设的支撑保障体系

一是人才队伍体系保障；二是充分借鉴国际先进经验，加强理论研究、法律研究，用先进的资源观引领；三是加强手段、方法、平台建设，实现资源产权动态管理及现代化管理目标（包括运用3S技术进行边界划分与确权登记、远程监控、数字化管理、动态更新、信息平台交易等）；四是配套的制度或条件保障。

（二）近期工作任务（四川省）

根据四川省生态文明体制改革建设实施方案[①]，四川省自然资源资产产权制度建设的目标任务是：健全归属清晰、权责明确、监管有效的自然资源资产产权制度。具体包括以下四类任务。

1. 第一类产权制度建设任务——资源经济价值与行为产权制度建设

（1）健全自然资源资产产权体系。除作为公共物品或者准公共物品的生态功能区的资源以外，应该积极推动资源的所有权和使用权相分离，加强自然资源资产交易平台建设。明确自然资源占有、使用、收益、支配等权利归属和权责。

（2）加快建立统一的自然资源确权登记系统。按照先登记后确权的原则，2017年年底前，实行省、市、县不动产登记。

[①] 《四川省生态文明体制改革方案》，《四川日报》2016年6月5日，第4版。

（3）探索编制自然资源资产负债表。

（4）落实土地有偿使用制度。扩大招标、拍卖、挂牌出让比例，减少非公益性项目用地划拨。完善土地等级价格体系。探索完善土地承包经营、出租、有偿使用制度。

（5）落实最严格的水资源管理制度。加强水资源管理考核，强化灌区农业取水许可。开展水权交易制度研究。

（6）建立符合市场经济要求和矿业规律的制度，大部分矿业原则上实行市场化出让。

（7）进一步完善差别化电价政策。科学合理制定农业供水价格，除自然保护区以外，对风景名胜区内经营项目，原则上采取市场经济的手段确定经营者。

（8）探索推进用能权和碳排放权交易制度。

（9）探索建立绿色金融体系。完善企业环境信用评价制度，建立环境保护企业"黑名单"制度。

（10）逐步理顺自然资源及其产品各税费关系。

2. 第二类产权制度建设任务——资源环境社会价值与行为产权制度建设

（1）探索建立国家公园体制。探索建立统一的自然保护区域管理体制。

（2）完善污染物排放许可制。实行环境质量和污染物排放总量双控制。探索推进排污权交易制度。

（3）落实《四川省大气污染防治行动计划实施细则》，落实《〈水污染防治行动计划〉四川省工作方案》。制订落实四川省土壤污染防治行动计划，建设全覆盖的生态环境监测网络体系。

（4）健全农村环境治理体制机制。建立农村环境保护基础设施运行保障机制。培育并建立农村环境保护的市场主体。

（5）建立生态环境损害赔偿制度。加快制订四川省环境损害鉴定评估制度实施方案。开展生态环境损害赔偿制度改革试点。

（6）完善环境保护管理制度。建立权威统一的环境执法体制。制订出台四川省生态环境监测网络建设工作方案。

（7）健全环境信息公开制度。健全环境保护网络举报平台和举报制度。

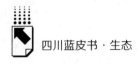

3. 第三类产权制度建设任务——资源生态价值与行为产权制度建设

（1）加强城市生态建设与修复。划定城市规划区生态红线和绿地绿线，建设宜居生态园林城市。

（2）实行最严格的耕地保护制度和土地节约集约利用制度。到2020年底全省耕地保有量不低于588.8万公顷，基本农田保护面积不低于全省耕地保有量85%。

（3）完善湿地保护制度。划定并守住湿地生态红线，探索建立省级湿地生态补偿制度。建立湿地生态修复机制，规划建设城镇湿地公园。

（4）完善天然林保护制度。建立国家储备林管理制度。积极推进经济林木（果）权证、林地经营权流转证制度。

（5）完善草原保护制度、生态保护补奖政策。建立健全禁牧、休牧、轮牧制度，推进区域草畜平衡。

（6）加强矿产资源开发利用管理。加强矿产资源储量登记管理。建立矿业权人"黑名单"制度。完善和落实矿山地质环境保护和土地复垦制度。

（7）完善地震灾区等生态脆弱地区生态修复机制。

（8）建立健全生态补偿机制。

（9）完善生态保护修复资金使用机制。

（10）落实耕地草原河湖休养生息制度。

（11）培育壮大环境治理和生态保护市场主体。

（12）积极推广国家绿色产品体系。

（13）健全能源消费总量管理和节约制度。

（14）推进资源循环利用。

4. 第四类产权制度建设任务——保障体系建设

（1）加快建设主体功能区。重点生态功能区实行产业准入负面清单制度。

（2）加快建立国土空间用途管制制度。划定并严守生态红线，把开发强度指标分解到各县级行政区。

（3）探索编制空间规划。积极鼓励试点规划编制部门资源整合、统一。

（4）在部分重点区域率先开展"多规合一"试点。逐步形成一个市（县）一本规划、一张蓝图。

（5）改革自然资源资产管理体制。

（6）建立绿色发展指标体系和生态文明目标评价考核体系。

（7）建立具有四川特色的资源环境生态承载能力监测预警机制。

（8）开展四川省领导干部自然资源资产离任审计试点，加快成果的运用和推广。

（9）加强对生态文明体制改革的领导。强化统筹协调配合，加强督促落实。

三　产权制度建设推进方略

（一）推进方略之一：借鉴国际先进的经验

在产权制度建设方面，我国自然资源的产权化、价值化、市场化方面的经验不多，制度较少。西方许多国家市场经济体制建设时间长，经验丰富，有比较成熟的产权制度体系，特别是在国家集体个人所有权的比例控制、权能划分、所有权或使用权的分离、管理，维护法律制度等方面，我国都可以借鉴。其中美国、加拿大等多国的自然资源管理经验，非常值得我们借鉴、学习。

1. 产权形式多元化

都佳慧[1]等比较研究了英国、美国等国家的自然资源资产产权体系，并将其与我国的自然资源资产产权体系做了比较。

从1925年不动产法到2002年《共有及租赁改革法》，英国的地产权制度是目前英国土地制度的主要权属形态，从土地归国王所有到分封土地再到目前英国土地制度的主要权属形态——地产权制度，每种地产权又存在着许多的不同表现形式，第一种是非限定继承地产权，第二种是限定继承地产权，即只允许土地保有人的直系亲属继承，第三种是只有生前才有效的地产权，土地保有人死亡则权利终止。

美国实行多重土地所有权制度，管理自然资源的政府部门主要分为地方政府、州政府和联邦政府三个级别层次。美国58%的国土面积属私人所有；10%属州及地方政府所有，32%属联邦政府所有。各种所有制形式之间的土地

---

[1]　都佳慧：《自然资源产权制度比较研究》，《商》2016年第14期，第260~261页。

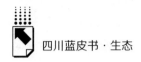

可以被自由买卖和出租，价格由市场供求关系决定。各种权利各自独立。

俄罗斯的土地有四种所有制形式，一是国家公共部门所有，二是地方市政部门所有，三是私营部门所有，四是其他的所有制部门所有，形式多样。俄罗斯将私有财产的土地不可侵犯作为法律制度规定。

日本土地所有权的产权主要表现为国家、公共团体、私人三种。私人所有的土地，要通过国家登记才可以被自由买卖、交换、租佃。在二战后，日本鼓励相关土地的租借和流转。

2. 产权制度系统化

吴昱系统地介绍了美国的自然资源资产产权体系，并将其概括为"两个规则、四类权人、五种权利"①，提出了我国产权制度改革可以参考的重要思路。

两个规则：操作性规则和决议性规则。

——操作性规则：是一个比较具体的、操作性层面的规则，在这个层面上，自然资源的权利主要包括"准入权"和"收取权"两类权利。这个规则增加了原则性，又增加了灵活性和可操作性。例如，就捕鱼而言，不同的地方规定使用不同的捕鱼工具。

——决议性规则：具体规定谁有权利参与制定操作性规则，也规定什么层次的决议可以改变操作性规则。这是把决策过程和决策方式的权利和规则丰富化。比如，谁决定渔民在不同的地方使用不同的捕鱼工具；谁决定什么样的户符合捕猎区的条件；谁有权利制订开采方案，甚至授权其他人进行开采；等等。

四类权人：所有权人（Titleholder）、经营权人（Proprietor）、管理权人（Claimants）、授权使用者（Authorized User）。

五种权利：

——准入权：指的是进入实体资产的权利。

——收取权：指的是从自然资源获得产品的权利，比如捕鱼或水资源的分配。

——管理权（Management）：是决策性权利，指的是管理自然资源的使用

---

① 吴昱：《美国自然资源产权体系与中国自然资源物权体系的比较分析》，《西南民族大学学报》（人文社会科学版）2012年第9期，第108～112页。

模式和如何提升自然资源的权利。

——专属权（Exclusion）：也是一种决策性权利，它决定谁会拥有准入权和谁可以转让准入权。

——让渡权（Alienation）：指的是出售或租赁决策性权利，而不是让渡操作性权利。

这些权利与权利主体的关系如表1所示。

表1　美国五项自然资源资产产权权利

权利＼权利主体	所有权人	经营权人	管理权人	授权使用者
准入权和收取权	✓	✓	✓	✓
管理权	✓	✓	✓	
专属权	✓	✓		
让渡权	✓			

关系：从表1可知，这几种权利既相互独立又紧密联系，这几种权利也可以同时被享有。例如，所有权人权力最大，授权使用者只有准入权和收取权。

3.美国经验的其他启示

（1）增加物权主体种类：我国的自然资源物权主体只有所有权人和用益物权人两种，而美国有四类权人，它们分别是所有权人、经营权人、管理权人和授权使用者。

（2）下放权力是增加责任主体：美国政府下放行政机构的管理权和专属权，大大调动了不同权利群体的积极性，为自然资源科学开发，加强生态保护、补偿、养护、管理责任的寻找、监督提供了更多的法律依据。

（二）推进方略之二：突破认识误区，树立新的资源观

1.关于传统认识误区与新的资源观涉及的范畴

当前，在有关自然资源资产产权的认识、界定、划分方面，大量存在着概念性、观念性和认识论方面的误区，严重地误导了、阻碍了产权制度建设。主要表现为以下三个方面。

其一，关于资源—环境—生态方面，资源与资产方面，经济价值、社会价

值和生态价值方面的定义、概念、关系认识模糊，边界不清①，控制条件不讲，而大谈产权制度，结果是制度建设工作完全无法落实。

其二，计算资产价值方面，对没有资产化，也没有市场的自然资源主观计算其资产价值，或者脱离一定时期，脱离一定区域空间范围，脱离需求人群（数量），脱离实际计算其经济价值、社会价值、生态价值。

其三，在自然资源的占有权、使用权、收益权、支配权方面，在自然资源的开发权、保护权、改善权、管理权方面，在自然资源的各种"权"和各种"权人"的概念、功能定位、制度设计方面，缺乏系统认识和整体设计。自然资源资产产权制度建设理论研究、方法研究、观念更新、应用研究任重道远。产权制度建设亟须理论研究突破。

树立全新的自然资源资产产权观，就是要求我们用生态文明的价值观，现代自然资源学理论，自然资源经济学理论、方法，重新认识、科学界定、科学划分什么是自然资源，重新认识资源的基本特征及自然资源的经济、社会、生态综合价值，正确区分资源、环境、生态三者的差别和相互关系及其在经济、社会、生态价值中的差异，正确处理国家、集体、个人在自然资源的占有、使用、收益、支配、保护、开发、改善、管理等中的各种行为关系，科学界定产权，科学管控资源，建立科学的自然资源资产产权制度。在资源产权的界定中，科学区分自然资源与自然资源资产及其变化条件、管控规律，大力、有序、科学推进自然资源的资产化、价值化、市场化及可持续发展制度的形成。

我们就如何突破自然资源传统认识论误区，树立新的资源观相关内容研究成果，归纳总结如下。

2. 推进产权科学界定——必须把资源从环境概念中区分出来

（1）资源与环境概念长期混淆。

联合国环境规划署对自然资源的定义："在一定的时间和技术条件下，能够产生经济价值，提高人类当前和未来福利的自然环境因素的总称。"② 这里把资源与环境混合在一起。

---

① 谷树忠、李维明：《自然资源资产产权制度的五个基本问题》，中国经济新闻网，2015年10月27日。

② 百度百科：联合国环境规划署对自然资源的定义。

《中华人民共和国环境保护法》这样定义环境，"指影响人类生存和发展的各种天然的和经过人工改造的自然因素的总体，包括大气、水、海洋、土地、矿藏、森林、草原、野生生物、自然遗迹、人文遗迹、风景名胜区、自然保护区、城市和乡村等"。这里也把环境与资源混合在一起。

（2）资源与环境区分已经有明确导向。

党的十八届三中全会提出了资源节约、环境保护、生态建设三个方面完全不同的概念。中央文件第一次为我们重新认识资源、环境、生态不同的含义提供了较好的依据和方向，也为重新定义、区别资源与环境提供了依据。

（3）区分资源与环境的第一步——重新定义自然资源。

——资源：我们重新定义资源，在非市场经济情况下，资源是人类所需物资的来源。在市场经济条件下，资源既是人类所需的物资的来源，也是资产之源或者财富之源。随着社会的变化，人口的增长，物质财富尤其是自然物质的不断减少，我们对资源的作用有了新的认识，资源是以人为本的资产或者资本或者财富之源泉。

——自然资源：根据我们对资源与环境差异性的研究，我们重新定义了自然资源，自然资源就是来自自然界的，未经人类加工的，可以利用的，可以人为划定边界的，现有技术水平下可以控制、使用、交换、买卖、减少、毁灭的那些物质财富。它既是人类所需物资的来源，也是资产之源或者财富之源。其中可控、可毁灭、可资产化是资源不同于环境的重要区别所在。

（4）区分资源与环境的第二步——通过"有需、可控、可毁灭、可资产化"来区别物品是资源还是环境。

从资产的角度，我们经过研究认为，资源是有需、可控、可毁灭、可资产化的物品，而环境不一定满足这四个特性或者条件。资源具有以下特性。

——需要性：资源为人类需要，人类不需要的东西，不是资源，但可能作为环境存在。

——有限性：资源数量是有限的，是在现有技术经济水平的情况下可以计量或者可以初步估计储量的，如果多得无法估计储量，永远不用（不需要的那部分），我们将其初步纳入环境范围，而不纳入资源范围。这对产权界定十分有用。

——边界性：资源有范围，有一定的边界。只有建立或者划定边界，才可能叫资源。所以资源的边界性非常重要，没有边界，就不能够进行管理，就谈不上产权，进不了市场，就不能够进行交易。没有边界一般就叫作环境。

——可控性：资源是可以控制的，如果不能被控制，或者说在一定时期内都不能被控制，一般不叫作资源，而叫作环境，环境往往不可控，但在一定范围、一定程度上可以改变好与坏的性质。

——可资产化：资源具有价值性和市场性，也就是说资源可以作为赚钱的本钱，资源可以在市场进行交换，获取利润，或者换回等价值的东西。也就是说资源不仅仅具有使用价值，而且还具有交换价值。不能交换的、没有市场价值的、但可以被人类共同享用的物品不叫资源，叫环境。资源可以资产化，而且尽可能实施资产化管理。环境往往不强调资产化或者不能资产化。

——可产权性：资源有需要性，有了边界，可以控制，可以资产化，但是谁来控制？谁有权控制？主权问题非常重要，没有产权主体，就没有产权，就无法实施法律上的由谁实施、由谁控制。环境往往没有控制主体。

——可破坏可毁灭性：不能够被毁灭掉、破坏掉的东西不叫资源，叫环境。为什么我们珍惜资源？就是因为资源能够被毁灭掉，能够被破坏掉，它会越来越少。如果不能被毁灭掉，它就不会减少，就不需要保护，就可以被免费使用，就不叫资源。

（5）区分资源与环境的第三步——突出环境的社会生态功能，我们必须重新定义自然环境。

——环境是不被纳入资产化范围的东西：根据我们对资源与环境差异性的研究，我们重新定义自然环境，自然环境是那些天然的和经过人工改造过的各种自然因素，既环绕着人们，又影响人类生存和发展，但是人类无论在当前还是未来，无论从主观上还是客观上都不把它（或者不可能）作为资产来控制、利用、买卖。这个定义已经排除了资源，在产权制度建设中非常有用。

——环境付费与资源付费有很大差别：我们需要或利用资源，一般要付费，我们需要环境，尤其是需要好环境，但一般不付费，或者不需要直接付费。由于环境难以控制，难以实现收费，这样会出现谁都不保护环境，或者破坏环境，环境不断恶化，因此保护环境、改善环境，或者破坏环境都要付成本费。

（6）区分资源与环境的第四步——正确认识资源与环境的互变条件。

——有些物品具有资源和环境双重属性，但是二者的功能界定应该十分明确。如森林既是资源，又是环境，当你把它当木材砍的时候，它就是资源。当你不砍它的时候，它对调节气候、释放氧气、改善生态有好处，它就是环境（或者说是潜在资源）。如果周边没有人去分享这些氧气，分享这种生态，它仍然是环境。如果把它变成森林公园，变成氧吧，森林环境变成森林生态资源，这种情况下，也可以说是增加了一种资产，叫生态资产。这里要特别注意，如果在一定时间（100 年）内没有人去用，就暂不宜盲目将其作为资源来划类，更不能计算为资产，或者计算为生态资产，因为它不能实现价值。

——资源与环境可以互变，但是条件不同。资源与环境二者可以相互变。当需要的环境被控制或者说被有效管控，环境就变成资源。当资源不被控制或不可能被有效管控，资源就变成环境。例如，关在笼子里的兔子是资源，放到山上成野兔就只是环境，野兔被捉到又变成资源。

——环境变资源与人的需求及控制有关：这也是鉴别是不是资源或者是不是环境的重要条件。例如，房间里的空气很好，只有一个人，它的需求要小一些，空气的价值就要小一些。如果人多，空气有限（如果空气被控制），空气的价值就要大一些。因此，资源与环境的价值与人多人少有关，如果没有人需要，它就不是资源，也可能不是重要的环境。这一点，长期以来人们在对资源评价、环境评价、生态评价的时候往往忽视掉了。对于一些人烟稀少的地方，人们往往对其资源、环境、生态价值给予过高的评价，偏离了实际情况，偏离了市场经济、市场价值。

资源与环境的互变性及变化条件举例说明。在一个 50 平方米的房间里有 10 个人，都需要呼吸新鲜空气，房间墙壁就是边界。房间内的空气有限，如果关着窗、关着门，空气就是资源。因为随着人的呼吸，空气会越来越少。10 个钟头过后，人就会死掉。谁能控制门窗开关就非常重要。窗和门一直不能开，谁能卖空气就能卖钱。这就出现了资源交换，这就是市场，这就是资源的价值。如果一直开着门、开着窗，空气就是环境，可以被任意使用。

一般情况下，室外大自然的空气是无限的。一般人也不会控制门和窗。所以多数情况下室内空气是环境，而不是资源。但是如果室外的空气全部变成雾霾，室内有净化的空气。这净化的空气，就是资源。如果有人卖净化的空气，不断地提供给室内，这就是资源市场。

3. 树立新的资源观，加快产权制度建设

——新的资源概念对于产权制度建设的重要意义：我们认为，分清资源与环境，有利于市场经济条件下产权制度建设；分清什么不是资源，有利于资源的科学评估作价，有利于开展资源核算和资源资产负债表编制；分清资源，更加有利于资源的市场化发展，有利于资源的可持续开发利用和科学管理。

——树立资源的"资产观"：资源的资产化是产权制度建设的关键。什么是资产？百度百科是这样表述的："指由企业过去经营交易或各项事项形成的，由企业拥有或控制的，预期会给企业带来经济利益的资源。"资产与资源概念完全不同，资产是经过经营交易，资源是可能经过经营交易，也可能没有经过经营交易。资产强调创造利润，资源强调利用。因此划分出"资产性资源""非资产性资源"十分重要。我国是人多、资源少的国家，开展资源的资产化管理，能够大大提高资源利用效益，改变只利用资源的认识。

——树立自然资源"边界观"：新的自然资源观首先是边界观，过去很少有人提自然资源有边界的概念，只是说自然资源是有限的。我们认为，只有边界才会有限。边界观的重要指导意义，就在于自然资源的划界确权。也就是说是不是资源，就是看能不能够划界，需不需要划界，需要划界就说明它就是资源，就需要有效管理。如果说，不需要划界，那可以不把它当作资源，就当作环境看待。环境管理和资源管理有很大的差别。划界，是资源登记的第一步，是确定自然资源产权的第一步，也是关键的一步。自然资源的边界观，具有理论意义，同时又具有很强的实践意义。

——树立自然资源的"管控观"：在新自然资源观中，有自然资源的控制观或管控观。意思就是说，任何自然资源，都是可以（在一定时期内，一定条件下）被管控的。这个概念的意义在于，第一，对自然资源必须走管控之路，才能做到有效地节约资源、保护资源；第二，要科学鉴别和划分自然资源，对于在主观和客观上都完全不可以管控的东西，最好不划入自然资源，而是当作环境来对待；第三，可否管控概念的提出，会让我们更有的放矢地认识和管理自然资源，而不是盲目地管理那些鞭长莫及的东西，起到事半功倍的作用。

——树立自然资源的"确权观"：明确自然资源具有边界性和自然资源具有可控性的概念，就为自然资源的确权奠定了理论基础。一是明确了确权内涵与任务，确权就是要确定边界权，同时要落实谁来控制权；二是有利于把不该划边界的和不该控制的东西划分出来。

——树立自然资源资产"评价观"：新的自然资源观提出了"人本需求"的概念。把人与自然资源，特别是把人的需求与自然资源界定联系起来。有人需要才评价资源。需就是价，需求大，资产评价就高，需求小，资产评价就低，不需要可以不评价，因为没有用。也就是说，资源和人的需求市场是紧密联系在一起的。要评价资源，就要看当地有多少人需要，看外地还有多少人需要。

——树立自然资源"负债观"：资源新概念提出了资源具有可毁灭性，就是说资源一定是能够被消灭的，不能被消灭就不叫资源。这里控制也有被消灭的意思，因为对你来说，东西被别人控制了，你就不能用了，就等于东西没有了（无论暂时或永久）。我们研究资源负债，就是要重点看必需资源被毁坏多少，比原来减少了多少，需要补偿多少。

——树立自然资源资产"审计观"：资源被毁掉，是谁破坏的，损失有多大，当事人要承担多大的责任，毁坏的动机对不对，毁坏和收入成不成比例，这就涉及直接领导人的离任审计、问题追责。这对于监督、保护、节约资源，推进可持续管理具有重要意义。

（三）推进方略之三：用现代方法技术与平台支撑

用传统的手段、方法难以对自然资源确权和管理。

其一，自然资源具有广域性、地域性和复杂性，是一个生态大系统，对于这样的系统，人们靠肉眼及传统的手段方法难以正确地识别，划分自然资源的边界，掌握自然资源的特征、数量、质量，特别是对规模大、内容复杂的自然资源难以进行确权，尤其是面对多个资源客体和多个产权主体的情况。

其二，自然资源具有成长或者被毁灭的特征，同时具有被开发、保护、改善、管理的功能，产权制度管理方法不是静态的产权归属、产权确认，静态占有的制度管理，它更加侧重于对财产实体的动态经营和财产价值的动态实现，通过动态的、先进的、现代化的方法划定边界，进行数量、质量评价，进行远

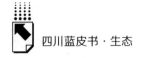

程的、遥感的、动态变化的监测，实行数字化管理，才能实现为自然资源产权制度实施提供有力的科学支撑。

现代方法技术与平台支撑自然资源资产产权制度建设，主要内容包括以下方面。

1.用现代信息集成技术开展自然资源资产负债表的编制

在自然资源资产负债表列报框架构建方面，要研究化繁为简的工作切入方法。资产负债表的各门类可以按重要性化简，这需要利用自然资源重要因子筛选，以及快速提取技术，达到简化实用的目的。

在价值量评估核算方面，需要解决没有市场交易的情况下如何从社会需求重要性（和管理责任大小）角度量化自然资源资产及负债的价值问题。在资源资产实物量与环境质量数据获取方面，采取远程信息获取、地理数据分类记载统计、资源边界与产权边界归属信息的获取、环境容量变化数据获取、资产负债表可信度检验，以及虚拟可视化等技术手段。在资产负债表编制的试点示范和推广方面，需要研究不同资源丰富度、不同人口密度区、不同生态经济区的资源资产负债表的差别化应用技术与手段，更需要大数据统计分析、存储、管理技术。

2.用3S技术开展自然资源资产调查评价和产权登记管理

一是运用大数据与云计算技术，构建"互联网＋自然资源"的资产评价模式。利用以实物量为基础的区域资源资产负债表框架为基本骨架的，同时数据具备资源空间特征属性的平台框架，形成区域自然资源资产、资源产权"家底"账户平台；依托分布式数据库、分布式处理、云存储技术，建立基于云计算的自然资源资产信息系统，提高数据收集与分析效率，加强资源数据的转换和分发能力，提升不同部门、不同专业人员的协同工作水平。

二是集成"3S"技术，方便海量时空数据获取、处理、挖掘与管理，解决从宏观到微观不同空间尺度上资源分布和对象的识别，以及范围的快速计量问题，便于自然资源时空数据的分类记载、统计、分析和管理，并对资源资产的空间表达直观化。

三是建设资源资产评价模型库，建设标准化时空数据库与自动更新的动态数据库。要以大数据平台为支撑，建立"一张图"基准下的标准化时空数据库并进行常态化更新；建立资源资产评价模型库，提高评价的自动化水平，降低作业成本，减少评价的不确定因素。

3. 建设基于大数据分析监测审计的自然资源管理共享平台

四川是自然资源大省，为了探索并逐步完善领导干部切实履行自然资源资产管理和生态环境保护责任，2017年1月，四川省委办公厅、省人民政府办公厅印发了《四川省领导干部自然资源资产离任审计试点实施方案》。自然资源资产离任审计政策的出台，对现代科技支撑自然资源资产离任审计提出了更高的要求。

其一，按不同区域类型、不同等级层次、不同资源类型，系统开展账户体系、评价体系、审计管理制度体系建设。其二，建立基于大数据分析监测审计的自然资源管理共享平台。包括自然资源资产地理信息平台，自然资源资产负债表动态数据库，大数据综合分析平台，数字化审计指挥平台，区域特殊资源资产现场审计、实时监控、动态监测、联网审计系统。在自然资源管理绩效评价和离任审计之后，组织队伍开展自然资源管理提升改进的系列科技服务。

（四）推进方略之四：建设一支现代化人才队伍

这支队伍是一支包括领导体系、研究服务体系、管理体系、执法体系的队伍，构成了稳定的自然资源资产产权制度建设的人才体系支撑。就四川而言，省一级的自然资源研究机构相对比较齐全，而且有特色，有四川省自然资源科学研究院、四川省环境科学研究院、四川省国土勘测规划研究院、四川省林业科学研究院、四川省水利科学研究院等，四川省相关的职能部门也比较齐全，目前存在的问题是研究、管理工作都分散在各职能部门，整体协调差，需要进行系统整合分工。

1. 领导体系队伍建设

可以参考设立国资委的经验，组建省市级或国有自然资源资产产权管理部门，由全民、国家和集体委托代理公共自然资源资产的所有者权。领导有关自然资源资产产权的各项制度的组织制定，接受社会监管，接受省市政府的统一规划，接受上级法制及行政部门的约束和管制。

各级自然资源监管部门负责领导各项自然资源资产产权监管制度的组织制定，依法按照政府规划、资源属性、政策法规和区域功能对区域自然资源采取用途监管和引导调控。

2. 研究服务体系队伍建设

组织自然资源相关研究院所和大学及社会研究队伍，组织法律相关研究院所、大学和社会研究队伍，会同国土、林业、水利、环保等职能部门，共同成立自然资源资产产权制度建设研究队伍，培养建设自然资源资产账户建设高级人才队伍、自然资源资产离任审计服务高级人才队伍、自然资源资产管理区域人才队伍，开展自然资源管理提升改进追踪管理服务，自然资源管理开发利用和环境保护的科技支撑服务，自然资源的地方账户和人才队伍建设服务，等等。

3. 管理体系队伍建设

在省委、省政府的领导下，加强对生态文明体制改革的领导。国土、水利、农业、林业和环保等资源环境生态职能主管部门统一组织和领导自然资源资产产权制度建设系统工程的实施。加强主体功能区、重点生态功能区、生态红线区规划管理队伍建设，加强自然资源统一登记队伍建设。组织四川省自然资源资产负债表的研究团队和编制团队，加强自然资源基础信息数据的收集和提供。在保密制度完善的情况下，建立一定密级的信息共享平台。加强自然资源资产统计、评价、考核、离任审计管理工作及队伍建设。加强资源环境承载能力监测预警管理工作及队伍建设。建立自然资源资产产权制度建设试点示范推广体系。

4. 执法体系队伍建设

自然资源资产产权制度建设需要法制部门紧密配合，形成产权制度的执法体系，将自然资源资产管理融入法治制度，支撑资源、生态和环境保护管理的执法行为。

建立健全森林、湿地、耕地、水域、草地等自然资源开发利用的监管法律法规队伍，建立全程监控预警和绩效评价队伍，建立健全自然资源资产产权保护、配套公益损害和环保责任追究的执法监督体系人才队伍，建立生态区域和荒漠地统筹、区县省域联动的生态保护修复和环境治理责任制度及执法队伍，全面形成自然资源资产产权制度的执行保障。

（五）推进方略之五：政策措施配套

建设自然资源资产产权制度体系，是一项系统性、长期性、复杂性的工作，无论中央还是地方都需要配套政策，以及人、财、物的保障，而且要长期坚持不懈，才能够实现。

1.分步实施

需要分为五步走，第一步从改革现有自然资源资产领导与管理体制开始；第二步修改、调整、健全相关自然资源法律制度；第三步建立统一登记制度；第四步建立救济制度；第五步建立产权管理的支撑体系。

"五步走"中第一到第四步，逐步推进，第五步和一到四步同步进行。五者的关系是：第一步方针政策导向是前提，第二步建立健全自然资源产权法律制度是基础和依据，第三步统一登记制度是手段，第四步救济制度是保障，第五步支撑体系是力量。这五步一定要有机结合起来，才能保障自然资源资产产权法律制度的有效运转，促进自然资源的严格保护、合理开发和有效利用，最终实现自然资源利用的可持续发展。

2.加强科技体系支撑产权制度建设

一是成立自然资源资产产权制度建设专家咨询组，提供有关理论、政策咨询。其中，涉及湿地和水流的统一确权登记试点分别由林业、水利部门会同国土资源部门组织实施。试点地区政府成立试点工作组织协调机构，建立沟通协调机制。相关部门要积极支持和配合试点工作，参与有关问题研究，提供确权登记所需的基础资料，并保障工作经费。试点地区人民政府和有关部门要加强领导和协调工作。

二是加强基础信息的收集。对于涉及自然资源研究开发的科研机构，国土、环保、水利、农业、林业、科技等主管部门要在相关部门的统一组织领导下，开展自然资源的基础信息数据收集。

三是开展关键技术的科技攻关。开展自然资源资产评价关键技术的研究，组织开展自然资源资产负债表的编制，组织开展地方资源政策的研究。

四是加强基础信息的共享，在保密制度完善的情况下，建立一定密级的资源信息共享平台。国土、环保、水利、农业、林业等自然资源主管部门要加强沟通，加强数据质量审核评估和检查，确保基础数据真实可靠。

3.开展产权制度建设试点示范再推广

分为试点实施阶段、扩大示范应用阶段、全面推广阶段。首先开展水权、湿地产权确权试点，然后开展其他产权确权试点，最后分类分区推进，有计划、有步骤、科学地稳步推进。

B.14
四川自然资源资产领导干部
离任审计制度建设研究

罗艳 万婷*

摘 要： 自然资源资产领导干部离任审计制度是审计领域的一项新课题。本研究就当前存在的问题与需求、离任审计的内容—目标—任务、四川的目标和任务、离任审计方法体系与制度体系构建，以及推进步骤和措施等五个方面阐述了在四川开展自然资源资产领导干部离任审计的必要性及面临的挑战。

关键词： 自然资源资产离任审计 领导干部 制度建设

一 开展自然资源资产离任审计制度建设的需求

自然资源资产离任审计，是审计领域一项全新的课题，无论是国内还是国外，都没有经验模式可借鉴；无论是理论还是实务，都需要大胆探索和精心试验。当前自然资源资产审计工作主要面临如何更加深刻认识、准确把握、正确处理、实施落实几个问题。

（一）审什么

首先，自然资源资产的项目和范围界定仍未清晰，又由于要贯彻因地制宜原则，而各地区的自然资源禀赋特点、分布的区域都比较复杂，此外各地区经

---

* 罗艳，四川省自然资源科学研究院副研究员，主要研究方向为生态资源保护和规划；万婷，四川省审计厅主任科员，主要研究方向为资源环保审计。

济发展程度也千差万别，加之审计人员知识结构的局限性，审计实施难度较大，很难迅速找到切入点。其次，自然资源资产审计必须以全面准确的自然资源资产信息（包括不同类型自然资源资产价值量、实物量、质量等方面的信息及使用、保护、绩效等方面的信息①）为基础，然而现阶段我国自然资源核算工作仍未完成，相关数据存在结构不完整、要素不全、数据断档，以及公信力缺失等多个问题。此外，当前我国的自然资源相关数据分散于包括林业、国土、水利等在内的各部门中，综合提取比较困难，进一步影响了审计工作的开展。最后，缺乏完善的自然资源评价系统，导致无法有效评估自然资源的数量和质量，以及自然资源保护工作的绩效。

（二）审计谁

审计谁这个问题主要包括审计客体、审计对象时间范围和审计对象空间范围等三个方面。

就审计客体而言目前有两种模式，其一，审计客体是各个地方党政机关领导干部②；其二，则采取具体情况具体分析的方法，追究实际负责人的责任，因为按照我国现行的行政体制，领导干部的职责范围具有不确定性。最终该选择哪种模式，应该在试点的基础上确认其合理性。

就审计对象而言，在时间范围上一般的审计涉及的是领导干部任职期间；在空间范围上，通常指所辖区域内的自然资源资产③。然而自然资源的发展变化具有连续性和滞后性，导致在界定是否属于领导干部任期内的责任问题时存在相当大的难度。

此外，领导干部在任职期间造成自然资源损失，可能是集体责任也可能是个人责任；在动机上可能是主观失误也可能是认识失误；还可能存在总体的大方向是正确的，但在局部或者过程中出现失误，进一步加大了责任认定的难度。

---

① 王社庭：《我国领导干部自然资源资产离任审计概念探析》，http://www.tjwq.gov.cn/sjj/zcfg/201511/0dd9f321647643c4a1d6b8ad7f9b2983.shtml，2015 年 11 月 24 日。

② 安徽省审计厅课题组：《对自然资源资产离任审计的几点认识》，《审计研究》2014 年第 6 期，第 3~9 页。

③ 湖北省审计厅课题组、张永祥、别必爱：《对领导干部实行自然资源资产离任审计研究》，《审计月刊》2014 年第 12 期，第 4~7 页。

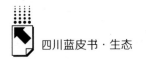

（三）由谁来审

对于审计执行主体，目前学术界主要存在三种看法。（1）领导干部自然资源资产离任审计的审计主体只能是国家审计机关（按照法律规定，国家审计机关包括审计署及其派出机构和地方审计机关），因为，我国自然资源资产具有国有性，其对应的审计部门应是内生于国家治理体系中专司监督职责的行政机关，即国家审计机关[①]。（2）为了保证管理和监管公正、严明、有效，以国家审计机关为主，社会中介组织和社会公众协作参与领导干部自然资源资产离任审计[②]。（3）自然资源资产保护审计主体是多元的，因为自然资源资产保护的责任不仅仅是政府的责任，还是其他社会组织的责任，但国家审计机关的主导地位不能改变[③]。

就四川省而言，我们认为自然资源资产离任审计是服务于生态文明建设的国家法定审计，其审计应是国家审计机关作为主导，结合自然资源管理相关职能部门（如国土资源部门、水利部门、林业部门等），以及经济和自然资源相关领域专家形成的联合审计，最终的审计报告、审计意见，以及处理决定均由国家审计机关出具和负责。而在实际操作层面，四川省 2017 年试点选择的就是以审计厅为主导，相关部门共同参与的联动机制[④]。

（四）怎么审

当前理论界对于自然资源资产离任审计方式有如下几种观点：（1）以自然资源资产负债表为审计对象的模式；（2）资源环境审计、经济责任审计结合的拓展模式；（3）基于政府综合财务报告对离任干部自然资源资产责任的审计模式[⑤]。目前

① 安徽省审计厅课题组：《对自然资源资产离任审计的几点认识》，《审计研究》2014 年第 6 期，第 3~9 页。

② 陈献东：《开展领导干部自然资源资产离任审计的若干思考》，《审计研究》2014 年第 5 期，第 15~19 页。

③ 蔡春、毕铭悦：《关于自然资源资产离任审计的理论思考》，《审计研究》2014 年第 5 期，第 3~9 页。

④ http：//www.sc.gov.cn/10462/10464/10797/2017/2/2/10412896.shtml？cid=303。

⑤ 叶美玉：《基于政府综合财务报告的离任干部自然资源责任审计探索》，《企业导报》2016 年第 19 期，第 144 页。

这些方法主要的问题在于：在缺少完善的自然资源资产负债表和完善的评价指标体系作为支撑的情况下，它们只能作为当前形势下的权宜之计，或者纯属理想化的理论探讨，在现阶段均无法落地用于审计工作的开展。

总之，目前自然资源资产离任审计工作仍处于摸索阶段，在试点工作中需要按照"先易后难、先急后缓"、因地制宜、聚焦重点等原则，围绕各地主体功能区定位、自然资源资产禀赋特点、自然资源开发利用现状和生态环境保护工作重点进行逐步推进。

二 离任审计的内容和目标

（一）离任审计的内容

自然资源资产离任审计是资源环境审计和经济责任审计的交集，其为包括财政财务审计、合规性审计和绩效审计在内的综合审计。就财政财务审计而言，自然资源资产离任审计主要涉及自然资源相关经费问题，包括财政收入的收取、财政资金的使用及自然资源相关的项目拨款进度等三个方面；就合规性审计而言，自然资源资产离任审计检查评价领导干部对自然资源相关法律法规、战略、规划和政策的贯彻落实情况，以及领导干部在履职过程中的行为是否得当；就绩效审计而言，主要关注治理自然资源的资金是否超支、效益是否最大化、自然资源相关政策执行是否合规、自然资源项目是否切实有效，以及是否在发展经济的同时最大化地确保自然资源的可持续发展[1]。其具体内容如下。

1. 自然资源资产审计

主要涉及土地资源、水资源、森林资源、草原、湿地资源，自然保护区、风景名胜区、森林公园、湿地公园、地质遗迹保护区资源[2]。（1）土地资源资产方面：主要审计内容包括土地利用总体规划执行情况、耕地保护责任目标落

---

① 徐泓、曲婧：《自然资源绩效审计的目标、内容和评价指标体系初探》，《审计研究》2012年第 2 期，第 14～19 页。

② http：//www. sc. gov. cn/10462/10464/10797/2017/2/2/10412896. shtml？cid = 303。

实情况、土地开发利用情况、矿产资源总体规划的执行情况，以及土地、矿产专项资金使用情况，确保土地利用总体规划科学、审批程序合法，相关保护政策得到严格执行，专项经费得到合理有效使用。（2）水资源资产方面：主要审计用水总量情况、用水效率情况、水功能区水质达标情况，以及水资源相关经费管理使用情况，确保用水量达标、用水效率高、污水处理良好、水功能区水质达标、水资源相关经费使用合法合规。（3）森林资源资产方面：主要审计内容包括森林覆盖率、年度采伐情况、林地征占情况、造林任务完成情况，以及专项经费使用情况，确保森林蓄积量增长达标、森林采伐合规、无非法占用林地问题、年度造林任务的真实完成、专项经费得到合规合法使用。

2. 环境审计

主要涉及与环境相关的各领域，包括环境保护政策执行、环境质量控制、污染控制、节能降耗及专项经费使用情况。（1）环境保护政策执行：主要审计政府机关对相关政策的执行情况、区域环保制度措施是否建立健全，确保相关环保政策执行良好，地方经济发展建立于环境可持续发展的基础上。（2）环境质量控制：主要审计空气质量、饮用水质量、流域水质量等环保目标责任指标的达标情况。（3）污染控制：主要审计各类污染物总量减排、城市污水处理率、垃圾无害化处理率达标情况，以及矿山生态环境治理、大气污染防治等多个领域。（4）节能降耗：主要审计节能降耗指标达标情况。（5）专项经费使用：主要审计排污费等环保专项资金的管理使用是否合规合法。

3. 综合审计

主要涉及两大领域。（1）在地方党委、政府生态文明建设责任机制方面，主要检查：贯彻落实中央生态文明建设方针政策和本地生态建设政策措施情况；本地自然资源资产重大决策的内容、执行情况，以及绩效评估结果；本地自然资源资产管理情况。（2）自然资源资产的价值变化情况，关注的重点是领导干部任期内自然资源资产的消耗量及自然环境的恶化情况。

（二）离任审计的目标

自然资源资产离任审计的总体目标是对领导干部任期内自然资源资产经济

责任的履行情况进行客观、准确的评价，实现经济、社会、生态环境的协调、可持续发展①。目前由于尚处于探索试点阶段，审计目标不宜定位太高，现阶段的目标可定为，摸清资源家底、明确责任意识、完善制度体系、促进生态发展②。

1. 摸清资源家底

在编制自然资源资产负债表的基础上，通过审计，确定一定时间内自然资源资产的动态变化，以摸清资源家底，为地区的可持续发展提供决策依据。

2. 明确责任意识

通过审计，确定领导干部的自然资源资产责任清单，加强对领导干部的问责和监督，培养领导干部重视环境的习惯，为建立生态环境损害责任终身追究制提供决策依据。

3. 完善制度体系

通过审计，促进地方政府和政府各部门建立和执行自然资源资产的保护制度、核算制度、开发利用制度、监督制度、追责赔偿制度，以及审计结果公开制度等，完善资源保护、环境治理和生态修复制度，为构建系统完整的生态文明制度体系提供决策依据。

4. 促进生态发展

通过审计，促进自然资源发展的良性循环，在为社会提供更多经济效益的同时，维护良好的生态环境，确保社会经济与自然资源共同发展。

三　四川目标和任务

（一）四川省总体目标

四川省建设离任审计制度的总体目标如下。（1）建立四川省、市（州）、县（区）自然资源资产离任审计制度体系。按不同区域类型、不同等级层次、

---

① 陈波、卜琦：《论自然资源资产离任审计的目标与内容》，《会计之友》2014 年第 36 期，第 10～13 页。

② 李先秋：《自然资源资产离任审计要点研究》，2015 年 6 月 9 日，http：//www. audit. gov. cn/n6/n41/c67000/content. html。

不同资源类型,系统开展账户体系、评价体系、审计管理制度体系建设。试点、示范、推广应用有序进行。(2)建立基于大数据分析监测审计的自然资源管理共享平台。在省委、省政府的领导下,在相关部门和科研院所的支撑下,建立联合运行机制,建成四川省行业领域、区域一体化的自然资源数字化审计指挥平台、大数据综合分析平台、综合作业平台、综合管理平台。(3)建立四川省自然资源管理提升、改进后服务科技支撑系统。在自然资源管理绩效评价和离任审计之后,组织队伍开展自然资源管理提升、改进的系列科技服务。(4)资源账户建设和资源资产离任审计制度建设,以及资源管理提升、改进后的服务支持体系建设三方面总体水平全国领先。

(二)四川省总体任务

1. 开展典型县市资源账户建设和领导干部离任审计试点示范

主要任务包括:(1)开展一个试点区资产管理绩效与负债责任关键因子分析遴选;(2)资产管理绩效评价方法与核算技术研究;(3)资产负债责任评价方法与核算技术研究;(4)基于关键因子的资源基础数据获取及更新;(5)研究成果在四个典型代表区中的扩大研究和应用。

2. 开展基于大数据分析监测审计的自然资源管理共享平台建设

主要任务包括:(1)自然资源资产地理信息平台建设;(2)自然资源资产负债表动态数据库建设;(3)大数据综合分析平台建设;(4)数字化审计指挥平台建设;(5)区域特殊资源资产现场审计、实时监控、动态监测、联网审计系统建设。

3. 开展四川省自然资源资产离任审计管理和账户管理人才队伍建设

主要任务包括:(1)培养自然资源资产离任审计高级人才队伍;(2)培养自然资源资产账户建设高级人才队伍;(3)培养自然资源资产管理区域人才队伍。

4. 开展自然资源资产审计的后服务

主要任务包括:(1)自然资源管理提升、改进意见的追踪管理服务;(2)自然资源管理、开发和利用,以及与生态环境保护相关的科技支撑服务;(3)自然资源的地方账户和人才队伍建设服务。

四 离任审计方法体系与制度体系构建

（一）方法体系构建

自然资源资产离任审计脱胎于领导干部经济责任审计，其审计方法需要以一般审计方法为基础，在兼顾自然资源资产的特殊性基础上，构建一套灵活、机动、形成系统且具有特色和普适性的审计方法体系。由于自然资源资产离任审计涉及财政财务审计、合规性审计和绩效审计，其方法体系的构建可以从这三方面着手，具体如下。

1. 自然资源资产相关的财政财务审计方法

这部分内容通常采用传统的审计方法，对与自然资源财产、财务相关的内容进行检查，主要涉及的内容包括自然资源相关的资金筹集是否合法和合规，财政收入是否及时足额收取，财政资金是否合规和自然资源相关的项目经费拨付是否按时到位，等等。

2. 合规性审计方法

主要以传统的审计方法为基础，以政策落实和法律法规执行情况为主线，通过对自然资源相关的情况进行追踪调查，对领导干部与自然资源相关的法律法规、政策和规划的贯彻落实情况，以及履职过程进行检查和评价。

3. 绩效审计方法

这部分内容是自然资源资产离任审计的重点和难点，其涉及内容包括了法律层面、国家和地方政府的政策层面、资金使用及其效率评价层面，以及自然资源开发效果评价层面等，其具体的实施需要以完善的指标评价体系为基础，具体的审计方法现阶段均在探索中，目前成型的方法包括：（1）基于环境法规与政策落实的审计方法，在传统审计方法基础上进行扩展，以政策落实为主线的政策执行情况跟踪审计的方法；（2）基于自然资源资产负债表的审计方法，主要通过资源与环境的价值计量检验和报表评价进行审计；（3）基于环境会计理论的审计方法，是一种以货币为主要计量单位，综合评估环境绩效及环境活动对企业财务成果影响的方法；（4）资源环境状态比较法，是对涉及自然资源资产审计的两个或多个不同自然资源资产状态及其状态价值进行比

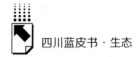

较，评估时空变化过程中人为作用对自然资源资产状态影响情况的审计方法；
（5）调查统计法，是审计人员通过深入现场观察、实验、访谈或发放问卷等
方式、方法获取领导干部在自然资源资产方面履职情况的审计证据的方法；
（6）检查测量法，是审计人员对自然资源资产相关的经济活动记录的真实性、
合规性、效益性，以及客观效果所做的复核与用特定的工具或聘请专业机构
或专业人员对领导干部工作业绩与业务绩效所做的定量描述相结合的审计方
法；（7）模糊综合评价法，是基于模糊数学的综合评价方法；（8）分析综合
法，对现有的审计方法、审计力量和审计结果进行整合后形成的一种审计方
法①。

在领导干部自然资源资产离任审计具体的实施过程中，这三方面内容不可
能割裂开单独审计，因此最终构建完成的审计方法体系，应该是以传统的审计
方法为骨架，根据不同的审计对象和审计目标，并结合现代的科技发展，以
"3S"技术和网络平台为依托，形成的综合型数字化审计体系。

（二）制度体系构建

领导干部自然资源资产离任审计目前处于起步阶段，尚未形成系统化、制
度化和规范化的流程，然而它是生态文明制度的重要组成部分，构建完善的领
导干部自然资源资产离任审计制度体系，有助于自然资源资产保护工作的开
展，是保证我国生态可持续发展的基础，是一种明显的制度进步②。

要构建完善的领导干部自然资源资产离任审计制度体系，必须重视以下四
个方面的工作。

1. 领导干部自然资源资产离任审计模式选择

当前开展自然资源资产离任审计主要有自然资源资产负债表模式和资源环
境审计、经济责任审计拓展模式两种模式③。前者以自然资源资产负债表的编

① 李博英、尹海涛：《领导干部自然资源资产离任审计的理论基础与方法》，《审计研究》
2016 年第 5 期，第 32~37 页。
② 马永欢、陈丽萍、沈镭等：《自然资源资产管理的国际进展及主要建议》，《国土资源情报》
2014 年第 12 期，第 2~8 页。
③ 张宏亮、刘长翠、曹丽娟：《地方领导人自然资源资产离任审计探讨——框架构建及案例运
用》，《审计研究》2015 年第 2 期，第 14~20 页。

制为核心，后者则从现有的审计模式出发，根据自然资源资产的特点，拓展出适用于自然资源资产离任审计的新型审计模式。

从四川省的现实情况来看，全省地域范围广，自然资源种类繁多，调查计量难度大。自然资源资产负债表编制难度大，不仅需要对全部自然资源本底数据开展调查，在资源以资产的形式进行表达，对自然资源的耗减、环境损害、生态破坏等诸多方面情况的确认，以及对资产负债差额进行长期记录等方面均没有完善的方法体系支撑，要在较短的时间内完成自然资源资产负债表编制较难。而四川省开展资源环境审计和领导干部经济责任审计时间较长，已形成较为完善和成熟的制度体系。因此，可以在现有的方法体系基础上，将审计与审计评价相结合、合规审计与绩效审计相结合，形成自然资源资产离任审计的独特模式、路径与方法。同时，在逐步开展自然资源资产离任审计试点的基础上，结合各地政府历年统计数据，逐步建立起较为完善的自然资源资产负债表，为今后长期的自然资源资产离任审计工作奠定良好的数据基础条件。

2. 领导干部自然资源资产离任审计组织机构建设的完善

对于官员经济责任离任审计，我国审计机关实行"双重领导"管理体制，体制问题导致审计机关独立性下降[①]；另外，领导干部自然资源资产离任审计涉及内容包括经济领域和自然资源领域，而自然资源领域涉及的部门众多，存在职责不清的状况。有鉴于此，在自然资源资产离任审计的组织机构建设上，首先，应打破这种双重领导，将审计机关变为垂直领导，增强审计机关的独立性；其次，应设立统一的资源和生态环境管理部门，明确自然资源问题的责任权属；最后，应构建由国家审计机关作为审计主体，结合经济、环境、自然资源等领域的相关专家的联席审计组。

3. 领导干部自然资源资产离任审计标准流程的完善

没有规矩不成方圆，为保证该项审计工作的规范化和制度化，应参照现行的离任审计流程，结合自然资源资产离任审计的特点，从时间节点、审计对象、审计内容、审计实施方案等多方面出发，构建一套完善的审计标准流程，并将其以章程或制度的方式在全国发布。

---

① 陈李：《官员经济责任离任审计制度研究》，湖南师范大学硕士学位论文，2015。

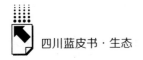

4. 领导干部自然资源资产离任审计监督体制构建

从法律法规上明确以下问题：（1）通过异地审计、建立专门的自然资源监管部门，确保审计工作的独立性和结果的真实性；（2）健全公众参与机制，为社会大众提供充分的表达意见渠道。

（三）后服务支撑体系建设

自然资源资产离任审计的根本目的在于通过定期核算自然资源资产的变动情况，全面反映政府对各项自然资源占用、使用、维护和管理的绩效，促进领导干部树立科学发展的政绩观，从而进一步深入推进生态文明建设工作。因此，在离任审计之后，开展后服务支撑体系建设，不仅有助于国家自然资源资产管理体制建设，而且是生态文明制度体系的内在要求①。

后服务支撑体系的构建主要包括以下几方面的工作。

1. 自然资源管理水平提升及改进意见的追踪管理服务

针对自然资源资产离任审计中实际存在的问题，在进行了整改可行性评估的基础上，要求地方政府进行限期整改，并对整改结果进行二次审计，以确保问题被发现后能够在地方政府力所能及的范围内及时得到纠正，保证审计活动有利于提高自然资源管理水平。

2. 自然资源资产人才队伍建设

从理论储备和专家库建设两方面着手：一方面，以高校和科研院所为基础，以科研项目的形式，鼓励开展自然资源资产管理理论研究，为自然资源资产管理提供理论储备；另一方面，通过建立专家库的形式，形成技术储备，以吸纳自然资源、环境保护、法律、经济、工程建设等相关专业领域的人才参与到自然资源资产的计量、管理、监管和审计工作中。

3. 自然资源管理相关的科技支撑服务

在构建专家库的同时，建立集资产信息登记、核算、负债表自动生成、负债信息分析和预警等多功能为一体的自然资源资产负债表管理系统②，这不仅

① 安徽省审计厅课题组：《对自然资源资产离任审计的几点认识》，《审计研究》2014年第6期，第3~9页。
② 黄溶冰、赵谦：《自然资源资产负债表编制与审计探讨》，《审计研究》2015年第1期，第37~43页。

方便地方开展自然资源管理及相关的开发利用活动，而且可以为生态环境保护工作提供科技支撑服务，是服务于地方自然资源管理和地区的生态可持续发展工作的重要科技支撑。

五　推进步骤和措施

领导干部自然资源资产离任审计的实施应构建以领导干部对国家生态文明建设工作在决策、执行、监管及执行方面的情况为主线，以政策执行、资金的使用和监管情况及绩效评估等具体层面的审计为手段，以完善的追责制度为保障，以审计机关为主体的联合审计为模式，以后服务体系建设为补充的工作格局。在该项审计的推进过程中，要坚持因地制宜的原则，逐步稳定推进，其具体的推进步骤如下。

（一）开展审计试点，积累实践经验

首先，由省厅牵头，相关部门共同参加，根据本省的特点，筛选出有代表性的市、县开展领导干部自然资源资产离任审计试点。其次，根据试点区域主体功能区定位、自然资源资产特点，以及生态环境保护工作的关键问题，合理确定审计对象和审计内容①。再次，在实施过程中，要根据工作需要，聘请相关领域专业人员参与审计工作，以确保审计工作的针对性和审计结果的准确性。最后，试点完成后，及时总结经验教训，为该项审计的全面铺开提供经验支撑。

（二）加强相关领域的基础研究，获得理论支撑

由省厅出面组织相关学术课题研究组，充分发挥高校、科研院所等相关科研机构的技术力量，在与自然资源资产监管部门对接的基础上，开展自然资源资产计量、管理、监管和审计及后服务建设等相关的理论研究，为领导干部自然资源资产离任审计制度提供理论支撑。

---

① http：//www. sc. gov. cn/10462/10464/10797/2017/2/2/10412896. shtml？cid = 303.

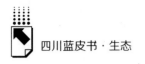

（三）加强人才队伍建设

领导干部自然资源资产离任审计是一项涉及经济领域、法律领域、自然资源领域，以及工程建设领域等多个领域专业知识的工作，而现有审计队伍主要由经济领域和法律领域人员构成，不能完全满足自然资源资产离任审计工作的需要。针对这种情况，各级审计机关应通过吸纳人才、组织培训等多种模式相结合，完善人才队伍结构。同时，要把先进的专业技术手段和方法，如"3S"技术，应用到相关领域的审计中，以不断提高审计质量和水平，为满足审计机关推进生态文明建设的需要提供人才队伍支撑。

（四）构建新型工作机制

现有的审计工作机制不能完全满足领导干部自然资源资产离任审计需要，为保证该项工作顺利有序的执行，应构建新型的工作机制。该工作机制可以参考以下模式：通过联席会议、文件交流与通报等方式确保信息及时沟通，在此基础上形成以审计机关为主体，自然资源领域相关部门共同参加的联合审计模式①。

总之，通过审计试点积累实践经验，通过相关领域的基础研究获得理论支撑，通过人才队伍建设完成实施该项审计的人员组建，通过构建新型工作机制确保审计工作的顺利开展，在此基础上，领导干部自然资源资产离任审计才可以全面铺开，成为一种常态审计。

参考文献

安徽省审计厅课题组：《对自然资源资产离任审计的几点认识》，《审计研究》2014年第6期，第3~9页。

蔡春、毕铭悦：《关于自然资源资产离任审计的理论思考》，《审计研究》2014年第5期，第3~9页。

---

① 林忠华：《探索领导干部自然资源资产离任审计》，《审计月刊》2014年第6期，第44~48页。

陈波、卜琦：《论自然资源资产离任审计的目标与内容》，《会计之友》2014 年第 36 期，第 10 ~ 13 页。

陈献东：《开展领导干部自然资源资产离任审计的若干思考》，《审计研究》2014 年第 5 期，第 15 ~ 19 页。

湖北省审计厅课题组，张永祥、别必爱：《对领导干部实行自然资源资产离任审计研究》，《审计月刊》2014 年第 12 期，第 4 ~ 7 页。

黄溶冰、赵谦：《自然资源资产负债表编制与审计探讨》，《审计研究》2015 年第 1 期，第 37 ~ 43 页。

李先秋：《自然资源资产离任审计要点研究》，http：//www. audit. gov. cn/n6/n41/c67000/content. html，2015 年 6 月 9 日。

林忠华：《探索领导干部自然资源资产离任审计》，《审计月刊》2014 年第 6 期，第 44 ~ 48 页。

马永欢、陈丽萍、沈镭等：《自然资源资产管理的国际进展及主要建议》，《国土资源情报》2014 年第 12 期，第 2 ~ 8 页。

彭巨水：《对领导干部实行自然资源资产离任审计的思考》，《中国国情国力》2014 年第 4 期，第 14 ~ 15 页。

陶宇：《自然资源资产离任审计研究文献综述》，《商业会计》2016 年第 14 期，第 44 ~ 45 页。

王社庭：《我国领导干部自然资源资产离任审计概念探析》，http：//www. tjwq. gov. cn/sjj/zcfg/201511/0dd9f321647643c4a1d6b8ad7f9b2983. shtml，2015 年 11 月 24 日。

徐泓、曲婧：《自然资源绩效审计的目标、内容和评价指标体系初探》，《审计研究》2012 年第 2 期：第 14 ~ 19 页。

李博英、尹海涛：《领导干部自然资源资产离任审计的理论基础与方法》，《审计研究》2016 年第 5 期，第 32 ~ 37 页。

叶美玉：《基于政府综合财务报告的离任干部自然资源责任审计探索》，《企业导报》2016 年第 19 期，第 144 页。

张宏亮、刘长翠、曹丽娟：《地方领导人自然资源资产离任审计探讨——框架构建及案例运用》，《审计研究》2015 年第 2 期，第 14 ~ 20 页。

B.15
自然资源资产负债表编制方法探讨及
在四川应用的设想

周良强　谢玥　王岚　程祖强*

摘　要：　首先，本文通过对自然资源资产价值的创新认识，对自然资
源资产和负债进行了成分分类，将自然资源资产和负债分为
基本承载力资源资产与负债、经营性自然资源资产和维护
（环保）责任负债三个成分，根据这三个成分的特殊性分别
制定了直接测量法、市场价值法、第三方考察法和民主评分
法四种评估方法，进而分别对这三个成分的计算方法进行了
阐述，并对全区域的资产负债表数据考察、区域及其辖区之
间负债表编制、报表附注等进行了阐述。其次，本文根据四
川自然资源禀赋和实际，对四川省自然资源资产负债表编制
和所考察的门类进行了设计，并按各辖区功能、地域位置分
区、生态系统和区域经济系统对四川各辖区进行分类，对各
类分区进行了自然资源资产负债表考察门类的差异化设计。
最后，本文对四川自然资源资产负债表编制的研究和应用方
向进行了探讨，并提出了相应政策措施建议。

关键词：　自然资源资产负债表　基本承载力　自然资源资产和负债
　　　　　经营性资产　自然资源维护（环保）

* 周良强，四川省自然资源科学研究院助理研究员，主要研究领域为区域资源、植物遗传多样
性和农学；谢玥，四川省自然资源科学研究院副研究员，遗传学博士，主要研究领域为植物
分子遗传育种与生物化学；王岚，方剂学博士，副研究员，主要从事疾病动物模型与中药复
方药理研究；程祖强，四川省自然资源科学研究院工程师，主要研究领域为中草药栽培与鉴
定。

一 自然资源资产负债表的编制方法和内容

（一）价值的争论和对负债的约定

1. 自然资源资产价值的争论

说起自然资源资产，暗含该自然资源有权属、有价值。基于对自然资源价值的特殊性把握，才能制定合理的自然资源资产的价值评价体系。所以这里需要分析自然资源资产的价值。

这个价值是广义的价值，包括价值和使用价值，不同于《资本论》中以劳动来衡量的，可用于交换的价值。而平常我们说某种物品的价值，一般是方便交换流通而进行的、以货币为参照的等价换算，换算的标准一般是生产流通中所投入的劳动量。按照这个推理，测算自然资源的价值，就需要对自然资源的等价货币量进行评估。从目前自然资源的价值，特别是其中的生态价值的评估结果来看，不同评估主体、不同评估方法经常得出存在几倍甚至几十倍差异的结果，这显然不能满足资产化管理的需要。

所以，以传统的资产思维看待自然资源的价值，容易误导人们对自然资源的认识和有效管理。处于自然状态的自然资源，并非所有都进入市场交易，多数资源不需要人为的生产流通劳动，这样，传统的价值测算方法就失去了依据。目前，有关自然资源价值方面的争论，主要表现在以下四个方面。

第一，生态价值论和产品价值论：生态价值论者强调自然资源以自然状态存在于原地所形成的生态价值；而产品价值论者则坚持认为应该以开发某种资源形成的产品价值来衡量其价值。生态价值论所提出的生态价值难以客观估算，而产品价值论则忽略了生态功能这种重要的价值。

第二，劳动价值论和效益价值论：劳动价值论认为应该以开发某种自然资源所耗费的劳动量作为衡量其价值的标准；而效益价值论则认为应该以利用该自然资源所产生的效益作为衡量其价值的标准。劳动价值论认为自然资源本身是没有价值的，是人创造价值的载体而已，因此否定了自然资源本身的价值；效益价值论则否定了自然资源利用过程中人类的劳动和创造，夸大了自然资源的价值。

第三，市场价值论和成本价值论：市场价值论者认为自然资源资产的价值应该以市场交易价为标准，在没有实际交易市场的情况下，有些学者提出替代市场法、假想市场法对资源资产价值进行评估；而成本价值论者认为应该以人工生产这种资源或同效功能所支付的成本作为衡量该资源价值的标准，相应的方法主要有人工成本法、替代成本法和机会成本法。虽然这两类价值论者都提出了各种各类的数学模型来估算，但是这些毕竟不是真实的市场或真实的工厂，人为主观的因素很大，估算出的结果差异巨大，难以实际运用。

第四，现金价值论和物质价值论：现金价值论者认为自然资源资产的价值应该以通用货币为标准单位进行统计；物质价值论者认为该价值应该以自然资源资产的物质量来客观统计。自然资源资产多数情况下没有标准的交易市场可参考，所以将物质量转换为价值量的时候会产生非常大的人为误差；物质价值论者虽然在统计时没有产生误差，但对各种自然资源只有零散的登记数据，无法对区域自然资源资产整体情况进行评估。

我们认为，因为自然资源资产有不同于其他可交易资产的特殊性，其价值应该超脱于单纯劳动论和单纯市场论的观点论述，应该充分考虑自然资源给予人类的使用价值。所以本文所谈论的自然资源资产的价值，是包括价值和使用价值两方面的，并附带有资源维护（环保）责任的。

2. 自然资源负债有关约定

说起负债，一般都涉及债权人和债务人。在自然资源负债中，我们约定"社会的长远利益和生态环境"为假想债权人，约定作为公共事务管理的代表人——政府——作为自然资源负债的债务人。自然资源负债的本质是人类的不合理活动，或为了追求短期利益，对"社会的长远利益和生态环境"产生的损害；某小区域对大区域整体而言，自然资源的供应不能满足正常消耗，需要调运大区域其他地区的相应资源，以维持其正常运转的那部分资源。

（二）自然资源资产的成分分类

经过研究，我们认为自然资源资产的类型状态多种多样，单一的价值体系难以驾驭所有自然资源的价值评估。通过判断自然资源资产是否进入一个特定的市场领域，可将其划分为基本承载力资源资产和经营性资源资产两类。

这里所指的"特定的市场领域"，主要指其交易的商品包含较大比例的区位（技术）垄断利润或劳动附加值。在过去社会发展较低的阶段，土地、水、森林，甚至人身自由，都可以是私人财产，都可以在市场上自由交换；而随着经济社会发展，人类文明进步，迄今中国的土地、水、森林、矿山等很多已经进入了公有制，较为公平地属于全社会的所有公民。当人类社会接近进入共产主义社会的时候，相信很多人的基本需要，如水、粮食、住房、基本生活能源、交通条件等，均可以进入全社会免费共有的范畴之列，活跃的市场就只剩下以劳动附加值或区位（技术）垄断利润为主导价值的商品交易了，也就是这里所说的"特定的市场领域"。

这里基本承载力资源资产指的就是用于免费（或仅收取运输、处理和管理成本）满足普通大众生命健康和舒适度的自然资源资产成分。我国"十三五"期间将大力实施扶贫攻坚的任务，该任务的完成，将让全体公民都能在花费最少的代价或在近乎免费的情况下得到基本的淡水、粮食、住房、生活能源等基本生存条件和基本舒适度的保障，这些即基本承载力资源的保障。经营性资源资产是由区位差异或技术垄断而产生的比较优势，触发形成经营利益，进入市场交易或租赁，产生价格或租金的自然资源资产成分。经营性自然资源资产，包括经营性的旅游区，开采的煤矿、矿山，商业用地，等等。

值得注意的是，本文是从经济上区分两种自然资源资产成分的，并非自然资源的分类，例如，同一处的淡水资源，它既有基本承载力资源资产的成分——满足大众生活用水的需要，又具有经营性资源资产的成分——用于区域调配买卖。

有些自然资源如土地、耕地、林地等，其使用价值主要表现在满足人的基本生理和舒适度的需要，即便有企业或个人对它进行经营获利，这些资源也只能被当作基本承载力资源资产。这是因为随着社会生产力的快速提高和社会进步，特别是"十三五"期间扶贫攻坚任务的大力实施，我国包括四川省将很快摆脱贫困，涉及基本食品和居住条件的自然资源将逐步进入社会公众共有的范围。还有，有些自然资源，如淡水，虽然我国成立了相应机构进行经营，但是对社会只收取成本费用，相当于免费服务社会大众，应纳入基本承载力资源资产。

另外，自然资源资产还应该有附带责任，就是资源维护和环境保护的义务。也就是自然资源资产在被开发利用的同时，所有者（权人）和社会大众应承担相应维护和废弃物处理的责任。

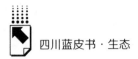

由此，自然资源资产与负债可分为三个成分：基本承载力资源资产与负债、经营性资源资产、维护（环保）责任。然而，目前政府和公众社会对人的基本生存和基本舒适度的需求缺乏明确的标准，导致基本承载力资源资产和经营性资源资产二者之间没有绝对严格的界限。

1. 基本承载力资源资产

人的生存、健康和基本舒适度的维持，需要自然资源来承载。基本承载力资源资产的价值，就体现在全社会能够免费获取（或仅支付低成本）的，如耕地、淡水、居住地、森林、草地等的使用上，它能承载多大量的社会人口，其承载力就是多大。基本承载力资源资产的价值，是目前全社会最关注的，表现在对人的生存、基本健康和舒适度维持的功能价值上，也就是对一定人口的基本经济社会承载力。传统的价值观念采用生产流通所用的劳动量作为标准，以交换作为实现的手段，以货币量作为单位；而基本承载力资源资产的价值可以以资源能维持多大量人口的生存、健康和基本舒适度作为标准，以该人口群体在当今社会经济条件下的生活水平为参照，以所能承载的人口量作为单位。

举例来说，就是在当今的社会经济条件下，维持基本生存和经济能力，平均每个人需要多少绿地森林来吸收他直接（生理呼吸）或间接（生产活动）排放的二氧化碳，需要多少耕地和菜地维持他直接（食用）或间接的粮食（畜牧和酒精发酵）需要，需要使用多少淡水，需要多少居住活动空间，需要多少能源资源，等等。可以简化为，基本承载力资源资产的价值总量，就是以本地的自然资源能够满足多大量人口的生命健康和基本舒适度来表示。

2. 经营性资源资产

自然资源主要的价值是维持一定人口的基本承载需要，这部分价值的权益应该属于本地居民和全社会；除此以外，还具有一定的区位（商业口岸、景观和特殊物理特性，如地热、风能、水能等）和技术垄断（开发技术），形成旅游、疗养、市场、发电等商业使用价值。这些自然资源因自身特性、区位或其他条件等具有比较优势，导致人们竞相拥有或占用，最后形成竞买或竞争租用，从而产生市场价格或租金，这类资产就被称为经营性资源资产。经营性资源资产的所有权单位一般是国家或集体，这类资产的使用权属除了国家或集体以外，还包括个人或企业租用，因为其下游使用具有经济效益，故资源资产本身就形成转让价格或租金。从会计的角度看，这一般指具有盈利能力的自然资源资产。在自然资源权属交易或转移中，这类自然资源资产的权属交易和竞争更为活跃。

3.维护（环保）责任

要使自然资源长期稳定地服务于人类，人类就必须履行附加的责任。开发自然资源需要平衡现在的和将来的收益，也需要履行防止开发资源而破坏环境的附加任务；对于可再生资源，需要对资源的再生力予以维护；对于现在没有利用而将来可能利用的资源，也需要保护和研究投入。另外，研究推广节约化、集约化和资源替代等新技术也是开发资源需要投入的责任。这些责任就是围绕资源开发的维护（环保）责任。

（三）自然资源资产负债表有别于经济领域的资产负债表

自然资源资产负债表反映的是某区域、海域、流域或行政疆域内自然资源、自然生态和自然环境的数量、质量和状态等的变化。它一般作为一套数量化的考核依据，用来促进政府调整治理方式，在经济高效协调发展的同时，达到促进自然资源利用节约化和集约化的目的，推动自然资源的合理配置，扩大资源利用范围，引导资源维护和环境保护。自然资源资产负债表虽然和经济领域的资产负债表很类似，但有别于经济领域的资产负债表，具体表现在以下方面。

第一，自然资源资产与负债列示的门类里面有些总量相对固定可测，如耕地面积、森林水域面积，另外一些如矿藏、过境水量、污染排放等只能用一段时间内产生的各种资产和负债值来表示。

第二，自然资源资产与负债很难统一成一个单位，基本承载力资源资产与负债一般用所能承载的人口量来表示，经营性资源资产可以用货币量表示，而维护（环保）责任包含货币和其他资源投入量。

第三，自然资源资产与负债不仅用数值来表示"量"的大小，还会用文字来表示"质"的状态；对于维护（环保）责任，有新增"量"的评估，也有替代开发、集约化等难以量化的情况；对于宏观的、总体的资产与负债状态，还包括区域价值与负担的取向等描述。

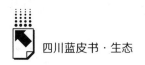

第四，自然资源资产与负债数据的客观性，宜采用第三方测评和向社会公示的办法来保证和监督。

（四）自然资源资产（责任）负债表数据的分类评估

本文采取分类评估方法，对自然资源资产的三个成分进行分别评估。基本承载力资源资产的评估主要采用直接测量法，经营性资源资产的评估主要采用市场价值法，附带维护责任履行的评估主要采取第三方考察和民主评分法。详见以下阐述。

1. 直接测量法（基本承载力资源资产）

资产存量：包括测量耕地面积、草地面积、林地面积、菜园地面积、生活区面积、淡水量等。

资产流量：包括测量年度淡水资源流量、年度碳排放等。

2. 市场价值法（经营性资源资产）

资源物质开采量：年度林木开采量、年度矿煤油气开采量、其他不可再生或再生速度慢的资源开采量。

国有资产量：资产价值量，年度经营利润。

集体资产量：国家资产承包给集体经济，年度承包费。

出让资产量：国家资产出让给社会个体或企业，其资产转让价格。

租赁资产量：国家资产租赁给社会个体或企业，收取的年度租金。

闲置的可经营资产量：国家或集体产权的，目前处于闲置状态。

3. 第三方考察和民主评分法（附带维护责任）

重要种质资源保护和生物多样性维护：主要是保护本区域内的重要种质资源及维持自然区和保护区的生态和生物多样性。

改善环境质量和卫生条件，环境质量指数：主要是围绕资源开发利用过程中，治理现场及周边环境质量和卫生条件变差的效果。

废弃物处理：农村废弃物处理，城市生活垃圾处理，工业废弃物处理等的效果。

节约化、集约化：节约使用、高效利用自然资源的程度。

新开发替代：采用新技术、新手段，将废弃物或无价值的环境材料转化为优质的资源，或用其他相对廉价的资源替代相对高价的自然资源的责任。

（五）自然资源资产负债表中资产负债量的计算方法

1. 基本承载力资源资产与负债的计算

做四川基本承载力资源资产负债表可主要列示耕地、草地、森林、生活区、淡水五类自然资源进行登记，前四项按面积单位登记，淡水按体积或重量登记。各资源总量除以人均（年）消耗，就得出各资源对人口的基本承载力，单位为人口数量。这样计算出的承载人口数量超出本区域人口的数量，被称为资源资产；计算出来低出本区域人口的数量，被称为资源负债。如此，有些资源种类可能会出现承载力超出本区域人口的情况，超出的部分被称为资产；有些资源种类出现承载力低出本区域人口的情况，低出的部分就被称为负债。表1以某假想地为例，说明基本承载力资源资产的资产负债各项的计算。

表 1　某地基本承载力资源资产的资产负债各项

资源类型	人均年消耗	区域人口	区域资源需求	实际资源量	资源盈缺量	盈缺的人口消费量（资产或负债）
耕地	0.1 公顷	10 万人	1 万公顷	1 万公顷	0	0（不计入资产或负债）
草地	5 公顷	10 万人	50 万公顷	20 万公顷	欠缺 30 万公顷	欠缺 6 万人的承载力（负债）
森	1 公顷	10 万人	10 万公顷	30 万公顷	盈余 20 万公顷	盈余 20 万人的承载力（资产）
生活区	0.28 公顷	10 万人	2.8 万公顷	5 万公顷	盈余 2.2 万公顷	盈余 7.86 万人的承载力（资产）
淡水	44 吨	10 万人	440 万吨	800 万吨	盈余 360 万吨	盈余 8.18 万人的承载力（资产）

2. 经营性资源资产表的计算

对区域内一切具有景观、区位、特用等优势的经营性自然资源进行资产登记，列出所有权人、交易价格、经营权人、经营性质、租金，国家经营的要登记盈利状况，其他经营的要评估其盈利能力。通过经营价值的评估，找出其中具有重要经营价值的自然资源资产进行列示。另外，对于不可再生资源，如油气资源、煤炭、矿藏的开采量，以及再生较慢的资源，如木料的开采量，应予

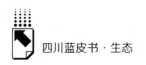

以此处列示。数据形成具体表格如表2所示。注意，在经营性资源资产中，在国家没有倒贴资金的情况下，就不存在负债的说法。

表2　经营性自然资源资产表

经营性自然资源资产类别	资产位置及范围	年利润/年承包费/转让价格/年租金/年开采量（价值）
国家经营的资产量 集体经营的资产量 出让的资产量 租赁的资产量 闲置或重新利用的可经营资产量 资源物质开采量		
资产年收入（去除转让收入部分）：	资产转让收入：	

3. 维护（环保）责任负债表方法

利用第三方考察评估和民主评分相结合的办法，本研究主要考察围绕自然资源开发利用过程中，对自然生态中的种质资源和生物多样性破坏而进行的保护措施，对周边产生的大气、水、土壤、声音、振动等环境卫生质量影响而采取的修复弥补措施，其废弃物处理的措施，利用节约化、集约化的程度及采用新科学技术手段开发和替代宝贵自然资源的投入和努力的效果。第三方通过对本区域维护（环保）责任及履行情况的掌握，估算出尚需新增投入的部分，作为维护（环保）责任负债。

具体表格列示方式如表3所示。注意，在维护（环保）责任负债表中没有资产的说法，除非出现重大的新开发和替代革命技术创新。

表3　维护（环保）责任负债表

维护（环保）责任负债类别	措施和效果	民主考察评分
重要种质资源和生物多样性保护 资源开发过程中的环境卫生补救 资源开发利用中废弃物处理 节约化、集约化改造 新开发替代 总体评价 尚需必要的新增投入估计		

4. 全区域自然资源资产与负债表——区域对国家的边际经济效应

以上基本承载力资源资产与负债、经营性资源资产表和维护（环保）责任负债表从三个不同的成分对区域自然资源资产与负债的内部运行情况做了剖析。但对于决策者来说，还需要将一个区域放在全国乃至全球经济社会中评估其整体经济特性，或者说边际资产和负债的情况，这就要对该区域自然资源形成的总体利润和税收，以及要形成持续的利税能力需要投入如资源维护、环境治理和生态修复等进行评估，这里资源开发实现的利税就是区域自然资源资产（见表4），需要的维护、治理、修复等投入就是区域自然资源负债。

表4　自然资源初级开发的产值及利税（资产）

类型	利润	税收	类型	利润	税收
住宅地产业			水电业		
森林业			钢铁、冶炼业		
养殖业			制盐业		
农业			景观旅游业		
采矿业			合　计		
煤、油、气开采业					

对有些具有重要生态系统服务功能的区域来说，其森林、水域等生态系统还承载着生物多样性的保持、水土保持、净化环境、调节气候和形成景观的重要作用，具有不容破坏的重要生态系统服务功能，这些需要在区域自然资源资产负债表中作为附表列出其明细并标明其目前状态，以警示，具体列表如表5所示。

表5　不容破坏的几个重要生态系统服务功能

类型	细分	目前状态	类型	细分	目前状态
有机质、畜牧业生产良好环境			净化环境		
稳定生物多样性			文化娱乐		
调节气候			适宜居住地		

对于区域自然资源的负债，主要体现在需要维持本地资源相关产业可持续发展所需要的基本维护、治理和修复费用。而这些费用又可以进一步分为三个部分，即科学研究试验、工程项目、管理成本，具体列表如表6所示。

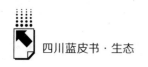

表6 资源维护、环境治理及生态修复需要的投入（负债）

类 型	细 分	投 入
资源维护	科学研究试验	
	工程项目	
	管理成本	
环境治理	科学研究试验	
	工程项目	
	管理成本	
生态修复	科学研究试验	
	工程项目	
	管理成本	
合 计		

5. 区域和各辖区之间自然资源资产负债表的关系

对于任何一个省来说，自然资源资产与负债表的总表一般和各辖区的分表不成简单的累加关系。各辖区的分表是相对微观的，而省级总表是相对宏观的。通过宏观表上的账目分析，可以看出整个区域的自然资源资产价值和负担的取向，通过微观表上的账目分析，可以获得各辖区资源资产负债细节情况，对二者可以相互印证和比较，找出各区域的优势和改进的方向，有利于辖区之间资源合理调剂，有利于科学制定政策，引导总区域和各辖区资源高效集约化利用工作的统筹和协调推进。

（六）关于编制自然资源资产负债表的报表附注

1. 本区资源的基本特征及其动态变化

自然资源总体状况：本区自然资源的丰富度，哪些丰富，哪些匮乏，开发深度如何。

自然资源的利用效率：各行业万元产值的主要原材料资源消耗量，万元产值的淡水消耗量，万元产值的能源消耗量等。

自然资源开发结构：本区的优势资源开发情况，劣势资源开发情况，闲置资源情况。

资源维护（环保）责任的情况：生态系统修复补偿方面的投资与效果，环境治理方面的投资与效果，污水和废弃物处理方面的投资与效果，资源高效集约化使用研究与试验方面的投入与效果。

统计的时间区间内，在资源开发利用和维护（环保）责任方面采取过哪些管理调整或创新，新增的管理成本和取得的效果。

2.不容破坏的生态系统服务功能的变化情况

经过民主协商、慎重研究，结合本区实际和在全省或全国中的系统考虑，列出本区不容破坏的那些生态服务功能，如涵养水源、调节气候、生物多样性保持。统计的时间区间内，将这些重要的生态系统服务功能的变动情况进行文字说明。

3.重要经营性资源的管理和使用情况

对本区重要的经营性自然资源，如重要的生态旅游景区、矿藏、油气开采点、水电站等的所有权、使用权的变动和管理情况要进行文字说明。

二 自然资源资产负债表编制在四川省的实践应用设想

（一）四川自然资源的特点及资产负债表考察的门类

1.四川省自然资源的特点

总体来讲，四川的自然资源特征包括：粮食需要外部输入，蔬菜、肉类（食用菌）可输出，矿产、油气可输出，水资源可一定程度北调但分布不平衡，森林覆盖好，碳固定排放基本平衡，自然景观、宜居资源丰富，废弃物（污染）消化处理能力逐渐吃紧。概括起来就是粮食是短板，碳基本平衡，矿油蔬肉富余，人口容纳有潜能，废污消纳能力吃紧。

四川自然环境宜人，人口聚集，居家生活相关产业发达且占比较高，四川自然资源的价值取向总体明显表现为生活宜居休闲价值为主，工业工程开发价值为辅。

2.四川省自然资源考察的门类

（1）基本承载力资源资产。

耕地和农业空间资源：测算目前粮食生产所能承载的人口量，蔬菜生产所能承载的人口量，水果生产所能承载的人口量，肉类（食用菌）生产所能承载的人口量。

水资源状况：测算本地饮用水、生活用水生产所能承载的人口量。

森林资源：测算本地森林覆盖面积所能承载的人口量。

宜居资源：统计并测算本地适宜居住的区域位置及面积，测算该区域所能容纳居住的人口量。

（2）经营性资源资产。

产权、经营权调查登记：对本辖区国有国营、集体所有集体经营、出让给个体或企业的和租赁给个体或企业的所有自然资源开采和使用点，进行调查和分类登记。

矿产能源方面：调查辖区内经营的所有矿产、油气、煤资产的所有权属、经营权属、租赁关系，确定其位置及范围，统计这些资源产业的年开采量和年利润/年承包费/转让价格/年租金。

自然景观旅游资源：调查辖区内经营的所有自然景观旅游资源的所有权属、经营权属、租赁关系，确定其位置及范围，统计相关景区的年利润/年承包费/转让价格/年租金。

对本辖区有经营价值或有潜力的闲置自然资源，要进行登记。

（3）维护（环保）责任。

主要包括以下方面。

在自然资源保护研究、试验和相关工程项目中投入的资源和使用的费用。

废弃物的消纳后排放：合理利用情况下，调查本地的水土自然力能消化多大人口量的废弃物排放，调查本地人口量产生多大量的废弃物，测算本地废气物排放消纳后的缺口量。

在生态治理、绿化方面的研究、试验和相关工程项目中投入的资源和使用的费用。

在自然资源节约化、集约化使用方面投入的研究试验费用。

在自然资源替代方面投入的研究试验费用。

（二）四川各地按类型分区来确定自然资源资产负债表所考察的门类

1. 按功能特性分区

第一，自然文化资源保护核心及缓冲区：主要考察林地面积及质量的变化，淡水储存量，旅游开发的经济效益，种质资源和生物多样性保护责任，世界文化自然遗产，建设用地，生态退化情况。

第二，"八大流域"水土保持带：主要考察淡水资源流量和开采量，水电站经济效益及闲置的水能资源，植树固土和水土保持责任，排污治理和河道清理责任，水土流失，森林面积和蓄积量，江河源头，水源涵养区，生活污水垃圾处理率。

第三，风景名胜区带：主要考察旅游资源产权变动和旅游开发的经济效益，排污治理和废弃物处理责任，建设用地强度，风景名胜保护，森林，地质景观等。

第四，成都城市区：主要考察城市生活和工业废弃物处理，城市居住地的人口基本承载力，能源、水源消耗，建设用地强度，人口压力，固定污染源，生活污水垃圾排放，城市宜居性和"城市病"，城市空气质量，碳排放。

第五，市、州、县城区：主要考察城市生活和工业废弃物处理，污水排放量，城市居住地的人口基本承载力，能源、水源消耗，建设用地强度，人口压力，固定污染源，城市宜居性，城市空气质量，碳排放等。

第六，农业农村区：主要考察耕地、菜地、果园地、草地及畜牧承载力，考察粮食、蔬菜、畜牧产能对人口的承载力，畜牧业废弃物的无害化处理，秸秆、粪便、农膜等废弃物，肥料、农药等农业投入品，水体化学需氧量，氨氮化物、总氮、总磷排放量，林田湖保护修复，生态廊道和生物多样性保护网络，荒漠化、石漠化、水土流失情况，地质灾害，退耕还林及其边际效应，传统村落等。

第七，能矿开采区：主要考察矿产、煤、油气等的产权变动、开采量和利润税收，重金属污染，地下水开采情况，山水林田湖保护修复，地质灾害，生态退化情况。

第八，工业化工区：主要考察废弃物、污水处理，以及废气、噪声产生的危害量，土壤退化情况，重金属污染，地下水开采情况，生态退化情况，大气二氧化硫、氮氧化物和细颗粒物排放，碳排放。

2.按地域位置分区

第一，盆地平原浅丘区：考察耕地所产大米、蔬菜、食用菌、水果等的人口承载力，农业面源污染情况，地下水开采情况，林田湖保护修复，生态退化

情况，传统村落，能源对外依存度。

第二，川南低中山区：考察耕地所产大米（玉米）、水果、生猪、鸡、鸭、鹅、牛、羊等农产品的人口承载力，农业面源污染情况，畜牧业废弃物的无害化处理，秸秆、粪便、农膜等废弃物，肥料、农药等农业投入品，水体化学需氧量，氨氮化物、总氮、总磷排放量，荒漠化、石漠化、水土流失情况，生态廊道和生物多样性保护网络，地质灾害，生态退化情况。

第三，盆地东部丘陵低山区：考察耕地所产大米（玉米）、水果、生猪、鸡、鸭、鹅等农产品的人口承载力，畜牧业废弃物的无害化处理，秸秆、粪便、农膜等废弃物，肥料、农药等农业投入品，水体化学需氧量，氨氮化物、总氮、总磷排放量。

第四，盆地西缘山区：考察耕地所产玉米、水果、生猪等农产品的人口承载力，地质灾害，荒漠化、石漠化、水土流失情况，林田湖保护修复，濒危野生动植物抢救，生态安全屏障，退耕还林及其边际效应，草原退化、沙化，传统村落，湿地、草原保护，粮食、能源对外依存度。

第五，安宁河流域（攀西地区）：考察耕地所产玉米、水果、生猪、牛、羊等农产品的人口承载力，重金属污染，农业面源污染情况，地力透支、土壤退化情况，林田湖保护修复，生态廊道和生物多样性保护网络，荒漠化、石漠化、水土流失情况，地质灾害，生态退化情况，大气二氧化硫、氮氧化物和细颗粒物排放，碳排放，退耕还林及其边际效应，传统村落。

3.按生态系统分区

第一，川西北草原湿地区：考察本地草场畜牧业的人口承载力、水土保持任务、生物多样性保护等，荒漠化、石漠化、水土流失情况，地质灾害，生态退化情况，濒危野生动植物抢救，生态安全屏障，退耕还林及其边际效应，草原退化、沙化，传统村落，湿地、草原保护，粮食、能源对外依存度。

第二，川滇森林及生物多样性区：考察生物多样性保护，森林固碳，林业经济租金及利税等，森林面积及林木蓄积量，濒危野生动植物抢救，农业面源污染情况，林田湖保护修复，生态廊道和生物多样性保护网络，荒漠化、石漠化、水土流失情况，生态退化情况，退耕还林及其边际效应，传统村落，生态安全屏障，自然保护区。

第三，秦巴生物多样性区：考察生物多样性保护任务，水土保持任务，林业经济租金及利税，农业面源污染情况，林田湖保护修复，生态廊道和生物多样性保护网络，地质灾害，生态退化情况，濒危野生动植物抢救，退耕还林及其边际效应，传统村落，自然保护区。

第四，大小凉山水土保持和生物多样性区：考察生物多样性和种植资源保护，森林固碳，水土保持，林业经济租金及利税，调节气候，地力透支、土壤退化情况，农业面源污染情况，生态廊道和生物多样性保护网络，荒漠化、石漠化、水土流失情况，地质灾害，濒危野生动植物抢救，生态安全屏障，退耕还林及其边际效应，传统村落，自然保护区。

4.按经济系统分区

本文的经济系统分区，参照了漆先望、陈梅芬、陈炜、杨西川、梅琳所著《四川区域经济协调发展战略研究》一书的相关内容，在四川经济系统下面划分出成都经济区、沿江经济区、攀西经济区、川中经济区、川东北经济区和川西北生态经济区六大经济区，如图1所示。

（1）成都经济区。

该区包含成都、德阳、眉山三市，包括绵阳市（平武县除外）和乐山市（马边县、峨边县和金口河区除外）的大部分，以及资阳市（简阳市和雁江区）和雅安市（雨城区、名山县和荥经县）的部分区域，共计52个县级行政区。该区域人口数量大，人口密度高，人口占全省总人口的比例高达34%。

自然资源利用方式：主要利用方式为居住、经商、服务业、金融、智融、旅游等。

主要的价值取向：舒适度、景观作用、交易环境、人才聚集力等。

工业方面：

考察本区装备制造业、高新技术产业和现代服务业等产业的能矿、原材料和淡水的消耗情况，考察其废气、废水、废弃物的处理和排放情况。例如：成都地区的油气、工程机械、飞机、汽车、中药饮片、木质家具、技术玻璃、光学玻璃和石油化工等产业；绵阳地区的家用影视设备、移动通信及终端设备、雷达及其配套设备、精品钢材和钛材加工等产业；德阳地区的汽轮机、发电机、石油钻采设备、冶金专用设备、白酒和无机盐；眉山地区的铁路车辆、饲料和电解铝等产业；乐山地区的多晶硅、半导体分立器件、建筑陶瓷和太阳能电池等产业。

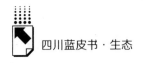

农业方面：

考察本区域年光照量、年积温量、全年无霜期等。考察本区域的水田、旱地面积，河流、人工沟渠、水库水塘的长宽度、面积和蓄水体积；考察岷江过境水量、年降雨量的变动情况。

考察本区域粮食、蔬菜、肉类的年产量，考察本区域森林面积和蓄积量的变动情况，考察本地动植物资源的保护情况。

旅游方面：

登记区域内各国家级风景名胜区、自然保护区、森林公园和地质公园的产权所属、经营权所属，位置和范围，考察所有这些旅游资源的经营情况、盈利或缴税情况。

考察区内三星堆古蜀文化遗址、金沙遗址、武侯祠、杜甫草堂、都江堰水利工程等自然文化古迹的保护和维护，重大产权经营权变更登记，旅游经营情况，盈利或税收情况；青城山、峨眉山和乐山大佛等世界自然文化遗产的保护，产权经营变更情况，盈利或税收情况等。

考察区域内众多国家级、省市级风景区的紧邻片区的宜居条件、商业条件，整体经营情况、盈利或缴税情况。

城市交通方面：

考察本地道路类型、质地、长宽度等。考察城市工商业及住宅土地资源量，考察资阳、德阳、成都、绵阳和眉山等城市的水资源供应量。考察成都、都江堰、峨眉、乐山等城市的商住建筑容积，考察其宜居条件和商业条件及价值。考察本区域土壤、大气、水体对主要污染物的消纳能力，经济对外输出度，农产品、淡水、能源的消耗量，污水和城市垃圾的处理成本等。

（2）沿江经济区。

该区包括泸州、宜宾和自贡3市，共23个县级行政区。面积为2.9万平方公里，占全省面积的6%。户籍总人口占全省的15.1%。

自然资源利用方式和价值取向：利用方式为矿产开采、工业开发和农业生产等；价值取向为矿产储量、农产品及加工产品的生产能力等。

工矿业自然资源方面：

考察宜宾、泸州的水运码头及水运航线资源。登记区域内高县、珙县、筠连、兴文、长宁、叙永、古蔺和江安等县的无烟煤矿区的产权使用权等，考察每个矿区的年产量、产值和利税；登记区域内兴文、叙永和古蔺等县的硫铁矿的产权使用权等，考察每个矿区的年产量、产值和利税；登记区域内宜宾、自贡、泸州等地的天然气藏的产权使用权等，考察每个气藏的年产量、产值和利税；登记区域内自贡、长宁、合江和叙永等地的盐矿的产权使用权等，考察每个矿藏的年产量、产值和利税。考察沿江经济区煤炭资源的产权经营权属、年开采量、产值和利税，考察本区火电年消耗燃煤数量和电能输出量，产值和利税等。

考察泸天化（集团）有限责任公司、宜宾天原集团、宜宾丝丽雅集团、久大盐业集团公司、自贡锅炉厂、四川长江工程机械集团公司等化工制造企业的能矿、原材料和淡水的消耗情况，考察其废气、废水、废弃物的处理和排放情况。考察境内建中化工总公司、晨光化工研究院、昊华西南化工有限责任公司、自贡硬质合金公司、中橡集团炭黑工业研究设计院等材料相关企业的能矿、原材料和淡水的消耗情况，考察其废气、废水、废弃物的处理和排放情况。考察境内五粮液、泸州老窖、郎酒等饮料企业的粮食、煤电等消耗情况，考察其废水排放量及处理情况。特别考察沿江经济区的污水和废弃物排放情况。

农业自然资源方面：

考察全区域耕地、旱地面积；考察区域内河流过境水流量、年降雨量、年光照量、年积温、水稻、高粱、玉米、小麦、蔬菜等主要农产品产量。考察境内江河水能可开发量。考察油樟、柑橘、烤烟、晚熟龙眼、荔枝、生猪、牛、羊、鸡、鸭、鹅、竹木和无公害中药材等的产量。

（3）攀西经济区。

该区包括攀枝花市和凉山州，乐山市（马边县、峨边县和金口河区）和雅安部分区域（汉源县和石棉县），共27个县级行政区。面积为7.7万平方公里，占全省面积的15.9%。

自然资源利用方式和价值取向：利用方式为矿产开采、水电开发、景观（季节）旅游和农产品生产等；价值取向为矿产储量、生物（基因）资源宝库、水电输出、农产品生产能力等。

水能资源：

考察登记该区域金沙江、雅砻江与大渡河三大水系的水电站装机容量、输

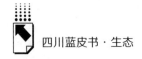

出功率、年发电量和年盈利税收等。

钒钛资源：

考察登记各钒钛磁铁矿的矿藏点的产权、开采权属及变动情况，考察各矿藏点的年开采量、产值、利税情况。考察登记各煤、熔剂灰岩和白云岩、盐、磷等多种非金属矿藏的矿藏点的产权、开采权属及变动情况，考察各矿藏点的年开采量、产值、利税情况。

生物资源：

考察境内珍稀保护植物资源和生物多样性的变动情况，考察高山栲、元江栲、滇青冈、云南油杉、云南松、攀枝花苏铁，以及木棉、红椋子、酸角、木蝴蝶和番石榴等热带树种种质资源的变动情况。考察境内有益的或有重要经济、科研价值的陆生野生动物资源、栖息地及其变动情况。考察境内虫草、贝母、鹿茸、木香、麝香、熊胆、党参种质资源情况，考察野生真菌、野生食用菌资源情况，对松茸、块菌、牛肝菌和凉山虫草等分布进行登记。考察境内森林面积和林木蓄积量及其变动情况。

农业资源：

考察境内耕地面积和草地面积，高中低产田的分布，宜农荒地面积。考察本地年日照量、积温量、降雨量。考察境内芒果、木瓜等热带水果，梨、石榴等温带水果及蔬菜的年产量；考察安宁河流域平原的稻米、玉米、马铃薯、小麦、甘蔗、烤烟和花生等作物的年产量；考察包括德昌水牛、建昌马、建昌鸭、建昌黑山羊、金阳丝毛鸡、凉山黑猪、凉山驴、绵羊等畜牧产品的年产量。

城市、交通及环境污染：

考察境内市区的商业和居住用地面积，城市人口容量。考察境内成昆铁路、108国道和在建的雅攀高速公路的路况和维护情况，考察其他公路、铁路的建设情况。考察本地各旅游区、度假区的权属、盈利情况。

考察钢铁、矿产、钒钛、稀土等企业的能矿、原材料和淡水的消耗情况，考察其废气、废水、废弃物的处理和排放情况。考察境内各河流流域的水土流失情况，境内森林覆盖面积及林木蓄积量，境内各厂矿的矿渣、高炉渣等固体废弃物排放、尾矿堆积，选矿废水污染情况，废硫酸、硫酸亚铁、酸性废水、酸性废渣、废气等环境污染情况作为考察重点。

（4）川中经济区。

该区包括遂宁和内江两市，以及资阳市的部分区域（乐至县和安岳县），共计12个县级行政区。面积为1.5万平方公里，占全省面积的3.1%。户籍总人口为1060万人，占全省人口的11.8%。

自然资源利用方式和价值取向：利用方式为工业基地，养殖基地，粮、油、柑橘生产基地等；价值取向为工业、建设的场地提供，养殖的空间和容量提供，粮、油、柑橘等农产品生产能力等。

资源资产类：

考察境内各公路、铁路的维护情况；考察耕地面积，考察饮用水源、灌溉水源量。考察本地年光照量、积温量和降雨量，考察粮油、畜禽、蚕桑、柑橘等的产量和外运量，本地农业产出的人口承载量。

资源负债类：

考察境内食品、化工、纺织、机械、能源等企业固定污染源的废水、废气和固体废弃物排放情况，及对耕地、沟渠的污染情况。考察境内畜禽粪便废水的排放量，及其对沟渠河流的污染情况，尤其是沱江水环境污染情况。重点考察本地灌溉水源、城市农村生活用水缺口情况。

（5）川东北经济区。

该区包括达州、广安、广元、南充和巴中5市，共32个县级行政区。面积6.3万平方公里，占全省面积的13%。2009年底，户籍总人口为2594万人，占全省人口的28.9%。

自然资源利用方式和价值取向：利用方式为天然气开采、水资源利用、特色动植物资源开发及相关农产品的生产等；价值取向为天然气储量、过境水量和水土涵养保持能力、森林生态及环境质量、动植物特色资源品种量等。

矿、水、林：

考察巴中、广安、广元、南充、达州等气田的天然气开采量、产值、利税等；考察嘉陵江、渠江等水系的年过境流量和流域面积变动情况。考察年积温、年日照量、年降水量。考察森林面积和林木蓄积量，考察过量采伐、乱砍滥伐、毁林开荒、陡坡垦殖等的面积，考察山地生态破坏程度。

农业基本承载力：

考察境内银耳、木耳、茶叶、香菇、核桃、板栗、雪梨、生漆、黄檗、油

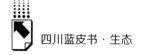

橄榄、苎麻、蕨菜、竹荪、猴头菇等名优土特产品的外销量、产值和利税等。考察境内粮食、蔬菜、畜牧产品的人口承载量和外销量。

生态和生物多样性方面：

考察境内巴山水青杠、杜仲、银杏、鹅掌楸、岩柏、篦子三尖杉、厚朴、红豆树、青檀、大王杜鹃、红椿、黄檗、八角莲、天麻、马尾松、杉木、柏木、丝栗、香樟、楠木、桉树、橘柚、桦木、杨树、麻栎、桫椤、红豆杉、银杏、润楠、连座蕨等野生植物的生物多样性及其保护责任。考察境内野生动物，如大熊猫、金丝猴、牛羚、梅花鹿、金钱豹、黑熊、苏门羚、林麝、大鲵、阳鱼、山猫、竹鼠、猕猴、锦鸡、长尾雉、红腹锦鸡、红隼、雕鸮、小灵猫和小獭等三十余种，省级重点保护的珍稀动物赤狐、豹猫、野猪、小鏖、大灵猫、红腹凤头鹃和鹰鹃等的多样性保护责任。

河流地质：

考察嘉陵江、渠江、巴河、州河、铁溪河、清溪河、林岗溪、白龙江、东河、清江河的通航能力及维护责任。

考察对地震、泥石流、滑坡、崩塌、危岩、洪涝等灾害的预防、保护和预案责任。

（6）川西北生态经济区。

该区包括阿坝和甘孜两州，雅安市的部分区域（天全县、芦山县和宝兴县）和绵阳市的平武县，共35个县级行政区。面积24.7万平方公里，占全省面积的50.9%。

自然资源利用方式和价值取向：利用方式为金属矿藏和泥炭开采、水资源利用、特色动植物资源开发等；价值取向为矿藏和泥炭储量、长江上游生态屏障作用（雪山草地环境和生态保持、水土涵养保持能力、森林生态及环境质量）、动植物特色资源品种量等。

动植物种质和生物多样性保护：

考察大熊猫、金丝猴、扭角羚、水獭、獐、鹿、熊、豹等珍稀野生动物及岷江柏、红豆杉等珍稀野生植物资源保护和生物多样性维护的责任，经济植物、药材资源保护。

考察虫草、贝母、麝香、黄芪、天麻、熊胆、鹿茸、党参等名贵、野生中药材分布地生态环境维护责任。

矿产、森林、湿地保护：

考察境内大小河流水能资源的年开发量、权属、产值和利税。考察境内泥炭年开采量、权属、产值和利税等。考察境内黄金、白银、锂、铂、镍、铅、铀、铁、锰、钛、锡、钨、煤、大理石、金刚石、锂辉石、石英和锌等矿产资源开采量、权属、产值和利税等。

考察森林面积和林木蓄积量，考察林木年开采量，考察草地面积及质量，考察生态及地质灾害的预防、维护和预案责任；考察境内湿地、湖泊面积，区内动物种群和数量。

旅游资源：

考察境内森林、草原和湿地，美丽的自然景观和多姿多彩的康巴寨子等旅游资源的位置、范围、权属、产值和利税。

水土流失、沙化、污染等：

重点考察区内金沙江、雅砻江和大渡河等河流水土流失的数量和损失，考察水土流失防治责任。考察境内土地沙化情况，土地沙化治理责任。考察境内耕地面积、可耕土地资源的变动情况。考察境内森林水源涵养能力和森林生态维护修复责任。考察境内生活用水量和废水污染情况和治污责任。

图1　四川省经济区划分

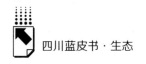

三 四川自然资源资产负债表编制研究与
应用方向的建议

（一）资产负债表列报框架构建与化繁为简的工作切入方法研究

自然资源资产负债表是一个资源大系统、数据大系统和设计领域的大系统，要科学建表就需要突破"从理论到应用，从复杂到简单，从模糊到清晰"等瓶颈。四川的自然资源资产管理应从操作应用出发，通过调研，总结出已有的经典理论研究成果，运用指导于四川自然资源资产负债表列报框架设计，形成区域差异特色，该框架构建设计拟具体研究以下几个问题。

一是基础列表框架的主要要素筛选与支撑理论还需深入研究。

二是框架中的骨骼类型的区域差异化设计，实际就是对资产负债按区域分类编制。

三是分步有序推进，研究同类区域中优先试点、扩大试点和全面运用的划分方法，以达到资产负债表有序、分异、分步推进。

四是重要资产和负债因子提取研究。自然资源门类很多，但对一个县（乡）级区域而言，主要自然资源资产和负债门类可以按重要性化简，本研究拟选择一个具体研究对象，拟开展重要因子的提取研究，将资产和负债表编制（实物账和价值账户工作）大大简化，且达到实用目的。

（二）资产与负债价值量评估核算方法的探索研究

自然资源的资产与负债涉及自然资源价值，以及环境负债成本价值的核算问题——定价，成果可以用于度量负债责任的大小、管理绩效的大小的考核。定价的研究是负债表编制的难点，需要解决没有市场交易的情况下如何从社会需求重要性（和管理责任大小）角度导向量化自然资源资产及负债价值的问题。

今后的研究要通过对已有评估方法的总结、比较、评价研究，优选出一些科学、适用、简明的估价方法。同时，创新评估方法的建立也是今后研究的重要内容，从资源环境承载力的大小、资源环境改变对人（需求）的敏感性大小、可补偿性成本的分析等方面进行探索研究，争取获得突破。

（三）基于负债的资源资产实物量与环境质量数据获取方法与技术实现途径研究

资产负债和环境负债需要数据来充实，所有的自然资源资产都是大地储存，观察位置受限、实测工作量巨大。自然资源资产与环境负债涉及面大、关联性强，并且不具有直观展示性，资源领域的类型差异大。因此，基础数据获取需要集成运用现代手段、方法、技术，突破人眼视野范围狭窄、客观计量困难等障碍。

其一是需要远程信息获取途径研究：利用遥感技术在资源数据获取上的应用，需要研究解决空间上超大分布资产对象的识别和快速计量问题。

其二是需要地理数据的分类记载、统计、分析和管理的技术途径研究：利用地理信息技术在资源数据获取方法上的应用，要研究解决空间无论大小其资产对象的数字化计量、统计、分析等问题，同时还能对实物账户制图发挥展示作用。

其三是资源边界与产权边界归属信息的获取技术途径研究：利用全球定位技术在资源数据获取方法上的应用，研究解决资源定位和资源边界划分、模糊资源识别、混合自然资源资产，国有、个人、集体自然资源资产的分割，所有权和使用权的分离计量，产权的划分等问题。

其四是环境容量变化数据获取的技术途径研究：利用环境监测技术在环境负债数据获取上的应用，研究解决空气、森林、水、土壤、湿地等自然资源与环境数量、质量变化等重要动态数据的提取问题，为自然资源与环境的实时状态数据库的建立提供支撑。

其五是自然资源实物账表可信度检验，以及虚拟可视化技术研究：与一般的实物账户验货不同，保管员带着老板，拿出账本，可以到仓库看，一一验货，核实账本即可。而自然资源的资产验货和负债核查需要一些非常规高端技术来突破。今后可在三维地理信息系统上进行突破，即通过虚拟技术拟建立可视化的三维地理信息平台，实现资源数量、质量、位置，以及变化情况的展示。

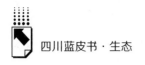
（四）自然资源资产负债表成果走向实际应用的有效途径研究

今后的编制研究应突破重点应用和优先领域的应用；按试点应用、示范和推广应用的方法步骤进行。成果的实际应用需要解决以下问题。

1. 优先应用领域

一是领导干部自然资源资产离任审计的应用途径研究：重点研究成果在领导干部自然资源资产管理绩效评估、负债责任审计、自然资源管理改进提升的方向指明和后服务支撑等方面的应用等。

二是在国土上的应用途径研究：重点研究成果在大面积国土整治绩效评估、城市土地的拍卖定价、乡村土地的产权置换、土地交易的税收定价方面的应用等。

三是在林业部门上的应用研究：重点探索成果在退耕还林的绩效评估，森林公园、城市绿化的生态资产价值评估，自然保护区的破坏追责等方面的应用等。

四是在水资源部门上的应用研究：重点探索成果在塘、库、堰建设，饮用水源保护，区域水土保持等水资产增量绩效评估，生态资产评估等方面的应用。

五是在环保部门上的应用研究：重点探索成果在城市空气流动资产的质量改善绩效评估、负债责任的评价，工业园区排放造成流域内或流域间的水资源负债、水环境恶化造成的生态补偿价值测算，农村养殖业和过度使用农药化肥造成土地污染负债的损失评估，企业排污权的审批和交易等方面的应用等。

六是在省市县自然资源资产账户平台上的应用：通过技术方法的总结研究，为可视化的资源资产表达、资源地理直观化、资源资产负债实物量统计分析平台搭建提供重要思路和方法。

2. 试点、示范和推广

需要研究不同资源丰富度、不同人口密度区、不同生态经济区的资源负债表应用，哪些作为试验区、示范区和推广区，以及完成试点、示范和推广需要的人才培训、技术服务和其他条件支持等方面内容。

（五）相关政策措施建议

1. 构建支撑团队

关于自然资源资产负债表编制服务团队的组建、经费支持和业务监督，四川省应引导、鼓励和支持自然资源相关科研机构或院所组织研究工作人员，会同政府有关部门，组成业务团队或机构，开展市县（区）乡级自然资源资产负债表具体编制。对该项工作提供设计组织人员、经费（项目）支持，以及协商该项工作由谁来监督评价等。

2. 加强部门协同

会同各职能部门联合确定考察资源的门类范围，对四川省自然资源资产负债的考察，需要国土厅、水利厅、林业厅、环保厅等部门会同起来，根据四川自然资源和环保的实际情况，针对四川各流域、区域、经济发展带的资源禀赋、生态重要性、环保压力等分类、分区确定考察的门类，制定符合地方实际的自然资源资产负债表范本。

3. 制定标准体系

制定四川省自然资源人口承载力的估算标准，根据四川省人均自然资源消费量和社会经济发展状况，制定单位人口对粮食、生活用水、居住空间、蔬菜、肉类、水果等的最少消耗量，以计算出各区域淡水和农产品生产的基本承载力、资源的盈余或欠缺量。这对于四川省制定居民基本温饱和舒适度的标准，保障四川省社会稳定有重要意义。

制定四川自然资源资产与负债数据考察标准程序，完善资产负债表数据体系和核查标准体系。

4. 加强科技攻关

对各种自然资源资产负债类型进行分类、分解，建立整套资源物质量和价值量指标体系，研究经济高效的测算技术手段。四川的自然资源种类丰富，资源开发出现的各种维护（环保）责任问题也多种多样，这需要加强科技力量，对自然资源资产和负债的各门类进行分类、分解，建立科学的资源物质量和价值量的指标体系，并开发出经济高效的测算技术手段。只有这样，才能形成完整、科学、有用的区域自然资源资产负债表，应用于领导干部自然资源资产离任审计。

资产负债表中涉及很多资源维护（环保）责任负债的考察项，对其直接估值难度很大。宜综合采用地理学、系统学、数理统计等学科建立一套科学估值模型，用于该项负债值的估算。

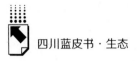
5. 完善体制机制

完善自然资源资产负债量的评估体制，宜采取专家考察汇报、民主评议的方式。自然资源的复杂性决定了其物质量和价值量估算的困难，在没有高效精确的测量手段的时候，在对整体资源资产负债进行评价的时候，需要建立相应的评估委员会团队，这个委员会包括专家、业主、公众和政府官员，通过委员会集体考察评分的方法，可以大致估算区域自然资源资产和负债的量，以作为参考。

研究合理的市场机制，从企业经营利润中剥离出经营性自然资源资产价值，建立自然资源维护（环保）责任服务业市场体系。评价区域环境的污染物消纳能力，建立排污权交易市场体系。

B.16

青藏高原东缘高寒草甸草地生态系统健康简明评估法研究

——以四川阿坝藏族羌族自治州红原县为例

刘刚 刘芳 刘丽 郑群英*

摘　要：　本文以青藏高原高寒草甸草地为研究对象，以研究适于基层
技术人员和农牧民掌握应用的草地健康评估方法为目标，以
青藏高原东缘牧区牧民的传统知识和经验为基础，借鉴草原
科学研究方法，以植被、土壤、水源、家畜为基础筛选评估
指标，通过主成分分析与逐步回归分析，以期为基层草原管
理部门、当地农牧民提供准确科学、实际可行、操作简便的
草地生态系统健康评估方法，最终筛选出植物种类、植被盖
度、草层高度、土壤湿度、鼠洞密度、酥油颜色6个主要评
估指标。对21个联户草地健康评价结果显示：多数草地比较
健康，其中9个联户的草地健康状况最好，有1个联户较差，
整个社区的草场均处于良好状态。

关键词：　牧民　主体草地　健康评估　主成分分析　逐步回归

一　草地生态系统健康评估方法现状

青藏高原是地球上海拔最高的高原，面积超过250万平方公里，约占我国

---

* 刘刚，四川省草原科学研究院副研究员，从事草地管理研究；刘芳，四川省草原科学研究院
硕士研究生，从事草地生态研究；刘丽，四川省草原科学研究院硕士研究生，从事草地保护
研究；郑群英，四川省草原科学研究院副研究员，从事草地生态保护和放牧管理研究。

国土面积的 26%，天然草地约占青藏高原总面积的 60%，占全国天然草地总面积的 39%，是我国天然草地面积最大的自然生态区，也是中国乃至亚洲的重要牧区之一。天然草地是该区畜牧业发展的物质基础，也对保护生物多样性和维护区域生态平衡有重要意义[①]。草地健康状况和资源利用及变化趋势可以反映出人们对草地利用的合理性，更是生态保护与畜牧业发展关注的核心[②]。近年来，青藏高原草地退化严重，影响广大牧区、半牧区社会经济的可持续发展，危及青藏高原及下游地区的生态安全和国民经济发展[③]。所以对草地健康进行随时监测是草原生态保护不可缺的工作内容。通过对草地健康进行评价，可以及时准确地掌握草地健康状况，有利于采取科学恰当的应对措施，实现对草地的科学管理，这既符合青藏高原生态优先的战略定位，又对草地畜牧业的发展及生态保护有极其重要的作用[④]。草地生态系统健康涉及范围广，生态系统健康评价需要综合考虑各种因素，从不同角度、不同层次进行评价，同时具有很强的针对性[⑤]。国内外学者对草地生态系统健康的评价体系进行了多角度大量的研究，特别是在草地健康评价标准及等级划分方面。但已有的评价体系理论性较强、指标层次复杂、专业性强，指标测量方法使处于生产一线的基层技术人员和牧民难以学习和操作，很难应用到实际生产中，因此，亟须在以往理论研究的基础上，结合生产实践和社区传统知识，构建适合该地区的，简单、科学的天然草地生态系统健康评价体系。

天然草地健康评估的作用是对草地的健康状况进行诊断预警，针对诊断结果采取相应的技术措施以更好地恢复和管理草地，若到了草地难以恢复的时候才采取措施，那时恢复的物力成本和时间成本将非常高，甚至难以逆转。青藏高原的牧民是草地生态的保护者，是草原管理的实践者，是草原文化的传承

---

① 谢高地、张钇锂、鲁春霞、郑度、成升魁：《中国自然草地生态系统服务价值》，《自然资源学报》2001 年第 1 期，第 47~53 页。

② 刘振江：《我国畜牧业可持续发展研究》，《安徽农业科学》2007 年第 35 期，第 3416~3417 页。

③ 汪诗平：《青海省"三江源"地区植被退化原因及其保护策略》，《草业学报》2003 年第 12 期，第 1~9 页。

④ 陈全功：《中国草原监测的现状与发展》，《草业科学》2008 年第 25 期，第 29~38 页。

⑤ 周传猛、蒲小鹏、陈垣、花立民：《天然草地生态系统健康评价体系构建及定量评估：以甘肃省甘南藏族自治州草原为例》，《甘肃农业大学学报》2014 年第 6 期，第 114~118、124 页。

者，是草原畜产品的生产者，所以牧民是草原保护管理的主体，草地健康评估的方法要被牧民和基层技术人员掌握和应用才有作用。

二　草地生态系统健康评估指标体系的构建

（一）构建思路

研究构建简明的草地生态系统健康评估指标体系旨在为基层草原管理部门、当地农牧民提供准确科学、实际可行、操作简便的草地生态系统健康评估方法。为实现此目标，本文以青藏高原高寒草甸草地为研究对象，以研究开发适合牧民掌握应用的简明草地健康评估方法为目标，筛选出较为客观、定性、易评价、适合生产一线的基层技术人员和农牧民的草地健康评价指标，使当地农牧民在草地管理利用过程中发挥重要作用。

（二）研究区概况

研究区位于四川省阿坝州红原县，该区域属于大陆性高原寒温带季风气候，气候严寒，常年无夏，春秋季节较短，冷暖季分明，且季节和昼夜温差大，年平均气温 1.1℃，≥10℃ 的年积温为 3220℃，无绝对无霜期，日照充足，太阳辐射强烈，年日照时数达 2000 ~ 2400 小时，年总辐射为 501.6 ~ 627.0 千焦/平方厘米。年降水量约 753 毫米，降水主要集中在 5 ~ 9 月，12 月、1 月和 2 月降水较少，雨热同期。植被为亚高山草甸和沼泽化草甸，建群种为莎草科和禾本科。土壤为亚高山草甸土和草甸潮土。

（三）指标筛选

本研究的最终目的是要为生产者和基层技术人员开发出一套可行的草地健康评估方法，指标的选取本着易于牧民和技术人员理解、掌握、判断，以及科学的原则。在此基础上，参考《草地评价》、《草原健康评价国家标准（GB/T21439 - 2008》、任继周等人的研究成果。通过田野调查，在访问了牧区大量有丰富传统知识和草地放牧管理经验的老牧民的基础上，确定植被、土壤、水源、家畜为准则层，选取植物种类、植被盖度、草层高度、指示植物、枯落物

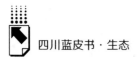

量、土壤颜色、土壤湿度、土壤硬度、水源数量、水源质量、酥油颜色、鲜奶颜色、夏季降雨及鼠洞密度共 14 个评估指标（见表 1）。

表1　红原县草地生态系统健康评价体系层次结构

准则层	指标层	说明
植被	植物种类	植物的种类越多草地越好,牧民评估用人躺下去的覆盖面所占有的植物种类
	植被盖度	高寒草甸草地植被盖度一般较高,所以指标的标准也定得较高
	草层高度	牧民认为草层高度越高,草地质量越好
	指示植物	主要在春天返青时较多,包括对牦牛生长有害的毒害草
	枯落物量	枯落物量多,说明放牧强度不大,没有枯落物,说明草地超载过牧
土壤	土壤颜色	上层是黑色、下面是白色的土壤最好,一般分布在平坝
	土壤湿度	以手试之,有明显凉感为干;稍凉而不觉湿润为稍润;明显湿润,可压成各种形状而无湿痕为润;用手挤压时无水浸出,而有湿痕为潮;用手挤压,溃水出现为湿
	土壤硬度	土壤软的认为最好,硬的不好,如土壤板结;评价趋势与土壤湿度一致
水源	水源数量	牧民一般认为有水的草地质量较好(沼泽湿地除外),牦牛吃草的同时也便利喝水
	水源质量	垃圾杂物越多,质量越差,水越干净、清澈,质量越好,得分越高
	夏季降雨	牧民认为夏季(一般在6月)降水越多,草地质量越好,雨热同季,该指标可根据当地气象部门的多年数据来综合判定
家畜	酥油颜色	牧民以酥油颜色来判定草地质量的好坏,酥油越黄,说明草越好,酥油逐渐变淡、变白,质量越差,草地的质量也越差
	鲜奶颜色	牧民认为鲜奶颜色的变化趋势与酥油颜色判定依据一致,鲜奶越浓,颜色越偏黄,得分越高,鲜奶越清,颜色越偏白,得分越低
	鼠洞密度	根据鼠害程度标准判定

(注: 左侧竖排表头为 "红原县草地生态系统健康评价")

（四）研究方法

本研究以青藏高原高寒草甸草地为例，从草、土、水、畜四个方面讨论确定评估指标。在红原县安曲镇选取 21 个环境条件基本一致的联户草场，邀请草原专家和经验丰富的牧民，采用 5 分制打分标准（见表 2），分别对各指标进行打分，然后综合打分结果。采用主成分分析和逐步回归分析两种方法对 14 个指标进行筛选，用熵权法对筛选后的指标进行赋权，得到各指标系数并形成综合健康指数，构建青藏高原高寒草甸草地生态系统健康综合指标评估体系。

表 2　指标分级标准

指标	5	4	3	2	1
植物种类（种）	>20	15～20	10～15	5～10	<5
植被盖度（%）	>90	80～90	70～80	60～70	<60
草层高度（厘米）	>80	60～80	40～60	20～40	<20
指示植物	无	少	多	较多	很多
枯落物量	很多	较多	多	少	无
土壤颜色	上黑+下白	—	—	—	其他颜色
土壤湿度	润	稍润	干	潮	湿
土壤硬度	软	稍软	较硬	硬	板结
水源数量	多	较多	少	较少	无
水源质量（垃圾）	无	少	多	较多	很多
酥油颜色	黄	较黄	淡黄	黄白	白
鲜奶颜色	黄	—	—	—	白
夏季降雨	很多	多	较多	少	较少
鼠洞密度	很多	多	较多	少	较少

（五）结果与分析

1. 草地健康评估指标的相关性分析

从表3可知，草地健康与植物种类、植被盖度、土壤湿度、土壤硬度、水源质量呈极显著正相关关系，与土壤颜色、酥油颜色、鲜奶颜色呈显著正相关。

2. 主成分分析

（1）主成分分析。

对各指标进行主成分分析可知，我们在 SPSS 软件中提取了前6个主成分，累积贡献率达到85.8%（见表4）。根据成分矩阵，鲜奶颜色、草层高度、酥油颜色、夏季降雨、鼠洞密度、植被盖度、土壤湿度及土壤颜色的提取系数分别为0.921、0.919、0.907、0.796、0.740、0.720、0.687、0.601，由此可见，前6个主成分所包含的8个指标可以作为评估草地健康的主要指标。

表 3 草地健康评价指标间的相关性分析

	草地健康	植物种类	植被盖度	草层高度	指示植物	枯落物量	土壤颜色	土壤湿度	土壤硬度	水源数量	水源质量	酥油颜色	鲜奶颜色	夏季降雨	鼠洞密度
草地健康	1														
植物种类	0.680**	1													
植被盖度	0.588**	0.302	1												
草层高度	0.221	0.003	0.631**	1											
指示植物	0.154	-0.063	0.143	-0.293	1										
枯落物量	0.239	0.240	0.331	0.306	-0.042	1									
土壤颜色	0.448*	0.213	0.365	0.141	-0.142	-0.077	1								
土壤湿度	0.512**	0.252	0.156	-0.313	0.086	0.149	0.470*	1							
土壤硬度	0.538**	0.270	0.177	-0.229	0.193	0.343	0.036	0.484*	1						
水源数量	0.289	-0.061	0.171	0.635**	-0.315	0.121	-0.092	-0.261	-0.007	1					
水源质量	0.532**	0.360	0.020	-0.190	0.445*	-0.322	0.019	0.105	0.243	0.031	1				
酥油颜色	0.441*	0.454*	0.204	-0.199	0.231	0.093	0.463*	0.461*	0.346	-0.384*	0.156	1			
鲜奶颜色	0.505**	0.533**	0.295	-0.122	0.243	0.120	0.533**	0.466*	0.272	-0.358	0.132	0.967	1		
夏季降雨	0.024	0.138	-0.162	0.049	0.096	0.185	-0.557**	-0.376*	0.072	0.284	0.299	-0.303	-0.338	1	
鼠洞密度	0.010	0.145	-0.218	-0.249	-0.355	-0.274	-0.080	0.069	-0.097	0.145	0.010	-0.431*	-0.367	-0.196	1

注：* 表示在 0.05 水平上显著相关；** 表示在 0.01 水平上显著相关。

表4 特征值、方差贡献率及累积贡献率

成分	初始特征值			提取平方和载入		
	合计	方差贡献率	累积贡献率	合计	方差贡献率	累积贡献率
1	3.817	27.263	27.263	3.817	27.263	27.263
2	2.397	17.123	44.386	2.397	17.123	44.386
3	1.999	14.278	58.664	1.999	14.278	58.664
4	1.513	10.804	69.468	1.513	10.804	69.468
5	1.309	9.353	78.821	1.309	9.353	78.821
6	0.981	7.006	85.826	0.981	7.006	85.826
7	0.697	4.977	90.804	—	—	—
8	0.427	3.049	93.853	—	—	—
9	0.335	2.393	96.246	—	—	—
10	0.237	1.690	97.936	—	—	—
11	0.188	1.342	99.278	—	—	—
12	0.067	0.480	99.758	—	—	—
13	0.026	0.183	99.941	—	—	—
14	0.008	0.059	100.000	—	—	—

（2）熵权法。

对主成分分析得到的8个指标进行赋权，具体如下。

①数据标准化。

对原始数据标准化得到：

$$Y = (x_{ij})_{m \times n}$$

式中 x_{ij} 为第 j 个评价对象在第 i 个评价指标上的标准值，$x_{ij} \in [0,1]$，结果如表5所示。

②定义熵。

在有 m 个指标、n 个被评价对象的评估问题中，第 i 个指标的熵定义如下：

$$E_j = -k \sum_{i=1}^{n} p_{ij} \ln p_{ij}, \quad i = 1,2,\cdots,m$$

式中 $p_{ij} = Y_{ij} / \sum_{i=1}^{n} Y_{ij}$，$k = 1/\ln n$，当 $p_{ij} = 0$ 时，$p_{ij} \ln p_{ij} = 0$，结果如表6所示。

③定义熵权。

根据信息熵的计算公式，计算出各个指标的信息熵 E（$E_1, \cdots, E_k$）通过信息熵计算各指标的权重：

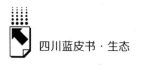

$$W_i = \frac{1 - E_i}{k - \Sigma E_i}(i = 1, 2, \cdots, k)$$

表5　指标数据标准化

	植被盖度	草层高度	土壤颜色	土壤湿度	酥油颜色	鲜奶颜色	夏季降雨	鼠洞密度
1	0.00	0.00	0.50	0.50	0.67	0.67	1.00	1.00
2	0.33	0.25	0.75	1.00	0.67	0.67	1.00	0.75
3	0.67	1.00	1.00	0.50	1.00	1.00	1.00	0.25
4	0.33	0.75	0.25	0.00	0.67	0.67	1.00	0.25
5	0.00	0.00	0.25	0.50	0.67	0.67	1.00	0.75
6	0.00	0.00	0.25	0.50	1.00	0.67	1.00	0.00
7	0.67	0.75	0.75	0.00	1.00	1.00	1.00	0.25
8	0.67	0.75	1.00	0.00	0.67	0.67	1.00	0.00
9	0.33	0.75	0.50	0.00	0.00	0.00	0.67	1.00
10	0.33	0.50	0.25	0.50	0.67	0.67	1.00	1.00
11	0.00	0.00	0.50	0.50	0.67	0.67	1.00	0.25
12	0.67	0.75	0.75	0.75	1.00	1.00	1.00	0.00
13	0.67	1.00	0.00	0.00	0.67	0.67	1.00	0.00
14	0.67	0.75	0.50	0.75	0.67	0.67	1.00	0.25
15	0.67	0.25	0.25	0.25	0.67	0.67	1.00	1.00
16	0.33	0.00	0.25	0.25	0.67	0.67	1.00	0.50
17	0.33	1.00	0.25	0.00	0.00	0.00	1.00	1.00
18	1.00	0.50	1.00	1.00	1.00	1.00	0.00	1.00
19	0.00	0.25	1.00	0.50	1.00	1.00	0.00	1.00
20	0.67	0.50	1.00	1.00	1.00	1.00	0.00	0.00
21	0.67	0.50	0.75	1.00	0.67	0.67	1.00	0.75

表6　主成分分析主要指标的权重

指标	熵值 E_j	权重 W_i	指标	熵值 E_j	权重 W_i
植被盖度	0.89	0.16	酥油颜色	0.96	0.06
草层高度	0.88	0.17	鲜奶颜色	0.96	0.06
土壤颜色	0.94	0.09	夏季降雨	0.95	0.08
土壤湿度	0.86	0.20	鼠洞密度	0.87	0.19

由表6中8个主要指标的权重可以看出，植被、土壤状况对于青藏高原高寒草甸草地健康是最重要的，是高寒草甸草地健康状况最直接的体现。

3.逐步回归分析

通过对 14 个指标进行逐步回归分析，从表 7 结果可知，植物种类、植被盖度、水源质量、土壤湿度、水源数量、土壤硬度、土壤颜色及指示植物在草地健康中占主要位置。我们先将鲜奶颜色引入程序，后将其剔除，剔除后对结果无明显影响，因此，鲜奶颜色可不作为评价草地健康的指标之一。

表7 逐步回归结果

分组	输入变量	删除变量	指标	部分 R^2	模拟 R^2	F 值	Pr > F
1	x_1		植物种类	0.4620	0.4620	16.31	0.0007
2	x_2		植被盖度	0.1613	0.6233	7.71	0.0124
3	x_{10}		水源质量	0.1226	0.7459	8.20	0.0108
4	x_7		土壤湿度	0.0964	0.8422	9.77	0.0065
5	x_9		水源数量	0.1092	0.9515	33.77	<.0001
6	x_{12}		鲜奶颜色	0.0166	0.9681	7.30	0.0172
7	x_8		土壤硬度	0.0120	0.9801	7.81	0.0152
8	x_6		土壤颜色	0.0064	0.9865	5.69	0.0344
9	x_4		指示植物	0.0045	0.9910	5.50	0.0389
10		x_{12}	鲜奶颜色	0.0017	0.9893	2.07	0.1780

根据各指标在本程序中引入的先后顺序，用熵权法对回归分析筛选的指标进行赋权，结果可知，植被、土壤、水源对草地健康有极其重要的作用（见表 8），可以看出，两种分析方法有很大的相似性，因此，选择植物种类、植被盖度、草层高度、土壤湿度、鼠洞密度、酥油颜色作为草地健康评估的综合指标。

表8 回归分析后主要指标的权重

指标	熵值 E_j	权重 W_j	指标	熵值 E_j	权重 W_j
植物种类	0.95	0.07	土壤硬度	0.87	0.17
植被盖度	0.89	0.14	水源数量	0.88	0.15
指示植物	0.96	0.05	水源质量	0.88	0.15
土壤颜色	0.94	0.08	鲜奶颜色	0.96	0.05
土壤湿度	0.86	0.18			

4. 对各联户草地进行评分

根据分析筛选的指标进行草地评价，得到 21 个联户草地的健康评价结果（见表9）。

表9 21 联户草地生态系统健康评价结果

草地	得分	健康状况	草地	得分	健康状况
1	4.52	很健康	12	3.616773	健 康
2	3.78	健 康	13	2.805328	亚健康
3	3.86	健 康	14	3.605455	健 康
4	2.754684	亚健康	15	3.349363	亚健康
5	2.870164	亚健康	16	2.637399	亚健康
6	2.354148	差	17	3.268462	亚健康
7	3.204499	亚健康	18	4.43356	健 康
8	2.986031	亚健康	19	3.382463	亚健康
9	3.110667	亚健康	20	3.50904	健 康
10	3.560796	健 康	21	4.106826	健 康
11	2.575365	亚健康			

根据《草原健康评价国家标准（GB/T21439－2008）》的 5 个标准等级（见表10），从表9中我们可以看出，21 个联户草地均比较健康，其中 9 个联户的草地健康状况最好，只有 1 个联户健康状况较差一些，整个社区的草场均处于良好的状态。

表10 健康综合指数分级标准

健康综合指数等级	H1	H2	H3	H4	H5
草地健康指数	>4.5	3.5～4.5	2.5～3.5	1.5～2.5	≤1.5
草地健康状况	很健康	健康	亚健康	差	很差

三 研究草地生态系统健康评估指标体系的意义

草地生态系统健康评价方法及指标的复杂性，增加了农牧民实际应用的困难。本研究通过专家和牧民对当地 21 个联户草地进行打分评估的方式，在 14

个常规的草地生态系统健康评估的指标中筛选出与草地健康关系紧密的主要指标。分别是植物种类、植被盖度、草层高度、土壤湿度、鼠洞密度、酥油颜色。该评估体系是开放式的，在以后的草地健康评估工作中，可根据当地草地的不同类型，通过评估主体的讨论对指标进行增减，如野生动物也是评估草地生态系统健康状况的指标，在某些特有野生动物种类生存的地区，可以野生动物定期内出没的次数来衡量草地生态系统的健康。

用筛选指标对21个联户草地健康状况进行评价，结果显示均比较健康，其中9个联户的草地健康状况最好，只有1个联户健康状况较差一些，整个社区的草场处于良好状态。与以往研究者对草地生态系统健康评价的筛选指标不同，本研究将鼠洞密度、酥油颜色和鲜奶颜色作为主要指标纳入。对当地农牧民来说，可以通过鼠洞密度更加直观地了解草地健康状况。酥油颜色和鲜奶颜色是当地牧民的生活必需品，因此当地牧民更加了解其奶制品质量的表现特征，只有好的饲草、健康的草地，才能生产出优质的酥油和鲜奶，所以通过酥油和鲜奶的色泽来判断该区域草地的健康状况也是农牧民认知草地健康状况的有效途径。由于酥油颜色和鲜奶颜色两个指标高度一致，所以一般选取其中一个，因此本研究选择酥油颜色作为评估草地健康状况的重要指标。本研究筛选的草地生态系统健康评估指标中草地植被和土壤方面的指标都与其他研究一致。如梁燕对羊草草地生态系统健康状况进行评估时，认为最重要的指标是植被生长季的建群种和主要伴生种的地上生物量[1]。周丽艳筛选的不同放牧干扰下草地生态系统健康评价的指标主要有凋落物量、群落平均总盖度和土壤的pH值等[2]。不同区域不同草地类型的健康评估指标都有各自的侧重点。而本研究中评估指标的筛选主要采取当地农牧民评估草地健康的传统知识和经验，以能准确判断草地健康状况、技术人员和农牧民方便使用为目的，指导基层技术人员和农牧民对草地进行合理的利用与科学的管理，维护草地生态系统健康状况，为草地畜牧业持续发展和草地生态功能的持续发挥奠定基础。本文尝试在传统草地管理知识的基础上，对草地管理知识进行提炼、优化、改进并与现

---

① 梁燕：《羊草草原生态系统健康评价的植物群落学指标》，内蒙古农业大学硕士学位论文，2005。
② 周丽燕：《放牧条件下贝加尔针茅草原群落特征及健康评价指标的选择》，内蒙古农业大学硕士学位论文，2006。

代科技融合，在传承的基础上进行创新，提出了适合基层技术人员和牧民使用的草地健康评估方法。以此来重塑青藏高原独具特色的草地管理知识体系、生态理念和牧业文化，同时鼓舞广大研究人员，为畜牧业合作组织、广大农牧民在草地管理活动中遇到的技术困难提供帮助，同时也可为有关行业主管和技术推广部门提供参考。

参考文献

谢高地：《青藏高原高寒草地生态系统服务价值评价》，《山地学报》2003 年第 21 期，第 50 ~ 55 页。

王宝山：《青藏高原"黑土滩"退化高寒草甸草原的形成机制和治理方法的研究进展》，《草原与草坪》2007 年第 2 期，第 72 ~ 77 页。

龙瑞军：《青藏高原草地生态系统之服务功能》，《科技导报》2007 年第 25 期，第 26 ~ 28 页。

陈全功：《中国草原监测的现状与发展》，《草业科学》2008 年第 25 期，第 29 ~ 38 页。

梁燕：《草地生态系统健康评价的内容与实施方法》，《畜牧与饲料科学》2004 年第 6 期，第 107 ~ 109 页。

刘焘：《川西北高寒草地生态系统健康评价：以红原安曲社区草地为例》，四川农业大学硕士学位论文，2014。

孟林、张英俊：《草地评价》，中国农业科学技术出版社，2010。

李向林：《草原健康评价国家标准（GB/T 21439 - 2008）》，中国标准出版社，2008。

任继周、南志标、郝敦元：《草业系统中的界面论》，《草业学报》2000 年第 2 期，第 1 ~ 8 页。

彭巧珊：《困扰我国 21 世纪的环境退化问题研究》，《热带地理》1995 年第 1 期，第 1 ~ 9 页。

牛亚菲：《青藏高原生态环境问题研究》，《热带地理》1995 年第 1 期，第 1 ~ 9 页。

包维楷：《岷江上游山地生态的退化及其恢复与重建对策》，《长江流域资源与环境》1995 年第 3 期，第 277 ~ 282 页。

李博：《中国北方草地退化及其防治对策》，《中国农业科学》1997 年第 6 期，第 2 ~ 10 页。

高安社：《羊草草原放牧地生态系统健康评价》，内蒙古农业大学硕士学位论文，2005。

Abstract

Ecological environment is the objective constraints of social development, any social and economic activities which exist exchanges between human and natural resources are unable to surpass the nature. Ecological construction is the important content to build an all-round moderately prosperous society, and have frequent connection in some fields of deepen reform. This book not only focuses on reviewing and summarizing the core content of ecological construction in Sichuan, but also comprehensive presenting the key point of ecological construction in whole province by choosing the combining site between ecological area and other important social issue. The book is divided into five parts. The first part, titled " General Report", uses "state-pressure-response" analysis frame to start a system evaluation of the main action, results and challenges of the ecological construction in Sichuan province. The second part, titled "Ecological Poverty Alleviation". As the great historical task of poverty alleviation still lies an important role in China, these subjects try to seek an effective path to help people lift themselves out of poverty from the view of ecological construction. The third part of "Green Development" focuses on analysing and forecasting the development of green industry, such as forest recuperation, forest Carbon sequestration. The fourth part " Beautiful Country Construction" project, we discuss the future paths and measures of rural development and ecological construction from the rural tourism, returning farmland to forest and reserve construction. The fifth part " Natural Resource Management" tries to maintain system construction of the ecological management, several important technical problems are well studied and discussed in this part. Above all, we try our best to make sure this book can provide some references for completing the management system in practicing the ecological construction.

Contents

I General Report

Abstract: Employing the PSR Structure Model, this report collected and analyzed data per three groups of indicators, namely Pressure, State and Response, to systematically assess the issues, inputs and achievements of Sichuan's Ecological Construction. It also prospects some emerging issues of the province's ecological construction in 2017.

Keywords: PSR Structure Model; Ecological Construction; Ecological Assessment

II Ecological Poverty Alleviation

Abstract: Poverty alleviation and development is a major historic task in the process of building socialism with Chinese characteristics. It is also a critical part of our efforts to build socialist harmonious society. The government has pledged to eradicate poverty by 2020 through a series of strategies. Forestry development plays an important role in the key battle of poverty relief. Sichuan forestry sector has implemented a number of measures to help relieve poverty of the province, including ecological construction and protection, green industry development, forestry science and technology support, and forestry reform, etc. This article reviewed the major efforts and achievements we have made recently in the implementation of the targeted poverty-reduction strategy. The further objective and major works in future were prospected at last.

Keywords: Poverty Alleviation in Forestry Development; Ecological Construction; Science and Technology Support; Industry Development; Forestry Reform

B. 3 The Research of Access Between the Development of Eco-tourism and Take Targeted Measures to Alleviate Poverty of Local Communities in Nature Reserves

—*The Case Study of Wolong Natural Reserve*

Zhu Shuting, *Gong Lin* / 061

Abstract: Sichuan Province is a key province on not only the natural reserves, but also the poverty alleviation. Most of local villagers in the natural reserves are poor because of the limited access to natural resources due to the strict management by the natural reserve administration. The study in Wolong Natural Reserve and others has shown that the targeted poverty alleviation should be integrated into the eco-tourism development based on the rich resources of eco-tourism in the natural reserves, the integration between eco-tourism and targeted poverty alleviation in natural reserves will be the solutions for not only the poverty alleviation of absolute poor groups in the natural reserves, but also the sustainable development of post targeted poverty alleviation policy by 2020, as well as the effective management of natural reserves. There are many access to poverty alleviation of local communities by eco-tourism in natural reserves, and it is suggested to focus on the income generated from the wage, salary, property, business operation, and compensation, facilitate the poor HHs to involve in the eco-tourism based on their own livelihood capitals for having the stable income generation.

Keywords: Natural Reserves; Eco-tourism; Take Targeted Measures to Alleviate Poverty; Access

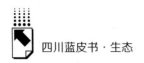

四川蓝皮书·生态

B. 4　The Analysis of Qinba Mountainous Area in Sichuan
Ecosystem Strategy Oriented Poverty Elimination

Zhang Yaowen / 087

Abstract: Based on the analysis of natural geography and social economic characteristics, poverty features in Qinba mountainous of Sichuan, the artical reviews the historical evolution of ecological protection and poverty alleviation in this district. Then it puts forward we must change the state poverty alleviation and ecological protection are separate in the past. In the future precise poverty alleviation must be build into the ecological protection, we should take advantage of ecological resources and convert it into industrial and economic advantages, in finally, build long-term mechanism of the regional poverty alleviation.

Keywords: Qinba Mountainous Area; Ecological Protection; Poverty Alleviation

Ⅲ　Green Development

B. 5　Development Status and Prospects of Forest Recuperation
in Sichuan　　　　　　*Zhang Liming*, *Zhang Yirui* / 101

Abstract: The supply side reform and green development prove to be a catalyst for forest recuperation generation and development timely under the New normal in Sichuan, China. As a big province of forest resource, where forest recuperation has been generated and widely spread, Sichuan integrated forest recuperation as emerging strategic industries into contents of suggestions for the 13th Five-year Plan on national economic and social development. This received fully affirmative and welcome of the community, and made contributions to radiation development of forest recuperation around country. This paper analyses and explains the conceptions, significant of development on forest recuperation. 12 major events, progress, main problems and challenges related to forest recuperation have been highlighted. It also discusses outlook forest recuperation industry development to 2017 in Sichuan.

Keywords: Forest Recuperation; Green Development; Sichuan

B. 6 Research on the Development of Carbon Sequestration Forestry in Sichuan Province

Zeng Weizhong, Gong Rongfa / 125

Abstract: Developing carbon sequestration forestry and increasing forest carbon sequestration are important strategies for mitigating and adapting to climate change. Additionally, it is an important means to accomplish the ecological restoration and protection of ecological fragile areas as well as promoting the construction of the main functional areas. Based on the deepening understanding of the connotation of carbon sequestration forestry, this paper analyzed the development history and current situation of carbon sink forestry in Sichuan province, and revealed that carbon sequestration forestry can cope with climate change in addition to promoting ecological restoration and protection of ecological fragile areas, and enhance the construction of main functional areas. What's more, this studyelucidated new opportunities for the development of carbon sequestration forestry in Sichuan province, and put forward the countermeasures and suggestions to promote the development of carbon sequestration forestry in Sichuan province.

Keywords: Carbon Sequestration; Forestry; Climate Change; Rural Household; Ecological Compensation

B. 7 The Study of Culture Adjustment and Ecological Sustainable Development in the Ethnic Minority Area

—*The Case of Carbon Sequestration Projects*

Yang Fan, Luo Xi / 143

Abstract: The location of many china forest carbon sequestration projects and ethnic minority area is highly coincidence on the geography level. There are potential contradiction and discomfort between the modern business culture which is carried by forest carbon sequestration and the standard and custom of the ethnic minority traditional culture. It not only is an ecological problem from view of

335

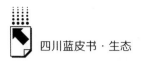
climate, or not only is an economic problem from view of impelling the peasants who involved in the project, but also a problem of adjustment and integration between two different systems of culture which implement the project of forest carbon sequestration in outlying and poverty-stricken ethnic minority areas. Institutional changes must suit with the culture adaptation and demand of the ethnic minority peasants and only on this the institutional changes can achieve the expected effect. Based on the theory of cultural adaptation, taking an example of the project of forest carbon sequestration, community and biodiversity with the involvement of the peasants of YI in southwest of Sichuan by Nuohua, from four perspectives which are integration, assimilation, separation, marginalization, this article deeply studies the strategies of the ethnic minority cultural adaptation when the forest carbon sequestration project entering and garrison the local, and from the view of cultural adaptation, forwards the policy implications of promoting the sustainable development of forest carbon sequestration project in ethnic minority areas, so as to provide some certain references for the ecological poverty alleviation in the ethnic minority areas.

Keywords: Carbon Sequestration; Yi Nationality; Culture Adjustment; Institutional Change; Ecological Poverty Alleviation

B. 8 Investigation and Policy Innovation on the Ecological Participation of Tibetan Buddhists in Tibetan Region of Sichuan Province *Chai Jianfeng* / 155

Abstract: Ecological participation means active participation and conscious action of the parties and stakeholders in ecological protection and construction. Because Tibetan Buddhism is the main religion for farmers and herdsmen in Tibetan region of Sichuan province, the Tibetan Buddhists' participation is vital for the formation of ecological participation and the result of ecological construction in this region. By observing the role of Tibetan Buddhists in the development of contemporary Chinese society, and their role in the life of farmers and herdsmen in Sichuan Tibetan region, this paper investigates Tibetan Buddhists' internal reason to join in ecological participation, their ways to join, and their influence to the result of ecological construction. The paper tries to offer some advice to ensure Tibetan Buddhists' powerful orderly and effective ecological participation, so as to promote the formation of the ecological participation mode in which the government, the Tibetan Buddhists and and the public have effective interaction. This mode will probably provide powerful support for provincial and national ecological safety.

Keywords: Sichuan Tibetan Region; Tibetan Buddhists; Ecological Participation

IV Beautiful Country Construction

B. 9 The Study of Costs of Community Development Under the Management Framework of Nature Reserve

—*The Case of Sichuan Wolong National Nature Reserve*

Zhong Shuai, He Haiyan / 162

Abstract: This paper describes the assessment results of management effectiveness in Wolong Natural Reserve in 25 indicators and 11 dimensions based on 《 LY/T1726 − 2008 Technical Manual for Evaluating the Management Effectiveness of Natural Reserves》. The study indicates that Wolong natural reserve has achieved the great effectiveness on planning & designing, management system, community management, land tenure and so on, while the development of eco-tourism still need to be improved. The study also has shown that the key costs of local community development in Wolong natural reserve are Disaster Cost and Utilization Cost of Natural Rerources, the Environment Cost and Health Cost has little impact to community development while the Opportunity Cost is still unknown, based on the Indicators System for Evaluating Community Development Costs.

Keywords: Natural Reserve; Effectiveness of Management; Costs of Community Development

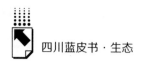

B. 10   The Impact of Returning Farmland to Forest Project on
Agricultural Industrial Structure and Agricultural
Population Transfer —Based on Sichuan Province

Qi Yanbin, *Yu Weiyong* / 189

Abstract: This report firstly summarizes the ecological, economic and social benefits of returning farmland to forest engineering is reviewed, secondly based on the returning farmland to forest project in 1999 −2014 data, there are some positive effect that returning farmland to forest policy effected on farmers income structure, agricultural structure, agricultural population flow and forest tourism from theoretical and empirical. In order to further consolidate the effect of returning farmland to forest project in sichuan province, strengthen the policy economic effect of the income, structural and synergistic. Finally put forward the corresponding policy recommendations, for the next step policy of returning farmland to forest engineering design, adjustment and implementation to provide a strong reference.

Keywords: Returning Farmland to Forest Project; Farmers Income Structure; Agricultural Structure; Agricultural Population Flow; Forest Tourism

B. 11   The Research of Co-Development Access between
Business Models of Rural Tourism and the Ecological
Civilization Construction
—*A Case Study in Pingchang County*, *Sichuan Province*

Deng Weijie, *He Mengting and Zhang Haoran* / 217

Abstract: China's rural tourism has being developed rapidly, and the business models have also being diversified consequently. Meanwhile, the construction of ecological civilization has become more urgent due to the rapid deterioration of ecological environment in China. The construction of ecological civilization has been determined as national policy by CPC Central Committee and State Council so that it is getting more and more important to integrate the rural tourism development with construction of ecological civilization. The study in Pingchang County shows that there are many acces on integrating the business models of rural tourism with the construction of rural ecological civilization. On the one hand, the criteria system of ecological civilization could be applied as guidelines to co-ordinate the overall planning, designing and operating of rural tourism for ensuring the healthy development of rural tourism. On the other hand, the rural tourism especially the six elements-based tourism industry chain would be the high valuable platform and entry points to practice and integrate the key elements and criteria of ecological civilization for achieving the co-development of the rural tourism and ecological civilization.

Keywords: Rural Tourism; Business Models; Ecological Civilization; Co-development

V   Natural Resource Management

B. 12   Research on Key Technologies of Natural Resources Assets Evaluation in Sichuan Province

Zhang Hongji, Luo Yong, Teng Lianze, Tan Xiaoqin and

Chen Qingsong / 241

Abstract: The scientific and reasonable evaluation of natural resources assets is a key basic work to prepare the balance sheet of natural resources and improve the management system of natural resources assets. Based on internal and international experience, the article puts forward the general idea, overall goals and main contents of the research on the evaluation technology of Sichuan province natural resources assets, and focuses on the innovative methods and key technical measures, in the hope of providing some references for the natural resource assets evaluation.

Keywords: Natural Resource; Assets; Evaluation; Technology

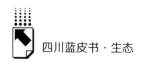

B. 13　Study on the Construction of Property Right System of
Natural Resources in Sichuan

Huang Zhaoxian, Yang Hongyu and Huang Xianming / 255

Abstract: Combining with the actual situation of country and Sichuan from the construction of regional ecological civilization, this article proposes to build a new system of natural resources property rights and state the meaning, connotation, work bases, system framework, overall objectives and recent tasks of this new system. This article also expounds 5 strategies to accelerate the natural resources property rights system construction which are to learn from the international advanced experiences, to break through the misunderstandings and set up the new concept of resources, to be supported by the modern technologies and platform, to build a modern talent team, to need support of policies and measures. The innovation of this study lies in redefining the two different concepts of resources and environment, clarifying the differences of them in the economic, social and ecological values and in terms of assets, property rights, values and market, providing a new way to break through the epistemology and methodology of natural resources property rights system construction.

Keywords: Natural Resources; Assets; Property Rights; Institution

B. 14　Study on System Construction of Accountability Audit
of Natural Resource in Sichuan　　　*Luo Yan, Wan Ting* / 278

Abstract: Accountability audit of natural resource is a new area of research in the field of auditing. In this study, based on analyzing the problems and needs, the content, objectives and tasks, the objectives and tasks in Sichuan, the construction on method system and audit system, the steps and measures of accountability audit of natural resource, the necessity and challenges on carrying out accountability audit of natural resource in Sichuan are elaborated.

Keywords: Accountability Audit of Natural Resource; Leading Cadres; System Construction

B. 15　Discussion on Producing Method of Natural Resources

Balance Sheet and its Application in Sichuan

Zhou Liangqiang, Xie Yue, Wang Lan and Cheng Zuqiang / 292

Abstract: Through an innovative understanding of the values of natural resources, the corresponding assets and liabilities can fall into three components: basic bearing capacity aspect of assets and liabilities, commercial assets and resouce maintenance (environmental protection) duties. We formulated 4 evaluation methods according to the special nature of the three components, namely direct measurement, market value evaluation, third party evaluation and statistics of democratic representatives, and calculation methods were introduced for the three components. The data investigation of whole area for the balance sheet, balance sheets producing of regional and subarea, and statements were discussed. According to the resource endowment and the reality, we designed the categories of data investigation for balance sheet of natural resources in Sichuan. Based on functional, regional, ecological, and economical typing, we differentiated the balance sheets designs of the data categories for all subareas in Sichuan. At the final part, this paper discusses the research prospects and application orientation of natural resources balance sheet in Sichuan, and put forward the corresponding suggestions of policies and measures.

Keywords: Balance Sheet of Natural Resources; Basic Bearing Capacity; Natural Resource Assets and Liabilities; Commercial Assets; Natural Resource Maintenance (Environmental Protection)

B. 16　Study on Health Evaluation of Alpine Meadow Ecosystem

in Eastern Qinghai Tibet Plateau

—A Case Study in Hongyuan County, Aba Prefecture

Liu Gang, Liu Fang, Liu Li and Zheng Qunying / 319

Abstract: In this paper, we used the Tibetan Plateau alpine meadow grassland

341

as the research object. In order to research for a concise assessment method of grassland health which applied to the technical staff and farmers, we based on the traditional knowledge and experience ofherdsmen in the pastoral area of Qinghai Tibet Plateau. Referring to the grassland research method, and used the vegetation, soil, water and livestock as the basis for screening evaluation index. Through principal component analysis and stepwise regression analysis, provided a scientific, practical and convenient method of grassland health assessment forgrassland management departments and local farmers and herdsmen. Finally, we selected six main evaluation index, that is, plant species, vegetation coverage, grass height, soil moisture, density and butter color. By verifing the joint grassland health evaluation, the results showed that: the majority of the grassland was healthy, of which nine joint grassland was in best status, a joint was poor, but the whole community of grassland were in good condition.

Keywords: Herders; Grassland; Health Assessment; Principal Component Analysis; Stepwise Regression

社会科学文献出版社

皮书系列

❖ 皮书起源 ❖

"皮书"起源于十七、十八世纪的英国,主要指官方或社会组织正式发表的重要文件或报告,多以"白皮书"命名。在中国,"皮书"这一概念被社会广泛接受,并被成功运作、发展成为一种全新的出版形态,则源于中国社会科学院社会科学文献出版社。

❖ 皮书定义 ❖

皮书是对中国与世界发展状况和热点问题进行年度监测,以专业的角度、专家的视野和实证研究方法,针对某一领域或区域现状与发展态势展开分析和预测,具备原创性、实证性、专业性、连续性、前沿性、时效性等特点的公开出版物,由一系列权威研究报告组成。

❖ 皮书作者 ❖

皮书系列的作者以中国社会科学院、著名高校、地方社会科学院的研究人员为主,多为国内一流研究机构的权威专家学者,他们的看法和观点代表了学界对中国与世界的现实和未来最高水平的解读与分析。

❖ 皮书荣誉 ❖

皮书系列已成为社会科学文献出版社的著名图书品牌和中国社会科学院的知名学术品牌。2016 年,皮书系列正式列入"十三五"国家重点出版规划项目;2012~2016 年,重点皮书列入中国社会科学院承担的国家哲学社会科学创新工程项目;2017 年,55 种院外皮书使用"中国社会科学院创新工程学术出版项目"标识。

权威报告·热点资讯·特色资源

皮书数据库
ANNUAL REPORT(YEARBOOK)
DATABASE

当代中国与世界发展高端智库平台

所获荣誉

● 2016年，入选"国家'十三五'电子出版物出版规划骨干工程"

● 2015年，荣获"搜索中国正能量 点赞2015""创新中国科技创新奖"

● 2013年，荣获"中国出版政府奖·网络出版物奖"提名奖

● 连续多年荣获中国数字出版博览会"数字出版·优秀品牌"奖

成为会员

通过网址www.pishu.com.cn或使用手机扫描二维码进入皮书数据库网站，进行手机号码验证或邮箱验证即可成为皮书数据库会员（建议通过手机号码快速验证注册）。

会员福利

● 使用手机号码首次注册会员可直接获得100元体验金，不需充值即可购买和查看数据库内容（仅限使用手机号码快速注册）。

● 已注册用户购书后可免费获赠100元皮书数据库充值卡。刮开充值卡涂层获取充值密码，登录并进入"会员中心"—"在线充值"—"充值卡充值"，充值成功后即可购买和查看数据库内容。

社会科学文献出版社 皮书系列
SOCIAL SCIENCES ACADEMIC PRESS (CHINA)

卡号：123526167679

密码：

数据库服务热线：400-008-6695
数据库服务QQ：2475522410
数据库服务邮箱：database@ssap.cn
图书销售热线：010-59367070/7028
图书服务QQ：1265056568
图书服务邮箱：duzhe@ssap.cn

2017年正值皮书品牌专业化二十周年之际，世界每天都在发生着让人眼花缭乱的变化，而唯一不变的，是面向未来无数的可能性。作为个体，如何获取专业信息以备不时之需？作为行政主体或企事业主体，如何提高决策的科学性让这个世界变得更好而不是更糟？原创、实证、专业、前沿、及时、持续，这是1997年"皮书系列"品牌创立的初衷。

1997～2017，从最初一个出版社的学术产品名称到媒体和公众使用频率极高的热点词语，从专业术语到大众话语，从官方文件到独特的出版型态，作为重要的智库成果，"皮书"始终致力于成为海量信息时代的信息过滤器，成为经济社会发展的记录仪，成为政策制定、评估、调整的智力源，社会科学研究的资料集成库。"皮书"的概念不断延展，"皮书"的种类更加丰富，"皮书"的功能日渐完善。

1997～2017，皮书及皮书数据库已成为中国新型智库建设不可或缺的抓手与平台，成为政府、企业和各类社会组织决策的利器，成为人文社科研究最基本的资料库，成为世界系统完整及时认知当代中国的窗口和通道！"皮书"所具有的凝聚力正在形成一种无形的力量，吸引着社会各界关注中国的发展，参与中国的发展。

二十年的"皮书"正值青春，愿每一位皮书人付出的年华与智慧不辜负这个时代！

社会科学文献出版社社长
中国社会学会秘书长

2016年11月

社会科学文献出版社简介

社会科学文献出版社成立于1985年，是直属于中国社会科学院的人文社会科学学术出版机构。成立以来，社科文献出版社依托于中国社会科学院和国内外人文社会科学界丰厚的学术出版和专家学者资源，始终坚持"创社科经典，出传世文献"的出版理念、"权威、前沿、原创"的产品定位以及学术成果和智库成果出版的专业化、数字化、国际化、市场化的经营道路。

社科文献出版社是中国新闻出版业转型与文化体制改革的先行者。积极探索文化体制改革的先进方向和现代企业经营决策机制，社科文献出版社先后荣获"全国文化体制改革工作先进单位"、中国出版政府奖·先进出版单位奖，中国社会科学院先进集体、全国科普工作先进集体等荣誉称号。多人次荣获"第十届韬奋出版奖""全国新闻出版行业领军人才""数字出版先进人物""北京市新闻出版广电行业领军人才"等称号。

社科文献出版社是中国人文社会科学学术出版的大社名社，也是以皮书为代表的智库成果出版的专业强社。年出版图书2000余种，其中皮书350余种，出版新书字数5.5亿字，承印与发行中国社科院院属期刊72种，先后创立了皮书系列、列国志、中国史话、社科文献学术译库、社科文献学术文库、甲骨文书系等一大批既有学术影响又有市场价值的品牌，确立了在社会学、近代史、苏东问题研究等专业学科及领域出版的领先地位。图书多次荣获中国出版政府奖、"三个一百"原创图书出版工程、"五个'一'工程奖"、"大众喜爱的50种图书"等奖项，在中央国家机关"强素质·做表率"读书活动中，入选图书品种数位居各大出版社之首。

社科文献出版社是中国学术出版规范与标准的倡议者与制定者，代表全国50多家出版社发起实施学术著作出版规范的倡议，承担学术著作规范国家标准的起草工作，率先编撰完成《皮书手册》对皮书品牌进行规范化管理，并在此基础上推出中国版芝加哥手册——《SSAP学术出版手册》。

社科文献出版社是中国数字出版的引领者，拥有皮书数据库、列国志数据库、"一带一路"数据库、减贫数据库、集刊数据库等4大产品线11个数据库产品，机构用户达1300余家，海外用户百余家，荣获"数字出版转型示范单位""新闻出版标准化先进单位""专业数字内容资源知识服务模式试点企业标准化示范单位"等称号。

社科文献出版社是中国学术出版走出去的践行者。社科文献出版社海外图书出版与学术合作业务遍及全球40余个国家和地区并于2016年成立俄罗斯分社，累计输出图书500余种，涉及近20个语种，累计获得国家社科基金中华学术外译项目资助76种、"丝路书香工程"项目资助60种、中国图书对外推广计划项目资助71种以及经典中国国际出版工程资助28种，被商务部认定为"2015-2016年度国家文化出口重点企业"。

如今，社科文献出版社拥有固定资产3.6亿元，年收入近3亿元，设置了七大出版分社、六大专业部门，成立了皮书研究院和博士后科研工作站，培养了一支近400人的高素质与高效率的编辑、出版、营销和国际推广队伍，为未来成为学术出版的大社、名社、强社，成为文化体制改革与文化企业转型发展的排头兵奠定了坚实的基础。

经 济 类

经济类皮书涵盖宏观经济、城市经济、大区域经济，
提供权威、前沿的分析与预测

经济蓝皮书

2017 年中国经济形势分析与预测

李扬 / 主编　2017 年 1 月出版　定价：89.00 元

◆　本书为总理基金项目，由著名经济学家李扬领衔，联合中国社会科学院等数十家科研机构、国家部委和高等院校的专家共同撰写，系统分析了 2016 年的中国经济形势并预测 2017 年中国经济运行情况。

中国省域竞争力蓝皮书

中国省域经济综合竞争力发展报告（2015 ~ 2016）

李建平　李闽榕　高燕京 / 主编　2017 年 5 月出版　定价：198.00 元

◆　本书融多学科的理论为一体，深入追踪研究了省域经济发展与中国国家竞争力的内在关系，为提升中国省域经济综合竞争力提供有价值的决策依据。

城市蓝皮书

中国城市发展报告 No.10

潘家华　单菁菁 / 主编　2017 年 9 月出版　估价：89.00 元

◆　本书是由中国社会科学院城市发展与环境研究中心编著的，多角度、全方位地立体展示了中国城市的发展状况，并对中国城市的未来发展提出了许多建议。该书有强烈的时代感，对中国城市发展实践有重要的参考价值。

人口与劳动绿皮书

中国人口与劳动问题报告 No.18

蔡昉　张车伟 / 主编　2017 年 10 月出版　估价：89.00 元

◆　本书为中国社会科学院人口与劳动经济研究所主编的年度报告，对当前中国人口与劳动形势做了比较全面和系统的深入讨论，为研究中国人口与劳动问题提供了一个专业性的视角。

世界经济黄皮书

2017 年世界经济形势分析与预测

张宇燕 / 主编　2017 年 1 月出版　定价：89.00 元

◆　本书由中国社会科学院世界经济与政治研究所的研究团队撰写，2016 年世界经济增速进一步放缓，就业增长放慢。世界经济面临许多重大挑战同时，地缘政治风险、难民危机、大国政治周期、恐怖主义等问题也仍然在影响世界经济的稳定与发展。预计 2017 年按 PPP 计算的世界 GDP 增长率约为 3.0%。

国际城市蓝皮书

国际城市发展报告（2017）

屠启宇 / 主编　2017 年 2 月出版　定价：79.00 元

◆　本书作者以上海社会科学院从事国际城市研究的学者团队为核心，汇集同济大学、华东师范大学、复旦大学、上海交通大学、南京大学、浙江大学相关城市研究专业学者。立足动态跟踪介绍国际城市发展时间中，最新出现的重大战略、重大理念、重大项目、重大报告和最佳案例。

金融蓝皮书

中国金融发展报告（2017）

王国刚 / 主编　2017 年 2 月出版　定价：79.00 元

◆　本书由中国社会科学院金融研究所组织编写，概括和分析了 2016 年中国金融发展和运行中的各方面情况，研讨和评论了 2016 年发生的主要金融事件，有利于读者了解掌握 2016 年中国的金融状况，把握 2017 年中国金融的走势。

农村绿皮书

中国农村经济形势分析与预测（2016～2017）

魏后凯　杜志雄　黄秉信／主编　　2017年4月出版　　估价：89.00元

◆　本书描述了2016年中国农业农村经济发展的一些主要指标和变化，并对2017年中国农业农村经济形势的一些展望和预测，提出相应的政策建议。

西部蓝皮书

中国西部发展报告（2017）

徐璋勇／主编　　2017年7月出版　　估价：89.00元

◆　本书由西北大学中国西部经济发展研究中心主编，汇集了源自西部本土以及国内研究西部问题的权威专家的第一手资料，对国家实施西部大开发战略进行年度动态跟踪，并对2017年西部经济、社会发展态势进行预测和展望。

经济蓝皮书·夏季号

中国经济增长报告（2016～2017）

李扬／主编　　2017年9月出版　　估价：98.00元

◆　中国经济增长报告主要探讨2016~2017年中国经济增长问题，以专业视角解读中国经济增长，力求将其打造成一个研究中国经济增长、服务宏微观各级决策的周期性、权威性读物。

就业蓝皮书

2017年中国本科生就业报告

麦可思研究院／编著　　2017年6月出版　　估价：98.00元

◆　本书基于大量的数据和调研，内容翔实，调查独到，分析到位，用数据说话，对中国大学生就业及学校专业设置起到了很好的建言献策作用。

社会政法类

社会政法类皮书聚焦社会发展领域的热点、难点问题，
提供权威、原创的资讯与视点

社会蓝皮书

2017 年中国社会形势分析与预测

李培林　陈光金　张翼/主编　2016 年 12 月出版　定价：89.00 元

◆　本书由中国社会科学院社会学研究所组织研究机构专家、高校学者和政府研究人员撰写，聚焦当下社会热点，对 2016 年中国社会发展的各个方面内容进行了权威解读，同时对 2017 年社会形势发展趋势进行了预测。

法治蓝皮书

中国法治发展报告 No.15（2017）

李林　田禾/主编　2017 年 3 月出版　定价：118.00 元

◆　本年度法治蓝皮书回顾总结了 2016 年度中国法治发展取得的成就和存在的不足，对中国政府、司法、检务透明度进行了跟踪调研，并对 2017 年中国法治发展形势进行了预测和展望。

社会体制蓝皮书

中国社会体制改革报告 No.5（2017）

龚维斌/主编　2017 年 3 月出版　定价：89.00 元

◆　本书由国家行政学院社会治理研究中心和北京师范大学中国社会管理研究院共同组织编写，主要对 2016 年社会体制改革情况进行回顾和总结，对 2017 年的改革走向进行分析，提出相关政策建议。

社会心态蓝皮书

中国社会心态研究报告（2017）

王俊秀　杨宜音／主编　2017 年 12 月出版　估价：89.00 元

◆　本书是中国社会科学院社会学研究所社会心理研究中心"社会心态蓝皮书课题组"的年度研究成果，运用社会心理学、社会学、经济学、传播学等多种学科的方法进行了调查和研究，对于目前中国社会心态状况有较广泛和深入的揭示。

生态城市绿皮书

中国生态城市建设发展报告（2017）

刘举科　孙伟平　胡文臻／主编　2017 年 7 月出版　估价：118.00 元

◆　报告以绿色发展、循环经济、低碳生活、民生宜居为理念，以更新民众观念、提供决策咨询、指导工程实践、引领绿色发展为宗旨，试图探索一条具有中国特色的城市生态文明建设新路。

城市生活质量蓝皮书

中国城市生活质量报告（2017）

中国经济实验研究院／主编　2017 年 7 月出版　估价：89.00 元

◆　本书对全国 35 个城市居民的生活质量主观满意度进行了电话调查，同时对 35 个城市居民的客观生活质量指数进行了计算，为中国城市居民生活质量的提升，提出了针对性的政策建议。

公共服务蓝皮书

中国城市基本公共服务力评价（2017）

钟君　刘志昌　吴正杲／主编　2017 年 12 月出版　估价：89.00 元

◆　中国社会科学院经济与社会建设研究室与华图政信调查组成联合课题组，从 2010 年开始对基本公共服务力进行研究，研创了基本公共服务力评价指标体系，为政府考核公共服务与社会管理工作提供了理论工具。

行 业 报 告 类

行业报告类皮书立足重点行业、新兴行业领域，
提供及时、前瞻的数据与信息

企业社会责任蓝皮书

中国企业社会责任研究报告（2017）

黄群慧　钟宏武　张蒽　翟利峰 / 著　2017 年 10 月出版　估价：89.00 元

◆ 本书剖析了中国企业社会责任在 2016 ~ 2017 年度的最新
发展特征，详细解读了省域国有企业在社会责任方面的阶段性
特征，生动呈现了国内外优秀企业的社会责任实践。对了解
中国企业社会责任履行现状、未来发展，以及推动社会责任建
设有重要的参考价值。

新能源汽车蓝皮书

中国新能源汽车产业发展报告（2017）

中国汽车技术研究中心　　日产（中国）投资有限公司

东风汽车有限公司 / 编著　　2017 年 7 月出版　　估价：98.00 元

◆ 本书对中国 2016 年新能源汽车产业发展进行了全面系统
的分析，并介绍了国外的发展经验。有助于相关机构、行业和
社会公众等了解中国新能源汽车产业发展的最新动态，为政府
部门出台新能源汽车产业相关政策法规、企业制定相关战略规
划，提供必要的借鉴和参考。

杜仲产业绿皮书

中国杜仲橡胶资源与产业发展报告（2016 ~ 2017）

杜红岩　胡文臻　俞锐 / 主编　　2017 年 4 月出版　估价：85.00 元

◆ 本书对 2016 年杜仲产业的发展情况、研究团队在杜仲研
究方面取得的重要成果、部分地区杜仲产业发展的具体情况、
杜仲新标准的制定情况等进行了较为详细的分析与介绍，使广
大关心杜仲产业发展的读者能够及时跟踪产业最新进展。

企业蓝皮书

中国企业绿色发展报告 No.2（2017）

李红玉　朱光辉 / 主编　　2017 年 8 月出版　　估价：89.00 元

◆　本书深入分析中国企业能源消费、资源利用、绿色金融、绿色产品、绿色管理、信息化、绿色发展政策及绿色文化方面的现状，并对目前存在的问题进行研究，剖析因果，谋划对策，为企业绿色发展提供借鉴，为中国生态文明建设提供支撑。

中国上市公司蓝皮书

中国上市公司发展报告（2017）

张平　王宏淼 / 主编　　2017 年 10 月出版　　估价：98.00 元

◆　本书由中国社会科学院上市公司研究中心组织编写的，着力于全面、真实、客观反映当前中国上市公司财务状况和价值评估的综合性年度报告。本书详尽分析了 2016 年中国上市公司情况，特别是现实中暴露出的制度性、基础性问题，并对资本市场改革进行了探讨。

资产管理蓝皮书

中国资产管理行业发展报告（2017）

智信资产管理研究院 / 编著　　2017 年 6 月出版　　估价：89.00 元

◆　中国资产管理行业刚刚兴起，未来将成为中国金融市场最有看点的行业。本书主要分析了 2016 年度资产管理行业的发展情况，同时对资产管理行业的未来发展做出科学的预测。

体育蓝皮书

中国体育产业发展报告（2017）

阮伟　钟秉枢 / 主编　　2017 年 12 月出版　　估价：89.00 元

◆　本书运用多种研究方法，在体育竞赛业、体育用品业、体育场馆业、体育传媒业等传统产业研究的基础上，并对 2016 年体育领域内的各种热点事件进行研究和梳理，进一步拓宽了研究的广度、提升了研究的高度、挖掘了研究的深度。

国际问题类

国际问题类皮书关注全球重点国家与地区，
提供全面、独特的解读与研究

美国蓝皮书

美国研究报告（2017）

郑秉文　黄平 / 主编　2017 年 6 月出版　估价：89.00 元

◆　本书是由中国社会科学院美国研究所主持完成的研究成果，它回顾了美国 2016 年的经济、政治形势与外交战略，对 2017 年以来美国内政外交发生的重大事件及重要政策进行了较为全面的回顾和梳理。

日本蓝皮书

日本研究报告（2017）

杨伯江 / 主编　2017 年 5 月出版　估价：89.00 元

◆　本书对 2016 年日本的政治、经济、社会、外交等方面的发展情况做了系统介绍，对日本的热点及焦点问题进行了总结和分析，并在此基础上对该国 2017 年的发展前景做出预测。

亚太蓝皮书

亚太地区发展报告（2017）

李向阳 / 主编　2017 年 4 月出版　估价：89.00 元

◆　本书是中国社会科学院亚太与全球战略研究院的集体研究成果。2017 年的"亚太蓝皮书"继续关注中国周边环境的变化。该书盘点了 2016 年亚太地区的焦点和热点问题，为深入了解 2016 年及未来中国与周边环境的复杂形势提供了重要参考。

德国蓝皮书

德国发展报告（2017）

郑春荣 / 主编　2017 年 6 月出版　估价：89.00 元

◆　本报告由同济大学德国研究所组织编撰，由该领域的专家学者对德国的政治、经济、社会文化、外交等方面的形势发展情况，进行全面的阐述与分析。

日本经济蓝皮书

日本经济与中日经贸关系研究报告（2017）

张季风 / 编著　2017 年 5 月出版　估价：89.00 元

◆　本书系统、详细地介绍了 2016 年日本经济以及中日经贸关系发展情况，在进行了大量数据分析的基础上，对 2017 年日本经济以及中日经贸关系的大致发展趋势进行了分析与预测。

俄罗斯黄皮书

俄罗斯发展报告（2017）

李永全 / 编著　2017 年 7 月出版　估价：89.00 元

◆　本书系统介绍了 2016 年俄罗斯经济政治情况，并对 2016 年该地区发生的焦点、热点问题进行了分析与回顾；在此基础上，对该地区 2017 年的发展前景进行了预测。

非洲黄皮书

非洲发展报告 No.19（2016 ~ 2017）

张宏明 / 主编　2017 年 8 月出版　估价：89.00 元

◆　本书是由中国社会科学院西亚非洲研究所组织编撰的非洲形势年度报告，比较全面、系统地分析了 2016 年非洲政治形势和热点问题，探讨了非洲经济形势和市场走向，剖析了大国对非洲关系的新动向；此外，还介绍了国内非洲研究的新成果。

地方发展类

地方发展类皮书关注中国各省份、经济区域，提供科学、多元的预判与资政信息

北京蓝皮书

北京公共服务发展报告（2016~2017）

施昌奎 / 主编　2017 年 3 月出版　定价：79.00 元

◆　本书是由北京市政府职能部门的领导、首都著名高校的教授、知名研究机构的专家共同完成的关于北京市公共服务发展与创新的研究成果。

河南蓝皮书

河南经济发展报告（2017）

张占仓　完世伟 / 主编　2017 年 4 月出版　估价：89.00 元

◆　本书以国内外经济发展环境和走向为背景，主要分析当前河南经济形势，预测未来发展趋势，全面反映河南经济发展的最新动态、热点和问题，为地方经济发展和领导决策提供参考。

广州蓝皮书

2017 年中国广州经济形势分析与预测

庾建设　陈浩钿　谢博能 / 主编　2017 年 7 月出版　估价：85.00 元

◆　本书由广州大学与广州市委政策研究室、广州市统计局联合主编，汇集了广州科研团体、高等院校和政府部门诸多经济问题研究专家、学者和实际部门工作者的最新研究成果，是关于广州经济运行情况和相关专题分析、预测的重要参考资料。

文 化 传 媒 类

文化传媒类皮书透视文化领域、文化产业，
探索文化大繁荣、大发展的路径

新媒体蓝皮书

中国新媒体发展报告 No.8（2017）

唐绪军 / 主编　2017 年 6 月出版　估价：89.00 元

◆　本书是由中国社会科学院新闻与传播研究所组织编写的关于新媒体发展的最新年度报告，旨在全面分析中国新媒体的发展现状，解读新媒体的发展趋势，探析新媒体的深刻影响。

移动互联网蓝皮书

中国移动互联网发展报告（2017）

官建文 / 主编　2017 年 6 月出版　估价：89.00 元

◆　本书着眼于对 2016 年度中国移动互联网的发展情况做深入解析，对未来发展趋势进行预测，力求从不同视角、不同层面全面剖析中国移动互联网发展的现状、年度突破及热点趋势等。

传媒蓝皮书

中国传媒产业发展报告（2017）

崔保国 / 主编　2017 年 5 月出版　估价：98.00 元

◆　"传媒蓝皮书"连续十多年跟踪观察和系统研究中国传媒产业发展。本报告在对传媒产业总体以及各细分行业发展状况与趋势进行深入分析基础上，对年度发展热点进行跟踪，剖析新技术引领下的商业模式，对传媒各领域发展趋势、内体经营、传媒投资进行解析，为中国传媒产业正在发生的变革提供前瞻行参考。

经济类

"三农"互联网金融蓝皮书
中国"三农"互联网金融发展报告（2017）
著(编)者：李勇坚 王弢　2017年8月出版 / 估价：98.00元
PSN B-2016-561-1/1

G20国家创新竞争力黄皮书
二十国集团（G20）国家创新竞争力发展报告（2016~2017）
著(编)者：李建平 李闽榕 赵新力　周天勇
2017年8月出版 / 估价：158.00元
PSN Y-2011-229-1/1

产业蓝皮书
中国产业竞争力报告（2017）No.7
著(编)者：张其仔　2017年12月出版 / 估价：98.00元
PSN B-2010-175-1/1

城市创新蓝皮书
中国城市创新报告（2017）
著(编)者：周天勇 旷建伟　2017年11月出版 / 估价：89.00元
PSN B-2013-340-1/1

城市蓝皮书
中国城市发展报告 No.10
著(编)者：潘家华 单菁菁　2017年9月出版 / 估价：89.00元
PSN B-2007-091-1/1

城乡一体化蓝皮书
中国城乡一体化发展报告（2016~2017）
著(编)者：汝信 付崇兰　2017年7月出版 / 估价：85.00元
PSN B-2011-226-1/2

城镇化蓝皮书
中国新型城镇化健康发展报告（2017）
著(编)者：张占斌　2017年8月出版 / 估价：89.00元
PSN B-2014-396-1/1

创新蓝皮书
创新型国家建设报告（2016~2017）
著(编)者：詹正茂　2017年12月出版 / 估价：89.00元
PSN B-2009-140-1/1

创业蓝皮书
中国创业发展报告（2016~2017）
著(编)者：黄群慧 赵卫星 钟宏武等
2017年11月出版 / 估价：89.00元
PSN B-2016-578-1/1

低碳发展蓝皮书
中国低碳发展报告（2016~2017）
著(编)者：齐晔 张希良　2017年3月出版 / 估价：98.00元
PSN B-2011-223-1/1

低碳经济蓝皮书
中国低碳经济发展报告（2017）
著(编)者：薛进军 赵忠秀　2017年6月出版 / 估价：85.00元
PSN B-2011-194-1/1

东北蓝皮书
中国东北地区发展报告（2017）
著(编)者：姜晓秋　2017年2月出版 / 定价：79.00元
PSN B-2006-067-1/1

发展与改革蓝皮书
中国经济发展和体制改革报告No.8
著(编)者：邹东涛 王再文　2017年4月出版 / 估价：98.00元
PSN B-2008-122-1/1

工业化蓝皮书
中国工业化进程报告（2017）
著(编)者：黄群慧　2017年12月出版 / 估价：158.00元
PSN B-2007-095-1/1

管理蓝皮书
中国管理发展报告（2017）
著(编)者：张晓东　2017年10月出版 / 估价：98.00元
PSN B-2014-416-1/1

国际城市蓝皮书
国际城市发展报告（2017）
著(编)者：屠启宇　2017年2月出版 / 定价：79.00元
PSN B-2012-260-1/1

国家创新蓝皮书
中国创新发展报告（2017）
著(编)者：陈劲　2017年12月出版 / 估价：89.00元
PSN B-2014-370-1/1

金融蓝皮书
中国金融发展报告（2017）
著(编)者：王国刚　2017年2月出版 / 定价：79.00元
PSN B-2004-031-1/6

京津冀金融蓝皮书
京津冀金融发展报告（2017）
著(编)者：王爱俭 李向前
2017年4月出版 / 估价：89.00元
PSN B-2016-528-1/1

京津冀蓝皮书
京津冀发展报告（2017）
著(编)者：文魁 祝尔娟　2017年4月出版 / 估价：89.00元
PSN B-2012-262-1/1

经济蓝皮书
2017年中国经济形势分析与预测
著(编)者：李扬　2017年1月出版 / 定价：89.00元
PSN B-1996-001-1/1

经济蓝皮书·春季号
2017年中国经济前景分析
著(编)者：李扬　2017年6月出版 / 估价：89.00元
PSN B-1999-008-1/1

经济蓝皮书·夏季号
中国经济增长报告（2016~2017）
著(编)者：李扬　2017年9月出版 / 估价：98.00元
PSN B-2010-176-1/1

经济信息绿皮书
中国与世界经济发展报告（2017）
著(编)者：杜平　2017年12月出版 / 定价：89.00元
PSN G-2003-023-1/1

就业蓝皮书
2017年中国本科生就业报告
著(编)者：麦可思研究院　2017年6月出版 / 估价：98.00元
PSN B-2009-146-1/2

就业蓝皮书
2017年中国高职高专生就业报告
著(编)者: 麦可思研究院　2017年6月出版 / 估价: 98.00元
PSN B-2015-472-2/2

科普能力蓝皮书
中国科普能力评价报告(2017)
著(编)者: 李富 强李群　2017年8月出版 / 估价: 89.00元
PSN B-2016-556-1/1

临空经济蓝皮书
中国临空经济发展报告(2017)
著(编)者: 连玉明　2017年9月出版 / 估价: 89.00元
PSN B-2014-421-1/1

农村绿皮书
中国农村经济形势分析与预测(2016~2017)
著(编)者: 魏后凯 杜志雄 黄秉信
2017年4月出版 / 估价: 89.00元
PSN G-1998-003-1/1

农业应对气候变化蓝皮书
气候变化对中国农业影响评估报告No.3
著(编)者: 矫梅燕　2017年8月出版 / 估价: 98.00元
PSN B-2014-413-1/1

气候变化绿皮书
应对气候变化报告(2017)
著(编)者: 王伟光 郑国光　2017年6月出版 / 估价: 89.00元
PSN G-2009-144-1/1

区域蓝皮书
中国区域经济发展报告(2016~2017)
著(编)者: 赵弘　2017年6月出版 / 估价: 89.00元
PSN B-2004-034-1/1

全球环境竞争力绿皮书
全球环境竞争力报告(2017)
著(编)者: 李建平 李闽榕 王金南
2017年12月出版 / 估价: 198.00元
PSN G-2013-363-1/1

人口与劳动绿皮书
中国人口与劳动问题报告No.18
著(编)者: 蔡昉 张车伟　2017年11月出版 / 估价: 89.00元
PSN G-2000-012-1/1

商务中心区蓝皮书
中国商务中心区发展报告No.3(2016)
著(编)者: 李国红 单菁菁　2017年4月出版 / 估价: 89.00元
PSN B-2015-444-1/1

世界经济黄皮书
2017年世界经济形势分析与预测
著(编)者: 张宇燕　2017年1月出版 / 定价: 89.00元
PSN Y-1999-006-1/1

世界旅游城市绿皮书
世界旅游城市发展报告(2017)
著(编)者: 宋宇　2017年4月出版 / 估价: 128.00元
PSN G-2014-400-1/1

土地市场蓝皮书
中国农村土地市场发展报告(2016~2017)
著(编)者: 李光荣　2017年4月出版 / 估价: 89.00元
PSN B-2016-527-1/1

西北蓝皮书
中国西北发展报告(2017)
著(编)者: 高建龙　2017年4月出版 / 估价: 89.00元
PSN B-2012-261-1/1

西部蓝皮书
中国西部发展报告(2017)
著(编)者: 徐璋勇　2017年7月出版 / 估价: 89.00元
PSN B-2005-039-1/1

新型城镇化蓝皮书
新型城镇化发展报告(2017)
著(编)者: 李伟 宋敏 沈体雁　2017年4月出版 / 估价: 98.00元
PSN B-2014-431-1/1

新兴经济体蓝皮书
金砖国家发展报告(2017)
著(编)者: 林跃勤 周文　2017年12月出版 / 估价: 89.00元
PSN B-2011-195-1/1

长三角蓝皮书
2017年新常态下深化一体化的长三角
著(编)者: 王庆五　2017年12月出版 / 估价: 88.00元
PSN B-2005-038-1/1

中部竞争力蓝皮书
中国中部经济社会竞争力报告(2017)
著(编)者: 教育部人文社会科学重点研究基地
　　　　　南昌大学中国中部经济社会发展研究中心
2017年12月出版 / 估价: 89.00元
PSN B-2012-276-1/1

中部蓝皮书
中国中部地区发展报告(2017)
著(编)者: 宋亚平　2017年12月出版 / 估价: 88.00元
PSN B-2007-089-1/1

中国省域竞争力蓝皮书
中国省域经济综合竞争力发展报告(2017)
著(编)者: 李建平 李闽榕 高燕京
2017年2月出版 / 定价: 198.00元
PSN B-2007-088-1/1

中三角蓝皮书
长江中游城市群发展报告(2017)
著(编)者: 秦尊文　2017年9月出版 / 估价: 89.00元
PSN B-2014-417-1/1

中小城市绿皮书
中国中小城市发展报告(2017)
著(编)者: 中国城市经济学会中小城市经济发展委员会
　　　　　中国城镇化促进会中小城市发展委员会
　　　　　《中国中小城市发展报告》编纂委员会
　　　　　中小城市发展战略研究院
2017年11月出版 / 估价: 128.00元
PSN G-2010-161-1/1

中原蓝皮书
中原经济区发展报告(2017)
著(编)者: 李英杰　2017年6月出版 / 估价: 88.00元
PSN B-2011-192-1/1

自贸区蓝皮书
中国自贸区发展报告(2017)
著(编)者: 王力　2017年7月出版 / 估价: 89.00元
PSN B-2016-559-1/1

社会政法类

北京蓝皮书
中国社区发展报告（2017）
著(编)者：于燕燕　2017年4月出版 / 估价：89.00元
PSN B-2007-083-5/8

殡葬绿皮书
中国殡葬事业发展报告（2017）
著(编)者：李伯森　2017年4月出版 / 估价：158.00元
PSN G-2010-180-1/1

城市管理蓝皮书
中国城市管理报告（2016~2017）
著(编)者：刘林　刘承水　2017年5月出版 / 估价：158.00元
PSN B-2013-336-1/1

城市生活质量蓝皮书
中国城市生活质量报告（2017）
著(编)者：中国经济实验研究院
2018年7月出版 / 估价：89.00元
PSN B-2013-326-1/1

城市政府能力蓝皮书
中国城市政府公共服务能力评估报告（2017）
著(编)者：何艳玲　2017年4月出版 / 估价：89.00元
PSN B-2013-338-1/1

慈善蓝皮书
中国慈善发展报告（2017）
著(编)者：杨团　2017年6月出版 / 估价：89.00元
PSN B-2009-142-1/1

党建蓝皮书
党的建设研究报告 No.2（2017）
著(编)者：崔建民　陈东平　2017年4月出版 / 估价：89.00元
PSN B-2016-524-1/1

地方法治蓝皮书
中国地方法治发展报告 No.3（2017）
著(编)者：李林　田禾　2017年4出版 / 估价：108.00元
PSN B-2015-442-1/1

法治蓝皮书
中国法治发展报告 No.15（2017）
著(编)者：李林　田禾　2017年3月出版 / 定价：118.00元
PSN B-2004-027-1/1

法治政府蓝皮书
中国法治政府发展报告（2017）
著(编)者：中国政法大学法治政府研究院
2017年4月出版 / 估价：98.00元
PSN B-2015-502-1/2

法治政府蓝皮书
中国法治政府评估报告（2017）
著(编)者：中国政法大学法治政府研究院
2017年11月出版 / 估价：98.00元
PSN B-2016-577-2/2

法治蓝皮书
中国法院信息化发展报告 No.1（2017）
著(编)者：李林　田禾　2017年2月出版 / 定价：108.00元
PSN B-2017-604-3/3

反腐倡廉蓝皮书
中国反腐倡廉建设报告 No.7
著(编)者：张英伟　2017年12月出版 / 估价：89.00元
PSN B-2012-259-1/1

非传统安全蓝皮书
中国非传统安全研究报告（2016~2017）
著(编)者：余潇枫　魏志江　2017年6月出版 / 估价：89.00元
PSN B-2012-273-1/1

妇女发展蓝皮书
中国妇女发展报告 No.7
著(编)者：王金玲　2017年9月出版 / 估价：148.00元
PSN B-2006-069-1/1

妇女教育蓝皮书
中国妇女教育发展报告 No.4
著(编)者：张李玺　2017年10月出版 / 估价：78.00元
PSN B-2008-121-1/1

妇女绿皮书
中国性别平等与妇女发展报告（2017）
著(编)者：谭琳　2017年12月出版 / 估价：99.00元
PSN G-2006-073-1/1

公共服务蓝皮书
中国城市基本公共服务力评价（2017）
著(编)者：钟君　刘志昌　吴正杲　2017年12月出版 / 估价：89.00元
PSN B-2011-214-1/1

公民科学素质蓝皮书
中国公民科学素质报告（2016~2017）
著(编)者：李群　陈雄　马宗文
2017年4月出版 / 估价：89.00元
PSN B-2014-379-1/1

公共关系蓝皮书
中国公共关系发展报告（2017）
著(编)者：柳斌杰　2017年11月出版 / 估价：89.00元
PSN B-2016-580-1/1

公益蓝皮书
中国公益慈善发展报告（2017）
著(编)者：朱健刚　2018年4月出版 / 估价：118.00元
PSN B-2012-283-1/1

国际人才蓝皮书
中国国际移民报告（2017）
著(编)者：王辉耀　2017年4月出版 / 估价：89.00元
PSN B-2012-304-3/4

国际人才蓝皮书
中国留学发展报告（2017）No.5
著(编)者：王辉耀　苗绿　2017年10月出版 / 估价：89.00元
PSN B-2012-244-2/4

海洋社会蓝皮书
中国海洋社会发展报告（2017）
著(编)者：崔凤　宋宁而　2017年7月出版 / 估价：89.00元
PSN B-2015-478-1/1

行政改革蓝皮书
中国行政体制改革报告（2017）No.6
著(编)者：魏礼群 2017年5月出版 / 估价：98.00元
PSN B-2011-231-1/1

华侨华人蓝皮书
华侨华人研究报告（2017）
著(编)者：贾益民 2017年12月出版 / 估价：128.00元
PSN B-2011-204-1/1

环境竞争力绿皮书
中国省域环境竞争力发展报告（2017）
著(编)者：李建平 李闽榕 王金南
2017年11月出版 / 估价：198.00元
PSN G-2010-165-1/1

环境绿皮书
中国环境发展报告（2017）
著(编)者：刘鉴强 2017年4月出版 / 估价：89.00元
PSN G-2006-048-1/1

基金会蓝皮书
中国基金会发展报告（2016~2017）
著(编)者：中国基金会发展报告课题组
2017年4月出版 / 估价：85.00元
PSN B-2013-368-1/1

基金会绿皮书
中国基金会发展独立研究报告（2017）
著(编)者：基金会中心网 中央民族大学基金会研究中心
2017年6月出版 / 估价：88.00元
PSN G-2011-213-1/1

基金会透明度蓝皮书
中国基金会透明度发展研究报告（2017）
著(编)者：基金会中心网 清华大学廉政与治理研究中心
2017年12月出版 / 估价：89.00元
PSN B-2015-509-1/1

家庭蓝皮书
中国"创建幸福家庭活动"评估报告（2017）
国务院发展研究中心"创建幸福家庭活动评估"课题组著
2017年8月出版 / 估价：89.00元
PSN B-2015-508-1/1

健康城市蓝皮书
中国健康城市建设研究报告（2017）
著(编)者：王鸿春 解树江 盛继洪
2017年9月出版 / 估价：89.00元
PSN B-2016-565-2/2

教师蓝皮书
中国中小学教师发展报告（2017）
著(编)者：曾晓东 鱼霞 2017年6月出版 / 估价：89.00元
PSN B-2012-289-1/1

教育蓝皮书
中国教育发展报告（2017）
著(编)者：杨东平 2017年4月出版 / 估价：89.00元
PSN B-2006-047-1/1

科普蓝皮书
中国基层科普发展报告（2016~2017）
著(编)者：赵立 新陈玲 2017年9月出版 / 估价：89.00元
PSN B-2016-569-3/3

科普蓝皮书
中国科普基础设施发展报告（2017）
著(编)者：任福君 2017年6月出版 / 估价：89.00元
PSN B-2010-174-1/3

科普蓝皮书
中国科普人才发展报告（2017）
著(编)者：郑念 任嵘嵘 2017年4月出版 / 估价：98.00元
PSN B-2015-512-2/3

科学教育蓝皮书
中国科学教育发展报告（2017）
著(编)者：罗晖 王康友 2017年10月出版 / 估价：89.00元
PSN B-2015-487-1/1

劳动保障蓝皮书
中国劳动保障发展报告（2017）
著(编)者：刘燕斌 2017年9月出版 / 估价：188.00元
PSN B-2014-415-1/1

老龄蓝皮书
中国老年宜居环境发展报告（2017）
著(编)者：党俊武 周燕珉 2017年4月出版 / 估价：89.00元
PSN B-2013-320-1/1

连片特困区蓝皮书
中国连片特困区发展报告（2017）
著(编)者：游俊 冷志明 丁建军
2017年4月出版 / 估价：98.00元
PSN B-2013-321-1/1

流动儿童蓝皮书
中国流动儿童教育发展报告（2016）
著(编)者：杨东平 2017年1月出版 / 定价：79.00元
PSN B-2017-600-1/1

民调蓝皮书
中国民生调查报告（2017）
著(编)者：谢耘耕 2017年12月出版 / 估价：98.00元
PSN B-2014-398-1/1

民族发展蓝皮书
中国民族发展报告（2017）
著(编)者：郝时远 王延中 王希恩
2017年4月出版 / 估价：98.00元
PSN B-2006-070-1/1

女性生活蓝皮书
中国女性生活状况报告 No.11（2017）
著(编)者：韩湘景 2017年10月出版 / 估价：98.00元
PSN B-2006-071-1/1

汽车社会蓝皮书
中国汽车社会发展报告（2017）
著(编)者：王俊秀 2017年12月出版 / 估价：89.00元
PSN B-2011-224-1/1

青年蓝皮书
中国青年发展报告（2017）No.3
著(编)者：廉思 等　　2017年4月出版 / 估价：89.00元
PSN B-2013-333-1/1

青少年蓝皮书
中国未成年人互联网运用报告（2017）
著(编)者：李文革 沈洁 季为民
2017年11月出版 / 估价：89.00元
PSN B-2010-165-1/1

青少年体育蓝皮书
中国青少年体育发展报告（2017）
著(编)者：郭建军 杨桦　　2017年9月出版 / 估价：89.00元
PSN B-2015-482-1/1

群众体育蓝皮书
中国群众体育发展报告（2017）
著(编)者：刘国永 杨桦　　2017年12月出版 / 估价：89.00元
PSN B-2016-519-2/3

人权蓝皮书
中国人权事业发展报告 No.7（2017）
著(编)者：李君如　　2017年9月出版 / 估价：98.00元
PSN B-2011-215-1/1

社会保障绿皮书
中国社会保障发展报告（2017）No.8
著(编)者：王延中　　2017年1月出版 / 估价：98.00元
PSN G-2001-014-1/1

社会风险评估蓝皮书
风险评估与危机预警评估报告（2017）
著(编)者：唐钧　　2017年8月出版 / 估价：85.00元
PSN B-2016-521-1/1

社会管理蓝皮书
中国社会管理创新报告 No.5
著(编)者：连玉明　　2017年11月出版 / 估价：89.00元
PSN B-2012-300-1/1

社会蓝皮书
2017年中国社会形势分析与预测
著(编)者：李培林 陈光金 张翼
2016年12月出版 / 定价：89.00元
PSN B-1998-002-1/1

社会体制蓝皮书
中国社会体制改革报告 No.5（2017）
著(编)者：龚维斌　　2017年3月出版 / 定价：89.00元
PSN B-2013-330-1/1

社会心态蓝皮书
中国社会心态研究报告（2017）
著(编)者：王俊秀 杨宜音　　2017年12月出版 / 估价：89.00元
PSN B-2011-199-1/1

社会组织蓝皮书
中国社会组织发展报告（2016~2017）
著(编)者：黄晓勇　　2017年1月出版 / 定价：89.00元
PSN B-2008-118-1/2

社会组织蓝皮书
中国社会组织评估发展报告（2017）
著(编)者：徐家良 廖鸿　　2017年12月出版 / 估价：89.00元
PSN B-2013-366-1/1

生态城市绿皮书
中国生态城市建设发展报告（2017）
著(编)者：刘举科 孙伟平 胡文臻
2017年9月出版 / 估价：118.00元
PSN G-2012-269-1/1

生态文明绿皮书
中国省域生态文明建设评价报告（ECI 2017）
著(编)者：严耕　　2017年12月出版 / 估价：98.00元
PSN G-2010-170-1/1

土地整治蓝皮书
中国土地整治发展研究报告 No.4
著(编)者：国土资源部土地整治中心
2017年7月出版 / 估价：89.00元
PSN B-2014-401-1/1

土地政策蓝皮书
中国土地政策研究报告（2017）
著(编)者：高延利 李宪文
2017年12月出版 / 定价：89.00元
PSN B-2015-506-1/1

医改蓝皮书
中国医药卫生体制改革报告（2017）
著(编)者：文学国 房志武　　2017年11月出版 / 估价：98.00元
PSN B-2014-432-1/1

医疗卫生绿皮书
中国医疗卫生发展报告 No.7（2017）
著(编)者：申宝忠 韩玉珍　　2017年4月出版 / 估价：85.00元
PSN G-2004-033-1/1

应急管理蓝皮书
中国应急管理报告（2017）
著(编)者：宋英华　　2017年9月出版 / 估价：98.00元
PSN B-2016-563-1/1

政治参与蓝皮书
中国政治参与报告（2017）
著(编)者：房宁　　2017年9月出版 / 估价：118.00元
PSN B-2011-200-1/1

宗教蓝皮书
中国宗教报告（2016）
著(编)者：邱永辉　　2017年4月出版 / 估价：89.00元
PSN B-2008-117-1/1

行业报告类

SUV蓝皮书
中国SUV市场发展报告（2016~2017）
著(编)者：靳军　2017年9月出版 / 估价：89.00元
PSN B-2016-572-1/1

保健蓝皮书
中国保健服务产业发展报告 No.2
著(编)者：中国保健协会 中共中央党校
2017年7月出版 / 估价：198.00元
PSN B-2012-272-3/3

保健蓝皮书
中国保健食品产业发展报告 No.2
著(编)者：中国保健协会
　　　中国社会科学院食品药品产业发展与监管研究中心
2017年7月出版 / 估价：198.00元
PSN B-2012-271-2/3

保健蓝皮书
中国保健用品产业发展报告 No.2
著(编)者：中国保健协会
　　　国务院国有资产监督管理委员会研究中心
2017年4月出版 / 估价：198.00元
PSN B-2012-270-1/3

保险蓝皮书
中国保险业竞争力报告（2017）
著(编)者：项俊波　2017年12月出版 / 估价：99.00元
PSN B-2013-311-1/1

冰雪蓝皮书
中国滑雪产业发展报告（2017）
著(编)者：孙承华 伍斌 魏庆华 张鸿俊
2017年8月出版 / 估价：89.00元
PSN B-2016-560-1/1

彩票蓝皮书
中国彩票发展报告（2017）
著(编)者：益彩基金　2017年4月出版 / 估价：98.00元
PSN B-2015-462-1/1

餐饮产业蓝皮书
中国餐饮产业发展报告（2017）
著(编)者：邢颖　2017年6月出版 / 估价：98.00元
PSN B-2009-151-1/1

测绘地理信息蓝皮书
新常态下的测绘地理信息研究报告（2017）
著(编)者：库热西·买合苏提
2017年12月出版 / 估价：118.00元
PSN B-2009-145-1/1

茶业蓝皮书
中国茶产业发展报告（2017）
著(编)者：杨江帆 李闽榕　2017年10月出版 / 估价：88.00元
PSN B-2010-164-1/1

产权市场蓝皮书
中国产权市场发展报告（2016~2017）
著(编)者：曹和平　2017年5月出版 / 估价：89.00元
PSN B-2009-147-1/1

产业安全蓝皮书
中国出版传媒产业安全报告（2016~2017）
著(编)者：北京印刷学院文化产业安全研究院
2017年4月出版 / 估价：89.00元
PSN B-2014-384-13/14

产业安全蓝皮书
中国文化产业安全报告（2017）
著(编)者：北京印刷学院文化产业安全研究院
2017年12月出版 / 估价：89.00元
PSN B-2014-378-12/14

产业安全蓝皮书
中国新媒体产业安全报告（2017）
著(编)者：北京印刷学院文化产业安全研究院
2017年12月出版 / 估价：89.00元
PSN B-2015-500-14/14

城投蓝皮书
中国城投行业发展报告（2017）
著(编)者：王晨艳 丁伯康　2017年11月出版 / 估价：300.00元
PSN B-2016-514-1/1

电子政务蓝皮书
中国电子政务发展报告（2016~2017）
著(编)者：李季 杜平　2017年7月出版 / 估价：89.00元
PSN B-2003-022-1/1

杜仲产业绿皮书
中国杜仲橡胶资源与产业发展报告（2016~2017）
著(编)者：杜红岩 胡文臻 俞锐
2017年4月出版 / 估价：85.00元
PSN G-2013-350-1/1

房地产蓝皮书
中国房地产发展报告 No.14（2017）
著(编)者：李春华 王业强　2017年5月出版 / 估价：89.00元
PSN B-2004-028-1/1

服务外包蓝皮书
中国服务外包产业发展报告（2017）
著(编)者：王晓红 刘德军
2017年6月出版 / 估价：89.00元
PSN B-2013-331-2/2

服务外包蓝皮书
中国服务外包竞争力报告（2017）
著(编)者：王力 刘春生 黄育华
2017年11月出版 / 估价：85.00元
PSN B-2011-216-1/2

工业和信息化蓝皮书
世界网络安全发展报告（2016~2017）
著(编)者：洪京一　2017年4月出版 / 估价：89.00元
PSN B-2015-452-5/5

工业和信息化蓝皮书
世界信息化发展报告（2016~2017）
著(编)者：洪京一　2017年4月出版 / 估价：89.00元
PSN B-2015-451-4/5

工业和信息化蓝皮书
世界信息技术产业发展报告（2016~2017）
著(编)者：洪京一　2017年4月出版 / 估价：89.00元
PSN B-2015-449-2/5

工业和信息化蓝皮书
移动互联网产业发展报告（2016~2017）
著(编)者：洪京一　2017年4月出版 / 估价：89.00元
PSN B-2015-448-1/5

工业和信息化蓝皮书
战略性新兴产业发展报告（2016~2017）
著(编)者：洪京一　2017年4月出版 / 估价：89.00元
PSN B-2015-450-3/5

工业设计蓝皮书
中国工业设计发展报告（2017）
著(编)者：王晓红 于炜 张立群
2017年9月出版 / 估价：138.00元
PSN B-2014-420-1/1

黄金市场蓝皮书
中国商业银行黄金业务发展报告（2016~2017）
著(编)者：平安银行　2017年4月出版 / 估价：98.00元
PSN B-2016-525-1/1

互联网金融蓝皮书
中国互联网金融发展报告（2017）
著(编)者：李东荣　2017年9月出版 / 估价：128.00元
PSN B-2014-374-1/1

互联网医疗蓝皮书
中国互联网医疗发展报告（2017）
著(编)者：宫晓东　2017年9月出版 / 估价：89.00元
PSN B-2016-568-1/1

会展蓝皮书
中外会展业动态评估年度报告（2017）
著(编)者：张敏　2017年4月出版 / 估价：88.00元
PSN B-2013-327-1/1

金融监管蓝皮书
中国金融监管报告（2017）
著(编)者：胡滨　2017年6月出版 / 估价：89.00元
PSN B-2012-281-1/1

金融蓝皮书
中国金融中心发展报告（2017）
著(编)者：王力 黄育华　2017年11月出版 / 估价：85.00元
PSN B-2011-186-6/6

建筑装饰蓝皮书
中国建筑装饰行业发展报告（2017）
著(编)者：刘晓一 葛道顺　2017年7月出版 / 估价：198.00元
PSN B-2016-554-1/1

客车蓝皮书
中国客车产业发展报告（2016~2017）
著(编)者：姚蔚　2017年10月出版 / 估价：85.00元
PSN B-2013-361-1/1

旅游安全蓝皮书
中国旅游安全报告（2017）
著(编)者：郑向敏 谢朝武　2017年5月出版 / 估价：128.00元
PSN B-2012-280-1/1

旅游绿皮书
2016~2017年中国旅游发展分析与预测
著(编)者：宋瑞　2017年2月出版 / 定价：89.00元
PSN G-2002-018-1/1

煤炭蓝皮书
中国煤炭工业发展报告（2017）
著(编)者：岳福斌　2017年12月出版 / 估价：85.00元
PSN B-2008-123-1/1

民营企业社会责任蓝皮书
中国民营企业社会责任报告（2017）
著(编)者：中华全国工商业联合会
2017年12月出版 / 估价：89.00元
PSN B-2015-510-1/1

民营医院蓝皮书
中国民营医院发展报告（2017）
著(编)者：庄一强　2017年10月出版 / 估价：85.00元
PSN B-2012-299-1/1

闽商蓝皮书
闽商发展报告（2017）
著(编)者：李闽榕 王日根 林琛
2017年12月出版 / 估价：89.00元
PSN B-2012-298-1/1

能源蓝皮书
中国能源发展报告（2017）
著(编)者：崔民选 王军生 陈义和
2017年10月出版 / 估价：98.00元
PSN B-2006-049-1/1

农产品流通蓝皮书
中国农产品流通产业发展报告（2017）
著(编)者：贾敬敦 张东科 张玉玺 张鹏毅 周伟
2017年4月出版 / 估价：89.00元
PSN B-2012-288-1/1

企业公益蓝皮书
中国企业公益研究报告（2017）
著(编)者：钟宏武 汪杰 顾一 黄晓娟 等
2017年12月出版 / 估价：89.00元
PSN B-2015-501-1/1

企业国际化蓝皮书
中国企业国际化报告（2017）
著(编)者：王辉耀　2017年11月出版 / 估价：98.00元
PSN B-2014-427-1/1

企业蓝皮书
中国企业绿色发展报告 No.2（2017）
著(编)者：李红玉 朱光辉　2017年8月出版 / 估价：89.00元
PSN B-2015-481-2/2

企业社会责任蓝皮书
中国企业社会责任研究报告（2017）
著(编)者：黄群慧 钟宏武 张蒽 翟利峰
2017年11月出版 / 估价：89.00元
PSN B-2009-149-1/1

企业社会责任蓝皮书
中资企业海外社会责任研究报告（2016~2017）
著(编)者：钟宏武 叶柳红 张蒽
2017年1月出版 / 定价：79.00元
PSN B-2017-603-2/2

汽车安全蓝皮书
中国汽车安全发展报告（2017）
著(编)者：中国汽车技术研究中心
2017年7月出版／估价：89.00元
PSN B-2014-385-1/1

汽车电子商务蓝皮书
中国汽车电子商务发展报告（2017）
著(编)者：中华全国工商业联合会汽车经销商商会
　　　　　北京易观智库网络科技有限公司
2017年10月出版／估价：128.00元
PSN B-2015-485-1/1

汽车工业蓝皮书
中国汽车工业发展年度报告（2017）
著(编)者：中国汽车工业协会 中国汽车技术研究中心
　　　　　丰田汽车（中国）投资有限公司
2017年4月出版／估价：128.00元
PSN B-2015-463-1/2

汽车工业蓝皮书
中国汽车零部件产业发展报告（2017）
著(编)者：中国汽车工业协会 中国汽车工程研究院
2017年10月出版／估价：98.00元
PSN B-2016-515-2/2

汽车蓝皮书
中国汽车产业发展报告（2017）
著(编)者：国务院发展研究中心产业经济研究部
　　　　　中国汽车工程学会 大众汽车集团（中国）
2017年8月出版／估价：98.00元
PSN B-2008-124-1/1

人力资源蓝皮书
中国人力资源发展报告（2017）
著(编)者：余兴安　2017年11月出版／估价：89.00元
PSN B-2012-287-1/1

融资租赁蓝皮书
中国融资租赁业发展报告（2016～2017）
著(编)者：李光荣 王力　2017年8月出版／估价：89.00元
PSN B-2015-443-1/1

商会蓝皮书
中国商会发展报告No.5（2017）
著(编)者：王钦敏　2017年7月出版／估价：89.00元
PSN B-2008-125-1/1

输血服务蓝皮书
中国输血行业发展报告（2017）
著(编)者：朱永明 耿鸿武　2016年8月出版／估价：89.00元
PSN B-2016-583-1/1

社会责任管理蓝皮书
中国上市公司社会责任能力成熟度报告（2017）No.2
著(编)者：肖红军 王晓光 李伟阳
2017年12月出版／估价：98.00元
PSN B-2015-507-2/2

社会责任管理蓝皮书
中国企业公众透明度报告(2017)No.3
著(编)者：黄速建 熊梦 王晓光 肖红军
2017年4月出版／估价：98.00元
PSN B-2015-440-1/2

食品药品蓝皮书
食品药品安全与监管政策研究报告（2016～2017）
著(编)者：唐民皓　2017年6月出版／估价：89.00元
PSN B-2009-129-1/1

世界能源蓝皮书
世界能源发展报告（2017）
著(编)者：黄晓勇　2017年6月出版／估价：99.00元
PSN B-2013-349-1/1

水利风景区蓝皮书
中国水利风景区发展报告（2017）
著(编)者：谢婵才 兰思仁　2017年5月出版／估价：89.00元
PSN B-2015-480-1/1

碳市场蓝皮书
中国碳市场报告（2017）
著(编)者：定金彪　2017年11月出版／估价：89.00元
PSN B-2014-430-1/1

体育蓝皮书
中国体育产业发展报告（2017）
著(编)者：阮伟 钟秉枢　2017年12月出版／估价：89.00元
PSN B-2010-179-1/4

网络空间安全蓝皮书
中国网络空间安全发展报告（2017）
著(编)者：惠志斌 唐涛　2017年4月出版／估价：89.00元
PSN B-2015-466-1/1

西部金融蓝皮书
中国西部金融发展报告（2017）
著(编)者：李忠民　2017年8月出版／估价：85.00元
PSN B-2010-160-1/1

协会商会蓝皮书
中国行业协会商会发展报告（2017）
著(编)者：景朝阳 李勇　2017年4月出版／估价：99.00元
PSN B-2015-461-1/1

新能源汽车蓝皮书
中国新能源汽车产业发展报告（2017）
著(编)者：中国汽车技术研究中心
　　　　　日产（中国）投资有限公司 东风汽车有限公司
2017年7月出版／估价：98.00元
PSN B-2013-347-1/1

新三板蓝皮书
中国新三板市场发展报告（2017）
著(编)者：王力　2017年6月出版／估价：89.00元
PSN B-2016-534-1/1

信托市场蓝皮书
中国信托业市场报告（2016～2017）
著(编)者：用益信托研究院
2017年1月出版／定价：198.00元
PSN B-2014-371-1/1

信息化蓝皮书
中国信息化形势分析与预测（2016~2017）
著(编)者：周宏仁　2017年8月出版／估价：98.00元
PSN B-2010-168-1/1

信用蓝皮书
中国信用发展报告（2017）
著(编)者：章政 田侃　2017年4月出版 / 估价：99.00元
PSN B-2013-328-1/1

休闲绿皮书
2017年中国休闲发展报告
著(编)者：宋瑞　2017年10月出版 / 估价：89.00元
PSN G-2010-158-1/1

休闲体育蓝皮书
中国休闲体育发展报告（2016～2017）
著(编)者：李相如 钟炳枢　2017年10月出版 / 估价：89.00元
PSN G-2016-516-1/1

养老金融蓝皮书
中国养老金融发展报告（2017）
著(编)者：董克用 姚余栋
2017年8月出版 / 估价：89.00元
PSN B-2016-584-1/1

药品流通蓝皮书
中国药品流通行业发展报告（2017）
著(编)者：佘鲁林 温再兴　2017年8月出版 / 估价：158.00元
PSN B-2014-429-1/1

医院蓝皮书
中国医院竞争力报告（2017）
著(编)者：庄一强 曾益新　2017年3月出版 / 定价：108.00元
PSN B-2016-529-1/1

邮轮绿皮书
中国邮轮产业发展报告（2017）
著(编)者：汪泓　2017年10月出版 / 估价：89.00元
PSN G-2014-419-1/1

智能养老蓝皮书
中国智能养老产业发展报告（2017）
著(编)者：朱勇　2017年10月出版 / 估价：89.00元
PSN B-2015-488-1/1

债券市场蓝皮书
中国债券市场发展报告（2016～2017）
著(编)者：杨农　2017年10月出版 / 估价：89.00元
PSN B-2016-573-1/1

中国节能汽车蓝皮书
中国节能汽车发展报告（2016~2017）
著(编)者：中国汽车工程研究院股份有限公司
2017年9月出版 / 估价：98.00元
PSN B-2016-566-1/1

中国上市公司蓝皮书
中国上市公司发展报告（2017）
著(编)者：张平 王宏淼
2017年10月出版 / 估价：98.00元
PSN B-2014-414-1/1

中国陶瓷产业蓝皮书
中国陶瓷产业发展报告（2017）
著(编)者：左和平 黄速建　2017年10月出版 / 估价：98.00元
PSN B-2016-574-1/1

中国总部经济蓝皮书
中国总部经济发展报告（2016～2017）
著(编)者：赵弘　2017年9月出版 / 估价：89.00元
PSN B-2005-036-1/1

中医文化蓝皮书
中国中医药文化传播发展报告（2017）
著(编)者：毛嘉陵　2017年7月出版 / 估价：89.00元
PSN B-2015-468-1/1

装备制造业蓝皮书
中国装备制造业发展报告（2017）
著(编)者：徐东华　2017年12月出版 / 估价：148.00元
PSN B-2015-505-1/1

资本市场蓝皮书
中国场外交易市场发展报告（2016～2017）
著(编)者：高峦　2017年4月出版 / 估价：89.00元
PSN B-2009-153-1/1

资产管理蓝皮书
中国资产管理行业发展报告（2017）
著(编)者：智信资产管理研究院
2017年6月出版 / 估价：89.00元
PSN B-2014-407-2/2

文化传媒类

传媒竞争力蓝皮书
中国传媒国际竞争力研究报告（2017）
著(编)者：李本乾 刘强
2017年11月出版 / 估价：148.00元
PSN B-2013-356-1/1

传媒蓝皮书
中国传媒产业发展报告（2017）
著(编)者：崔保国 2017年5月出版 / 估价：98.00元
PSN B-2005-035-1/1

传媒投资蓝皮书
中国传媒投资发展报告（2017）
著(编)者：张向东 谭云明
2017年6月出版 / 估价：128.00元
PSN B-2015-474-1/1

动漫蓝皮书
中国动漫产业发展报告（2017）
著(编)者：卢斌 郑玉明 牛兴侦
2017年9月出版 / 估价：89.00元
PSN B-2011-198-1/1

非物质文化遗产蓝皮书
中国非物质文化遗产发展报告（2017）
著(编)者：陈平 2017年5月出版 / 估价：98.00元
PSN B-2015-469-1/1

广电蓝皮书
中国广播电影电视发展报告（2017）
著(编)者：国家新闻出版广电总局发展研究中心
2017年7月出版 / 估价：98.00元
PSN B-2006-072-1/1

广告主蓝皮书
中国广告主营销传播趋势报告 No.9
著(编)者：黄升民 杜国清 邵华冬 等
2017年10月出版 / 估价：148.00元
PSN B-2005-041-1/1

国际传播蓝皮书
中国国际传播发展报告（2017）
著(编)者：胡正荣 李继东 姬德强
2017年11月出版 / 估价：89.00元
PSN B-2014-408-1/1

国家形象蓝皮书
中国国家形象传播报告（2016）
著(编)者：张昆 2017年3月出版 / 定价：98.00元
PSN B-2017-605-1/1

纪录片蓝皮书
中国纪录片发展报告（2017）
著(编)者：何苏六 2017年9月出版 / 估价：89.00元
PSN B-2011-222-1/1

科学传播蓝皮书
中国科学传播报告（2017）
著(编)者：詹正茂 2017年7月出版 / 估价：89.00元
PSN B-2008-120-1/1

两岸创意经济蓝皮书
两岸创意经济研究报告（2017）
著(编)者：罗昌智 林咏能
2017年10月出版 / 估价：98.00元
PSN B-2014-437-1/1

媒介与女性蓝皮书
中国媒介与女性发展报告(2016~2017)
著(编)者：刘利群 2017年9月出版 / 估价：118.00元
PSN B-2013-345-1/1

媒体融合蓝皮书
中国媒体融合发展报告（2017）
著(编)者：梅宁华 宋建武 2017年7月出版 / 估价：89.00元
PSN B-2015-479-1/1

全球传媒蓝皮书
全球传媒发展报告（2017）
著(编)者：胡正荣 李继东 唐晓芬
2017年11月出版 / 估价：89.00元
PSN B-2012-237-1/1

少数民族非遗蓝皮书
中国少数民族非物质文化遗产发展报告（2017）
著(编)者：肖远平（彝） 柴立（满）
2017年8月出版 / 估价：98.00元
PSN B-2015-467-1/1

视听新媒体蓝皮书
中国视听新媒体发展报告（2017）
著(编)者：国家新闻出版广电总局发展研究中心
2017年7月出版 / 估价：98.00元
PSN B-2011-184-1/1

文化创新蓝皮书
中国文化创新报告（2017）No.7
著(编)者：于平 傅才武 2017年7月出版 / 估价：98.00元
PSN B-2009-143-1/1

文化建设蓝皮书
中国文化发展报告（2016~2017）
著(编)者：江畅 孙伟平 戴茂堂
2017年6月出版 / 估价：116.00元
PSN B-2014-392-1/1

文化科技蓝皮书
文化科技创新发展报告（2017）
著(编)者：于平 李凤亮 2017年11月出版 / 估价：89.00元
PSN B-2013-342-1/1

文化蓝皮书
中国公共文化服务发展报告（2017）
著(编)者：刘新成 张永新 张旭
2017年12月出版 / 估价：98.00元
PSN B-2007-093-2/10

文化蓝皮书
中国公共文化投入增长测评报告（2017）
著(编)者：王亚南 2017年2月出版 / 定价：79.00元
PSN B-2014-435-10/10

文化蓝皮书
中国少数民族文化发展报告（2016~2017）
著(编)者：武翠英 张晓明 任乌晶
2017年9月出版 / 估价：89.00元
PSN B-2013-369-9/10

文化蓝皮书
中国文化产业发展报告（2016~2017）
著(编)者：张晓明 王家新 章建刚
2017年4月出版 / 估价：89.00元
PSN B-2002-019-1/10

文化蓝皮书
中国文化产业供需协调检测报告（2017）
著(编)者：王亚南 2017年2月出版 / 定价：79.00元
PSN B-2013-323-8/10

文化蓝皮书
中国文化消费需求景气评价报告（2017）
著(编)者：王亚南 2017年2月出版 / 定价：79.00元
PSN B-2011-236-4/10

文化品牌蓝皮书
中国文化品牌发展报告（2017）
著(编)者：欧阳友权 2017年5月出版 / 估价：98.00元
PSN B-2012-277-1/1

文化遗产蓝皮书
中国文化遗产事业发展报告（2017）
著(编)者：苏杨 张颖岚 王宇飞
2017年8月出版 / 估价：98.00元
PSN B-2008-119-1/1

文学蓝皮书
中国文情报告（2016~2017）
著(编)者：白烨 2017年5月出版 / 估价：49.00元
PSN B-2011-221-1/1

新媒体蓝皮书
中国新媒体发展报告No.8（2017）
著(编)者：唐绪军 2017年6月出版 / 估价：89.00元
PSN B-2010-169-1/1

新媒体社会责任蓝皮书
中国新媒体社会责任研究报告（2017）
著(编)者：钟瑛 2017年11月出版 / 估价：89.00元
PSN B-2014-423-1/1

移动互联网蓝皮书
中国移动互联网发展报告（2017）
著(编)者：官建文 2017年6月出版 / 估价：89.00元
PSN B-2012-282-1/1

舆情蓝皮书
中国社会舆情与危机管理报告（2017）
著(编)者：谢耘耕 2017年9月出版 / 估价：128.00元
PSN B-2011-235-1/1

影视蓝皮书
中国影视产业发展报告（2017）
著(编)者：司若 2017年4月出版 / 估价：138.00元
PSN B-2016-530-1/1

地方发展类

安徽经济蓝皮书
合芜蚌国家自主创新综合示范区研究报告（2016~2017）
著(编)者：黄家海 王开玉 蔡宪
2017年7月出版 / 估价：89.00元
PSN B-2014-383-1/1

安徽蓝皮书
安徽社会发展报告（2017）
著(编)者：程桦 2017年4月出版 / 估价：89.00元
PSN B-2013-325-1/1

澳门蓝皮书
澳门经济社会发展报告（2016~2017）
著(编)者：吴志良 郝雨凡 2017年6月出版 / 估价：98.00元
PSN B-2009-138-1/1

北京蓝皮书
北京公共服务发展报告（2016~2017）
著(编)者：施昌奎 2017年3月出版 / 定价：79.00元
PSN B-2008-103-7/8

北京蓝皮书
北京经济发展报告（2016~2017）
著(编)者：杨松 2017年6月出版 / 估价：89.00元
PSN B-2006-054-2/8

北京蓝皮书
北京社会发展报告（2016~2017）
著(编)者：李伟东 2017年6月出版 / 估价：89.00元
PSN B-2006-055-3/8

北京蓝皮书
北京社会治理发展报告（2016~2017）
著(编)者：殷星辰 2017年5月出版 / 估价：89.00元
PSN B-2014-391-8/8

北京蓝皮书
北京文化发展报告（2016~2017）
著(编)者：李建盛 2017年4月出版 / 估价：89.00元
PSN B-2007-082-4/8

北京律师绿皮书
北京律师发展报告No.3（2017）
著(编)者：王隽 2017年7月出版 / 估价：88.00元
PSN G-2012-301-1/1

北京旅游蓝皮书
北京旅游发展报告（2017）
著(编)者：北京旅游学会 2017年4月出版 / 估价：88.00元
PSN B-2011-217-1/1

北京人才蓝皮书
北京人才发展报告（2017）
著(编)者：于淼　2017年12月出版 / 估价：128.00元
PSN B-2011-201-1/1

北京社会心态蓝皮书
北京社会心态分析报告（2016～2017）
著(编)者：北京社会心理研究所
2017年8月出版 / 估价：89.00元
PSN B-2014-422-1/1

北京社会组织管理蓝皮书
北京社会组织发展与管理（2016～2017）
著(编)者：黄江松　2017年4月出版 / 估价：88.00元
PSN B-2015-446-1/1

北京体育蓝皮书
北京体育产业发展报告（2016～2017）
著(编)者：钟秉枢 陈杰 杨铁黎
2017年9月出版 / 估价：89.00元
PSN B-2015-475-1/1

北京养老产业蓝皮书
北京养老产业发展报告（2017）
著(编)者：周明明 冯喜良　2017年8月出版 / 估价：89.00元
PSN B-2015-465-1/1

滨海金融蓝皮书
滨海新区金融发展报告（2017）
著(编)者：王爱俭 张锐钢　2017年12月出版 / 估价：89.00元
PSN B-2014-424-1/1

城乡一体化蓝皮书
中国城乡一体化发展报告·北京卷（2016～2017）
著(编)者：张宝秀 黄序　2017年5月出版 / 估价：89.00元
PSN B-2012-258-2/2

创意城市蓝皮书
北京文化创意产业发展报告（2017）
著(编)者：张京成 王国华　2017年10月出版 / 估价：89.00元
PSN B-2012-263-1/7

创意城市蓝皮书
天津文化创意产业发展报告（2016～2017）
著(编)者：谢思全　2017年6月出版 / 估价：89.00元
PSN B-2016-537-7/7

创意城市蓝皮书
武汉文化创意产业发展报告（2017）
著(编)者：黄永林 陈汉桥　2017年9月出版 / 估价：99.00元
PSN B-2013-354-4/7

创意上海蓝皮书
上海文化创意产业发展报告（2016～2017）
著(编)者：王慧敏 王兴全　2017年8月出版 / 估价：89.00元
PSN B-2016-562-1/1

福建妇女发展蓝皮书
福建省妇女发展报告（2017）
著(编)者：刘群英　2017年11月出版 / 估价：88.00元
PSN B-2011-220-1/1

福建自贸区蓝皮书
中国（福建）自由贸易实验区发展报告（2016～2017）
著(编)者：黄茂兴　2017年4月出版 / 估价：108.00元
PSN B-2017-532-1/1

甘肃蓝皮书
甘肃经济发展分析与预测（2017）
著(编)者：安文华 罗哲　2017年1月出版 / 定价：79.00元
PSN B-2013-312-1/6

甘肃蓝皮书
甘肃社会发展分析与预测（2017）
著(编)者：安文华 包晓霞 谢增虎
2017年1月出版 / 定价：79.00元
PSN B-2013-313-2/6

甘肃蓝皮书
甘肃文化发展分析与预测（2017）
著(编)者：王俊莲 周小华　2017年1月出版 / 定价：79.00元
PSN B-2013-314-3/6

甘肃蓝皮书
甘肃县域和农村发展报告（2017）
著(编)者：朱智文 包东红 王建兵
2017年1月出版 / 定价：79.00元
PSN B-2013-316-5/6

甘肃蓝皮书
甘肃舆情分析与预测（2017）
著(编)者：陈双梅 张谦元　2017年1月出版 / 定价：79.00元
PSN B-2013-315-4/6

甘肃蓝皮书
甘肃商贸流通发展报告（2017）
著(编)者：张应华 王福生 王晓芳
2017年1月出版 / 定价：79.00元
PSN B-2016-523-6/6

广东蓝皮书
广东全面深化改革发展报告（2017）
著(编)者：周林生 涂成林　2017年12月出版 / 估价：89.00元
PSN B-2015-504-3/3

广东蓝皮书
广东社会工作发展报告（2017）
著(编)者：罗观翠　2017年6月出版 / 估价：89.00元
PSN B-2014-402-2/3

广东外经贸蓝皮书
广东对外经济贸易发展研究报告（2016～2017）
著(编)者：陈万灵　2017年8月出版 / 估价：98.00元
PSN B-2012-286-1/1

广西北部湾经济区蓝皮书
广西北部湾经济区开放开发报告（2017）
著(编)者：广西北部湾经济区规划建设管理委员会办公室
广西社会科学院广西北部湾发展研究院
2017年4月出版 / 估价：89.00元
PSN B-2010-181-1/1

巩义蓝皮书
巩义经济社会发展报告（2017）
著(编)者：丁同民 朱军　2017年4月出版 / 估价：58.00元
PSN B-2016-533-1/1

广州蓝皮书
2017中国广州经济形势分析与预测
著(编)者：庾建设 陈浩钿 谢博能
2017年7月出版 / 估价：85.00元
PSN B-2011-185-9/14

广州蓝皮书
2017年中国广州社会形势分析与预测
著(编)者: 张强 陈怡霓 杨秦　2017年6月出版 / 估价: 85.00元
PSN B-2008-110-5/14

广州蓝皮书
广州城市国际化发展报告(2017)
著(编)者: 朱名宏　2017年8月出版 / 估价: 79.00元
PSN B-2012-246-11/14

广州蓝皮书
广州创新型城市发展报告(2017)
著(编)者: 尹涛　2017年7月出版 / 估价: 79.00元
PSN B-2012-247-12/14

广州蓝皮书
广州经济发展报告(2017)
著(编)者: 朱名宏　2017年7月出版 / 估价: 79.00元
PSN B-2005-040-1/14

广州蓝皮书
广州农村发展报告(2017)
著(编)者: 朱名宏　2017年8月出版 / 估价: 79.00元
PSN B-2010-167-8/14

广州蓝皮书
广州汽车产业发展报告(2017)
著(编)者: 杨再高 冯兴亚　2017年7月出版 / 估价: 79.00元
PSN B-2006-066-3/14

广州蓝皮书
广州青年发展报告(2016~2017)
著(编)者: 徐柳 张强　2017年9月出版 / 估价: 79.00元
PSN B-2013-352-13/14

广州蓝皮书
广州商贸业发展报告(2017)
著(编)者: 李江涛 肖振宇 荀振英
2017年7月出版 / 估价: 79.00元
PSN B-2012-245-10/14

广州蓝皮书
广州社会保障发展报告(2017)
著(编)者: 蔡国萱　2017年8月出版 / 估价: 79.00元
PSN B-2014-425-14/14

广州蓝皮书
广州文化创意产业发展报告(2017)
著(编)者: 徐咏虹　2017年7月出版 / 估价: 79.00元
PSN B-2008-111-6/14

广州蓝皮书
中国广州城市建设与管理发展报告(2017)
著(编)者: 董皞 陈小钢 李江涛
2017年7月出版 / 估价: 85.00元
PSN B-2007-087-4/14

广州蓝皮书
中国广州科技创新发展报告(2017)
著(编)者: 邹采荣 马正勇 陈爽
2017年7月出版 / 估价: 79.00元
PSN B-2006-065-2/14

广州蓝皮书
中国广州文化发展报告(2017)
著(编)者: 徐俊忠 陆志强 顾涧清
2017年7月出版 / 估价: 79.00元
PSN B-2009-134-7/14

贵阳蓝皮书
贵阳城市创新发展报告No.2(白云篇)
著(编)者: 连玉明　2017年10月出版 / 估价: 89.00元
PSN B-2015-491-3/10

贵阳蓝皮书
贵阳城市创新发展报告No.2(观山湖篇)
著(编)者: 连玉明　2017年10月出版 / 估价: 89.00元
PSN B-2011-235-1/1

贵阳蓝皮书
贵阳城市创新发展报告No.2(花溪篇)
著(编)者: 连玉明　2017年10月出版 / 估价: 89.00元
PSN B-2015-490-2/10

贵阳蓝皮书
贵阳城市创新发展报告No.2(开阳篇)
著(编)者: 连玉明　2017年10月出版 / 估价: 89.00元
PSN B-2015-492-4/10

贵阳蓝皮书
贵阳城市创新发展报告No.2(南明篇)
著(编)者: 连玉明　2017年10月出版 / 估价: 89.00元
PSN B-2015-496-8/10

贵阳蓝皮书
贵阳城市创新发展报告No.2(清镇篇)
著(编)者: 连玉明　2017年10月出版 / 估价: 89.00元
PSN B-2015-489-1/10

贵阳蓝皮书
贵阳城市创新发展报告No.2(乌当篇)
著(编)者: 连玉明　2017年10月出版 / 估价: 89.00元
PSN B-2015-495-7/10

贵阳蓝皮书
贵阳城市创新发展报告No.2(息烽篇)
著(编)者: 连玉明　2017年10月出版 / 估价: 89.00元
PSN B-2015-493-5/10

贵阳蓝皮书
贵阳城市创新发展报告No.2(修文篇)
著(编)者: 连玉明　2017年10月出版 / 估价: 89.00元
PSN B-2015-494-6/10

贵阳蓝皮书
贵阳城市创新发展报告No.2(云岩篇)
著(编)者: 连玉明　2017年10月出版 / 估价: 89.00元
PSN B-2015-498-10/10

贵州房地产蓝皮书
贵州房地产发展报告No.4(2017)
著(编)者: 武廷方　2017年7月出版 / 估价: 89.00元
PSN B-2014-426-1/1

贵州蓝皮书
贵州册亨经济社会发展报告(2017)
著(编)者: 黄德林　2017年3月出版 / 估价: 89.00元
PSN B-2016-526-8/9

贵州蓝皮书
贵安新区发展报告（2016~2017）
著(编)者：马长青 吴大华　2017年6月出版 / 估价：89.00元
PSN B-2015-459-4/9

贵州蓝皮书
贵州法治发展报告（2017）
著(编)者：吴大华　2017年5月出版 / 估价：89.00元
PSN B-2012-254-2/9

贵州蓝皮书
贵州国有企业社会责任发展报告（2016~2017）
著(编)者：郭丽 周航 万强
2017年12月出版 / 估价：89.00元
PSN B-2015-511-6/9

贵州蓝皮书
贵州民航业发展报告（2017）
著(编)者：申振东 吴大华　2017年10月出版 / 估价：89.00元
PSN B-2015-471-5/9

贵州蓝皮书
贵州民营经济发展报告（2017）
著(编)者：杨静 吴大华　2017年4月出版 / 估价：89.00元
PSN B-2016-531-9/9

贵州蓝皮书
贵州人才发展报告（2017）
著(编)者：于杰 吴大华　2017年9月出版 / 估价：89.00元
PSN B-2014-382-3/9

贵州蓝皮书
贵州社会发展报告（2017）
著(编)者：王兴骥　2017年6月出版 / 估价：89.00元
PSN B-2010-166-1/9

贵州蓝皮书
贵州国家级开放创新平台发展报告（2017）
著(编)者：申晓庆 吴大华 李泓
2017年6月出版 / 估价：89.00元
PSN B-2016-518-1/9

海淀蓝皮书
海淀区文化和科技融合发展报告（2017）
著(编)者：陈名杰 孟景伟　2017年5月出版 / 估价：85.00元
PSN B-2013-329-1/1

杭州都市圈蓝皮书
杭州都市圈发展报告（2017）
著(编)者：沈翔 戚建国　2017年5月出版 / 估价：128.00元
PSN B-2012-302-1/1

杭州蓝皮书
杭州妇女发展报告（2017）
著(编)者：魏颖　2017年6月出版 / 估价：89.00元
PSN B-2014-403-1/1

河北经济蓝皮书
河北省经济发展报告（2017）
著(编)者：马树强 金浩 张贵
2017年4月出版 / 估价：89.00元
PSN B-2014-380-1/1

河北蓝皮书
河北经济社会发展报告（2017）
著(编)者：郭金平　2017年1月出版 / 定价：79.00元
PSN B-2014-372-1/2

河北蓝皮书
京津冀协同发展报告（2017）
著(编)者：陈路　2017年1月出版 / 定价：79.00元
PSN B-2017-601-2/2

河北食品药品安全蓝皮书
河北食品药品安全研究报告（2017）
著(编)者：丁锦霞　2017年6月出版 / 估价：89.00元
PSN B-2015-473-1/1

河南经济蓝皮书
2017年河南经济形势分析与预测
著(编)者：王世炎　2017年3月出版 / 定价：79.00元
PSN B-2007-086-1/1

河南蓝皮书
2017年河南社会形势分析与预测
著(编)者：刘道兴 牛苏林　2017年4月出版 / 估价89.00元
PSN B-2005-043-1/8

河南蓝皮书
河南城市发展报告（2017）
著(编)者：张占仓 王建国　2017年5月出版 / 估价：89.00元
PSN B-2009-131-3/8

河南蓝皮书
河南法治发展报告（2017）
著(编)者：丁同民 张林海　2017年5月出版 / 估价：89.00元
PSN B-2014-376-6/8

河南蓝皮书
河南工业发展报告（2017）
著(编)者：张占仓 丁同民　2017年5月出版 / 估价：89.00元
PSN B-2013-317-5/8

河南蓝皮书
河南金融发展报告（2017）
著(编)者：河南省社会科学院
2017年6月出版 / 估价：89.00元
PSN B-2014-390-7/8

河南蓝皮书
河南经济发展报告（2017）
著(编)者：张占仓 完世伟　2017年4月出版 / 估价：89.00元
PSN B-2010-157-4/8

河南蓝皮书
河南农业农村发展报告（2017）
著(编)者：吴海峰　2017年4月出版 / 估价：89.00元
PSN B-2015-445-8/8

河南蓝皮书
河南文化发展报告（2017）
著(编)者：卫绍生　2017年4月出版 / 估价：88.00元
PSN B-2008-106-2/8

河南商务蓝皮书
河南商务发展报告（2017）
著(编)者：焦锦淼 穆荣国　2017年6月出版 / 估价：88.00元
PSN B-2014-399-1/1

黑龙江蓝皮书
黑龙江经济发展报告（2017）
著(编)者：朱宇　2017年1月出版 / 定价：79.00元
PSN B-2011-190-2/2

黑龙江蓝皮书
黑龙江社会发展报告（2017）
著(编)者：谢宝禄　2017年1月出版 / 定价：79.00元
PSN B-2011-189-1/2

湖北文化蓝皮书
湖北文化发展报告（2017）
著(编)者：吴成国　2017年10月出版 / 估价：95.00元
PSN B-2016-567-1/1

湖南城市蓝皮书
区域城市群整合
著(编)者：童中贤 韩未名
2017年12月出版 / 估价：89.00元
PSN B-2006-064-1/1

湖南蓝皮书
2017年湖南产业发展报告
著(编)者：梁志峰　2017年5月出版 / 估价：128.00元
PSN B-2011-207-2/8

湖南蓝皮书
2017年湖南电子政务发展报告
著(编)者：梁志峰　2017年5月出版 / 估价：128.00元
PSN B-2014-394-6/8

湖南蓝皮书
2017年湖南经济展望
著(编)者：梁志峰　2017年5月出版 / 估价：128.00元
PSN B-2011-206-1/8

湖南蓝皮书
2017年湖南两型社会与生态文明发展报告
著(编)者：梁志峰　2017年5月出版 / 估价：128.00元
PSN B-2011-208-3/8

湖南蓝皮书
2017年湖南社会发展报告
著(编)者：梁志峰　2017年5月出版 / 估价：128.00元
PSN B-2014-393-5/8

湖南蓝皮书
2017年湖南县域经济社会发展报告
著(编)者：梁志峰　2017年5月出版 / 估价：128.00元
PSN B-2014-395-7/8

湖南蓝皮书
湖南城乡一体化发展报告（2017）
著(编)者：陈文胜 王文强 陆福兴 邝奕轩
2017年6月出版 / 估价：89.00元
PSN B-2015-477-8/8

湖南县域绿皮书
湖南县域发展报告 No.3
著(编)者：袁准 周小毛 黎仁寅
2017年3月出版 / 定价：79.00元
PSN G-2012-274-1/1

沪港蓝皮书
沪港发展报告（2017）
著(编)者：尤安山　2017年9月出版 / 估价：89.00元
PSN B-2013-362-1/1

吉林蓝皮书
2017年吉林经济社会形势分析与预测
著(编)者：邵汉明　2016年12月出版 / 定价：79.00元
PSN B-2013-319-1/1

吉林省城市竞争力蓝皮书
吉林省城市竞争力报告（2016~2017）
著(编)者：崔岳春 张磊　2016年12月出版 / 定价：79.00元
PSN B-2015-513-1/1

济源蓝皮书
济源经济社会发展报告（2017）
著(编)者：喻新安　2017年4月出版 / 估价：89.00元
PSN B-2014-387-1/1

健康城市蓝皮书
北京健康城市建设研究报告（2017）
著(编)者：王鸿春　2017年8月出版 / 估价：89.00元
PSN B-2015-460-1/2

江苏法治蓝皮书
江苏法治发展报告 No.6（2017）
著(编)者：蔡道通 龚廷泰　2017年8月出版 / 估价：98.00元
PSN B-2012-290-1/1

江西蓝皮书
江西经济社会发展报告（2017）
著(编)者：张勇 姜玮 梁勇　2017年10月出版 / 估价：89.00元
PSN B-2015-484-1/2

江西蓝皮书
江西设区市发展报告（2017）
著(编)者：姜玮 梁勇　2017年10月出版 / 估价：79.00元
PSN B-2016-517-2/2

江西文化蓝皮书
江西文化产业发展报告（2017）
著(编)者：张圣才 汪春翔
2017年10月出版 / 估价：128.00元
PSN B-2015-499-1/1

街道蓝皮书
北京街道发展报告No.2（白纸坊篇）
著(编)者：连玉明　2017年8月出版 / 估价：98.00元
PSN B-2016-544-7/15

街道蓝皮书
北京街道发展报告No.2（椿树篇）
著(编)者：连玉明　2017年8月出版 / 估价：98.00元
PSN B-2016-548-11/15

街道蓝皮书
北京街道发展报告No.2（大栅栏篇）
著(编)者：连玉明　2017年8月出版 / 估价：98.00元
PSN B-2016-552-15/15

街道蓝皮书
北京街道发展报告No.2（德胜篇）
著(编)者：连玉明　2017年8月出版 / 估价：98.00元
PSN B-2016-551-14/15

街道蓝皮书
北京街道发展报告No.2（广安门内篇）
著(编)者：连玉明　2017年8月出版 / 估价：98.00元
PSN B-2016-540-3/15

街道蓝皮书
北京街道发展报告No.2（广安门外篇）
著(编)者: 连玉明　2017年8月出版 / 估价: 98.00元
PSN B-2016-547-10/15

街道蓝皮书
北京街道发展报告No.2（金融街篇）
著(编)者: 连玉明　2017年8月出版 / 估价: 98.00元
PSN B-2016-538-1/15

街道蓝皮书
北京街道发展报告No.2（牛街篇）
著(编)者: 连玉明　2017年8月出版 / 估价: 98.00元
PSN B-2016-545-8/15

街道蓝皮书
北京街道发展报告No.2（什刹海篇）
著(编)者: 连玉明　2017年8月出版 / 估价: 98.00元
PSN B-2016-546-9/15

街道蓝皮书
北京街道发展报告No.2（陶然亭篇）
著(编)者: 连玉明　2017年8月出版 / 估价: 98.00元
PSN B-2016-542-5/15

街道蓝皮书
北京街道发展报告No.2（天桥篇）
著(编)者: 连玉明　2017年8月出版 / 估价: 98.00元
PSN B-2016-549-12/15

街道蓝皮书
北京街道发展报告No.2（西长安街篇）
著(编)者: 连玉明　2017年8月出版 / 估价: 98.00元
PSN B-2016-543-6/15

街道蓝皮书
北京街道发展报告No.2（新街口篇）
著(编)者: 连玉明　2017年8月出版 / 估价: 98.00元
PSN B-2016-541-4/15

街道蓝皮书
北京街道发展报告No.2（月坛篇）
著(编)者: 连玉明　2017年8月出版 / 估价: 98.00元
PSN B-2016-539-2/15

街道蓝皮书
北京街道发展报告No.2（展览路篇）
著(编)者: 连玉明　2017年8月出版 / 估价: 98.00元
PSN B-2016-550-13/15

经济特区蓝皮书
中国经济特区发展报告（2017）
著(编)者: 陶一桃　2017年12月出版 / 估价: 98.00元
PSN B-2009-139-1/1

辽宁蓝皮书
2017年辽宁经济社会形势分析与预测
著(编)者: 曹晓峰　梁启东
2017年4月出版 / 估价: 79.00元
PSN B-2006-053-1/1

洛阳蓝皮书
洛阳文化发展报告（2017）
著(编)者: 刘福兴　陈启明　2017年7月出版 / 估价: 89.00元
PSN B-2015-476-1/1

南京蓝皮书
南京文化发展报告（2017）
著(编)者: 徐宁　2017年10月出版 / 估价: 89.00元
PSN B-2014-439-1/1

南宁蓝皮书
南宁法治发展报告（2017）
著(编)者: 杨维超　2017年12月出版 / 估价: 79.00元
PSN B-2015-509-1/3

南宁蓝皮书
南宁经济发展报告（2017）
著(编)者: 胡建华　2017年9月出版 / 估价: 79.00元
PSN B-2016-570-2/3

南宁蓝皮书
南宁社会发展报告（2017）
著(编)者: 胡建华　2017年9月出版 / 估价: 79.00元
PSN B-2016-571-3/3

内蒙古蓝皮书
内蒙古反腐倡廉建设报告 No.2
著(编)者: 张志华 无极　2017年12月出版 / 估价: 79.00元
PSN B-2013-365-1/1

浦东新区蓝皮书
上海浦东经济发展报告（2017）
著(编)者: 沈开艳 周奇　2017年2月出版 / 定价: 79.00元
PSN B-2011-225-1/1

青海蓝皮书
2017年青海经济社会形势分析与预测
著(编)者: 陈玮　2016年12月出版 / 定价: 79.00元
PSN B-2012-275-1/1

人口与健康蓝皮书
深圳人口与健康发展报告（2017）
著(编)者: 陆杰华 罗乐宣 苏杨
2017年11月出版 / 估价: 89.00元
PSN B-2011-228-1/1

山东蓝皮书
山东经济形势分析与预测（2017）
著(编)者: 李广杰　2017年7月出版 / 估价: 89.00元
PSN B-2014-404-1/4

山东蓝皮书
山东社会形势分析与预测（2017）
著(编)者: 张华 唐洲雁　2017年6月出版 / 估价: 89.00元
PSN B-2014-405-2/4

山东蓝皮书
山东文化发展报告（2017）
著(编)者: 涂可国　2017年11月出版 / 估价: 98.00元
PSN B-2014-406-3/4

山西蓝皮书
山西资源型经济转型发展报告（2017）
著(编)者: 李志强　2017年7月出版 / 估价: 89.00元
PSN B-2011-197-1/1

陕西蓝皮书
陕西经济发展报告（2017）
著(编)者：任宗哲 白宽犁 裴成荣
2017年1月出版 / 定价：69.00元
PSN B-2009-135-1/5

陕西蓝皮书
陕西社会发展报告（2017）
著(编)者：任宗哲 白宽犁 牛昉
2017年1月出版 / 定价：69.00元
PSN B-2009-136-2/5

陕西蓝皮书
陕西文化发展报告（2017）
著(编)者：任宗哲 白宽犁 王长寿
2017年1月出版 / 定价：69.00元
PSN B-2009-137-3/5

上海蓝皮书
上海传媒发展报告（2017）
著(编)者：强荧 焦雨虹 2017年2月出版 / 定价：79.00元
PSN B-2012-295-5/7

上海蓝皮书
上海法治发展报告（2017）
著(编)者：叶青 2017年6月出版 / 估价：89.00元
PSN B-2012-296-6/7

上海蓝皮书
上海经济发展报告（2017）
著(编)者：沈开艳 2017年2月出版 / 定价：79.00元
PSN B-2006-057-1/7

上海蓝皮书
上海社会发展报告（2017）
著(编)者：杨雄 周海旺 2017年2月出版 / 定价：79.00元
PSN B-2006-058-2/7

上海蓝皮书
上海文化发展报告（2017）
著(编)者：荣跃明 2017年2月出版 / 定价：79.00元
PSN B-2006-059-3/7

上海蓝皮书
上海文学发展报告（2017）
著(编)者：陈圣来 2017年6月出版 / 估价：89.00元
PSN B-2012-297-7/7

上海蓝皮书
上海资源环境发展报告（2017）
著(编)者：周冯琦 汤庆合
2017年2月出版 / 定价：79.00元
PSN B-2006-060-4/7

社会建设蓝皮书
2017年北京社会建设分析报告
著(编)者：宋贵伦 冯虹 2017年10月出版 / 估价：89.00元
PSN B-2010-173-1/1

深圳蓝皮书
深圳法治发展报告（2017）
著(编)者：张骁儒 2017年6月出版 / 估价：89.00元
PSN B-2015-470-6/7

深圳蓝皮书
深圳经济发展报告（2017）
著(编)者：张骁儒 2017年7月出版 / 估价：89.00元
PSN B-2008-112-3/7

深圳蓝皮书
深圳劳动关系发展报告（2017）
著(编)者：汤庭芬 2017年6月出版 / 估价：89.00元
PSN B-2007-097-2/7

深圳蓝皮书
深圳社会建设与发展报告（2017）
著(编)者：张骁儒 陈东平 2017年7月出版 / 估价：89.00元
PSN B-2008-113-4/7

深圳蓝皮书
深圳文化发展报告(2017)
著(编)者：张骁儒 2017年7月出版 / 估价：89.00元
PSN B-2016-555-7/7

丝绸之路蓝皮书
丝绸之路经济带发展报告（2017）
著(编)者：任宗哲 白宽犁 谷孟宾
2017年1月出版 / 定价：75.00元
PSN B-2014-410-1/1

法治蓝皮书
四川依法治省年度报告 No.3（2017）
著(编)者：李林 杨天宗 田禾
2017年3月出版 / 定价：118.00元
PSN B-2015-447-1/1

四川蓝皮书
2017年四川经济形势分析与预测
著(编)者：杨钢 2017年1月出版 / 定价：98.00元
PSN B-2007-098-2/7

四川蓝皮书
四川城镇化发展报告（2017）
著(编)者：侯水平 陈炜 2017年4月出版 / 估价：85.00元
PSN B-2015-456-7/7

四川蓝皮书
四川法治发展报告（2017）
著(编)者：郑泰安 2017年4月出版 / 估价：89.00元
PSN B-2015-441-5/7

四川蓝皮书
四川企业社会责任研究报告（2016～2017）
著(编)者：侯水平 盛毅 翟刚
2017年4月出版 / 估价：89.00元
PSN B-2014-386-4/7

四川蓝皮书
四川社会发展报告（2017）
著(编)者：李羚 2017年5月出版 / 估价：89.00元
PSN B-2008-127-3/7

四川蓝皮书
四川生态建设报告（2017）
著(编)者：李晟之 2017年4月出版 / 估价：85.00元
PSN B-2015-455-6/7

四川蓝皮书
四川文化产业发展报告（2017）
著(编)者：向宝云 张立伟
2017年4月出版 / 估价：89.00元
PSN B-2006-074-1/7

体育蓝皮书
上海体育产业发展报告（2016～2017）
著(编)者：张林 黄海燕
2017年10月出版 / 估价：89.00元
PSN B-2015-454-4/4

体育蓝皮书
长三角地区体育产业发展报告（2016～2017）
著(编)者：张林　2017年4月出版 / 估价：89.00元
PSN B-2015-453-3/4

天津金融蓝皮书
天津金融发展报告（2017）
著(编)者：王爱俭 孔德昌
2017年12月出版 / 估价：98.00元
PSN B-2014-418-1/1

图们江区域合作蓝皮书
图们江区域合作发展报告（2017）
著(编)者：李铁　2017年6月出版 / 估价：98.00元
PSN B-2015-464-1/1

温州蓝皮书
2017年温州经济社会形势分析与预测
著(编)者：潘忠强 王春光 金浩
2017年4月出版 / 估价：89.00元
PSN B-2008-105-1/1

西咸新区蓝皮书
西咸新区发展报告（2016~2017）
著(编)者：李扬 王军　2017年6月出版 / 估价：89.00元
PSN B-2016-535-1/1

扬州蓝皮书
扬州经济社会发展报告（2017）
著(编)者：丁纯　2017年12月出版 / 估价：98.00元
PSN B-2011-191-1/1

长株潭城市群蓝皮书
长株潭城市群发展报告（2017）
著(编)者：张萍　2017年12月出版 / 估价：89.00元
PSN B-2008-109-1/1

中医文化蓝皮书
北京中医文化传播发展报告（2017）
著(编)者：毛嘉陵　2017年5月出版 / 估价：79.00元
PSN B-2015-468-1/2

珠三角流通蓝皮书
珠三角商圈发展研究报告（2017）
著(编)者：王先庆 林至颖
2017年7月出版 / 估价：98.00元
PSN B-2012-292-1/1

遵义蓝皮书
遵义发展报告（2017）
著(编)者：曾征 龚永育 雍思强
2017年12月出版 / 估价：89.00元
PSN B-2014-433-1/1

国际问题类

"一带一路"跨境通道蓝皮书
"一带一路"跨境通道建设研究报告（2017）
著(编)者：郭业洲　2017年8月出版 / 估价：89.00元
PSN B-2016-558-1/1

"一带一路"蓝皮书
"一带一路"建设发展报告（2017）
著(编)者：孔丹 李永全　2017年7月出版 / 估价：89.00元
PSN B-2016-553-1/1

阿拉伯黄皮书
阿拉伯发展报告（2016～2017）
著(编)者：罗林　2017年11月出版 / 估价：89.00元
PSN Y-2014-381-1/1

北部湾蓝皮书
泛北部湾合作发展报告（2017）
著(编)者：吕余生　2017年12月出版 / 估价：85.00元
PSN B-2008-114-1/1

大湄公河次区域蓝皮书
大湄公河次区域合作发展报告（2017）
著(编)者：刘稚　2017年8月出版 / 估价：89.00元
PSN B-2011-196-1/1

大洋洲蓝皮书
大洋洲发展报告（2017）
著(编)者：喻常森　2017年10月出版 / 估价：89.00元
PSN B-2013-341-1/1

德国蓝皮书
德国发展报告（2017）
著(编)者：郑春荣　2017年6月出版 / 估价：89.00元
PSN B-2012-278-1/1

东盟黄皮书
东盟发展报告（2017）
著(编)者：杨晓强　庄国土
2017年4月出版 / 估价：89.00元
PSN Y-2012-303-1/1

东南亚蓝皮书
东南亚地区发展报告（2016～2017）
著(编)者：厦门大学东南亚研究中心　王勤
2017年12月出版 / 估价：89.00元
PSN B-2012-240-1/1

俄罗斯黄皮书
俄罗斯发展报告（2017）
著(编)者：李永全　2017年7月出版 / 估价：89.00元
PSN Y-2006-061-1/1

非洲黄皮书
非洲发展报告 No.19（2016～2017）
著(编)者：张宏明　2017年8月出版 / 估价：89.00元
PSN Y-2012-239-1/1

公共外交蓝皮书
中国公共外交发展报告（2017）
著(编)者：赵启正　雷蔚真
2017年4月出版 / 估价：89.00元
PSN B-2015-457-1/1

国际安全蓝皮书
中国国际安全研究报告(2017)
著(编)者：刘慧　2017年7月出版 / 估价：98.00元
PSN B-2016-522-1/1

国际形势黄皮书
全球政治与安全报告（2017）
著(编)者：张宇燕
2017年1月出版 / 定价：89.00元
PSN Y-2001-016-1/1

韩国蓝皮书
韩国发展报告（2017）
著(编)者：牛林杰　刘宝全
2017年11月出版 / 估价：89.00元
PSN B-2010-155-1/1

加拿大蓝皮书
加拿大发展报告（2017）
著(编)者：仲伟合　2017年9月出版 / 估价：89.00元
PSN B-2014-389-1/1

拉美黄皮书
拉丁美洲和加勒比发展报告（2016～2017）
著(编)者：吴白乙　2017年6月出版 / 估价：89.00元
PSN Y-1999-007-1/1

美国蓝皮书
美国研究报告（2017）
著(编)者：郑秉文　黄平　2017年6月出版 / 估价：89.00元
PSN B-2011-210-1/1

缅甸蓝皮书
缅甸国情报告（2017）
著(编)者：李晨阳　2017年12月出版 / 估价：86.00元
PSN B-2013-343-1/1

欧洲蓝皮书
欧洲发展报告（2016～2017）
著(编)者：黄平　周弘　江时学
2017年6月出版 / 估价：89.00元
PSN B-1999-009-1/1

葡语国家蓝皮书
葡语国家发展报告（2017）
著(编)者：王成安　张敏　2017年12月出版 / 估价：89.00元
PSN B-2015-503-1/2

葡语国家蓝皮书
中国与葡语国家关系发展报告·巴西（2017）
著(编)者：张曙光　2017年8月出版 / 估价：89.00元
PSN B-2016-564-2/2

日本经济蓝皮书
日本经济与中日经贸关系研究报告（2017）
著(编)者：张季风　2017年5月出版 / 估价：89.00元
PSN B-2008-102-1/1

日本蓝皮书
日本研究报告（2017）
著(编)者：杨伯江　2017年5月出版 / 估价：89.00元
PSN B-2002-020-1/1

上海合作组织黄皮书
上海合作组织发展报告（2017）
著(编)者：李进峰　吴宏伟　李少捷
2017年6月出版 / 估价：89.00元
PSN Y-2009-130-1/1

世界创新竞争力黄皮书
世界创新竞争力发展报告（2017）
著(编)者：李闽榕　李建平　赵新力
2017年4月出版 / 估价：148.00元
PSN Y-2013-318-1/1

泰国蓝皮书
泰国研究报告（2017）
著(编)者：庄国土　张禹东
2017年8月出版 / 估价：118.00元
PSN B-2016-557-1/1

土耳其蓝皮书
土耳其发展报告（2017）
著(编)者：郭长刚　刘义　2017年9月出版 / 估价：89.00元
PSN B-2014-412-1/1

亚太蓝皮书
亚太地区发展报告（2017）
著(编)者：李向阳　2017年4月出版 / 估价：89.00元
PSN B-2001-015-1/1

印度蓝皮书
印度国情报告（2017）
著(编)者：吕昭义　2017年12月出版 / 估价：89.00元
PSN B-2012-241-1/1

印度洋地区蓝皮书
印度洋地区发展报告（2017）
著(编)者：汪戎　2017年6月出版 / 估价：89.00元
PSN B-2013-334-1/1

英国蓝皮书
英国发展报告（2016～2017）
著(编)者：王展鹏　2017年11月出版 / 估价：89.00元
PSN B-2015-486-1/1

越南蓝皮书
越南国情报告（2017）
著(编)者：谢林城
2017年12月出版 / 估价：89.00元
PSN B-2006-056-1/1

以色列蓝皮书
以色列发展报告（2017）
著(编)者：张倩红　2017年8月出版 / 估价：89.00元
PSN B-2015-483-1/1

伊朗蓝皮书
伊朗发展报告（2017）
著(编)者：冀开远　2017年10月出版 / 估价：89.00元
PSN B-2016-575-1/1

中东黄皮书
中东发展报告 No.19（2016～2017）
著(编)者：杨光　2017年10月出版 / 估价：89.00元
PSN Y-1998-004-1/1

中亚黄皮书
中亚国家发展报告（2017）
著(编)者：孙力　吴宏伟　2017年7月出版 / 估价：98.00元
PSN Y-2012-238-1/1

　　皮书序列号是社会科学文献出版社专门为识别皮书、管理皮书而设计的编号。皮书序列号是出版皮书的许可证号，是区别皮书与其他图书的重要标志。

　　它由一个前缀和四部分构成。这四部分之间用连字符"-"连接。前缀和这四部分之间空半个汉字（见示例）。

　　《国际人才蓝皮书：中国留学发展报告》序列号示例

　　从示例中可以看出，《国际人才蓝皮书：中国留学发展报告》的首次出版年份是2012年，是社科文献出版社出版的第244个皮书品种，是"国际人才蓝皮书"系列的第2个品种（共4个品种）。

❖ 皮书起源 ❖

"皮书"起源于十七、十八世纪的英国，主要指官方或社会组织正式发表的重要文件或报告，多以"白皮书"命名。在中国，"皮书"这一概念被社会广泛接受，并被成功运作、发展成为一种全新的出版形态，则源于中国社会科学院社会科学文献出版社。

❖ 皮书定义 ❖

皮书是对中国与世界发展状况和热点问题进行年度监测，以专业的角度、专家的视野和实证研究方法，针对某一领域或区域现状与发展态势展开分析和预测，具备原创性、实证性、专业性、连续性、前沿性、时效性等特点的公开出版物，由一系列权威研究报告组成。

❖ 皮书作者 ❖

皮书系列的作者以中国社会科学院、著名高校、地方社会科学院的研究人员为主，多为国内一流研究机构的权威专家学者，他们的看法和观点代表了学界对中国与世界的现实和未来最高水平的解读与分析。

❖ 皮书荣誉 ❖

皮书系列已成为社会科学文献出版社的著名图书品牌和中国社会科学院的知名学术品牌。2016 年，皮书系列正式列入"十三五"国家重点出版规划项目；2012~2016 年，重点皮书列入中国社会科学院承担的国家哲学社会科学创新工程项目；2017 年，55 种院外皮书使用"中国社会科学院创新工程学术出版项目"标识。

中国皮书网

www.pishu.cn

发布皮书研创资讯，传播皮书精彩内容
引领皮书出版潮流，打造皮书服务平台

栏目设置

关于皮书：何谓皮书、皮书分类、皮书大事记、皮书荣誉、
　　　　　皮书出版第一人、皮书编辑部

最新资讯：通知公告、新闻动态、媒体聚焦、网站专题、视频直播、下载专区

皮书研创：皮书规范、皮书选题、皮书出版、皮书研究、研创团队

皮书评奖评价：指标体系、皮书评价、皮书评奖

互动专区：皮书说、皮书智库、皮书微博、数据库微博

所获荣誉

2008年、2011年，中国皮书网均在全国新闻出版业网站荣誉评选中获得"最具商业价值网站"称号；

2012年，获得"出版业网站百强"称号。

网库合一

2014年，中国皮书网与皮书数据库端口合一，实现资源共享。更多详情请登录www.pishu.cn。

S 子库介绍
Sub-Database Introduction

中国经济发展数据库

涵盖宏观经济、农业经济、工业经济、产业经济、财政金融、交通旅游、商业贸易、劳动经济、企业经济、房地产经济、城市经济、区域经济等领域，为用户实时了解经济运行态势、把握经济发展规律、洞察经济形势、做出经济决策提供参考和依据。

中国社会发展数据库

全面整合国内外有关中国社会发展的统计数据、深度分析报告、专家解读和热点资讯构建而成的专业学术数据库。涉及宗教、社会、人口、政治、外交、法律、文化、教育、体育、文学艺术、医药卫生、资源环境等多个领域。

中国行业发展数据库

以中国国民经济行业分类为依据，跟踪分析国民经济各行业市场运行状况和政策导向，提供行业发展最前沿的资讯，为用户投资、从业及各种经济决策提供理论基础和实践指导。内容涵盖农业，能源与矿产业，交通运输业，制造业，金融业，房地产业，租赁和商务服务业，科学研究，环境和公共设施管理，居民服务业，教育，卫生和社会保障，文化、体育和娱乐业等100余个行业。

中国区域发展数据库

对特定区域内的经济、社会、文化、法治、资源环境等领域的现状与发展情况进行分析和预测。涵盖中部、西部、东北、西北等地区，长三角、珠三角、黄三角、京津冀、环渤海、合肥经济圈、长株潭城市群、关中—天水经济区、海峡经济区等区域经济体和城市圈，北京、上海、浙江、河南、陕西等34个省份及中国台湾地区 。

中国文化传媒数据库

包括文化事业、文化产业、宗教、群众文化、图书馆事业、博物馆事业、档案事业、语言文字、文学、历史地理、新闻传播、广播电视、出版事业、艺术、电影、娱乐等多个子库。

世界经济与国际关系数据库

以皮书系列中涉及世界经济与国际关系的研究成果为基础，全面整合国内外有关世界经济与国际关系的统计数据、深度分析报告、专家解读和热点资讯构建而成的专业学术数据库。包括世界经济、国际政治、世界文化与科技、全球性问题、国际组织与国际法、区域研究等多个子库。

法 律 声 明